专门水文地质学

（第四版）

梁秀娟　迟宝明　王文科　宫辉力
王福刚　杜新强　姜纪沂　编著

科学出版社

北京

内 容 简 介

本书是吉林大学"十二五"规划教材。本书是在 2006 年出版的《专门水文地质学》（第三版）的基础上修编而成的。全书除绪言外，共分十七章，包括地下水调查的技术方法，地下水资源质量和数量评价，地下水资源的开发利用、管理和保护的方法和措施，矿床涌水量预测的特点及方法实例等。编者对原书内容进行了删改，部分内容进行了更新，补充了一些最新研究成果。本次修订增加了水文地质应用领域的新内容，包括环境水文地质、能源水文地质、地震水文地质等。

本书可作为高等院校水利工程、地质工程、环境地质、环境工程等专业的教材或相近专业的教材或参考书，也可供从事上述专业的工程技术人员、研究生等人员使用。

图书在版编目（CIP）数据

专门水文地质学 / 梁秀娟等编著. —4 版. —北京：科学出版社，2016
ISBN 978-7-03-048765-0

Ⅰ. ①专… Ⅱ. ①梁… Ⅲ. ①水文地质学-高等学校-教材 Ⅳ. ①P641

中国版本图书馆 CIP 数据核字（2016）第 131914 号

责任编辑：文　杨　程雷星/责任校对：何艳萍
责任印制：赵　博/封面设计：陈　敬

科学出版社 出版
北京东黄城根北街 16 号
邮政编码：100717
http://www.sciencep.com

北京华宇信诺印刷有限公司印刷
科学出版社发行　各地新华书店经销
*

1987 年 10 月第	一	版	地质出版社
1996 年 11 月第	二	版	地质出版社
2006 年 5 月第	三	版	开本：787×1092　1/16
2016 年 7 月第	四	版	印张：21 1/4　插页：1
2024 年 12 月第二十四次印刷			字数：504 000

定价：59.00 元
（如有印装质量问题，我社负责调换）

第四版前言

　　《专门水文地质学》（第三版）自 2006 年首次出版以来，受到了广大师生和水文地质及有关工程技术人员的欢迎和厚爱，至 2016 年 3 月已是第十三次印刷，累积印刷了 15000 册。本书第三版出版距今已有 10 年，随着科学技术发展，水文地质学的应用领域不断扩展，新技术、新方法的不断涌现，"专门水文地质学"的教学内容也应不断更新。为适应大学本科专业的教学和专门水文地质工作的发展要求，本教材修订工作在立足当前、着眼未来的原则下，着重拓宽基础、加强基本技能训练、强化对学生的综合分析和应用能力培养的基础上，删除了与其他教材重复的内容，同时相关章节进行了合并，根据国家发布的最新规范规程标准修订了相关内容，增加了能源水文地质、地震水文地质、环境水文地质、水利水电工程水文地质等近几年国民经济发展相关的新内容。考虑新技术新方法在水文地质应用中的日益广泛和成熟，将水文地质遥感和同位素技术修改为本书的独立章节。鉴于目前教学时数的限制，教学中可以地下水调查、地下水水质与环境质量影响评价、地下水资源开发利用和保护为主要讲解内容，其他内容可采用自学结合讨论的方式进行。

　　本教材由吉林大学、防灾科技学院、长安大学、首都师范大学等单位人员共同编写，由吉林大学梁秀娟任主编。绪言、第一章至第三章和第六章由曹剑峰修编；第五章由梁秀娟修编，第十四章和第十五章由梁秀娟编写；第八章由曹剑峰、梁秀娟修编；第七章由防灾科技学院迟宝明、张莹修编；第十一章由防灾科技学院迟宝明、古洪彪修编；第九章和第十章由长安大学王文科修编；第四章由首都师范大学宫辉力、潘军修编；第十三章由吉林大学曹玉清修编；第十二章由吉林大学杜新强、冶雪艳编写；第十六章由吉林大学王福刚编写；第十七章由防灾科技学院姜纪沂编写；最后由梁秀娟、曹剑峰统编定稿。

　　由于编者水平所限，错误和缺点在所难免，敬请读者批评指正。

编　者

2016 年 3 月

第三版前言

专门水文地质学是一门探讨地下水调查及其应用的技术理论和方法的课程。1987 年，房佩贤教授等在杨成田教授 1981 年主编的试用教材的基础上修编出版了《专门水文地质学》（第一版）；1996 年，房佩贤、卫中鼎、廖资生三位教授对第一版教材进行了修订再版（第二版）。至今，《专门水文地质学》已累计发行了 2.38 万册，满足了全国高等院校及从事相关工程技术工作的人员的需要。

近十年，地下水科学的研究思路、研究目标、研究内容发生了很大的变化，新的概念、理论与方法不断涌现，为适应大学本科专业的教学和专门水文地质工作的发展要求，对教材的修订工作提到了日程。2002 年，《专门水文地质学》被遴选为普通高等教育"十五"国家级规划教材，使教材的修订工作得以顺利进行。本教材在编写过程中立足当前、着眼未来，贯穿地下水资源可持续利用的思想，坚持删繁就简、前后照应、知识连贯，建立结构完整的知识体系，着重拓宽基础，加强基本技能训练，强化对学生综合分析和应用能力的培养。

本教材主要论述了地下水应用方面的理论和方法。首先从地下水资源的基本概念入手，阐述了地下水资源调查，地下水资源评价，地下水资源开发利用，地下水资源管理和保护的理论、技术与方法，矿床水文地质等，并增加了下列内容：遥感、GIS、同位素及现代地下水模拟软件等技术方法在地下水研究中的应用，水文地质参数的确定方法，地下热水资源调查评价的理论与方法。专门水文地质学本来还应包括对开采地下水所引起的环境问题的调查、防治等方面的内容，因这方面的内容很多，而且已设立地质灾害课程单独讲授，本教材不再作介绍。

本教材是在 1996 年版《专门水文地质学》的基础上修订而成，保持了原教材的特色，增加了新的内容。全书由吉林大学、长安大学、首都师范大学共同修编，由吉林大学曹剑峰任主编。绪言、第一章至第七章和第九章由曹剑峰修编；第八章、第十二章和第十三章由吉林大学迟宝明修编；第十章和第十一章由长安大学王文科修编；第十四章中的第一节和第二节由首都师范大学宫辉力编写，第三节由吉林大学曹玉清编写，第四节由吉林大学梁秀娟编写；最后由曹剑峰统编定稿。

本教材在修订过程中，得到了房佩贤、余国光、廖资生三位教授的指导，还得到了肖长来、卞建民、王福刚、姜纪沂、冶雪艳、林岚、戴长雷等的帮助，在此一并致谢。

由于编者水平所限，错误和缺点在所难免,敬请读者批评指正。

编　者

2006 年 5 月

第二版前言

《专门水文地质学》自 1987 年第一版出版以来，满足了前几年各院校教学之需。为适应当前教学和改革的形势，经地质矿产部水文地质课程教学指导委员会和部教材室的批准，对原版《专门水文地质学》进行了修订。

当前，各院校正在进行专业调整和改革课程设置。考虑到大学本科专业教学水平和我国专门水文地质工作的发展要求，为扩大其适应性，修订工作仍以地质矿产部统一教学大纲为基础。课程内容以教授学生掌握水文地质调查工作的基本技能训练为主，以培养学生分析和解决生产实际问题的能力。

经过修订，今书减少了某些陈旧与规范性的内容，更新与增加了某些现代水文地质调查方面的理论与方法，加强了启发性教学，许多章节作了较大的改动。

修订过程中仍保持了原教材的三篇结构：第一篇水文地质调查方法，重点介绍各种水文地质调查手段，对如何运用这些手段去解决各种水文地质生产问题，作了理论阐述与方法论证；第二篇供水水文地质，以地下水资源量的计算、水质和水量的评价为重点，加强了对地下水开发利用、保护和科学管理等内容的介绍；第三篇矿床水文地质，重点介绍了矿坑涌水量预测、矿床疏干与矿井突水，增加了矿区环境地质等内容。

修订工作是在 1987 年版《专门水文地质学》各章内容的基础上进行的。由房佩贤、卫中鼎、廖资生主编。廖资生修订第一篇；卫中鼎修订第二篇；房佩贤修订第三篇；余国光提供了 14 章的部分修订稿。最后，由房佩贤统编全稿。成稿后，原编者对多数章节作了审阅。

修订后的《专门水文地质学》，其科学性、适应性均有较大提高，符合教学规律，并反映了现代水文地质科学的水平，更加适合于对水文地质、工程地质、环境地质大学本科（及专科）生的教学要求。

为加强实践教学，第一版书中所附实习作业说明部分，将与野外实习指导书一起编写成独立的实习指导书，以配套教材单行本出版。

书稿于 1994 年 5 月经地质矿产部水文地质课程教学指导委员会全体会议审查通过，由杨立铮、李慈君、杨解等先生主审。会后，编者据评审中提出的意见进行了修改。

在修订过程中，曾受到水文地质课程教学指导委员会、部教材室的指导和有关院、校、系及教材科的支持，还得到了屠涌泉、刘金山、胡宽瑢、李同斌及邹立芝诸先生的帮助，承蒙李纬绘图，在此一并致谢。

受编者水平所限，书中错误与不足之处，实所难免，切望读者予以指正。

修 订 者

1994 年 5 月

第一版前言

　　《专门水文地质学》是高等地质院校水文地质专业主要专业课程之一，是在学完水文地质学基础、水文地球化学和地下水动力学等专业课之后进行学习的；是一门探讨水文地质调查技术理论和方法的课程。学习本课程后，学生能基本掌握水文地质的一般工作方法，具有分析和解决某些专门水文地质问题的初步能力。

　　本教材是按照地质矿产部所属地质院校统一制定的水文地质专业（四年制）教学计划和专门水文地质学教学大纲（试行），在1981年杨成田主编的《专门水文地质学》试用教材基础上编写的。按照教学大纲的要求精减了原教材的许多内容，去掉与其他专业课重复的内容；增加了室内实习指导书部分。水文地球化学部分，由于已独立设课讲授，故全部从本教材中去掉；注意到对大学本科生的要求和目前实际水平，确定了某些内容的起点和深度；某些内容上注意吸收了国内外的新方向、新内容；同时注意了与选修课和研究生课程的分工。

　　本教材分为三篇，统一排为18章。第一篇介绍了水文地质一般工作方法；第二篇供水水文地质和第三篇矿床水文地质部分，则是以两类有代表性的专门水文地质工作为对象，介绍了运用地质、水文地质理论和方法，进行水文地质勘探和评价的原理与方法。本教材还按大纲要求编写出28学时的课内实习和作业，以加强实践环节的教学。

　　本教材由长春、成都和河北地质学院合编，由长春地质学院房佩贤担任主编。第一、二、六、十三章及绪言由房佩贤编写；第三、十四及十五章由谭绩文编写；第四及五章由王家昌编写；第七、十、十一及十二章由廖资生编写；第八及九章由卫中鼎编写，第十六章由余国光编写；第十七及十八章由胡宽瑢编写。实习部分由曹剑峰编写。讨论修改后，第一篇由廖资生统编，第二篇由卫中鼎统编，第三篇由房佩贤统编。全书由房佩贤统编，最后卫中鼎参加定稿。

　　地质矿产部水文地质教材编审委员会，于1985年9月在大连召开了第四次会议，对本教材进行了评审。参加评审者有编委会主任王大纯教授，任天培教授，杨成田、张人权、吴登敖副教授及孙志文、吴在宝、尹树仁、许绍倬、王增银等同志。会后，我们依据评审中提出的意见进行了认真地修改和补充。但不足之处实所难免，切望指出。

　　本教材由李纬和苏雅志等同志绘图与植字。编写中，还得到有关学院教务部门和水文工程地质系的大力支持。对上述所有同志和单位，编者一并深表谢意。

编　者
1986年5月

目　　录

绪　言

一、专门水文地质学的任务与内容

专门水文地质学是水文与水资源工程专业、地下水科学与工程专业及勘查技术与工程专业的主要专业课之一，是一门专业技术方法课，是在地下水基本理论指导下，论述地下水在应用方面的理论与方法，其任务是使学生掌握地下水调查、评价、开发利用、管理与保护的理论与方法，培养学生具有进行地下水科学研究及解决实际问题的能力。

本课程包括六方面内容：

（1）地下水调查技术方法。主要介绍区域地下水地面调查的任务、内容、要求和技术方法，以及地下水调查的成果整理等内容。一些专门性的地下水调查，依据本部分介绍的原则、方法和内容，结合具体要求开展相应的工作。

（2）地下水资源评价的理论与方法。重点讨论地下水资源分类、地下水资源的组成、地下水允许开采量的评价方法及作为供水水源的地下水水质评价方法；简要介绍地下水环境质量评价的内容和方法；以现代水资源利用的观点，论述地下水资源评价的原则、区域和局域地下水资源评价的内容。

（3）地下水资源开发、管理和保护。介绍作为供水水源的地下水水源地的选择，地下水取水建筑物的类型、特点、开采布局的方法技术。从可持续发展角度论述地下水资源管理的一般原则，地下水资源保护及地下水环境负效应防治的技术方法，对于地下水资源技术管理的方法，本书不做介绍。

（4）矿床水文地质及地下热水的调查评价。介绍矿床充水条件矿井涌水量预测的特点、防治矿井突水的方法及地下水人工回灌、地下热水的调查评价方法。

（5）新技术方法的应用，探讨现代新技术方法在地下水研究中的应用。介绍遥感及 GIS 技术在地下水资源调查中的应用、同位素技术解决地下水实际问题的理论和方法，培养学生应用新理论、新方法、新技术解决地下水问题的能力。

（6）介绍近几年水文地质在能源、地震、环境、水利水电勘察等领域中的应用。拓宽学生的视野，提高其解决水文地质应用领域各方面问题的能力。

二、我国地下水调查工作的发展趋势

我国是世界上最早寻找、调查、开发利用地下水的国家之一，从丰富的考古发掘资料、各种古籍的记述及温（矿）泉、矿产开发利用等方面，都可以得到证实。

我国开发利用地下水的历史悠久。中华人民共和国成立后，发现的余姚河姆渡井，据 ^{14}C 测定，已有 5700 年的历史，属新石器时代中期所建。在上海松江发现了距今约 5000 年前的水井，在邯郸、洛阳也发现了约 4000 年前属于新石器时代晚期的水井。据统计（沈树荣，1985），目前，我国已在河北、河南、山西、陕西、江西、江苏、湖北及北京等省市发现了由夏、商到战国（公元前 2100～前 222 年）期间的水井 18 处，共 97 口，说明我国开采利用地下水的历史久远。

在凿井技术方面，据记载，四川在公元 250 年左右，已于广都（今成都附近双流一带）凿井开采卤水制盐，到公元 280 年，古江阳（今四川自流井一带）县彝族人梅泽，凿一井自喷卤水，便称之为"自流井"，这是世界上最早开凿的自流井。到宋朝（11 世纪中叶），创造了"冲击式顿钻凿井法"，凿出了口小井深的卓筒井，大大促进了我国古代凿井技术的发展。这些凿井和找水技术，在明朝学者徐光启所著的《农政全书》和宋应星所著的《天工开物》中皆有详细介绍。1835 年（清道光年间），自贡燊海井打至 1001.42m 深，为世界上第一口超 1000m 深钻，钻入三叠系嘉陵江灰岩层中，大规模地开发了自流井中的天然气和卤水资源。

临潼的骊山温泉，即华清池，相传 3000 年前周幽王就加以利用，秦汉时用于疗疾，至唐朝达到极盛。北魏郦道元的《水经注》中，列举了全国温泉 41 处；明末清初顾祖禹《读史方舆纪要》中，记载温泉 500 余处；1956 年，章鸿钊《中国温泉辑要》辑录温泉 972 处；据 1973年资料，我国已发现地下热水露头（包括温泉和热水孔）达 2000 余处。

从上述史实看出，我国开发利用地下水的历史最悠久，对水文地质理论的建树及调查技术的应用皆有过突出贡献，曾居领先地位。

但是，由于我国长期处于封建社会，特别是近百年的半殖民地和半封建社会制度，严重地阻碍了水文地质科学知识和技术方法的发展，未能形成近代科学体系。

在此期间，尤其是 18 世纪中叶以后，欧洲在产业革命推动下，大工业得以发展，生产水平不断上升。出于矿冶业和现代科学技术的发展，先后推动了已处于萌芽之中的地质学和水文地质学的深入发展。地质科学的形成，一般认为是在 19 世纪中叶到 20 世纪初，水文地质学也成为地质学科中的应用分支学科。

据史料记载，我国在辛亥革命后，开展了地质工作，但直到 1916 年才建立了自己的地质队伍，开始了大面积的地质调查与研究工作，建立起地质学科，取得了许多宝贵的学术成果。

中华人民共和国成立前，我国仅有极少数的地质工作者，做过少量的水文地质调查与凿井供水工作。上海于 1860 年开始凿深井，到 1921 年有深井 22 口，年开采量在 30 万 m³ 以上。北京的几口自流井开凿于 1920 年前后，深 30.48m 左右，自溢，水质好。天津于 1930 年调查时有井 9 口，皆自流。谢家荣在 1929 年发表了《钟山地质与南京井水供给的关系》，傅健于 1935 年发表了《陕西西安市地下水》，梁文郁于 1948 年写有《兰州附近水源地质之研究》等调查报告。1933 年，朱庭祜等在南昌附近、王钰等在河南做过农田灌溉用水的调查，有《江西南昌附近之地下水》和《河南安阳、林县、淇县、睿县一带地下水》两册报告。同时，李书田发表了《河北省开发自流井灌田之调查研究》，方鸿慈发表了《华北涌泉概况》和《济南地下水调查及其涌泉机构之判断》等文章。此间，由于忽视水文地质工作，致使采矿中矿井突水和淹井等灾害事故时有发生，损失无法估计。

1949 年，中华人民共和国成立，建国初期，为适应大规模经济建设的需要，我国引进了苏联的模式，建立了水文地质工程地质生产队伍，组建起科学研究机构并开办了专业教育。至此，我国有了完整的水文地质科学体系，勘探、建设了一批水源地并完成了一些重点矿区的水文地质勘察工作。

"文化大革命"后期，尤其从 20 世纪 70 年代末期以来，我国实行了改革开放政策，国民经济得到飞速发展。此间，完成了许多大型供水、矿井疏干等专门性水文地质调查项目与科研课题，总结出了我国的水文地质理论与实践经验，完善了新技术方法，出版了大量的水文地质专著、图件、刊物及各种规范和教材。

在水文地质普查方面，到 1991 年年底，全国区域水文地质调查完成了 820 万 km² 。部分地区进行了 1：5 万或更大比例尺的水文地质填图。

1995 年以来，实施了西北地区找水特别计划和西南贫困岩溶石山区扶贫找水计划，2001 年和 2002 年，又分别实施了西部严重缺水地区人畜饮用水地下水紧急勘察工程及西部严重缺水地区地下水勘察示范工程，先后在塔克拉玛干沙漠腹地，以及极端缺水的宁夏、陕北、内蒙古边远地区及西部红层地区、岩溶石山地区寻找可供饮用淡水，直接解决约 120 万人饮用水问题。"十五"期间，在全国开展了新一轮地下水潜力调查工作，建立了全国主要地下水系统空间数据库，为国家宏观决策提供了地下水资源基础资料和动态数据，为北方主要经济区、重要农业区提供了地下水资源利用方案。

地下水资源评价工作方面，自 20 世纪 70 年代初期，在河北黑龙港地区建立了第一个数值模拟模型以来，推广了非稳定流理论和模拟技术，之后几十座大中城市及吉林西部、河西走廊、华北等地区先后建立了地下水数值模拟模型，解决了各类复杂条件下地下水资源评价问题。目前，地下水数值模拟技术已从二维发展到三维，一批功能强大的专业模拟软件开始推广使用，随机模型和非确定性模型也开始应用于地下水资源评价工作。

随着水资源短缺和环境恶化等问题的出现，从 20 世纪 80 年代中期开始，我国开展了地下水资源管理工作，到目前为止，几乎所有以地下水为主要供水水源的城市，针对不同问题，都建立了地下水资源管理模型。地下水资源管理已从单纯水力模型发展到经济管理模型、地下水与地表水联合调度管理模型等，在管理内容和建模技术上都有了很大发展。

矿床及矿井水文地质工作，至 1983 年年底，全国 17750 个已探明储量的矿区都进行了相应的水文工程地质勘察工作，为全国县以上 6000 多个已开发的国营矿山提供了水文工程地质资料，70 年代末到 80 年代初，对全国岩溶充水矿山的回访，总结了矿床水文地质勘探及矿山涌水量预测的经验及存在的问题，对岩溶矿床水文地质勘探及矿井涌水预测方法的认识有了较大提高，对矿井突水进行了深入研究。

从 20 世纪 70 年代开始，国家加强了保护环境和水资源的立法工作。1979～1984 年，先后颁发了《中华人民共和国环境保护法（试行）》、《中华人民共和国海洋环境保护法》、《中华人民共和国水污染防治法》，对保护我国自然环境、水资源、生态平衡及保障人体健康，作了法律规定。1988 年实施的《中华人民共和国水法》中规定，国内"开发、利用、保护、管理水资源，防治水害，必须遵守本法"，以期充分发挥水资源的综合效益，还对违反本法规的法律责任作了明确规定。

"十一五"期间，我国水文地质工作重点围绕以下四个方面进行：①全国地下水资源及其环境问题调查评价，继续深化以盆地和平原为单元的地下水资源及其环境问题调查评价，初步建立我国重要平原、盆地地下水动态评价体系；完成鄂尔多斯盆地能源基地地下水勘察。②全国重点地区地下水污染调查评价，完成珠江三角洲、长江三角洲、淮河流域、华北平原等东部地区的地下水污染调查评价，并初步建立我国地下水污染调查、监测、风险评价和修复技术体系。③全国地方病高发区地下水调查与供水安全示范，开展北方地方病高发区（高砷、高氟、高矿化）地下水调查，选择典型地区建立一批供水安全示范工程。④西南岩溶重点流域水文地质调查与地下水开发示范，完成西南岩溶重点流域 1：5 万综合水文地质调查，建立一批典型流域岩溶水开发利用和石漠化整治示范工程。

"十二五"期间，全国水工环地质调查围绕"加强基础调查，拓展工作领域，构建信息平台，增强服务功能"的工作思路，安排了 10 个重点水工环地质调查项目，用十大项目构筑"十二五"水工环地质调查格局。这 10 项重大水工环地质调查项目包括：①重点地区基础水文地质调查，在我国主要平原（盆地）、岩溶石山地区和国家大型能源基地开展区域水文地质调查，构建区域水文地质基础资料信息平台。②全国地下水污染调查评价，完成中西部和东北平原地下水污染调查评价，查明地下水水质和污染状况，综合评价地下水水质和污染程度及变化趋势。③严重缺水和劣质水地区地下水勘察示范，选择北方缺水区、饮水型地方病区、南方红层缺水区及水污染区，开展水文地质勘察示范，解决 500 万人的饮水安全问题。④国家地下水监测工程，基本建成较完善的国家地下水监测站网和国家地下水试验与科学研究基地，有效提升国家地下水监测能力和监管水平。⑤地质灾害详细调查，完成我国地质灾害易发区的详细调查和重要集镇地质灾害勘察。⑥全国地面沉降、岩溶塌陷调查，继续推进长江三角洲、华北平原和汾渭盆地的地面沉降调查与监测，掌握地面沉降发展趋势，开展地面沉降防治研究，同时开展全国岩溶塌陷调查，并进行风险区划，提出防治措施与对策。⑦地质灾害防治技术研发与预警示范区建设。⑧重要经济区和城市群地质环境综合调查，对环渤海、长江三角洲、海峡西岸、珠江三角洲、北部湾、成渝、长吉图、海南国际旅游岛等经济区，以及武汉、长株潭、中原、关中城市群等，开展区域 1:25 万编图、重点地区 1:5 万调查、重大地质问题专题研究和地质环境综合监测及信息系统建设，并构建地质构造模型、第四纪地质结构模型、水文地质结构模型和工程地质结构模型，建成地质环境监测网和信息服务平台。⑨全国矿山地质环境调查，在矿山地质环境问题摸底调查基础上，深入开展水土污染、含水层影响、地质灾害等方面调查。⑩应对全球气候变化地质响应研究。

进入 21 世纪，我国在水文地质应用方面开拓了许多新领域，如环境水文地质学、生态水文地质学。新技术、新方法的（计算机技术、同位素技术、遥感技术等）普遍应用，推动了水文地质学及新的分支学科的产生和发展。

三、我国地下水工作的发展趋势

我国地下水科学已经或正在发展成为具有多个分支学科的现代地下水科学体系。从事水科学的专业技术人员和科学家已认识到，打破原有的学科分工和研究领域，将地下水与地表水视为具有密切联系的整体；对水资源的评价、预测及开发利用，必须综合考虑地下水与地表水统一规划。把地下水的研究与全球环境变化结合起来，把地下水作为全球水循环的一个环节，地下水的有关指标（水量、水位、水质、水温等）可作为全球环境变化的指标。探讨如何从技术、经济、社会、法律方面管理和保护地下水资源，使地下水资源得到永续利用，将是地下水工作者长期的任务。同位素技术、"多 S"技术、地下水三维数值模拟技术、非线性技术等新技术方法的利用，将成为地下水资源调查、评价和管理工作的有效工具，研究手段从过去的单一化向着多样化、综合化方向发展。新理论、新技术的应用，会使地下水资源研究向信息化、数字化方向发展，将大大提高地下水成果的实用性和可操作性。

随着水文地质学应用领域的发展，生态水文地质、环境水文地质、能源水文地质（如地热能、可燃冰的开发利用）、地震水文地质、同位素水文地质、信息水文地质等正成为专门水文地质学新的研究点。

第一章 地下水调查

第一节 地下水调查的目的、任务及工作步骤

一、地下水调查的目的与任务

地下水调查又称水文地质调查。国民经济建设的许多领域及环境保护工作都需要进行地下水调查工作或需要地下水调查资料。一些建设工程项目，更是需要详细的地下水资料，而地下水调查是研究地下水及地下水资源的主要手段。

其主要目的：

（1）研究地下水的形成条件、时空分布及变化规律，对水质、水量进行评价，为合理开发利用及管理地下水资源提供科学依据；

（2）为国家经济建设发展及有关部门制定发展规划提供地下水资料；

（3）为城市及农业建设、水利、矿山、油田、铁路、公路等工程项目提供资料或设计依据。

地下水调查的任务因建设工程项目要求不同，调查任务有较大的区别。因此，地下水调查的任务就是根据不同的项目要求，提供相应精度的地下水的资料。

区域性地下水调查，主要是中、小比例尺的综合性地下水调查，调查区域一般较大，数百、数千乃至上万平方公里。目前，在我国西北进行的地下水调查工作属于此种类型。主要任务是查明区域水文地质条件、地下水基本类型及各类地下水的埋藏分布条件，地下水水质、水量的形成条件，并对地下水资源做出初步评价。调查精度一般要求比例尺为 1：5 万～1：20 万。

专门性地下水调查是为某项具体工程项目设计提供所需的地下水资料，或为某项科学研究开展的地下水勘察工作。勘察精度一般要求比例尺小于 1：5 万。

地下水调查是一项复杂而重要的工作，其复杂性是由地下水自身特征决定的。地下水赋存、运动在地下岩石的空隙中，既受地质环境制约，又受水循环系统控制，影响因素复杂多变，因此地下水资源勘察需要采用种类繁多的调查方法，除采用地质调查方法之外，还要应用各种调查水资源的方法，调查工作十分复杂。地下水勘察又是一项基础性工作，其成果为国民经济发展规划及工程项目设计提供科学依据，为社会经济可持续发展及生态环境保护服务，是一项极为重要的工作。这就要求地下水勘察人员既要掌握地下水的基本理论并具有较高水平的专业知识，又要熟练掌握地下水调查的基本方法，还要熟悉一些非专业技术在地下水调查中的应用方法。

二、地下水调查工作的步骤

地下水调查工作一般分三步进行，即准备工作、野外工作和室内工作。

（一）准备工作

准备工作包括组织准备、技术准备及物资后勤管理工作准备，其核心是技术准备工作中的调查设计书的编写。

1. 设计书编写的意义

设计书是调查工作的依据和总体调度方案，是完成地下水资源调查工作的关键环节，在编写设计书之前应充分收集、整理、研究前人资料，如水文、气象、地理、地貌、地质及水文地质等资料，根据现有资料，确定调查区的研究程度，对调查区水文地质条件和存在问题有初步认识。

当缺乏资料或资料不足时，应组织有关人员进行现场踏勘，获得编制设计书所需资料。

2. 设计书的主要内容

第一部分是对调查区已有研究工作的评述和阐述调查区的地质、水文地质条件，内容包括：

（1）调查工作的目的、任务，调查区位置、面积及交通条件，调查阶段和调查工作起止时间；

（2）自然地理及经济地理概况；

（3）已有地质、水文地质研究程度和存在问题；

（4）调查区地质、水文地质条件概述。

第二部分是调查工作设计，内容包括：

（1）各项调查工作设计应包括计划使用的调查手段，各项调查工作布置方案，调查工作所依据的主要技术规范，调查工作量及每项工作的主要技术要求。布置调查工作时，既要满足有关规范对工作量定额及工作精度的要求，又要考虑保证完成关键任务（如供水中的地下水资源评价），防止平均使用勘察工程量；

（2）物资设备计划、人员组织分工、经费预算及施工进度计划等；

（3）预期调查工作成果。

（二）野外工作

野外工作应按照设计书的要求在现场进行各项地下水资源调查工作。要求调查人员对设计内容及要求有全面的了解，同时要有高度的责任心和严谨的科学态度，应高质量地进行观察、测量，认真进行原始资料的编录工作，正确地绘制野外图件。野外工作中要注意各工种与各工作组之间的协调配合工作，注意发现问题，要及时总结经验。同时，还应注意随着工作进展和资料的积累，丰富和修改原设计，使之更完善、更符合客观实际。

（三）室内工作

室内工作是将野外调查获得并经过正式验收的各种资料及采集的样品，带回室内进行校核、整理、分析、测试、鉴定，经过综合分析，编制各类成果图件，论证调查区地下水的形成条件、运移规律，对水质水量进行分析计算，探讨解决生产、科研问题的途径和措施，编制出符合设计要求的高质量的图件和报告书。

第二节　地下水调查方法

地下水资源是水资源的一部分，由于其埋藏于地下，其调查方法要比地表水资源调查更复杂。除需要采用一些地表水资源调查方法外，因地下水与地质环境关系密切，还要采用一些地质调查的技术方法。最基本的调查方法有：地下水地面调查（又称水文地质测绘）、钻探、物探、野外试验、室内分析、检测、模拟试验及地下水动态均衡研究等。随着现代科学技术的发展，新的地下水调查技术方法不断产生，包括航卫片解译技术、GIS 技术、同位素技术、直接寻找地下水的物探方法及测定水文地质参数的技术方法等，这些都大大提高了地下水调查的精度和工作效率。

第三节　地面调查的观测项目

地下水地面调查又称水文地质测绘，是认识地下水埋藏分布和形成条件的一种调查方法。其工作特点是通过现场观察、记录及填绘各种界线和现象，并在室内进一步分析整理，编制出反映调查区水文地质条件的各种图件，并编制出相应的地下水调查报告书。

地面调查一般应在区域地质调查基础上进行。目前我国除个别边远地区外，都已完成 1∶20 万区域地质调查工作，个别地区还完成了 1∶5 万区域地质调查工作，一般只需收集已有地质资料即可满足地下水地面调查对地质资料的要求。地面调查观测的项目一般包括：地下水露头调查、水文气象调查、植被调查及与地下水有关的环境地质问题的调查。当没有或已有地质调查内容不能满足要求时，要全面或补充地质调查和地貌调查。地质调查和地貌调查项目的任务和内容在本章第四节中结合不同地区地下水地面调查要求中分别进行了阐述。

一、地下水露头的调查研究

地下水露头的调查是整个地下水地面调查的核心，是认识和寻找地下水直接可靠的方法。地下水露头的种类有：

（1）地下水的天然露头——泉、地下水溢出带、某些沼泽湿地、岩溶区的暗河出口及岩溶洞穴等；

（2）地下水的人工露头——水井、钻孔、矿山井巷及地下开挖工程等。

在地下水露头的调查中，利用最多的是泉和水井（钻孔）。

（一）泉的调查研究

泉是地下水的天然露头，泉水的出流表明地下水的存在。泉的调查研究内容有：

（1）查明泉水出露的地质条件（特别是出露的地层层位和构造部位）、补给的含水层，确定泉的成因类型和出露的高程；

（2）观测泉水的流量、涌势及其高度、水质和泉水的动态特征，现场测定泉水的物理特性，包括水温、沉淀物、色、味及有无气体逸出等；

（3）泉水的开发利用状况及居民长期饮用后的反映；

（4）对于矿泉和温泉，在研究前述各项内容的基础上，查明其含有的特殊组分、出露条件及与周围地下水的关系，并对其开发利用的可能性做出评价。

对泉水出露条件和补给水源的分析，有助于确定区内的含水层层位，即有哪几个含水层或含水带。据泉的出露标高，可确定地下水的埋藏条件。泉的流量、涌势、水质及其动态，在很大程度上代表着含水层（带）的富水性、水质和动态变化规律，并在一定程度上反映出地下水是承压水还是潜水。据泉水的出露条件，还可判别某些地质或水文地质条件，如断层、侵入体接触带或某种构造界面的存在，或区内存在多个地下水系统等。

（二）水井（钻孔）的调查

在地下水资源地面调查中，调查水井比调查泉的意义更大。调查水井能可靠地帮助人们确定含水层的埋深、厚度、出水段岩性和构造特征，反映出含水层的类型，以及确定含水层的富水性、水质和动态特征。水井（钻孔）的调查内容有：

（1）调查和收集水井（孔）的地质剖面和开凿时的水文地质观测记录资料；

（2）记录井（孔）所处的地形、地貌、地质环境及其附近的卫生防护情况；

（3）测量井孔的水位埋深、井深、出水量、水质、水温及其动态特征；

（4）查明井孔的出水层位，补、径、排特征，使用年限，水井结构等。

在泉、井调查中，都应取水样，测定其化学成分。需要时，应在井孔中进行抽水等试验，以取得必需的参数。

调查中，对于某些能反映地下水存在的非地下水露头现象（如地植物、盐碱化等）及干钻孔等也应予以研究。

二、地表水的调查

在自然界中，地表水和地下水是地球大陆上水循环最重要的两个组成部分。两者之间经常存在着相互转化的关系。图 1-1 和图 1-2 分别反映了石羊河流域和北方岩溶区地表水与地下水相互转化的情况，且具普遍规律性。只有查明两者相互转化关系，才能正确评价出地表水和地下水的资源量，避免重复和夸大，才能了解地下水水质的形成和受污染的原因，才能正确制定区域水资源的开发利用和环境保护的措施。

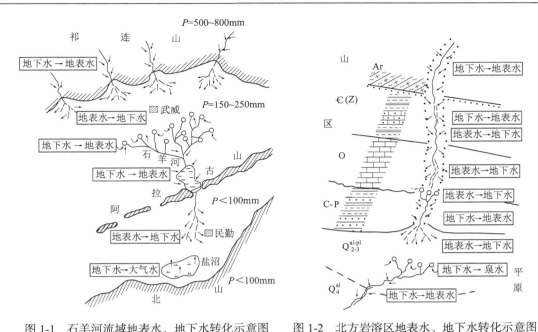

图 1-1　石羊河流域地表水、地下水转化示意图

箭头方向为地下水或地表水的流向（补给方向）；
P 为年大气降水总量

图 1-2　北方岩溶区地表水、地下水转化示意图

Ar 为太古界片岩石；$\in$（Z）为震旦亚界和寒武系砂、页岩、灰岩互层；O 为奥陶系灰岩；C-P 为石炭二叠系砂、页岩灰岩及煤；$Q_{2-3}^{al\text{-}pl}$ 为第四系中上更新统冲洪积层；Q_4^{al} 为第四系全新统冲积层

对于地表水，除了调查研究地表水体的类型、水系分布、所处地貌单元和地质构造位置外，还要进一步调查以下内容。

（1）查明地表水与周围地下水的水位在空间、时间上的变化特征。

（2）观测地表水的流速及流量，研究地表水与地下水之间量的转化性质，即地表水补给地下水地段或排泄地下水地段的位置；在各段的上、下游测定地表水流量，以确定其补排量及预测补排量的变化。

（3）结合岩性结构、水位及其动态，确定两者间的补排形式，常见的有：①集中补给（注入式），常见于岩溶地区[图 1-3（a）]；②直接渗透补给，常见于冲洪积扇上部的渠道两侧[图 1-3（b）]；③间接渗透补给，常见于冲洪积扇中部的河谷阶地[图 1-3（c）]；④越流补给，常见于丘陵岗地的河谷地区[图 1-3（d），为越流补给形式之一]。从时间上考虑，则常将补给（或排泄）分为常年、季节和暂时性三种方式。

（4）分析、对比地表水与地下水的物理性质与化学成分，查明它们的水质特征及两者间的变化关系。

（5）调查地表水（主要为江河）的含沙（泥）量及河床淤积或侵蚀速度。

（6）研究地表水的开发利用现状，掌握远景规划。

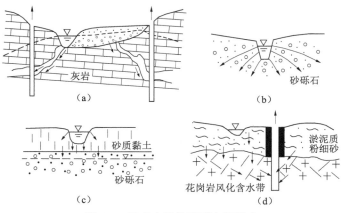

图 1-3　地表水补给地下水的形式

三、气象资料调查

气象资料调查主要是降水量、蒸发量的调查。

降水是地下水资源的主要来源。降水量是指在一定时间段内降落在一定面积上的水体积，一般用降水深度表示，即将降水的总体积除以对应的面积，以毫米（mm）为单位。降水量资料应到雨量站收集。降水资料序列长度的选定，既要考虑调查区大多数测站的观测系列的长短，避免过多的插补，又要考虑观测系统的代表性和一致性。在分析降水的时间变化规律时，应采用尽可能长的资料序列。调查区面积比较大时，雨量站应在面上均匀分布，在降水量变化梯度大的地区，选用的雨量站应加密，以满足分区计算要求，所采用降水资料也应为整编和审查的成果。

因蒸发面的性质不同，蒸发可分为水面蒸发、土面蒸发和植物散发，三者统称蒸发或蒸散发。水面蒸发通常是在气象站用特别的器皿直接观测获得水分损失量，称为蒸发量或蒸发率，以日、月或年为时段，以毫米为单位。调查区内实际水面蒸发量较气象站蒸发器皿测出的蒸发量要小，需要进行折算，折算系数与蒸发皿的直径有关，每个地区也不相同，收集水位蒸发资料要说明蒸发皿的型号，查阅有关手册确定折算系数。

土面蒸发量与土壤的孔隙性（孔隙大小、数量、形状等）、土壤含水量及地下水位埋深等因素有关，土面蒸发量中包含包气带水和潜水地下水量的损失，土面蒸发量一般使用专用仪器在野外实测获得。

植物散发量是植物根系吸收土壤中水分，通过叶面散发到大气中的水量。目前只能根据植物种类、植物覆盖情况利用经验公式计算，也可利用一个地区的总蒸发量反求。

第四节　不同地区地下水地面调查的任务和内容

地下水地面调查的任务和内容因地下水系统所处的地质环境不同而不同，根据不同地貌、地质与构造格局的区域特点，将地下水系统分布的区域划分为平原区、基岩丘陵区、岩溶地区、黄土地区、沙漠地区及冻土地区 6 个地区。

一、平原区地下水地面调查

平原区包括山前冲洪积扇地区、河谷平原区及滨海平原区。

（一）地下水地面调查的任务

平原区地下水地面调查的主要任务是在区域地貌类型、第四纪地质及新构造特征调查的基础上，查明主要含水层的岩性、埋藏条件、分布规律，地下水类型，含水层的富水性及水化学成分、咸淡水的空间分布规律等；调查研究地下水补给、径流、排泄条件，不同含水层之间的水力联系，第四系含水层与下伏基岩含水层之间的关系，地表水系的分布及其水文特征，地表水与地下水的补排关系；研究地下水动态变化特征，调查地下水集中开采区和井灌区的开采量与地下水动态的关系，研究大量采、排地下水形成地下水下降漏斗的原因及其发展趋势；同时还要调查特殊的水文地质问题，如盐碱化、沼泽化、特殊水质、地方病及水质污染的形成条件、分布规律和防治措施，在具备回灌条件的地区，开展人工回灌条件的研究，还应开展开发利用地下水引起的生态环境问题的调查。

（二）地下水地面调查的内容

1. 山前冲洪积扇地区

山前冲洪积扇地区一般含水层埋藏浅、厚度大，水量丰富、水质好，易于开发利用，是工农业供水的重点地区。应重点研究山前冲洪积扇、河谷阶地、山前冰水台地、坡积洪积扇、掩埋冲洪积扇等的结构及其水文地质条件。同时，对邻近山区（补给区）的水文地质条件、山区与平原区的交接关系及地下水的补给关系进行必要的调查研究。

这类地区应详细研究下列内容：冲洪积扇的分布范围，扇前、后缘及两侧标高及地面坡度变化；通过观察天然剖面和人工露头，配合物探、钻探，研究组成冲洪积扇的第四纪堆积物的物质来源、地层结构和岩性特点，确定由冲积扇顶部到前缘的岩性变化，注意动植物化石，研究与实测典型露头剖面，结合钻孔对地层岩性进行详细分析对比；冲洪积扇不同部位含水层的岩性、厚度、埋深、富水性和水质变化情况，从扇顶到前缘方向地下水由潜水区过渡到承压水区，自流水区的分带规律；地下水溢出带的分布范围，溢出泉流量及总溢出量；寻找埋藏冲积扇并研究其水文地质特征、埋藏条件、分布规律，同时也要研究扇间区的水文地质条件。

在山前河谷地区，应注意调查河谷形态、阶地结构及其富水性。应研究河谷阶地分布范围、河谷类型（上叠、内叠）、阶地性质（侵蚀、堆积、基底）、阶地的级数及其绝对和相对标高、河谷断面形态、支流冲沟发育情况及其切割深度；各级阶地的地层结构、岩性成分、厚度及岩性变化，地下水的补给及排泄条件，河水与地下水的补给关系。

2. 河谷平原区

在河谷平原区，分布有不同河流交互堆积及由河道变迁形成的古河道堆积，某些地区还有海相堆积和冰水堆积，一般第四纪厚度大，含水层次多，水质复杂。应重点研究下述内容：不同河流堆积物的特征及其分布，含水介质的富水性，水化学成分及分布规律；古河道带及古湖泊堆积物的分布、埋深及水文地质条件；海相、陆相地层的埋藏与分布及相互间的接触关系；微地貌形态、水质、水位埋深对盐碱化、沼泽化形成的影响。

通过地貌调查，查阅历史记载（县志），了解河道变迁的时代与范围，采用物探方法确定古河道带的分布范围、埋藏深度及岩性变化，并与机井的有关资料进行对比。对古湖泊堆积物，应通过岩性、岩相、湖积层动植物化石、基底构造和新构造运动的研究及实验工作（颗粒分析、有机质、含碳量、孢粉及微体古生物鉴定等）了解湖积层形成的古地理环境及分布范围，并注意对地层岩性、颜色、泥炭层的发育程度及石膏的含量与分布的研究。

对盐碱化地区，应初步了解盐碱化的发育程度、分布范围及其成因，为土壤改良提供水文地质资料。另外，应注意调查地下水的埋藏深度、水化学类型和矿化度及其与土壤盐碱化的关系，了解地下水位临界深度。选择典型地段逐层采取土样，了解盐类垂直分布与变化规律，盐碱化与微地貌和地表水的分布关系。

对沼泽化地区，应了解沼泽化的分布与成因，为保护利用沼泽化地区提供水文地质资料。

3. 滨海平原区

对滨海平原地区应调查海岸地貌、海岸变迁及现代海岸的升降变化；海相沉积物的岩性、颜色、厚度及其分布范围；通过对各含水层的抽水试验及水质分析，研究水质在垂直和水平方向上的变化，确定淡水含水层的富水段及其分布范围及咸、淡水分布界线。在咸水区，要着重研究咸淡水界面埋深，淡水层的埋藏条件、水量，淡水和咸水产生水力联系的可能性，为咸水的改造和利用提供资料。

二、基岩丘陵区地下水地面调查

（一）主要任务

（1）查明地层岩性、构造、地貌等因素对区域水文地质条件的影响，着重研究控制地下水形成、分布的主导因素和条件；划分含水层、组、带及地下水的类型，并研究各类地下水的形成、富集和补给、径流、排泄条件及水质状况；访问和搜集有重大供水意义的井（孔）、泉和受季节影响较大的地下水动态资料。

（2）查明基岩自流水盆地和自流水斜地的水文地质条件；断裂、构造裂隙及岩体、岩脉与围岩接触带富水性的一般规律；具有一定供水意义的风化带中地下水的一般分布规律和水文地质条件。

（3）查明第四系发育的河谷平原、山间盆地等松散砂砾石含水层的一般水文地质条件。

（4）查明区域水化学的一般特征，初步了解热矿水成因、分布及其开发利用条件，注意水化学找矿。

（5）探索和了解地方病与环境地质的关系，了解由水质污染而引起"污染病"的状况和致病原因。

（6）初步了解矿区水文地质条件和以水利工程地质为主的区域工程地质条件。

（二）调查内容

一般基岩丘陵山区，地下水受岩性、构造、地貌等多种因素影响，分布极不均匀。地质构造往往是控制地下水的主导因素，大的构造体系控制着区域地下水的分布规律，局部水文地质条件则受次一级低序次构造制约。在调查中必须运用由特殊到一般、由一般到特殊的工作方法，即由低序次的富水构造着手，找出控制地下水的高序次构造，据此来预测低序次构造的富水性。

在分清构造体系及其生成序次的基础上，对典型的断裂构造，查明其力学性质、断层规模、产状要素、胶结和充填程度、岩脉与岩体活动和蚀变破碎情况、后期构造作用、被切割岩石的力学性质、裂隙发育程度及地下水活动痕迹等。

主要应对下列构造的富水性进行调查。

（1）各种构造形迹，特别注意调查晚近活动的张性和张扭性断裂，对压性、压扭性断裂，注意研究断裂带上盘硬脆岩层及可溶性岩层分布地段顺断裂带的富水性及断裂带本身的封闭阻水性；各种构造形迹的交汇部位，构造共轭扭面的交叉部位，褶皱轴部张性、压性断裂的交汇处等。

（2）调查区域构造裂隙的发育与不同构造、地层部位的关系。注意其力学性质、发育程度、裂隙充填情况、裂隙面有无地下水活动的痕迹，如次生碳酸盐和二氧化硅薄膜等。分析裂隙所属构造体系，了解裂隙的一般分布规律。

（3）调查褶皱构造的形态类型、规模、地层组合关系、破碎程度和地貌汇水条件等，如有利于地下水补给和储存的背斜谷、向斜谷和地堑式背斜谷等的地下水补给、排泄条件及富水性；规模较大的宽缓向斜盆地形成自流水的可能性和槽线部位的富水性；褶皱两翼地层由陡变缓处、褶皱倾没端、地层转折部位、弧形构造的拐弯突出部位及硬脆岩层的近尖灭端等处的裂隙发育程度、汇水条件和富水性；横切和斜切褶皱沟谷的成因，注意被切含水层的地下水溢出带和沼泽湿地的分布，了解含水层的富水性。

（4）注意单斜构造形成自流斜地的可能性。调查影响单斜含水层的补给条件和富水性的下列因素：地层倾角、分布规模、含水层和隔水层的厚度、地层组合情况和岩层产状与地形坡向的关系等。注意单斜岩层最低处的地下水溢出带。

（5）调查岩脉的岩性、产状、厚度、长度和侵入时期。特别注意：①岩脉受后期构造作用，破碎成富水带的可能性；②岩脉本身阻水，造成脉侧富水的可能性；③岩脉横切沟谷挡水，并倾向上游时，岩脉迎水面富水的可能性；④岩脉与断裂带相交部位的富水性。

（6）调查地方病与环境地质和水质的关系。应先调查病区与非病区的气候、地形地貌、岩性、土质、水文地质条件和饮用水质，通过对比，发现其异常性，以便探索病因。调查应在不同地貌和水文地质单元内，分别选择一些有代表性的村（屯），调查地下水化学组分的淋溶—迁移—累积过程。研究一般水化学组分及某些微量元素含量的变化与疾病的关系。

有"三废"排出的工矿区和大量使用农药、化肥的地区，应调查和搜集由地下水和地表水遭受污染而引起"污染病"的状况，水中有毒成分含量、污染途径和污染物来源等资料。对浅层地下水更应注意污染问题的调查。

（7）碎屑岩山区调查一般应着重查明含水层较稳定的自流水盆地和自流斜地。还应注意调查：软硬相间和厚薄相间的地层中硬脆薄层的层间裂隙水和在界面处出露的泉；柔性地层中相对硬脆岩层和裂隙发育的构造部位局部富水的可能性；对单一硬脆岩层主要着眼于断裂构造富水带的调查；在不整合面和沉积间断面上出露的泉及其构成富水带的可能性；灰岩和泥质灰岩夹层的富水性。

（8）花岗岩类地区应调查：①风化带性状、厚度及影响因素，尤其是半风化带的厚度和分布规律，充分注意地貌汇水条件较好的剥蚀丘陵的风化网状裂隙水和堆积在沟谷、洼地的石英砂层的富水性。②围岩接触蚀变带的类型和宽度，尤其要注意硅化、碳酸盐化蚀变带的破碎和裂隙发育程度及其富水性。

（9）玄武岩地区应调查：①喷发方式、各期台地的分布、高程、柱状节理和气孔状结构等与地下水赋存的关系，中心式喷发的台地要注意火山口的调查，由火山口向周围观察玄武岩岩性、岩相厚度与地下水位、水质及富水性的变化规律，注意边缘地下水溢出带的分布。②多期喷发地区，应注意调查各次喷发熔岩流之间接触带的性质、分布及其富水性，注意研究凝灰质岩层的隔水性及裂隙性熔岩的富水性。③侵入其他地层中的安山玄武岩，应注意其地面露头的分布标高、柱状节理发育程度、风化带厚度，围岩蚀变类型、蚀变带宽度及侵入裂隙发育程度与地下水的关系。④非玄武岩之熔岩及火山碎屑岩类地区应调查：薄层状层理裂隙发育的火山碎屑岩的层理裂隙水；流层发育的流纹岩的成岩裂隙水；软硬相间岩层中硬脆岩层的层间裂隙水；喷发和沉积间断面的富水性。

（10）变质岩类分布地区应注意对大理岩、白云岩、硅质白云岩和硅化页岩等的调查。还要调查：①薄层大理岩夹层的岩性、厚度、产状、稳定性和岩溶裂隙发育程度对富水的影响；厚层大理岩则要调查其与不同岩性接触带的岩溶裂隙水，特别是粗粒大理岩、角闪大理岩和表部风化成层状的大理岩要注意下部岩溶发育程度与地下水的关系。②片麻岩类的风化带性状、厚度、分布、汇水面积及富水性；了解沟谷中不同地貌部位的泉水动态；注意山麓和沟谷中风化物稍经搬运堆积成的含水砂层的富水性。

三、岩溶地区地下水地面调查

调查岩溶含水层分布，研究地层、构造、岩脉与岩溶水的关系。调查地表有规律分布的各种岩溶形态，如串珠状洼地、干谷、漏斗、溶井、落水洞、塌陷等；各种岩溶水点，如岩溶泉、地下河出口、出水洞等是调查的重点；测定空间位置、水位、流量、流速、水质，调查补给范围、补给来源。对岩溶水点的水位和流量，应力求获得最枯时期资料，并访问雨季动态变化。岩溶水地区地表水与地下水间相互转化的速度较快，特别是裸露、半裸露型及一些浅覆盖地区，地表河水流量变化较大，应研究其伏流情况，对流量变化显著的河流，应分段测定其流量，常年有水的河流宜在枯季测流，间歇性河流可在雨季测流。要调查研究岩溶地下水系统补给、径流与排泄特征。不同类型岩溶地区，地下水资源调查的要求各有侧重。裸露地区主要查明岩溶发育特点及岩溶水点的详细情况。我国南方岩溶地区，尤其要查清地下暗河的分布、补给面积、流量与水质等状况。在覆盖型岩溶地区，要调查主要地下通道的位置及埋藏情况，查明岩溶强烈发育带，勾绘出强径流带及富水地段，评价其水质、水量。埋藏型地区，要获得各岩溶含水层组的埋深、厚度、水量、水质等初步资料。

四、黄土地区地下水地面调查

我国北方分布着 54 万 km² 的黄土（包括黄土台塬、黄土丘陵和河谷平原-丘间谷盆区），厚度由数十米至数百米。黄土地区土质疏松、沟谷深切、地形破碎、水土易于流失，地表缺水严重，多呈半干旱景观。

黄土地区的地下水地面调查侧重调查黄土地区的地貌特征。黄土区的地貌往往反映基底构造轮廓及下伏地层的分布与发育情况，控制地下水的赋存、运移。注意调查黄土台塬（包括呈阶梯状的台塬）、黄土丘陵（梁、峁、沟壑）、山前洪积扇（裙）和河谷阶地的形态等，收集黄土层中溶蚀、湿陷、沟谷切割密度及深度等，观察了解黄土地区水土流失及植被与地下水的关系等。通过对井、孔、泉水的研究，确定黄土层中的含水层位，分析地下水的赋存条件和分布规律。黄土地区的下伏基岩，多是古生代至中生代的灰岩、砂岩或页岩，应注意寻找基岩地下水，确定其富水层位及富水地段。研究黄土地区的水文地球化学特征，了解地方病与水土、地貌的关系，探讨致病水与非致病水的差异，查清致病水的水化学特征，研究合理开发黄土区地下水的方案，并推测可能出现的环境地质问题。

五、沙漠地区地下水地面调查

我国西北地区分布有大片沙漠地带，年降水量仅 50～100mm，蒸发强烈，该区地下水资源调查的主要目的是解决当地生活、生产用水和治理沙漠，因此，要对所有地下水露头（钻孔、井、泉、湿地）等进行观测。在查清从边缘山地到沙漠内部、松散沉积物形成特征的基础上，查明沙丘覆盖的淡水层和近代河道两侧淡水层的分布及其水文地质条件，重点调查古河道、潜蚀洼地和微地貌（沙丘、草滩、湖岸、天然堤等）的分布及其与地下水淡水层或透镜体的分布关系，注意可能汇水的冲洪积扇、冲湖积层的分布特征，寻找被掩埋的冲洪积扇、古河道带及冰水堆积物；调查山地与戈壁带的接触条件和地下水溢出带，查明地下水的补给来源、运动规律及排泄特点；研究地下水的化学成分，植物生长与地下水化学成分的关系，从山前到腹地的地下水化学成分的变化规律；还要注意研究古气候特征，其可指导寻找现代沙漠之下的地下水。

六、冻土地区的地下水地面调查

我国东北部和西部高寒山区分布有多年冻土区，区内年平均气温在 0℃以下，地壳表层常年被冻结或夏季表层融冻但下部仍冻结。冻结层内的地下水主要呈固态存在，冻结层下为液态地下水，但在冻结层内也常分布有融冻区。

在该类地区进行地下水调查，除对地貌、地层岩性、构造条件进行一般性研究之外，还应重点调查多年大面积冻结层的深度，片状冻结与岛状冻结层的分布规律及其特征；融冻期融冻层的厚度，常年积雪区范围、积雪和融雪量，地表水体的分布、水位、流量等。查明河流融区、湖泊融区、构造融区的形成原因、发育特点、分布范围及融区内含水层的埋藏条件，水质、水量、地下水与地表水的水力联系。冰锥、冰丘是多年冻土区地下水露头的特殊表现形式，应做详细调查。在现代冰川区，要研究其形成运动规律及冰川地貌，查明冰碛、冰水堆积、冰缘地貌的分布规律，其沉积物的类型，地下水的埋藏特征，还要查明冻土区水化学的水平与垂直变化规律。

第二章 水文地质钻探和水文地质物探

地下水调查中采用的勘探工程，包括钻探、坑探、槽探和物探等，但最主要的是水文地质钻探和水文地质物探。

第一节 水文钻探的基本任务

一、水文钻探工作的重要性

水文钻探是直接探明地下水的一种最重要、最可靠的勘探手段，是进行各种水文地质试验的必备工程，也是对地下水调查、水文地质物探成果所作地质结论的检验方法。随着地下水调查阶段的深入，水文钻探工作量在整个勘察工作中占有越来越重要的地位。水文钻探工作量依据不同阶段勘察工作的要求或专门任务确定。

水文钻探，由于其设备繁重、成本昂贵、施工技术复杂且工期长，对整个勘察的完成、勘察项目的投资均起决定作用。

二、水文钻探的基本任务

对于不同的地下水调查任务或同一勘察任务的不同勘察阶段，水文钻探的具体任务虽有差别，但其基本的任务一致，表现为：

（1）揭露含水层，探明含水层的埋藏深度、厚度、岩性等埋藏分布特征水位（水头）；查明含水层之间的水力联系。

（2）借助钻孔进行各种水文地质试验，确定含水层富水性和各种水文地质参数。

（3）通过钻孔（或在钻进过程中）采集水样、岩土样，确定含水层的水质、水温，测定岩土的物理力学和水理性质。

（4）利用钻孔监测地下水动态或将钻孔作为供水井。

第二节 水文钻探的技术要求

一、水文钻孔的结构和钻孔设计

（一）水文钻孔结构及钻进方法的特点

水文钻孔的结构比一般地质钻孔要复杂，因为水文钻探的任务不仅是取出岩芯，探明地层剖面，还必须取得许多水文地质数据，或将井孔保留下来，作为供水井或地下水动态观测井长期使用。实现上述多种功用，对水文钻孔的结构和钻进方法就有较多的要求。

（1）钻孔的直径（口径）较大。一般地质勘探孔的主要任务是取岩芯，故口径较小（直径一般小于 150mm）。水文钻孔，除了满足取岩芯的要求外，还必须满足抽水试验或作为生产井取水的要求。为保证抽出更多的水量和便于下入水泵，当前水文钻孔或水井的直径一般在 300～500mm，最大孔径可达 1000mm 或更大。

（2）钻孔的结构复杂。水文钻孔，为了分层取得不同深度含水层的水质、水量及动态资料，或为阻止非开采层以外含水层中的劣质地下水进入水井之中，常需对揭露的各个含水层采取分层止水的隔离措施。变径下管止水则是最有效的隔离方法（图 2-1）。有时，为减轻随钻进深度增加而加大的钻机荷载或为节省井壁管材，也需变径。

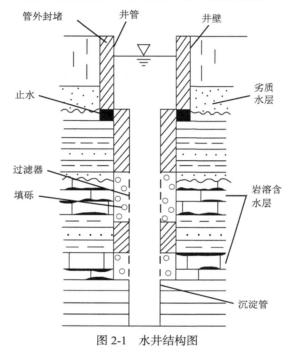

图 2-1　水井结构图

（3）为了保证地下水顺利地进入钻孔（水井），同时又能阻止含水层中的细颗粒物质进入钻孔或防止塌孔，在钻孔揭露的含水层段，常需下入复杂的滤水装置，即过滤器；而井壁与井管之间的非含水层段，则需用黏土、水泥等止水材料进行封堵，以阻止地表污水或开采含水层以外的劣质地下水沿孔壁和井管之间的空隙流入开采含水层中。因此，水文钻孔的结构是较复杂的（图 2-1）。

（4）为了防止钻进时所用的泥浆（即冲洗液）堵塞含水层而影响水井的出水量，对水文钻孔钻进时所用的冲洗液质量（密度、稠度等）有严格要求。一般要求尽量用清水钻进；在砂砾石含水层钻进时，泥浆黏度要求为 18～25s。在钻进结束后，必须认真地进行洗井工作。对于城市生活和工业用水井，正常运行时的井水含砂量要求小于百万分之一；农业灌溉水井，应小于 50 万分之一。

（5）为保证水泵顺利下入井中，并长期安全地工作，对水文钻孔，特别是将用于供水的井，一般要求孔身斜度每深 100m 小于 1°。

（二）水文钻孔的设计

在钻探任务确定之后，技术人员的重要任务之一，就是编制水文钻孔的设计书，它是钻孔施工的依据。钻孔设计书的内容包括：

（1）孔深。水文钻孔的深度，应根据钻探任务来确定，一般要求达到揭露或打穿主要含水层。

（2）开孔、终孔的直径及孔身变径位置。开孔直径，在松散岩层中，一般应大于450mm；在坚硬岩石中，应大于290mm。为简化水井结构，应尽可能采用"一径到底"。当不得不变径时，井孔直径大小应依据取水泵型确定。

（3）不同口径井管的下置深度及所选用的井管材料。

（4）钻孔中止水段的位置和止水方法。

（5）过滤器的类型和过滤器下置深度。

（6）对水井中的非开采含水层段，提出井壁与井管间隙的回填封堵段的位置、使用材料及要求。

（7）钻进方法及技术要求，包括对冲洗液质量、岩芯采取率、岩土水样采集、洗孔及孔斜等的要求，以及对观测和编录方面的技术要求。

设计书应附有设计钻孔的地层岩性剖面、井孔结构剖面和钻孔平面位置图。

二、钻进过程中的水文地质观测工作

为获得各种水文地质资料，除在终孔后进行物探测井和抽水试验外，核心的工作就是在钻进过程中进行水文地质观测。

（一）水文地质观测的主要项目

（1）观测冲洗液的消耗量及其颜色、稠度等特性的变化，记录其增减变化量及位置；

（2）钻孔中水位的变化，当发现含水层时，要测定初见水位和天然稳定水位；

（3）及时描述岩芯，统计岩芯采取率，测量其裂隙率或岩溶率；

（4）测量钻孔的水温变化及其位置；

（5）观测和记录钻孔的涌水、涌砂、涌气现象及其起止深度和数量；

（6）观测和记录钻进速度、孔底压力及钻具突然下落（掉钻）、孔壁坍塌、缩径等现象和其深度；

（7）按钻孔设计书的要求及时采集水、气、岩、土样品；

（8）钻进工作结束后，按要求进行综合性的水文地质物探测井工作。

以上在钻井过程中观测到的水文地质观测数据和重要现象，均要求反映在终孔后编制的水文钻孔综合成果图表中，如图2-2所示。本图表还包括在该孔中完成的试（实）验、分析等资料。完成各项任务的水文钻孔，应严格按要求进行封闭。

（二）水文地质观测工作的主要目的

（1）及时发现孔底地层岩石的变化，并进行观测以弥补岩芯采取率的不足；

（2）及时发现钻孔是否揭露了某个含水层（带）；

（3）帮助确定含水层（带）的埋藏深度、厚度及其富水性；

（4）分别取得不同含水层的水头、水温和水化学成分的资料；

（5）为最终确定水井的成井结构提供所需地质依据。

第三节 水文勘探钻孔的布置原则

水文钻探是一项费用昂贵、技术复杂的工作。因此，在布置水文钻探时，应力求以最小的钻探工作量，取得最多和更好的地质、水文地质成果，就是说钻孔的布置必须有明确的目的性。本节仅就布置钻孔的一般原则加以论述。

（1）布置钻孔时要考虑水文钻探的主要任务，应明确是查明区域水文地质条件，还是确定含水层水文地质参数、寻找富水带、评价地下水资源或进行地下水动态观测；主要任务不同，钻孔布置方案必然有所区别。

（2）布置钻孔时要考虑"一孔多用"，如既是水文地质勘探孔，又可保留作为地下水动态观测孔；或者既是勘探孔，又可留用为开采井。

（3）无论是查明水文地质条件、求取水文地质参数，还是进行地下水动态观测，在确定其钻孔位置时，均应考虑其代表性和控制意义。

（4）为分析、认识区域水文地质条件的变化规律，水文钻孔应布置成勘探线的形式。

就区域地下水资源调查和供水水文地质调查任务而言，可将上述原则理解为：

（1）为查明区域水文地质条件布置的钻孔，一般都布置成勘探线的形式。主要勘探线应沿着区域水文地质条件（含水层类型、岩性结构、埋藏条件、富水性、水化学特征等）变化最大的方向布置。对区内每个主要含水层的补给、径流、排泄和水量、水质不同的地段均应有勘探钻孔控制。例如，在山前冲洪积平原地区，主要的勘探线应沿着冲洪积扇的主轴方向布置；在河谷地区和山间盆地，主要勘探线应垂直河谷和山间盆地布置；在裂隙岩溶地区，主要勘探线应穿过裂隙岩溶水的补给、径流、排泄区和主要的富水带。

（2）为地下水资源评价目的的布置的勘探孔，其布置方案必须考虑拟采用的地下水资源评价方法。勘探孔所提供的资料应满足建立正确的水文地质概念模型、进行含水层水文地质参数分区和控制地下水流场变化特征的要求。

当水源地主要依靠地下水的侧向径流补给时，主要勘探线必须沿着流量计算断面布置。对于傍河取水水源地，为计算河流侧向补给量，必须布置平行与垂直河流的勘探线。

当采用数值模拟方法评价地下水资源时，为正确地进行水文地质参数分区，正确给出预报时段的边界水位或流量值，勘探孔布置一般呈网状形式并能控制边界上的水位或流量变化。

（3）以供水为勘察目的的勘探孔，按总原则布置钻孔时，考虑勘探-开采结合，钻孔一般应布置在含水层（带）富水性最好、成井把握性最大的地段。

第四节 地热井钻进基本要求

随着国民经济发展对能源的需求增多及钻井技术的提高，地热资源开发利用的规模逐渐扩大并形成地热产业。但地热深井钻探深度大，所需设备庞大，钻井施工难度大。遇到的主要问题有温度高、井深大、成井工艺要求高、管材结垢、腐蚀严重等。

地热深井以回转钻进为基本方法。根据井深、地层等特点及施工区的情况，可综合运用三牙轮钻头、刮刀钻头、金刚石钻头钻进，空气钻进等技术方法。

地热深井的井身结构合理与否，对钻井、成井及后期使用的影响很大。一般情况下，井身结构不超过三级，没有固定模式，要根据地层、设备、工艺等条件综合考虑进行设计。

地热井钻进时温度较高，要求钻井液具有良好的热稳定性。要选用抗高温的泥浆处理剂，并保证维持较低的固相含量。

为有效地防止上部地层的冷水和地表水进入井筒，地热井成井时要求在管外进行固井。地下热水温度较高，应采用抗高温石油水泥固井。为保证固井质量，可聘请专门的固井队伍施工。

第五节　水文地质物探

地球物理勘探简称物探。物探方法成本低、速度快、用途广泛，是水文地质调查中的重要勘察手段。随着新技术、新方法的不断涌现，解释水平的不断提高，物探应用前景将十分广阔。其基本原理是依据不同类型或不同含水岩石、不同矿化度水体之间存在着物性上（导电性、导热性、热容量、温度、密度、磁性、弹性波传播速度及放射性等）的差异，借助各种物探测量仪器探明这些差异，进而判断岩性、构造及其含水性能，为分析水文地质条件和进一步布置勘探工作提供依据。

物探方法种类很多，这里主要介绍地面物探及地球物理测井两大类。

一、常见的地面物探方法

（一）电法勘探

电法勘探是水文地质调查中应用最广泛的物探方法（图 2-3），具有设备轻便、效率高、解释方法成熟等优点。电法勘探是以介质的电性差异为基础，通过观测分析天然、人工电场或电磁场的时间和空间分布规律，判断地下介质形态和性质的一种地球物理方法。利用的岩石电学性质有导电性、介电性、极化性等。按电场性质分类可分为直流电法和交流电法，如图 2-3 所示。

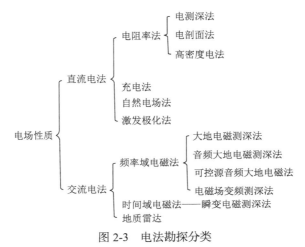

图 2-3　电法勘探分类

将主要的几种地面电法介绍如下。

1. 电阻率法

电阻率是描述物质导电性能的一个电性参数。岩石的电阻率与岩石的矿物成分、结构、孔隙度、含水量及地下水的矿化度有关。通过测量岩石的电阻率值，分析推断地质体的水文地质特征，从而解决有关地质问题。电阻率法可用于查明下列水文地质问题：

（1）确定含水层的分布、厚度及埋深、寻找古河道、古冲洪积扇等；

（2）寻找断裂破碎带，岩溶发育带的分布、位置、圈定富水带，确定覆盖层及风化层的厚度等；

（3）划分咸淡水界面，寻找淡水透镜体；

（4）推估水文地质参数等。

1）电测深法

电测深法是供电电极（AB）和测量电极（MN）按要求（常用对称四极装置，同步或不同步移动）逐次增大间距，使探测深度逐渐加大，得到勘测点处垂直向下由浅到深的视电阻率的变化曲线，分析判断测量点处垂直方向含水层的分布情况。电测深曲线解释的精度一方面取决于技术人员的地球物理知识和经验，另一方面取决于技术人员所掌握的水文地质知识和经验，以及能否灵活地、辩证地将两者密切结合起来进行分析。

电测深曲线解释的方法分定性解释和定量解释。定性解释包括各类定性图件的综合分析、地电断面划分及与地质断面的对应关系。定量解释的方法有：量版法、切线法、经验系数法及数值方法等。

2）电剖面法

电剖面法常用的是联合剖面法。该方法是采用两个三极（AMN 和 MNB）装置的联合，每个装置的另一个供电电极为无穷远极 C。工作时，保持极距不变，沿测线移动装置，MN的中点 O 为测点位置，一条测线上可得到两条视电阻率曲线，根据两条视电阻率曲线的交点或曲线形态，分析判断带状水文地质体（如含水的断层破碎带等）存在及状态。

联合剖面法生产效率较其他方法低些，但分辨率高，所获得的异常明显，效果好。可应用该法寻找或追索断层破碎带、地下暗河、不同岩性陡立接触面等。

3）高密度电阻率法

高密度电阻率法的基本原理与传统的电阻率法相同，是一种在方法技术上有很大改进的电阻率法。采用阵列勘探方法，即采用多电极和高密度布极，一次性实现跑极及数据的采集，可获得大量的观测数据。将数据输入微机，可对数据进行处理和正反演计算，得到地电断面分布的各种图示成果。它既有剖面法的性质，又有电测深法的性质。与传统的电阻率法相比，成本低、效率高、信息丰富、勘探效率显著提高。

2. 自然电场法

自然电场法是以地下存在的天然电场作为场源。由于天然电场与地下水通过岩石孔隙、裂隙时的渗透作用及地下水中离子的扩散、吸附作用有关，因此，可根据在地面测量到的电场变化情况，查明地下水的埋藏、分布和运动状况。主要是用于寻找掩埋的古河道、基岩中的含水破碎带及确定水库、河床及堤坝的渗漏通道，以及测定抽水钻孔的影响半径等。

方法的使用条件，主要取决于地下水渗透作用所形成的过滤电场的强度。一般只有在地下水埋藏较浅、水力坡度较大和所形成的过滤电位强度较大时，才能在地面测量到较明显的自然电位异常。

3. 激发极化法

在人工电场的作用下，地下地质体在其周围会产生二次电场。当停止供电后，二次电场会逐渐衰减，激发极化法就是利用二次场衰减特征来寻找地下水。二次场的衰减特征可用视极化率（η_s）、视频散率（P_S）（交流极化法的基本测量参数）、衰减度（D）、衰减时（τ）表示。判断地下水存在效果较好的测量参数，通常是 τ 和 D。τ 是指二次场电位差（$\triangle U_z$）衰减到某一规定数值时（通常规定为 50%）所需的时间（单位为秒）。D 也是反映极化电场（即二次场）衰减快慢的一种测量参数（用百分数表示）。由于岩石中的含水或富水地段水分子的极化能力较强，又因二次场一般衰减慢，故 D 和 τ 值相对较大。

激发极化法和电阻率法一样，分为测深法、剖面法和测井法。其中，激发极化测深法用得最多，主要用于寻找层状或似层状分布的各种地下水及较大的溶洞含水带，并可确定它们的埋藏深度。还可根据含水因素（M_S）[含水因素是指衰减时间（τ）-极距（$AB/2$）曲线图上，不同极距区间曲线与横坐标（$AB/2$）所包围的面积，它反映出不同深度区间岩石的含水性]和已知钻孔涌水量的相关关系，估计设计钻孔的涌水量。

由于激发极化所产生的二次场值小，所以这种方法不适用于覆盖层较厚（如大于 20m）和工业游散电流较强的地区。电源笨重、工作效率较低、成本较高，是这种方法的不足之处。

4. 交流电法

交流电法，即交变电磁场法，是以岩石、矿石（包括水）的导电性、导磁性及介电性的差异为基础，通过对以上物理场空间和时间分布特征的研究，达到查明隐伏地质体和地下水的目的。

1）音频大地电磁测深法

音频大地电磁法（audio magnetotelluric method，AMT）是利用频率在 20Hz～20kHz（即音频）的大地电场作为场源，在地面沿一定的剖面线测量电场强度 E_x，通过研究电场变化，达到了解地质构造及寻找地下水的目的。该方法受地形影响小，适合基岩区找水。

2）可控源音频大地电磁测深法

可控源音频大地电磁测深法（controled source audio magnetotelluric method，CSAMT）是近几年寻找深部地热的主要物探方法，是在音频大地电磁测深法的基础上，发展起来的一种人工源频率测深方法。由于所观测的电磁场频率、场强和方向均由人工控制，所以称为可控源音频大地电磁测深法。CSAMT 法可采用电性场源和磁性场源两种人工场源，目前主要应用的是人工交变电性场源。CSAMT 法是通过沿一定方向（如 X 方向）布置的接地导线 AB，向地下供入某一音频（f）的谐变电流，在其两侧 60°张角的扇形区内，沿 X 方向布置测线，同时观测与场源平行的电场水平分量 E_x 和与场源正交的磁场水平分量 H_y。利用电场相位与磁场相位计算卡尼亚阻抗相位，然后利用视电阻率和阻抗相位联合反演计算反演电阻率参数，利用反演电阻率进行地质推断解释。CSAMT 法探测深度大，垂向分辨率和水平分辨率好，受地形影响小，高阻屏蔽作用下，工作效率高。

3）瞬变电磁测深法

瞬变电磁测深法（transient electromagnetic method，TEM）是将接地导线或不接地回线向地下发射脉冲电流，一次场关断后，测量地下介质感应生成的二次场随时间的变化，水文地质体所感应生成的二次场电流越大，异常越明显。瞬变电磁测深法对含水的高导地层反应灵敏。该方法有较强的抗干扰能力，且观测数据不受地形及接地条件的影响。但该方法受电磁干扰大，探测目标与围岩电性差异小时，异常不明显，在金属矿分布地区不宜运用该法找水。

5. 核磁共振找水

核磁共振（nuclear magnetic resonance，NMR）技术是当今世界上的尖端技术，可采用核磁共振方法直接探查地下水。该项技术由前苏联科学家首创。以前 NMR 找水仪器有两种类型：一种是前苏联研制，俄罗斯仍在使用的 NMR 找水仪（hydroscope）；另一种是法国、俄罗斯合作研制，由法国 IRIS 公司生产的 NUMIS 找水仪。2010 年由吉林大学林君教授为首的团队已成功研制出核磁共振找水仪。该方法的基本原理是通过测量地层水中的氢核来直接找水。当施加一个与地磁场方向不同的外磁场时，氢核磁矩将偏离磁场方向，一旦外磁场消失，氢核将绕地磁场旋进，其磁矩方向恢复到地磁场方向。通过施加具有拉摩尔圆频率的外磁场，再测量氢核的共振讯号，便可实现核磁共振测量。目前在我国西北干旱地区及岩溶区等地找水，已取得较好效果，但该仪器价格昂贵，抗干扰性差，发射／接收线圈直径较大等，限制了其推广使用。

（二）其他地面物探方法

1. 地震勘探

地震勘探是根据土和岩石的弹性性质，测定人工激发所产生的弹性波在地壳内的传播速度来探测地质结构及含水界面的物探方法。该方法具有勘探深度大、探测精度高的优点，可用来确定覆盖层和风化层的厚度、潜水面埋藏深度，划分岩层结构，探测断层和岩溶发育带位置。在地热勘探中常使用该方法探明深部地质构造，判断地热层的分布情况。

2. 天然放射性找水法

放射性探测法主要适用于寻找基岩地下水，因为：①不同类型岩石，放射性强度有差异；②岩石中断裂带和裂隙发育带，常是放射性气体运移和聚积的场所，故可形成放射性异常带；③在地下水流动过程中（特别是在出露地段），水文地球化学条件的突然改变，可导致水中某些放射性元素的沉淀或富集，从而形成放射性异常。

由于地下水中所含放射性物质甚微，所以利用天然放射性找水，并非直接测定地下水的放射性，而是通过测定岩石的放射性差异去判断有无含水的岩层，有无可供地下水赋存的断裂、裂隙（通道）构造。放射性探测的方法很多，但都是基于测量氡及其子体的射线强度。放射性探测的仪器种类也很多，但从原理上说主要分为 γ、α 两种辐射仪（这是因为 γ 射线穿透力较强，α 粒子电离本领较强）。目前使用较多的方法简介如下。

（1）γ 测量法。所测量的是铀、钍、钾等放射性元素及其子体辐射出的 γ 射线的总强度。

本方法使用的仪器轻便，工作效率高，对查明岩层分界线和破碎带有一定效果；但其异常显示不够明显，覆盖土层厚度较大时效果不佳。

（2）放射性能谱测量法，是在 γ 测量法的基础上新推出的方法。它除能测量出 γ 射线总强度外，还可根据所记录的特征谱段的 γ 射线强度，区分出铀、钍、钾的 γ 辐射强度。在同一测量剖面线上，四条辐射强度曲线的相互配合，可大大提高地质解释的精度。

（3）射气测量法。该方法用射气仪（测氡仪）测量土壤中放射性气体（主要是氡气）的浓度，以发现浮土下的放射性异常带。

氡是镭的衰变产物，氡的三个天然同位素都是放射性气体。其中，^{222}Rn 是主要的射气（呈原子状态，易溶于水），由于它具有较长的半衰期（3.825d），故能进行较长距离的迁移。氡气常沿着构造裂隙和岩溶通道运移和集中，并在其上方产生一定的氡晕。因此，可通过探测氡（或其放射性子体）晕强度，寻找出含水裂隙带或岩溶通道。测氡法对于寻找脉状基岩含水带有很好的效果。但其测量结果，也难免受到土壤湿度、温度、气压、土壤密实程度和融冻状态的影响。

（4）α 径迹测量法和 α 卡法。这两种方法均是测量土壤盖层中 α 射线的方法。前者所测得的 α 射线是氡和其他放射性同位素共同产生的，而后者所测得的仅是氡及其子体所产生的 α 射线强度。两种方法的工作原理也基本相同。α 径迹法是将特制的薄膜（或胶片）放在固体绝缘容器中（一般用陶瓷杯），将容器倒置埋设于地面下 0.3～0.6m 深度内，经过 10～20d 后，取出特制薄膜（或胶片），在显微镜下统计出薄膜上被 α 射线轰击后留下的潜迹（孔），从而确定出 α 射线强度；α 卡法则是将特制的 α 卡片埋置于地下，使之聚积氡的衰变子体，而后使用 α 辐射仪测量出 α 射线强度。这两种方法，由于接收片在地下埋置的时间较长，聚积的放射性元素多，接收到的辐射量大，因而捕捉到的异常突出清晰，测量结果精度较高，且在浮土厚度较大时（数十米）也不受影响。两种方法的主要缺点是工期较长。

（5）^{210}Po 法。它和 α 卡法一样，也是一种长期积累的测氡方法，但它是通过采集土样，经化学处理后，使土样中的 ^{210}Po 元素置换到某种金属片上，再用 α 辐射仪测量 ^{210}Po 放出的 α 射线强度。由于 ^{210}Po 是一种长寿命、强辐射的天然同位素，故其探测深度也较大，且不适用于土层经过再搬运的地区。

二、地球物理测井法

地球物理测井方法可用于钻孔剖面的岩性分层，判断含水层（带）、岩溶发育带和咸淡水分界面位置（深度）及确定水文地质参数等。当采用无芯钻进或钻进取芯不足时，物探测井更是不可缺少的探测手段。物探测井的地质-水文地质解释精度，在确定钻孔中的岩层分界面和出水裂隙段位置的可靠性和精度方面，有时甚至比钻探取芯还高。

现将主要测井方法所解决的水文地质问题简介于下。

（1）普通（视）电阻率测井：除划分钻孔地层剖面外，主要用于确定含水层的位置及厚度，测定岩石电阻率参数和岩石孔隙度。

（2）井液电阻率测井：其中的扩散法，能可靠地确定钻孔中含水层（出水段）的位置和厚度，比较推断含水层的富水性，求地下水的渗透速度和间接计算渗透系数。

（3）自然电位测井：可确定地下水的矿化度和咸淡水界面，估计地层的含泥量。

（4）伽玛-伽玛测井：可按密度区分岩性、划分剖面，确定含水层和岩石的孔隙度。

（5）中子测井：用于划分岩性，查明含水层，确定孔隙度和测定含水量。

（6）放射性同位素测井：同位素示踪法是目前测定地下水流向、流速、渗透系数和水质弥散系数的主要方法，还可用于确定井内出水和套管破裂位置，检查井管外封堵质量和寻找水库（坝下）渗漏通道。

（7）声波测井：主要用于测定岩石的孔隙度，也用于划分岩性，作地层对比，划分含水破裂带等。

（8）热测井：测地温梯度，测定井内进（漏）水位置。

此外，还有流速（流量）测井法，实质上它属于水文法测井，而非地球物理方法。此法能直接测量出钻孔中各个含水层（或含水段）的厚度、流速和出水量，并能计算出各含水层（段）的渗透系数，确定钻孔中各个含水层之间的补排关系，还可检查钻孔止水效果和确定过滤器有效长度。我国冶金部武汉勘察研究院生产的 RM-2 型地下水流速仪，可测流速范围为 0.2～80cm／s。

三、水文地质人员在物探工作中的任务

（一）掌握物探方法的使用条件

物探方法是一种先进的勘察技术，但它能否取得好效果，还取决于一系列自然与人为因素。当能满足下列使用条件时，才能有较好的效果：

（1）探测对象（岩层或含水带）与围岩之间存在比较显著的物性差异；

（2）这种物性差异，要有一定的异常幅度，并在所探测的深度内能被目前使用的物探仪器测量出来；

（3）探测对象呈现的异常现象，能与其他自然和人为干扰因素引起的异常现象很好地区别开来；

（4）要求被探测对象要有一定的规模（厚度或范围），埋藏不能太深，其他自然和人为干扰因素（地形坡度、切割程度、浮土厚度、工业地电、地下金属管道等）的影响不能太强烈。

（二）提出水文地质物探工作的探测任务

根据水文地质调查任务，并考虑测区的具体地质及水文地质特点、物理场特点、可能存在的自然与人为干扰因素及物探仪器性能和精度，水文地质人员正确地提出了水文地质物探的任务。

水文地质物探的任务，主要有两个方面：通过地面物探（或航空物探）方法寻找含水层或富水带，确定它们的分布范围、埋藏深度、厚度和产状；通过物探测井方法准确地确定含水层（带）的厚度、深度、富水程度、咸淡水界面位置，或测定某些水文地质参数及完成某些水井工程探测任务（测量井径、井斜和检查钻孔止水效果）等。

（三）确定物探方法，选定物探测线、测点的布置方案和测量装置

依据所确定的任务，要求水文地质人员和物探人员一起，共同完成这三项工作。对选定

的物探方法，要通过现场试验验证后再作决定。如能使用综合物探手段完成同一项任务，则可相互验证，取长补短，以提高成果解释的可靠性和精度。例如，探测倾角不大的层状含水层，可同时使用电阻率测深法和激发极化测深法；寻找基岩脉状富水带，可同时使用电剖面法、磁法、γ测量法和射气测量法等。我国煤炭水文地质部门在北方岩溶区的勘探钻孔中，常使用视电阻率法、自然电位法、井液电阻率法、γ-γ法、中子法、井下电视等多种测井方法，综合确定岩溶发育段位置、含水层位置等，并取得了令人满意的效果。

在选择物探测线、测点的布置方案和选择正确的测量装置时，如使用电阻率测深（或剖面）法，则首先须确定测线的位置、方位、测点间距和测线之间的距离；同时，也要正确地选择供电极距、测量极距和电测剖面装置。有时虽然选择了正确的物探方法，但由于测线方向布置不正确或测量装置选择不合理，同样不能获得好的效果。例如，当测线与欲探测的构造破碎带交角很小时，可能测得的异常就非常不显著。对于厚度不大（如10～20m）而埋藏深度又较大（如顶板深度大于70～80m）的含水层，如采用电测深法正常的测量装置，可能在视电阻率曲线上根本没有显著异常显示；如果在含水层可能出现的深度，加密极距，则可能测量出含水层的异常值（图2-4）。又如，当采用电剖面法寻找覆盖土层下的陡斜基岩脉状富水带时，如果采用的极距过小，则探测深度达不到富水带，便无异常显示；若极距太大，则因富水带深部富水性变弱，所测得的异常显示也不够显著。因此，极距的选择对物探效果有决定性的影响。

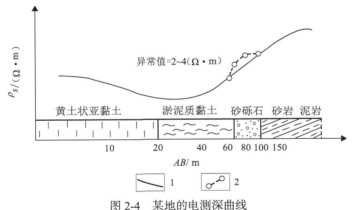

图 2-4　某地的电测深曲线
1. 正常极距测得的 ρ_S 曲线；2. 加密极距测得的 ρ_S 曲线

（四）解释测量成果

物探曲线常反映了探测对象本身和其他多种自然或人为因素的综合影响。因此，只有了解了具体的地质-水文地质背景和各种干扰因素的可能影响，才能进行正确的解释。否则，对于测量成果常常可以做出多种或者错误的解释。

因为含水层或富水带没有固定不变的异常标志，为了提高测量成果解释的可靠性，最好首先在露头较好地段或已有勘探井旁进行试验，确定出探测对象异常的形态、性质和幅度，从而制定出可靠的解释标志。例如，在视电阻率较高的石灰岩、岩浆岩和砂岩中，一般以低阻异常作为有水的标志，而在松散岩类地层中，高阻异常显示有含水层存在。因此，符合已有水井旁试验得出的解释标志，才是最可靠的解释标志。

第三章 水文地质试验

水文地质试验是地下水资源调查中不可缺少的重要手段,许多水文地质资料皆需通过水文地质试验才能获得。水文地质试验的种类很多,本章以野外抽水试验为主,其他几项试验为辅予以介绍。

第一节 抽水试验的目的任务

抽水试验是通过从钻孔或水井中抽水,定量评价含水层富水性,测定含水层水文地质参数和判断某些水文地质条件的一种野外试验工作。

随着水文地质勘察阶段由浅入深,抽水试验在各个勘察阶段中都占有重要的比重。其成果质量直接影响着对调查区水文地质条件的认识和水文地质计算成果的精确程度。在整个勘察费用中,抽水试验的费用仅次于钻探工作;有时,整个钻探工程主要是为了抽水试验而进行的。

抽水试验的目的、任务是:

(1)直接测定含水层的富水程度和评价井(孔)的出水能力;

(2)抽水试验是确定含水层水文地质参数(K、T、μ、μ^*、a)的主要方法;

(3)抽水试验可为取水工程设计提供所需水文地质数据,如单井出水量、单位出水量、井间干扰系数等,并可根据水位降深和涌水量选择水泵型号;

(4)通过抽水试验,可直接评价水源地的可(允许)开采量;

(5)可以通过抽水试验查明某些其他手段难以查明的水文地质条件,如地表水与地下水之间及含水层之间的水力联系,以及边界性质和强径流带位置等。

从实例图 3-1 的抽水条件下的等水位线图可以准确地判断 F_1、F_2、F_3 断层具阻水性质,F_4 是透水的,水从北东和北西向补给。从图 3-2 的等水位线,可准确地判断含水层的各向异性、断层的导水性和抽水孔西南存在的岩性隔水边界。

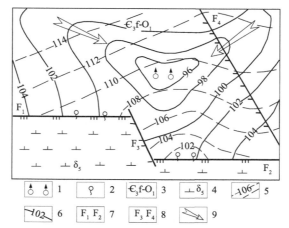

图 3-1 山东莱芜某岩溶水源地抽水条件下地下水流场图

1. 抽水孔组;2. 泉水,抽水试验后期干枯;3. 结晶灰岩、灰岩和白云质灰岩(含水组);4. 燕山期闪长岩;5. 抽水试验前的地下水等水位线(m);6. 抽水试验水位稳定时的地下水等水位线;7. 压性断层,抽水条件下为阻水断层;8. 张扭性断层,抽水条件下,F_3 为阻水断层,F_4 为透水断层;9. 地下水流向

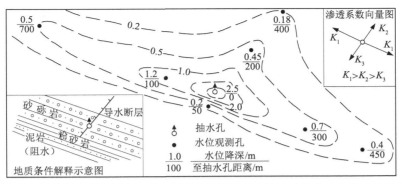

图 3-2　吉林省长岭县城北郊新古近系—新近系泰康组含水层抽水钻孔水位降深等值线示意图

第二节　抽水试验的分类和各种抽水试验方法的主要用途

按抽水试验所依据的井流公式原理和主要的目的任务，可将抽水试验划分为表 3-1 的各种类型。如表 3-1 所示的各种单一抽水试验类型，又可组合成多种综合性的抽水试验类型。如表 3-1 中的 I 和 II 类抽水试验，可组合成稳定流单孔抽水试验和稳定流多孔干扰抽水试验，非稳定流单孔抽水试验和非稳定流多孔干扰抽水试验等。

表 3-1　抽水试验方法分类表

分类依据	抽水试验类型	亚类		主要用途
I 按井流理论	I -1 稳定流抽水试验			（1）确定水文地质参数 K、$H(r)$、R （2）确定水井的 Q-S 曲线类型： ①判断含水层类型及水文地质条件 ②下推设计降深时的开采量
	I -2 非稳定流抽水试验	I -2-1 定流量非稳定流抽水试验		（1）确定水文地质参数 μ^*、μ、K'/m'（越流系数）、T、a、B（越流因素）、$1/a$（延迟指数） （2）预测在某一抽水量条件下，抽水流场内任一时刻任一点的水位下降值
		I -2-2 定降深非稳定流抽水试验		
II 按干扰和非干扰理论	II -1 单孔抽水试验	按有无水位观测孔	II -1-1 无观测孔的单孔抽水试验	同 I
			II -1-2 带观测孔单孔抽水试验（带观测孔的多孔抽水试验；带观测孔的孔组抽水试验）	（1）提高水文地质参数的计算精度： ①提高水位观测精度 ②避开抽水孔三维流影响 （2）准确确定 r-s 关系，求解出 R、μ、x （3）了解某一方向上水力坡度的变化，从而认识某些水文地质条件
	II -2 干扰抽水试验	按试验目的的规模	II -2-1 一般干扰抽水试验	（1）求取水工程干扰出水量 （2）求井间干扰系数和合理井距
			II -2-2 大型群孔干扰抽水试验	（1）求水源地允许开采量 （2）暴露和查明水文地质条件 （3）建立地下水流（开采条件下）模拟模型
III 按抽水试验的含水层数目	III -1 分层抽水试验			单独求取含水层的水文地质参数
	III -2 混合抽水试验			求多个含水层综合的水文地质参数

一般应根据地下水资源调查工作的目的和任务确定抽水试验类型。例如，在区域性地下水资源调查及专门性地下水资源调查的初始阶段，抽水试验的目的主要是获取含水层具有代表性的水文地质参数和富水性指标（如钻孔的单位涌水量或某一降深条件下的涌水量），故一般选用单孔抽水试验即可。当只需要取得含水层渗透系数和涌水量时，一般多选用稳定流抽水试验；当需要获得渗透系数、导水系数、释水系数及越流系数等更多的水文地质参数时，则须选用非稳定流的抽水试验方法。进行抽水试验时，一般不必开凿专门的水位观测孔，但为提高所求参数的精度和了解抽水流场特征，应尽量用已有更多的水井作为试验的水位观测孔。当已有观测孔不能满足要求时，则需开凿专门水位观测孔。

在专门性地下水资源调查的详勘阶段，为获得开采孔群（组）设计所需水文地质参数（如影响半径、井间干扰系数等）和水源地允许开采量（或矿区排水量），则须选用多孔干扰抽水试验。当设计开采量（或排水量）远小于地下水补给量时，可选用稳定流的抽水试验方法；反之，则选用非稳定流的抽水试验方法。

第三节　抽水孔和观测孔的布置要求

一、抽水孔（主孔）的布置要求

（1）布置抽水孔的主要依据是抽水试验的任务和目的，目的任务不同其布置原则也各异：①为求取水文地质参数的抽水孔，一般应远离含水层的透水、隔水边界，布置在含水层的导水及储水性质、补给条件、厚度和岩性条件等有代表性的地方；②对于探采结合的抽水井（包括供水详勘阶段的抽水井），要求布置在含水层（带）富水性较好或计划布置生产水井的位置上，以便为将来生产孔的设计提供可靠信息；③欲查明含水层边界性质、边界补给量的抽水孔，应布置在靠近边界的地方，以便观测到边界两侧明显的水位差异或查明两侧的水力联系程度。

（2）在布置带观测孔的抽水井时，要考虑尽量利用已有水井作为抽水时的水位观测孔。

（3）抽水孔附近不应有其他正在使用的生产水井或其他与地下水有联系的排灌工程。

（4）抽水井附近应有较好的排水条件，即抽出的水能无渗漏地排到抽水孔影响半径区以外，特别应注意抽水量很大的群孔抽水的排水问题。

二、水位观测孔的布置要求

（一）布置抽水试验水位观测孔的意义

（1）利用观测孔的水位观测数据，可以提高井流公式所计算出的水文地质参数的精度。这是因为：①观测孔中的水位不受抽水孔水跃值和抽水孔附近三维流的影响，能更真实地代表含水层中的水位；②观测孔中的水位，由于不存在抽水主孔"抽水冲击"的影响，水位波动小，水位观测数据精度较高；③利用观测孔水位数据参与井流公式的计算，可避开 R、a

值选值不当给参数计算精度造成的影响。

（2）利用观测孔的水位，可用多种作图方法求解稳定流和非稳定流的水文地质参数。

（3）利用观测孔水位，可绘制出抽水的人工流场图（等水位线或下降漏斗），分析判明含水层的边界位置与性质、补给方向、补给来源及强径流带位置等水文地质条件。大型孔群抽水试验渗流场的时空特征，可作为建立地下水流数值模拟模型的基础。

（二）水位观测孔的布置原则

不同目的的抽水试验，其水位观测孔布置的原则是不同的。

（1）为求取含水层水文地质参数的观测孔，一般应和抽水主孔组成观测线，所求水文地质参数应具有代表性。因此，要求通过水位观测孔观测所得到的地下水位降落曲线，对于整个抽水流场来说，应具有代表性。一般应根据抽水时可能形成的水位降落漏斗的特点来确定观测线的位置。

第一，均质各向同性、水力坡度较小的含水层，其抽水降落漏斗的平面形状为圆形，即在通过抽水孔的各个方向上，水力坡度基本相等，但一般上游侧水力坡度小于下游侧水力坡度，故在与地下水流向垂直方向上布置一条观测线即可[图 3-3（a）]。

第二，均质各向同性、水力坡度较大的含水层，其抽水降落漏斗形状为椭圆形，下游一侧的水力坡度远较上游一侧大，故除垂直地下水流向布置一条观测线外，还应在上、下游方向上各布置一条水位观测线[图 3-3（b）]。

第三，均质各向异性的含水层，抽水水位降落漏斗常沿着含水层储、导水性质好的方向发展（延伸），该方向水力坡度较小；储、导水性差的方向为漏斗短轴，水力坡度较大。因此，抽水时的水位观测线应沿着不同储、导水性质的方向布置，以分别取得不同方向的水文地质参数。

第四，对观测线上观测孔数目的布置要求。观测孔数目：只为求参数，1 个即可；为提高参数的精度则需 2 个以上，如欲绘制漏斗剖面，则需 2～3 个。观测孔距主孔距离：①按抽水漏斗水面坡度变化规律，越近主孔距离应越小，越远离主孔距离应越大；②为避开抽水孔三维流的影响，第一个观测孔距主孔的距离一般应约等于含水层的厚度（至少应大于 10m）；③最远的观测孔，要求观测到的水位降深应大于 20cm；④相邻观测孔距离，也应保证两孔的水位差必须大于 20cm。

（2）当抽水试验的目的在于查明含水层的边界性质和位置时，观测线应通过主孔、垂直于欲查明的边界布置，并应在边界两侧附近均布置观测孔。

（3）对于建立地下水水流数值模拟模型的大型抽水试验，应将观测孔比较均匀地布置在计算区域内，以便能控制整个流场的变化和边界上的水位和流量，应考虑每个参数分区内都布置观测孔，便于流场拟合。

（4）当抽水试验的目的在于查明垂向含水层之间的水力联系时，则应在同一观测线上布置分层的水位观测孔。

（5）观测孔深度：要求揭穿含水层，至少深入含水层 10～15m。

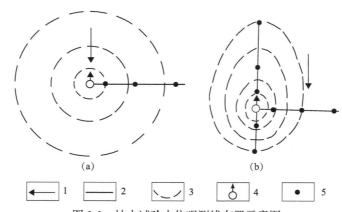

图 3-3　抽水试验水位观测线布置示意图

1. 地下水天然流向；2. 水位观测线；3. 抽水时的等水位线；4. 抽水主孔；5. 水位观测孔

第四节　抽水试验的主要技术要求

本节仅讨论如何确定对抽水水量、水位降深和抽水延续时间的要求。有关试验所用的水泵和流量，水位观测仪器的选择，流量、水位的观测时间间隔和观测精度的具体要求，可参阅有关的生产规范（程）。

一、稳定流单孔抽水试验的主要技术要求

（一）对水位降深的要求

为提高水文地质参数的计算精度和预测更大水位降深时井的出水量，正式的稳定流抽水试验，一般要求进行三次不同水位降深（落程）的抽水，要求各次降深的抽水连续进行；对于富水性较差的含水层或非开采含水层，可只做一次最大降深的抽水试验。对于松散孔隙含水层，为有助于在抽水孔周围形成天然的反滤层，抽水水位降深的次序可由小到大进行；对于裂隙含水层，为了使裂隙中充填的细粒物质（天然泥沙或钻进产生的岩粉）及早吸出，增加裂隙的导水性，抽水降深次序可由大到小进行。

一般抽水试验所选择的最大水位降深值（S_{max}）：潜水含水层，$S_{max} = （1/3 \sim 1/2）H$（$H$ 为潜水含水层厚度）；承压含水层，$S_{max} \leqslant$ 承压含水层顶板以上的水头高度。当进行三次不同水位降深抽水试验时，其余两次试验的水位降深，应分别等于最大水位降深值的 1/3 和 1/2。但是，在一般情况下，当含水层富水性较好，而勘探中使用的水泵出水量又有限时，很难达到上述抽水降深的要求。此时，要求 S_{max} 等于水泵的最大扬程（或吸程）即可。当 S_{max} 降深值不太大时，相邻两次水位降深之间的水头差值也不应小于 1m。

根据抽水试验所求得的水文地质参数代表了抽水降落漏斗范围内含水层体积的平均参数，因此，抽水降深越大，所求得的水文地质参数代表性越好，但抽水投资会越大。应根据实际水文地质条件和经济条件确定适当的水位降深。

（二）抽水试验流量的设计

由于水井流量的大小主要取决于水位降深的大小，因此一般以求得水文地质参数为主要目的的抽水试验，无须专门提出抽水流量的要求。但为保证达到试验规定的水位降深，试验进行前仍应对最大水位降深时对应的出水量有所了解，以便选择适合的水泵。其最大出水量，可根据同一含水层中已有水井的出水量推测，或根据含水层的经验渗透系数值和设计水位降深值估算，也可根据洗井时的水量来确定。

欲作为生产水井使用的抽水试验钻孔，其抽水试验的流量最好能和需水量一致。

（三）对抽水试验孔水位降深和流量稳定后延续时间的要求

按稳定流抽水试验所求得的水文地质参数的精度，主要影响因素之一是抽水试验时抽水井的水位和流量是否真正达到了稳定状态。生产规范（规程）一般是通过规定的抽水井水位和流量稳定后的延续时间来作保证。如果抽水试验仅为获得含水层的水文地质参数，水位和流量的稳定延续时间达到 24h 即可；如果抽水试验的目的，除获取水文地质参数外，还必须确定出水井的出水能力，则水位和流量的稳定延续时间至少应达到 48～72h 或者更长。当抽水试验带有专门的水位观测孔时，距主孔最远的水位观测孔的水位稳定延续时间应不少于2～4h。此外，在确定抽水试验是否真正达到稳定状态时，还必须注意：①稳定延续时间必须从抽水孔的水位和流量均达到稳定后开始计算；②要注意抽水孔和观测孔水位或流量微小而有趋势性的变化。例如，有时间隔 2 次观测到的水位或流量差值，可能已小于生产规程规定的稳定标准。但是，这种微小的水位下降现象，却是连续地出现在以后各次的水位观测中。此种水位或流量微小而有趋势性的变化，说明抽水试验尚未真正进入稳定状态。如果抽水试验地段水位虽出现匀速的缓慢下降，其下降的速度又与受抽水影响地段的含水层水位的天然下降速度基本相同，则可认为抽水试验已达到稳定状态。

（四）水位和流量观测时间的总要求

抽水主孔的水位和流量与观测孔的水位，都应同时进行观测，不同步的观测资料，可能给水文地质参数的计算带来较大误差。水位和流量的观测时间间隔，应由密到疏，停抽后还应进行恢复水位的观测，直到水位的日变幅接近天然状态为止。

二、非稳定流抽水试验的主要技术要求

非稳定流抽水试验，按泰斯井流公式原理，可设计成定流量抽水（水位降深随时间变化）或定降深抽水（流量随时间变化）两种试验方法。由于抽水过程中流量比水位容易固定（因水泵出水量一定），在实际生产中一般多采用定流量的非稳定流抽水试验方法。只有在利用自流钻孔进行涌水试验（即水位降低值固定为自流水头高度，而自流量逐渐减少、稳定），或当模拟定降深的疏干或开采地下水时，才进行定降深的抽水试验。所以本节将以定流量抽水为例，介绍非稳定流抽水试验的技术要求。

（一）对抽水流量值的选择要求

在定流量的非稳定流抽水中，水位降深是一个变量，故不必提出一定的要求，而对抽水流量值的确定则是重要的。在确定抽水流量值时，应考虑两种情况：①对于主要目的在于求得水文地质参数的抽水试验，选定抽水流量时只需考虑对该流量抽水到抽水试验结束时，抽水井中的水位降深不致超过所用水泵的吸程；②对于探采结合的抽水井，可考虑按设计需水量或按设计需水量的 1/3～1/2 的强度来确定抽水量；③可参考勘探井洗井时的水位降深和出水量来确定抽水流量。

（二）对抽水流量和水位的观测要求

进行定流量的非稳定流抽水时，要求抽水量自始至终均保持定值，而不只是在参数计算取值段的流量为定值。对定降深抽水的水位定值要求也如此。

同稳定流抽水试验要求一样，流量和水位观测应同时进行；观测的时间间隔应比稳定流抽水小；抽水停抽后恢复水位的观测，应一直进行到恢复水位变幅接近天然水位变幅时为止。由于利用恢复水位资料计算的水文地质参数，常比利用抽水观测资料求得的可靠，故非稳定流抽水恢复水位观测工作，更有重要意义。

（三）抽水试验延续时间的要求

对非稳定流抽水试验的延续时间，目前还没有公认的科学规定。但可从试验的目的任务和参数计算方法的需要，对抽水延续时间作出规定。

当抽水试验的目的主要是求得含水层的水文地质参数时，抽水延续时间一般不必太长，只要水位降深（S）-时间对数（$\lg t$）曲线的形态比较固定和能够明显地反映出含水层的边界性质即可停抽。我国一些水文地质学者，在研究含水层导水系数（T）随抽水延续时间的变化规律后得出结论：根据非稳定流抽水初期观测资料所计算出的不同时段的导水系数值变化较大；而当抽水延续到 24h 后所计算的 T 值与延续 100h 时后计算的 T 值之间的相对误差，绝大多数情况下均 <5%。故从参数计算的结果考虑，以求参为目的的非稳定流抽水试验的延续时间，一般不必超过 24h。

抽水试验的延续时间，有时也需考虑求参方法的要求。例如，当试验层为无界承压含水层时，常用配线法和直线图解法求解参数。前者虽然只要求抽水试验的前期资料，但后者从简便计算取值出发，则要求 S-$\lg t$ 曲线的直线段（即参数计算取值段）至少能延续 2 个以分钟为单位的对数周期，故总的抽水延续时间达到 3 个对数周期，即达 1000min。如有多个水位观测孔，则要求每个观测孔的水位资料均符合此要求。

当有越流补给时，如用拐点法计算参数，抽水至少应延续到能可靠判定拐点（$S_{\max}$）为止。如需利用稳定状态时段的资料，则水位稳定段的延续时间应符合稳定流抽水试验稳定延续时间的要求。

当抽水试验目的主要在于确定水井的涌水量（对定流量抽水来说，应为某一涌水量条件下，水井在设计使用年限内的水位降深）时，试验延续时间应尽可能长一些，最好能从含水层的枯水期末期开始，一直抽到雨季初期；或抽水试验至少进行到 S-$\lg t$ 曲线能可靠地反映出含水层边界性质为止。如为定水头补给边界，抽水试验应延续到水位进入稳定状态后的一段时间为止；有隔水边界时，S-$\lg t$ 曲线的斜率应出现明显增大段；当无限边界时，S-$\lg t$ 曲线应在抽水期内出现匀速的下降。

三、大型群孔干扰抽水试验的主要技术要求

（1）大型群孔干扰抽水试验主要指表 3-1 中的 Ⅱ-2-2 类型抽水试验，一般指群孔抽水，大流量、大降深、强干扰、长时间的模拟生产条件的大型抽水试验，抽水试验的主要目的在于求得水源地的允许开采量或求矿井在设计疏干降深条件下的排水量，或对某一开采量条件下的未来水位降深做出预报。因此，大型群孔干扰抽水试验的抽水量，应尽可能接近水源地的设计开采量。当设计开采量很大（如 5 万 m³ 以上）或抽水设备能力有限时，抽水量至少也应达到水源地设计开采量的 1/3 以上。

（2）对大型群孔干扰抽水试验水位降深的要求，基本上同对抽水量的要求一样，即应尽可能地接近水源地（或地下疏干工程）设计的水位降深，一般或至少应使群孔抽水水位下降漏斗中心处达到设计水位降深的 1/3。特别是当需要通过抽水时的地下水流场分析（查明）某些水文地质条件时，更必须有较大的水位降深要求。

（3）大型群孔抽水试验可以是稳定流的，也可以是非稳定流的。对于供水水文地质勘察来说，为获得水源地的稳定出水量，一般多进行稳定流的开采抽水试验。此稳定出水量，可以通过改变抽水强度直接确定出水源地最大降深时的稳定出水量（适用于地下水资源不太丰富的水源地）；也可通过进行三次水位降深的稳定流抽水试验，据流量（Q）与水位降深（S）关系曲线方程，下推设计条件下的稳定出水量。

（4）为提高水源地允许开采量的保证程度，抽水试验最好在地下水枯水期的后期进行；如还需通过抽水试验求得水源地在丰水期所获得的补给量，则抽水试验要一直延续到雨季初期。

（5）实现大型群孔干扰抽水试验的各项任务，抽水延续时间往往较长。按原地质矿产部《城镇及工矿供水水文地质勘察规范》（1986 年颁布）的规定，进行稳定流的抽水试验，要求水位下降漏斗中心水位的稳定时间不应少于一个月；但根据试验任务的需要，可以更长（如 2~3 个月或以上）。此外，还须注意的是，各抽水孔的抽水起、止时间应该是相同的；对抽水过程中水位和出水量的观测应该是同步的；对停抽后恢复水位的观测延续时间的要求，同于一般稳定或非稳定流抽水试验。

第五节　抽水试验资料的整理

在抽水试验进行过程中，需要及时对抽水试验的基本观测数据——抽水流量（Q）、水位降深（S）及抽水延续时间（t）进行现场检查与整理，并绘制出各种规定的关系曲线。现场资料整理的主要目的是：①及时掌握抽水试验是否按要求正常地进行，水位和流量的观测成果是否有异常或错误，并分析异常或错误现象出现的原因。需及时纠正错误，采取补救措施，包括及时返工及延续抽水时间等，以保证抽水试验顺利进行。②通过所绘制的各种水位、

流量与时间关系曲线及其与典型关系曲线的对比，判断实际抽水曲线是否达到了水文地质参数计算的要求，并决定抽水试验是否需要缩短、延长或终止，并为水文地质参数计算提供基本的可靠的原始资料。

不同方法的抽水试验，对资料整理的具体要求也有所区别。

一、稳定流单孔（或孔组）抽水试验现场资料整理的要求

对于稳定流抽水试验，除及时绘制出 Q-t 和 S-t 曲线外，还需绘制出 Q-S 和 q-S 关系曲线（q 为单位降深涌水量）。Q-t、S-t 曲线有助于了解抽水试验进行得是否正常；而 Q-S 和 q-S 曲线则有助于了解曲线形态是否正确地反映了含水层的类型和边界性质，检验试验是否有人为错误。图 3-4 和图 3-5 表示了抽水试验常见的各种 Q-S 和 q-S 曲线类型。图 3-4 中曲线 I 表示承压井流（或含水层厚度很大、降深相对较小的潜水井流）；曲线 II 表示潜水或承压转无压的井流（或为三维流、紊流影响下的承压井流）；曲线 III 表示从某一降深值起，涌水量随降深的加大而增加很少；曲线 IV 表明补给衰竭或水流受阻，随 S 加大 Q 反而减少；曲线 V 通常表明试验有错误，但也可能反映在抽水过程中，原来被堵塞的裂隙、岩溶通道被突然疏通等情况的出现。

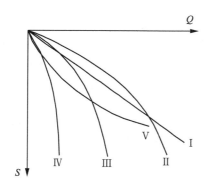

图 3-4　抽水试验的 Q-S 曲线

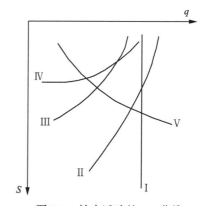

图 3-5　抽水试验的 q-S 曲线

二、非稳定流单孔（或孔组）抽水试验现场资料整理的要求

对于定流量的非稳定流抽水试验，在抽水试验过程中主要是编绘水位降深和时间的各类关系曲线，这些曲线，除用于及时掌握抽水试验进行得是否正常和帮助确定试验的延续、终止时间外，还为计算水文地质参数服务。故须在抽水试验现场编绘出能满足所选用参数计算方法要求的曲线形式。在一般情况下，首先编绘的是 S-$\lg t$ 或 $\lg S$-$\lg t$ 曲线；当水位观测孔较多时，还需编绘 S-$\lg r$ 或 S-$\lg t/r^2$ 曲线（r 为观测孔至抽水主孔距离）；对于恢复水位观测资料，需编绘出 S'-$\lg\left(1+\dfrac{t_p}{t'}\right)$ 和 $S*$-$\lg\dfrac{t}{t'}$ 曲线。其中，S' 为剩余水位降深；$S*$ 为水位回升高度；t_p 为抽水主井停抽时间；t' 为从主井停抽后算起的水位恢复时间；t 为从抽水试验开始至水位恢复到某一高度的时间。

三、群孔干扰抽水试验现场资料整理的要求

除编绘出各抽水孔和观测孔的 S-t（对稳定流抽水试验）、S-lg$t$（对非稳定流抽水试验）曲线和各抽水孔流量、群孔总流量过程曲线外，还需编绘试验区抽水开始前的初始等水位线图、不同抽水时刻的等水位线图、不同方向的水位下降漏斗剖面图及水位恢复阶段的等水位线图，有时还需编制某一时刻的等降深图。

第六节　其他水文地质野外试验

除抽水试验外，还有许多其他野外水文地质试验方法。现将常用的方法简介如下。

一、渗 水 试 验

渗水试验是一种在野外现场测定包气带土层垂向渗透系数的简易方法，在研究大气降水、灌溉水、渠水、暂时性表流等对地下水的补给时，常需进行此种试验。

试验方法：在试验层中开挖一个截面积为 $0.3 \sim 0.5 \mathrm{m}^2$ 的方形或圆形试坑，不断将水注入坑中，并使坑底的水层厚度保持一定（一般为10cm厚，图3-6），当单位时间注入水量（即包气带岩层的渗透流量）保持稳定时，则可根据达西渗透定律计算出包气带土层的渗透系数，即

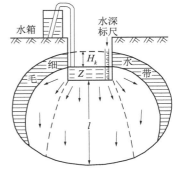

图3-6　试坑渗水试验示意图

$$K = V / I = \frac{Q}{WI} \qquad (3\text{-}1)$$

式中，Q 为稳定渗透流量，即注入水量；V 为渗透水流速度；W 为渗水坑的底面积；I 为垂向水力坡度，即

$$I = \frac{H_k + Z + l}{l}$$

式中，H_k 为包气带土层的毛细上升高度（m），可测定或用经验数据；Z 为渗水坑内水层厚度（m）；l 为水从坑底向下渗入的深度（m），可通过试验前在试坑外侧、试验后在坑中钻孔取土样测定其不同深度的含水量变化，经对比后确定。由于 H_k、l、Z 均为已知，故可计算出水力坡度 I 值。但在通常情况下，当渗入水到达潜水面后，H_k 则等于零。又因 Z 远远小于 l，故水力坡度值近似等于 l（$I \approx 1$），于是式（3-1）变为

$$K = \frac{Q}{W} = V \qquad (3\text{-}2)$$

式（3-2）说明，在上述基本合理的假定条件下，包气带土层的垂向渗透系数（K），实际上

就等于试坑底单位面积上的渗透流量（单位面积注入水量），也等于渗入水在包气带土层中的渗透速度（V）。一般要求在试验现场及时绘制出 V 随时间的过程曲线（图 3-7），其稳定后的 V 值（即图 3-7 中的 V_7）即为包气带土层的渗透系数（K）。

　　由于直接从试坑中渗水，未考虑注入水向试坑以外土层中侧向渗入的影响（使渗透断面加大，单位面积入渗量增加），故所求得的 K 值常常偏大。为克服此种侧向渗水的影响，目前多采用如图 3-8 所示的双环渗水试验装置，内外环间水体下渗所形成的环状水围幕即可阻止内环水的侧向渗透。

　　渗水试验方法的最大缺陷是，水体下渗时常常不能完全排出岩层中的空气，这对试验必然产生影响。

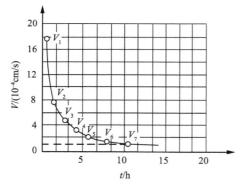

图 3-7　渗透速度与时间关系曲线图（据查依林）

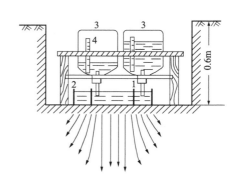

图 3-8　双环法试坑渗水试验装置图
1. 内环（直径 0.25m）；2. 外环（直径 0.5m）；
3. 自动补充水瓶；4. 水量标尺

二、压 水 试 验

　　压水试验是一种在钻孔内进行的岩石原位渗透试验，是测定岩石渗透性最常用的一种试验方法。它借用水柱自重压力或使用机械（泵）压力，将水压入钻孔内岩壁四周的裂隙中，然后在一定条件下通过测定单位时间内压入水量的多少判断岩石的渗透性。主要为水利工程基础灌浆而求得渗透系数及孔距、排距、深度施工工艺等参数。

（一）压水试验的目的任务

　　（1）通过压水试验，了解地下不同深度坚硬与半坚硬岩层的相对透水性和裂隙发育的相对程度，评价岩层的透水性。
　　（2）为防渗与基础处理措施等提供所必需的基本资料。
　　（3）为灌浆等工程提供如孔距、排距、深度施工工艺等参数。

（二）压水试验的方法与要求

　　（1）试验方法：目前多采用自上而下的昌荣多阶段压水法，即每钻进一段，便用气压式或水压式检塞隔离进行试验。

（2）试验段长度的确定：一般规定为 5m，如岩心完好，岩石透水性很小时（单位吸水量 $w<0.01$L/min），可适当加长试段，但不宜大于 10m；对于透水性较强的构造破碎带、裂隙密集带、岩层接触带和岩溶等地段，需要单独了解它们的透水性情况时，可根据具体情况确定试段长度。孔底残留岩心不超过 20cm 者，可计入试段长度之内。倾斜钻孔的试段长度，按实际倾斜长度计算。

（3）压力阶段与压力值：每一段的压水试验，采用三级压力，如 P_1（0.3MPa）、P_2（0.6MPa）、P_3（1.0MPa）；进行五个阶段的循环试验，即自最小压力 P_1（0.3MPa）逐级升至最大压力 P_3（1.0MPa），然后按原压力逐级下降，重新回到最小压力 P_1（0.3MPa），即进行一个由 $P_1 \sim P_2 \sim P_3 \sim P_4$（$=P_2$ 压力值）$\sim P_5$（$=P_1$ 压力值）的循环过程。压力值 $P_1<P_2<P_3$。在实际应用中压力值应根据钻孔的具体情况确定，最大压力值 P_3 不一定是 1.0MPa，可以小于或大于该值。当试验漏水量很大，不能达到规定的压力时，可按水泵的最大供水能力所能达到的压力值进行试验或注水。压力值的计算可参阅表 3-2。

表 3-2　压力值计算条件

试段内地下水状况	压力计算零点图标	压力值（P）	备注
干孔		$P = P_M + P_y$	1. 压力表读数的精度要求达到 0.01kg/cm²，指针左右摆动时，取其平均值 2. 使用压力表时，其压力值应在压力表极限压力值的 1/3～1/4，在特殊情况下，才可使用小于极限压力值 1/3 的刻度值 3. 如使用单管柱栓塞压水时，应从总压力中扣除实际测定的压力损失 4. P_M 为压力表上读数（m）；P_y、P_y' 为水柱压力值（m）；L 为试段长度，L' 为试段内水位以上长度（m），α 为钻孔倾斜角度
地下水水位位于试段之内		$P = P_M + P_y$	
地下水位位于试验段以上，且属于试段所在含水层时		$P = P_M + P_y$	1. 压力表读书的精度要求达到 0.01kg/cm²，指针左右摆动时，取其平均值 2. 使用压力表时，其压力值应在压力表极限压力值的 1/3～1/4，在特殊情况下，才可使用小于极限压力值 1/3 的刻度值 3. 如使用单管柱栓塞压水时，应从总压力中扣除实际测定的压力损失 4. P_M 为压力表上读数（m）；P_y、P_y' 为水柱压力值（m）；L 为试段长度，L' 为试段内水位以上长度（m），α 为钻孔倾斜角度
斜孔，地下水位在试验段以上		$P = P_M + P_y$ $= P_M + P_y' \sin a$	

（4）试验钻孔的质量要求：应采用清水钻进，孔壁保持平直完整，覆盖层与基岩之间应使用套管隔离并止水。试验前，必须清洗钻孔，达到回水清洁，孔底无沉淀岩粉。

（5）测定地下水位：试验前，应观测试验孔段的地下水位，以确定压力计算零点。地下水位应每 5 分钟观测一次（并同时进行工作管内、外水位的测量），当连续三次读数的水位变幅小于 8cm/h 时，即视为稳定。若各试段位于同一含水层中，可统一测定水位。

（6）试段隔离：栓塞下入预定孔段封闭后，应采用试验的最大压力进行试验，测定管内外水位，检查栓塞止水效果，必要时采取紧塞或移塞等措施。如确属裂隙串通而引起的水位上升，可继续进行压水试验，但须详细记录说明。

（7）压力和流量观测：压力和流量要同时观测，一般每 5 分钟记录一次。压力要保持稳定，当连续四次流量读数的最大和最小值之差小于平均值的 10%或 1L/min 时，可结束试验。如果压水试验是确定渗透系数的重要方法或主要方法时，稳定延续时间要超过 2h 以上。

（三）压水试验的设备

主要设备与装置如图 3-9 所示。其中基本的设备为止水栓塞，国内常用的止水栓塞见表 3-3。

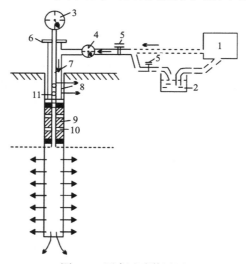

图 3-9　压水试验装置图

1. 水泵；2. 水箱；3. 高精度压力表；4. 流量表；5. 开关；6. 千斤顶；7. 内管；8. 外管；9. 橡皮塞；
10. 铁垫圈；11. 送水孔

表 3-3　常用止水栓塞及其性能

栓塞类型	示意图	主要性能
双管循环式	系扣 绞盘 内管 花管 橡皮塞 外管 进水口 垫圈	能防止水头损失影响，能在深水位条件下作低压力压水试验。但设备笨重，装卸费事，止水可靠性较差，在深孔中使用极为困难

续表

栓塞类型	示意图	主要性能
单管顶压式	工作管 / 锥形体 / 橡皮塞 / 垫圈 / 支撑花管	设备简单，操作方便，但止水效果差。当止水无效时，移塞困难。不能在深水位条件下作低压力压水试验，流量较大时不易求得其压力损失值
单管水压式	接钻杆至孔口1 / 球塞控制部分 / 胶塞三个全长约1.35m / 支撑钻杆	止水可靠，在孔壁不规则的条件下止水效果也较好。设备简单，操作方便，可直接检查孔内管路漏水情况。当流量较大时，可在孔内直接测得水头损失值，其误差一般不超过1m。但不能在深水位条件下作低压力压水试验，不能完全清楚水头损失的影响，相对延长了测水位的时间
单管气压式		止水可靠；设备简单，操作方便；工作效率高；适用范围广，但不能在深水位条件下作低压力压水试验

（四）资料整理

（1）绘制 P-Q 曲线，确定 P-Q 曲线类型计算试段透水率。绘制 P-Q 曲线时，应采用统一比例尺，即 P 轴坐标 1mm 代表 0.01MPa，Q 轴坐标 1mm 代表 1L/mm。P-Q 曲线分为 5 种类型：A 型（层流型）、B 型（紊流型）、C 型（扩张型）、D 型（冲蚀型）和 E 型（充填型）。根据升压阶段 P-Q 曲线的形状及降压阶段 P-Q 曲线与升压阶段 P-Q 曲线之间的关系，确定试段的 P-Q 曲线类型。P-Q 曲线类型及特点见表 3-4。

P-Q 曲线出现不符合 5 种类型时，应分析原因，差别较小可归入接近类型，差别大不能归入时，可能是试验出现问题或错误，应重新做试验。

表 3-4　P-Q 曲线类型及特点一览表

类型名称	A（层流）型	B（紊流）型	C（扩张）型	D（冲蚀）型	E（充填）型
P-Q 曲线					
曲线特点	升压曲线为通过原点的直线，降压曲线与升压曲线基本重合	升压曲线凸向 Q 轴，降压曲线与升压曲线基本重合	升压曲线凸向 P 轴，降压曲线与升压曲线基本重合	升压曲线凸向 P 轴，降压曲线与升压曲线不重合，呈顺时针环状	升压曲线凸向 Q 轴，降压曲线与升压曲线不重合，呈逆时针环状

（2）试段透水率计算。试段透水率采用以下公式计算

$$q = \frac{Q_3}{L} \cdot \frac{1}{P_3} \qquad (3\text{-}3)$$

式中，q 为试段透水率（Lu）；L 为试段长度（m）；Q_3 为第三压力阶段压入流量（L/min）；P_3 为第三压力阶段试验压力（MPa）。

透水率取两位有效数字，小于 0.10 时记为零。表示方法，用试验段透水率和 P-Q 曲线类型（加括号）表示，如 0.23（A）、15（B）等。

渗透率的单位为吕荣（Lugeon），吕荣定义为当试段压力为 1MPa 时，每米试段的压入流量为 1L/min。

《水利水电工程钻孔压水试验规程》（SL31—2003）中推荐的计算公式：当试段位于地下水位以下，透水性较小（$q < 10$ Lu），且 P-Q 曲线为 A（层流）型时，可用下式求算渗透系数

$$K = \frac{Q}{2\pi HL} \cdot \ln\frac{1}{r} \qquad (3\text{-}4)$$

式中，K 为地层渗透系数（m/d）；Q 为压水流量（m³/d）；H 为试验压力，以水头表示（m）；L 为试验段长度（m）；r 为钻孔半径（m）。

三、钻孔注水试验

当钻孔中地下水位埋藏很深或试验层透水不含水时，可用注水试验代替抽水试验，近似地测定该岩层的渗透系数。在研究地下水人工补给或废水地下处置的效率时，也需进行钻孔注水试验。

注水试验形成的流场图像，正好和抽水试验相反（图 3-10）。抽水试验是在含水层天然水位以下形成上大、下小的正向疏干漏斗；而注水试验则是在地下水天然水位以上形成反向的充水漏斗。

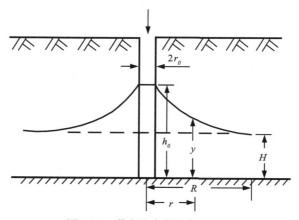

图 3-10　潜水注水井示意剖面图

对于常用的稳定流注水试验。其渗透系数计算公式的建立过程与抽水井的裘布依 K 值计算公式原理相似。其不同点仅是注入水的运动方向和抽水井中地下水运动方向相反，故水力坡度为负值。

对于潜水完整注水井，其注（涌）水量公式为

$$Q = \pi K \frac{h_0^2 - H^2}{\lg R - \lg r_0} \tag{3-5}$$

式中，Q 为钻孔注水量（m^3）；K 为注水试验目的层渗透系数（m/d）；h_0 为注水孔内的动水位（m）；H 为注水前的天然地下水位（m）；R 为注水形成的方向漏斗影响半径（m）；r_0 为注水孔半径（m）。对于承压完整注水井，其注（涌）水量公式为

$$Q = 2\pi KM \frac{h_0 - H}{\lg R - \lg r_0} \tag{3-6}$$

式中，M 为承压含水层厚度（m）。

注水试验时可向井内定流量注水，抬高井中水位，待水位稳定并延续到一定时间后，可停止注水，观测恢复水位。稳定后延续时间要求与抽水试验相同。

由于注水试验常常是在不具备抽水试验条件下进行的，故注水井在钻进结束后，一般都难以进行洗井（孔内无水或未准备洗井设备）。因此，用注水试验方法求得的岩层渗透系数往往比抽水试验求得的值小得多。

四、连 通 试 验

连通试验实质上也是一种示踪试验，在上游某个地下水点（水井、坑道、岩溶竖井及地下暗河表流段等）投入某种指示剂，在下游诸多的地下水点（除前述各类水点外，还包括泉水、岩溶暗河出口等）监测示踪剂是否出现，以及出现的时间和浓度。试验的目的主要是查明地下水的运动途径、速度，地下河系的连通、延展与分布情况，地表水与地下水转化关系，以及矿坑涌水的水源与通道等问题。以上问题的查明，对地下水资源计算，水资源保护，确定矿床疏干、水库漏失途径，均有很大意义。

连通试验主要是查明水文地质条件。因此，对试验井点布置及试验方法没有弥散示踪试验那样的严格要求，一般多利用现有的人工或天然地下水点和岩溶通道，只要监测水点设在投源水点下游的主径流带中即可。监测水点应尽可能得多，与投源井距离也无需严格要求。现将常用的试验方法简介于下。

（1）水位传递法。本方法主要用于查明岩溶管流区的孤立岩溶水点间的联系。一般利用天然的岩溶通道，进行堵、闸、放水或注水之后，观察上、下游岩溶水点（包括钻孔）的水位、流量及水质的变化，从而判断其连通性。

（2）指示剂投放法。一般多在岩溶管道发育区和裂隙岩溶区进行此种试验。试验方法与前面所讲的示踪试验基本相同，对指示剂物理、化学性质的要求，一般只要无毒无害即

可。所用指示剂除前述弥散试验中常用的离子化物质、有机染料、人工放射性同位素、碳氟化合物和酵母菌之外，还可选用谷糠、锯屑、石松孢子、漂浮纸片等，对于流量较大的地下暗河，还可用浮漂、定时炸弹和电磁波发射器来查明暗河途经位置。近年来，一种微小彩色塑料粒子的示踪物受到欢迎。此法除能查明水点间连通性外，还可大致估算地下水流速。

（3）对于无水通道，可用烟熏、施放烟幕弹和灌水等方法，探明连通通道及其连通程度。

第四章　水文地质遥感

第一节　遥感技术概述

一、主要遥感信息及其特点

遥感是指非接触的、远距离的探测技术。一般指运用传感器或遥感器对物体电磁波的辐射、反射特性的探测，并根据其特性对物体的性质、特征和状态进行分析的理论、方法和应用的科学技术。

目前，常见的卫星遥感信息主要有可见光、热红外、微波、重力卫星数据。可见光数据主要用于反演地表覆盖、地质构造、河流形态等与水文地质、地下水系统相关的视觉信息。热红外数据通过温度差异反演地下水出露、埋深、土壤含水量等与水热平衡有关的参量。微波数据能够穿透云雾、雨雪，具有全天候、全天时的工作能力，适合获取云层覆盖条件下的或地表浅层的有关水文地质信息。重力卫星数据通过测量地球重力场反演陆地水储量，具有能够直接"看到"地下水储量变化的能力。

遥感技术在水文地质研究中的应用主要有以下几个方面。

（1）遥感图像显示地表特征。到目前为止，遥感获取的地下水信息大多是通过定性推理和半定量的方法获取的，并与水文地质数据相结合，使其具有实际意义。

一般来说，遥感中应用的电磁波来源于地表或地表以下较浅土层（少于1m）的辐射或反射，因此，利用遥感不能直接探测深层含水层。但是，遥感技术为水文地质工作者提供了常规地球物理方法以外的一种有效方法，可以通过航空和卫星像片解译得到的地表特征来推测含水层的位置。从卫星图像中还可以获取地面调查甚至低空航空相片所无法得到的地面信息。在植被或灌木层覆盖稠密的地区，雷达能穿透地表覆盖物，显示地表特征，因此雷达图像在揭示地形起伏和地表粗糙度方面很有价值。

（2）航空地球物理学（如航空磁测调查）能提供地面以下的信息，但其分析结果不唯一，因此，必须对所获得的数据进行合理解释。非地面的微波传感器具有一定的穿透能力，但仅能获取一定条件下的信息，如粗粒物质、地质条件简单和水位较浅地区的信息。在一些特殊情况下，微波图像能呈现沙漠中部分被掩埋的古河网，从热红外图像上能直接识别裂隙带。

航空像片初步用于地下水的探测已经有多年历史，近年来逐渐被卫星图像数据取代，特别是陆地卫星 Landsat 系列。卫星图像可以提供区域的概略特征、大尺度区域的地表特征，这些信息在航空图像和地面调查中往往不易获取。通过卫星图像可以推断出地层结构及地层中岩石成分等。在野外调查的基础上，根据卫星图像上的地面采样点进行插值，与单独进行野外调查的方法相比，能更准确地确定地表结构，同时更加经济。总体来说，对航空相片或卫星图像的分析应该在实地调查之前进行，这样可以排除贫水地层，确定需进一步调查的区域。通过遥感数据能够提取的地下水信息量的多少，取决于区域地质、气候条件和地表覆盖类型等因素。在干旱和半干旱区，地表覆盖物较少，很容易从遥感图像上解译地质特征。在有植被覆盖的地方，由于地表覆盖物和下伏地层之间联系紧密，所以航空和卫星图像的解译结果需要结合实地调查来验证。

断层、断裂带和其他线性构造的存在表明可能含有地下水。同样，沉积地层或特定地层的露头，表明其可能是隐伏型的含水层。因为传统遥感方法主要限于地表特征的研究，所以利用遥感技术研究地下水的第一步主要是对地表特征和地貌形态的描述。

浅层地下水可以通过土壤含水量、植被类型变化和模式来推定。在一个流域盆地中，地下水的补给区和排泄区可以通过土壤、植被和浅层含水层或上层滞水的特征来推测。

通过遥感监测地表温度变化的技术已经用于推断和确定浅层地下水、泉水。这些温度的变化主要是由地下水的高热容量在夏季产生热沉，在冬季产生热源所导致。近地表的土壤、土壤水分和植被温度快速响应气象条件，而地下水的温度变化则以日和季节为周期而衰减。

合成孔径雷达数据（synthetic aperture radar，SAR）在地下水监测中有很大的应用潜力，特别是在干旱和极干旱地区。长波雷达的穿透能力和雷达探测土壤含水量的能力，使得 SAR 在干旱区地下水探测中成为一个很有价值的工具。机载侧视雷达（side-looking airborne radar，SLAR）已经成功地用于编制全球范围的构造特征图，而在此之前永久云层的覆盖或厚植被的影响，全球范围的构造特征图一直没有编制成功。与此同时，构造特征图还可以用陆地卫星来辅助解译。

近年来，合成孔径雷达干涉测量（interferomertic synthetic aperture radar，InSAR）与重力卫星[如重力恢复与气候实验（gravity recovery and climate experiment，GRACE）]的发展，为传统地下水、水文地质研究提供了新的技术，在地面沉降监测、地下水储量反演等方面取得了许多重要成果。

二、遥感图像分析原理

卫星图像是地表特征的本质反映，由反映景观的自然、生物结构和人文特征要素组成。这些是图像分析的线索。相似要素的组合能反映相似的水文地质状况。水文地质工作者的任务是对具有地质和水文意义的各种要素的组合进行判断、描绘、确定和分类，这必须遵循图像解译的原则，充分利用图像的特征，如色调、色彩、纹理、图案、大小、形状、位置、高程和关联性等。

图像分析的过程是解译，即景观特性被划分为几个类型：

（1）地形在地球表面是一个可识别的自然特征（如基岩山地、火山特征、冲积扇、冰川特征）。例如，可以认为地下水与地表水的流动方向一样，从坡度高的地方流向坡度低的地方，沿着冲积扇向下流动。在大的流域盆地，可以认为粗颗粒物质由排水系统迁移产生，被细颗粒物质和透水性较小的物质所覆盖。

（2）排水特性包括盆地的大小和形状、排水模式和密度、河谷形状、河道位置和支流的角度，基岩的裂隙和断裂也影响排水方式。

（3）地表植被（包括自然和人为植被）类型和土壤类型。河谷或盆地内植被密集说明水分条件适宜，地下水离地表较近。一般的，岸边植被和湿地植被在假彩色图像上显示为鲜红色，而旱生植被可能显示为褐色且分布稀疏。

（4）许多类型景观的外貌呈直线或轻微的曲线。许多线状特征在图像上不连续，需扩展或连接。

（5）曲线匀称，如圆形、椭圆形或精确的形状，其分析与线形类似。

（6）排水方式的密度、纹理明显。纹理细的排水系统说明排泄区由细颗粒沉积物组成，下渗相对缓慢。下渗最大的地区主要是河流沿岸。

三、遥感数据的选择

用于地下水分析的遥感图像的选择标准与遥感应用不同。图像的正确选择可以大大促进地下水的勘察。对于陆地卫星 Landsat TM（thematic mapper）图像或 SPOT 图像，波段和成像时间的选择很重要。根据经验，图像选择时要遵守以下原则。

（1）选择太阳高度角低的图像。当太阳高度角相对较低（低于 45°）时，地表形态和一般的地形特征由于地形阴影而得到增强。

（2）选择黑白的红外图像。对于陆地卫星 Landsat 图像，7 波段图像适宜描述景观特征而不会被植被的色调所混淆。

（3）至少选择一幅假彩色图像。假彩色组合在突出植被类型和模式的同时，显示地表形态和排水模式，最大地突出了各种植被类型之间的差异。植被密度和亮度是分析地下水位置和边界的线索。在干旱季节的图像上，湿生植被显示为鲜红色，而水分条件不适宜的植被则呈现暗红色或褐色。

（4）选择两幅来自不同轨道的黑白图像。两幅不同轨道（和日期）的图像，能呈现研究区域粗略的立体场景。把轨道偏移或有轻微偏差的图像沿着轨道航迹进行叠加能体现出立体效果。虽然图像不能用于制作高精度的高程图，但可确定坡度和地表形态，这对于 SPOT 图像更重要，因为获取 SPOT 图像的传感器不是垂直方向的。

传统上，航空相片和卫星图像的解译应用较多。在许多情况下，对遥感像片特殊波段的分析可以解决特定的问题。此外，根据应用目的不同，可能会选择不同类型的遥感数据源，如热红外、微波和重力卫星。数据的选择需要综合考虑时间/空间分辨率、精度及数据可获取性等方面。

第二节　水文地质研究中的遥感方法

一、可见光遥感

可见光遥感传统上是指传感器工作波段限于可见光波段（0.38～0.76μm）的遥感技术。受太阳光照条件的极大限制，加之红外摄影和多波段遥感的相继出现，可见光遥感已把工作波段外延至近红外区（约 0.9μm）。在成像方式上也从单一的摄影成像发展为黑白摄影、红外摄影、彩色摄影、彩色红外摄影及多波段摄影和多波段扫描，其探测能力得到极大提高。

可见光遥感影像主要显示地表特征，反映地表反射信息。其所表现的地物影像，最接近于人们习惯和熟知的地物实际形象，且影像信息丰富、时空分辨率高，是遥感技术中不可或缺的组成部分。其主要特性见表 4-1。

表 4-1　可见光遥感主要特性一览表

遥感类型	波长/μm	特征描述	影像卫星	图像类型
可见光遥感	紫光（0.38~0.43） 蓝光（0.43~0.47） 青光（0.47~0.50） 绿光（0.50~0.56） 黄光（0.56~0.59） 橙光（0.59~0.62） 红光（0.62~0.76） 近红外（0.76~0.90）	摄影或扫描成像，被动遥感方式，含航空、航天遥感	SPOT、Landsat、CBERS、WordView、IRS、Terra 等	全色卫星图像、多波段扫描图像、黑白航空相片、彩红外航片、高光谱图像

由于自身传感器工作波段特点，可见光遥感不能穿透地面获取地面以下的水文地质信息。因此，它在水文地质研究中的应用主要是通过建立解译标志对影像中地表以上的地物几何形态、大小、色调或色彩、阴影、纹理等影像特征信息进行专项影像特征提取，如地形地貌、水系分布、土地利用、植被覆盖、土壤湿度、岩石特征、地质构造特征等，这些环境因子信息对地下水的存在与富集状况具有间接的指示作用。

可见光遥感在水文地质研究中的应用主要包括以下几个方面。

（一）地质地貌条件

岩石和地质构造的识别是可见光遥感水文地质条件解译的基础。在遥感影像上识别岩石的类型首先要了解不同岩石的反射光谱差别（图 4-1），以及所引起的影像色调的差异。同时，地貌形态的分布也可以指示岩石的分布情况。其次，不同岩性上往往形成不同的植被、水系，这也可以作为间接的解译标志。基岩及第四系沉积物的岩性、粒度、含水性、地下水的矿化特征等的影响，会导致植物群落外貌、种属成分、密度、长势与群落的生态畸变和宏观生态特征上的不同。地表水系的发育密度、流动方向、对称性等，以及地下水溢出带分布方向性、补径排关系等特征，均可反映周围地质环境中岩石的特征。

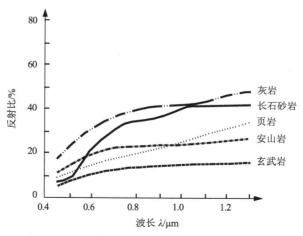

图 4-1　几种典型火山岩和沉积岩的反射比光谱

地质构造的解译，是在对全区地貌类型和地层岩性解译标志比较清楚的基础上进行的，所以往往需要较高分辨率的遥感影像。通常根据地形及水文网、岩层的产状、土壤覆盖和植物的不同自然地理景观与各种岩石和构造之间的关系、各种岩石的层序、厚度及露头宽窄情况等标志解译地质构造。褶皱构造在影像上表现为由不同色调的平行状条带所组成的闭合图形，因形成的地质环境不同，有圆形、长条形及不规则图形等多种形态，并具有明显的对称性。断裂构造在影像上常表现为明显的色调差异和线性（直线、折线、舒缓波状）延伸。地质学上判断断裂构造存在的标志在影像上的表现，均可用于断裂构造的解译，如串珠状洼地、泉点的分布、断层三角面、断裂破碎带的形成、地表河流的急转弯等，并且在松散沉积物掩盖区，地质上断裂构造特征不明显，遥感影像对于解译判别这类隐伏断裂的存在有重要指示意义。

传统的地貌制图一般采用野外实地踏勘的方法，工作量大，周期很长。遥感地貌解译将地貌制图移到室内，对于 ETM（enhanced thematic mapper）影像，7、4、2 波段合成的遥感图像可以较好地区分制图区域内的各种地貌类型。其解译标志主要有形态特征、色调变化和纹理结构。地形图和数字高程模型（digital elevation model，DEM）可作为辅助工具。地下水分水岭和盆地边界线也可以利用可见光遥感影像生成的 DEM 模型进行划分。

（二）区域水文地质调查

区域水文地质调查中需要充分收集气象、水文、土地利用、地质、水文地质、水资源开发利用等相关资料。此时遥感影像的区域性数据采集特点，可以为以上前期收集工作提供便利，所制作的专题地图可为区域调查重点调查靶区的确定服务，能节省大量人力和财力。例如，Magesh 等（2012）通过制备岩性、坡度、土地利用等 7 个参数专题图层影像，应用遥感、GIS、MIF 技术分级绘制地下水开采潜力区。Ranganai 和 Ebinger（2008）利用 Landsat TM 数据辅助航空磁力测量（简称磁测；aeromagnetic survey，AM）数据对津巴布韦克拉通（Zimbabwe Craton）中南部区域断裂进行张剪性判别，提出磁响应模型，确定了地下水勘探目标。

（三）地下水资源评价与保护

可见光遥感通过获取植被、水系、土壤、土地利用等地表信息为地下水资源评价与保护提供基础数据。这些遥感信息也可以作为有关水文模型、评价模型的输入。例如，Dams 等（2013）利用 Landsat 卫星图像反演了比利时 Kleine Nete 流域的地表不透水率，并把它作为分布式水文模型的输入，模拟了地下水补给量等水文参量，揭示了城市化对水文过程的影响。Jacqueminet 等（2013）在法国里昂的伊泽隆（Yzeron）集水盆地开展了类似的研究，利用高分辨率的 QuickBird 影像进行了半城市化（periurban）条件下的水文模拟。Werz 和 Hötzl（2007）以约旦河流域为例，阐述了在半干旱地区利用可见光遥感影像数据绘制地下水风险强度分布图的方法，为后期对地下水资源保护的决策提供了依据。在干旱地区，由于地下水埋深往往与地表植被覆盖存在很大的相关性，因此可以根据 NDVI 等植被指数来建立埋深与植被覆盖的经验关系，据此进行地下水埋深分析。

我国自主研发的高分二号卫星和 Digital globe 公司研发的 WorldView-2 卫星均已进入预定轨道运行。高分二号实现了米级空间分辨率、多光谱综合光学遥感数据获取。空间分辨率的提高，将有助于在可见光波段遥感影像上提取到更细致、更丰富的地表数据信息，为更好揭露地表环境因子与地下水动态的响应关系提供数据支撑。WorldView-2 卫星星载多光谱遥感器不仅具有 4 个业内标准谱段（红、绿、蓝、近红外），还增加了海岸、黄、红边和近红外 2 波段数据采集，增大了遥感数据的观测波段。同时，时间分辨率的提高，将加快同一地区的数据采集频率，有助于研究洪涝、旱涝等短期环境动态变化对水文地质的影响。

二、热红外遥感

热红外遥感（thermal infrared remote sensing）是指利用星载或机载传感器收集、记录地物的热红外信息，并利用这种热红外信息来识别地物和反演地表参数（如温度、湿度和热惯量等）。所有的物质，只要其温度超过绝对零度就会不断发射红外能量。图 4-2 为黑体辐射光谱曲线（不同温度下物体辐射能量随波长变化的曲线），常温的地表物体（300K 左右）发射的红外能量主要在大于 3μm 的中远红外区，即地表热辐射。热辐射不仅与物质温度的表面状态有关，还是物质内部组成和温度的函数（Kuenzer and Dech，2013）。

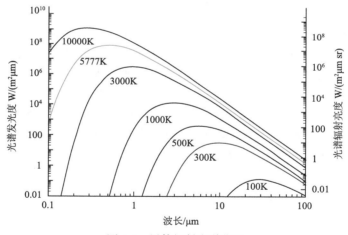

图 4-2　黑体辐射光谱曲线

在大气传输过程中，地表热辐射能通过 3～5μm 和 8～14μm 两个窗口。3～5 μm 波段对高温目标物的识别敏感，常用于获取高温目标的信息。8～14μm 波段范围较宽，因此对于许多特定的物质类型，它的发射率较稳定。但还是有细微差异（10.5～11.5μm、11.5～12.5μm），用于调查地表一般的热辐射特性，探测常温下物体温度分布、目标的温度场从而进行热制图。

随着热红外遥感机理研究的不断深入和成像光谱技术的不断发展，国内外一系列航空航天器运用热红外波段采集地面数据。目前，国内外主要星载热红外传感器的技术特点见表 4-2。

表 4-2 主要星载热红外传感器的技术特点

传感器	卫星平台	热红外波段数	热红外光谱范围 /μm	空间分辨率	幅宽
ASTER 高级空间热辐射热反射探测器	EOS（美国）	5	8.125～8.475 8.475～8.825 8.925～9.275 10.25～10.95 10.95～11.65	90m	60km×60km
AVHRR 甚高分辨率辐射仪	NOAA（美国）	3	3.55～3.93 10.30～11.30 11.50～12.50	1.1km	2800km
MODIS 中等高分辨率成像光谱辐射仪	EOS（美国）	16	20：3.660～3.840 21：3.929～3.989 22：3.929～3.989 23：4.020～4.080 24：4.433～4.498 25：4.482～4.549 27：6.535～6.895 28：7.175～7.475 29：8.400～8.700 30：9.580～9.880 31：10.780～11.280 32：11.770～12.270 33：13.185～13.485 34：13.485～13.785 35：13.785～14.085 36：14.085～14.385	1km	2330km×10km
ETM+/TM6	Landsat（美国）	1	10.0～12.9 10.4～12.5	60m 120m	185km×185km
IRS 红外相机	HJ-1A/B（中国）	2	3.50～3.90 10.5～12.5	150m 300m	720km×720km

热红外遥感在水文地质研究中的应用主要包括以下几个方面。

（一）地下水排泄区识别

地下水排泄是地下水循环的重要组成部分。由于地下水排泄区的温度与周围环境相比有较大的差异（通常情况下地下水排泄区的温度夏季相对较低，冬季相对较高），因此可以根据温度的差异性这一特点，通过热红外遥感来识别地下水排泄区。

Sass 等（2013）选取美国 Landsat 卫星 TM 和 ETM 冬季热红外遥感影像，并对数据进行校正处理，计算温度的标准偏差和变差系数，准确识别了加拿大艾伯塔省比弗希尔流域地下水排泄区。Culbertson 等（2014）利用单引擎固定翼飞机挂载的三菱 IR-M600 热成像相机采集的冬季热红外遥感影像，根据地下水与地表水温度存在差异这一特点，较为准确地识别出了美国缅因州霍尔顿地区地下水向 Meduxnekeag 河排泄区。总的来说，利用热红外遥感可以较为准确地识别地下水排泄区，但是该方法仍然存在许多不足，例如，污水处理厂及工业区向河流排放处理后达标水的管道口同样存在热异常，很容易被识别为地下水排泄点。

对于泉水排泄，由于泉水温度季节变化非常小，而地表水体及地表其他地物的温度随环境变化，因此，根据温度差异可以将泉与其他地物区分开来。利用遥感、地理信息系统和全球定位系统技术相结合，可以精确绘制已知泉水和未知泉水的分布位置（JrHarral et al.，1994）。于映华等（2012）利用岩溶地下水天然出露点与其他地物的温度差异，结合 ASTER 数据的解译成果，通过水体温度反演，提取并识别了岩溶地下水天然出露点信息。对比研究区水文地质图与地下水天然出露点信息图，由 ASTER 数据提取并识别的岩溶地下水天然出露点空间展布形态可以较为准确地反映真实情况。不过，该研究未能对不同时期的遥感数据进行对比，且未考虑土地热覆盖层及植被覆盖的影响，故其研究精度还有较大的提高空间。

（二）地下水位动态

传统地下水位监测是对水文地质钻孔的水位进行监测，虽然可以得到该监测点的精确水位，但是监测成本高昂且所得数据仅能代表观测孔附近地下水水位，而通过热红外遥感监测水位动态则可以弥补这一缺点。

塔西甫拉提·特依拜等（2005）以 Landsat-7ETM 的热红外影像资料为基础，并结合研究区的实测地下水水位、土壤温度及气象资料，建立了地表温度和地下水的相关方程，制定了反演地下水水位的定量模型，并对新疆于田县的地下水位进行了反演计算，计算结果与实际值对比表明，反演地下水水位具有较高的精度。不过由于不同地区气候条件的不同、地表植被覆盖度的不同、土壤类型不同等，反演的精度会有较大变化。

Alkhaier 等（2009）研究发现，土壤的每日最高温度和平均温度与地下水埋深具有很高的负相关性，浅层地下水水位变化影响浅层岩土含水量，从而影响地表热惯量，而热惯量可以通过卫星热红外遥感手段获取。因此，通过热惯量的研究，就可以反演浅层地下水位的动态变化。

刘杰等（2012）利用 2004~2007 年 MODIS 地表温度 8 天合成产品，以及地表反照率产品计算得到石家庄—保定地区的表观热惯量，并与典型钻孔地下水水位年际变化进行比较分析，建立了相关关系，进而推算了整个地区的浅层地下水水位的年际变化。研究结果表明，在地表植被覆盖率低的城市以外地区，通过表观热惯量反演浅层地下水水位具有较高的精度，但植被覆盖率高的地区和城市地区其表观热惯量受植被覆盖层或城市热岛效应的影响较大，因此难通过表观热惯量法来反演地下水水位。

（三）蒸散发与补给量估算

蒸散发是陆地水循环的重要组成部分，也往往是半干旱、干旱地区水分损失的主要形式。传统蒸散发量的测定通常利用蒸渗仪、涡度相关仪等仪器，往往难以反映区域真实情况，特别是在植被覆盖等下垫面条件变化较大的地区。随着大面积蒸散发估算的遥感技术不断发展，出现了以 SEBAL 为代表的许多蒸散发量反演模型（Bastiaanssen et al.，1998a，1998b），在世界范围内获得了广泛的应用。遥感反演的地表蒸散发量虽然只反映了该时刻的情况，但通过一定的方法可以推算日、年尺度的总蒸散发量，并且其良好的空间识别能力有助于揭示下垫面的空间异质性。Tillman 等（2012）利用 2000~2007 年的植被强度指数（enhanced vegetation index，EVI）数据（通过 EOS-1 MODIS 热红外遥感获得），根据 EVI、温度与蒸散（evapotranspiration，ET）之间的相关关系，估算了美国亚利桑那州盆地和山区的蒸散发，为地下水均衡与地下水流模型提供了有用的边界值。另外，地下水蒸发是地表蒸散发的一部分，在传统研究中往往根据地表蒸散发、埋深与地下水蒸发的经验函数进行计算。因此，蒸散发量遥感为大面积地下水蒸发估算提供了可能。

遥感反演的蒸散发量也为区域地下水补给量估算提供了新的方法。Szilagyi 和 Jozsa（2013）利用 MODIS 反演的地表蒸散量，结合降水量数据，根据水均衡方法，计算了美国内布拉斯加州的地下水补给量，并进一步探讨了地下水埋深与补给在空间上的关系。国内，许海丽（2013）利用同样的方法进行了北京平原区地下水补给量的估算，并结合其他空间信息分析了多因素影响下的地下水补给特征。虽然这种方法受到灌溉、时间尺度等的制约，但它提供了一种独立的、直接的补给量估算途径，一定程度上弥补了传统模型模拟的参数不确定性、地面观测的空间限制性。结合水文模型等其他手段，地下水开采量的区域反演也同样可以实现（Cheema et al.，2013）。

三、微波遥感

微波具有穿透云层、雾和小雨的能力，而且太阳辐射对辐射测量没有太大的影响。因此，微波遥感具有全天候、全天时的工作能力。成像雷达属于一种主动微波遥感技术，此外还有被动遥感技术。合成孔径雷达，属于一种微波成像雷达，同时也是一种高分辨率相干成像雷达。高分辨率在这里包含两方面的含义：高的方位向分辨率，以及高的距离向分辨率。它采用以多普勒频移理论和雷达相干为基础的合成孔径技术来提高雷达的方位向分辨率，而距离向分辨率的提高则通过脉冲压缩技术来实现。机载和星载雷达数据是光学卫星、航摄像片、航磁测量等空间观测及测量技术重要的补充数据源。相比机载雷达，星载 SAR 雷达监测范围更广、成本更低、稳定性更好，被广泛用于军事和天文测绘等领域。全球范围内不同时期主要的星载 SAR 及参数信息见表 4-3。

表 4-3 主要星载 SAR 及其参数信息

卫星名称	发射时间	频率/GHz（波段）	波长/cm	极化方式	分辨率/m 距离向	方位向
SEASAT-SAR	1978.6	1.275（L）	23.5	HH	25	25
SIR-A	1981.11	1.275（L）	23.5	HH	40	40
SIR-B	1989.10	1.282（L）	23.5	HH	17～58	25
SIR-C/X-SAR	1994.4	1.25（L） 5.3（c） 9.6（x）	24.0 5.66 3.125	HH/VV/HV/VH HH/VV/HV/VH VV	25/13 25/13 20/10	30 30 30
ERS-1/ERS-2	1991.7/1995.4	5.3（c）	56.0	VV	26.3	30
SRTM	1996.8	5.3（c） 9.6（x）	5.66 3.125	HH/VV/HV/VH VV	30 30	30 30
Envisat	2002.3	5.331（c）	5.66	HH/VV/HV/VH	10/30/150/1000	10/30/150/1000
Cosmo Skymed	2006	9.65（x）	3.125	HH/VV	窄带：3 宽带：100	窄带：3 宽带：100
TerraSAR-X	2007.2	9.65（x）	3.125	单/双/全极化	1/2/3/15	1.2/2/16
RADASAT-2	2007.3	5.4005（c）	5.66	HH/VV/HV/VH	3/8/12/25/30/50/100	3/8/26/50/100
Sentinel-1/2/3/4/1A	2011	5.405（c）	5,66	HH/VV/HV/VH	<1/5/25	5/20/40/100

近年来发展的干涉合成孔径雷达技术，使用两幅或多幅合成孔径雷达影像图，根据卫星或飞机接收到的回波的相位差来生成数字高程模型或者地表形变图。理论上，此技术可以测量数日或数年间毫米级的地表形变，可以用于自然灾害监测，如地震、火山和滑坡，以及结构工程，尤其是沉降监测和结构稳定性。与传统的测量方法相比，InSAR 是一种能够获得空间上详细的、高精度的地面形变的比较经济的方法。

微波遥感在水文地质研究中的应用主要包括以下几个方面。

（一）土壤水分反演

土壤水分变化影响地表水热平衡，对地下水补给、地下水位动态有着直接或间接的影响。土壤中的含水量影响其介电特性，从而影响地表的散射和辐射特性，因此微波遥感尤其是被动微波遥感成为探测土壤水分的主要手段。根据土壤水分与地下水埋深的相关性，区域地下水位的遥感反演便成为可能（Sutanudjaja et al.，2013）。遥感反演的土壤水分也可以成为水均衡计算输入，用来进行地下水补给量估算（Milewski et al.，2009），或者与分布式水文模型结合（Gong et al.，2012）。

（二）地形地物识别

雷达的测试成像特性使得其成像对地表起伏、地面形变等几何特征表达明显，可以清晰呈现地形及地貌特征。雷达数据与不同数据（如光学卫星数据）的综合分析，可以提高地物识别准确度，大大简化目标检测、地物分类等过程。此外，雷达数据与光学卫星数据结合，可以充分发挥二者的特点，为掌握植被、表面物质、基岩岩性和构造之间的复杂关系，提供了方便。SAR 在岩性识别与分类中具有独特的优势，根据 SAR 后向散射图像中反映的地面粗糙特征，有经验的地质工作人员可以直接进行目视解译。特别是新出现的极化 SAR 极大丰富了后向散射波的成像信息，提高了对地物的识别能力。此外，SAR 对地表有一定的穿透能力，可以识别出沙土掩埋下的地形、地下河流等隐藏的构造特征。

（三）地面沉降监测

传统地面沉降监测往往依靠全球定位系统（global positioning system，GPS）、基岩标等手段，受观测成本、尺度等制约。InSAR 技术，特别是雷达差分干涉测量（D-InSAR）技术、永久散射体（PS-InSAR）技术、小基线集（SBAS-InSAR）技术的发展，使大面积、低成本、高精度的地面沉降监测成为可能。

汤益先等（2006）利用标准 PS 干涉测量技术获取苏州地区近 8 年的连续形变场，表明 PS-InSAR 结果与水准数据保持很高的一致性，可用于进行长时间序列的城市沉降监测。宫辉力等（2009）针对北京地区地面沉降的空间模式及隐伏断层的活动性，在利用 InSAR 测量技术识别临近断层处地表形变梯度较大的地段的基础上，发现冲洪积扇上部地区地表形变呈季节性变化特征，并将 PS-InSAR 形变监测信息与承压水头数据相结合，阐明北京潮白河冲积扇中上部地区的季节性形变特征，证实该地区的弱透水层处于弹性释水形变阶段。同时，宫辉力等还针对北京地面沉降问题，采用 InSAR 技术、多源遥感技术与水文地质学交叉研究，揭示了地下水演化与地面沉降响应机理，进一步探讨了城市地表载荷与地面沉降的关系。陈蓓蓓等（2011，2012）以北京市典型地面沉降区为研究区，采用永久散射体 InSAR 技术，得到了时间序列的地面沉降信息，初步揭示了该地区地面沉降的空间分布特征。之后综合地下水动态监测网、GPS 监测网及气象监测数据，建立了地下水系统演化与地面沉降过程模型，系统地分析了北京地区地下水漏斗区地面沉降的形成过程。王洒等（2012）将北京市怀柔区地面沉降状况与该地的地下水漏斗发展趋势做了对比分析，发现二者有较大的空间一致性，且在分布上由南西—北东向北西—南东方向转变。

另外，在识别地下水运动和系统变形的结构或岩层边界（如断层或者过渡相）、确定变形含水层系统的岩性和水力性质的非均质性、估计系统性质（如储水系数和渗透系数）、约束地下水流与含水层系统压缩的数值模型等方面，InSAR 技术都显示了良好的应用潜力。

四、重 力 卫 星

卫星重力测量指利用人造地球卫星探测（或感知）地球重力场，反映地球表面、内部物质的空间分布、运动和变化，揭示地球岩石圈（固体）、水圈（液体）、大气圈（气体）的动力过程。在水文地质方面，地下水的运移、蒸散及人为开采引起的水体质量在空间上的重新分布会产生重力场的时空变化。因此，监测地下水储量的时空变化成为当前卫星重力测量的一个重要研究和应用方向。

（一）GRACE 重力卫星简介

2003 年 3 月 17 日，由美国国家航空航天局（National Aeronautics and Space Administration，NASA）和德国宇航中心（Deutsches Zentrum für Luft-und Raumfahrt，DLR）联合研制的新一代重力卫星 GRACE 成功发射。GRACE 通过双星同时在轨飞行完成空间测量任务，首次实现了全球覆盖的低低-卫星跟踪卫星模式（satellite-satellite tracking in low-low model，SST-LL）。GRACE 双星测量系统中，最为关键的载荷是精密测量两颗卫星之间距离变化及变率的 K 波段微波测距系统（K-band ranging system，KBR）。地球时变重力场引起卫星轨道摄动，通过 KBR 测距系统测量的双星间的距离变化则可推导出地球重力场的时变信号。重力卫星同时测得了地球重力场的静态部分及时变部分，对地下水储量的监测则表现为时变重力场部分。因此，在 GRACE 数据的实际应用过程中需进行信号提取。已有的 GRACE 时变重力场用于反演地球表层含水量分布变化的研究已经证实可以从 GRACE 重力场时变中提取地球水圈和大气圈动力过程产生的物质迁移在时变重力场中的响应信号，时间分辨率可达到气候甚至天气的变化周期，精度能达到毫米级大地水准面变化（王正涛，2005）。目前，GRACE 卫星仅能测量长波时变重力场，空间分辨率为 400km（郑伟等，2012）。现有的研究一般针对面积约 20 万 km^2 的区域或更大范围（Pat et al.，2006；Scanlon et al.，2012），但也有部分研究表明，对 GRACE 数据进行适当的处理，如降尺度（Yirdaw and Snelgrove，2011），通过正演模拟估算并纠正误差信号（Longuevergne et al.，2010；Scanlon et al.，2012）可以获得低于初始分辨率的水储量变化的真实信号。

相对于传统地下水变化的观测手段（如钻井观测和水准观测）具有的单站观测空间分布不均，受观测条件限制（如山地、沙漠等地观测困难）等特点，卫星重力测量方法能实现中长空间尺度的陆地总水储量变化的监测，全球分布均匀，并且观测尺度统一（钟敏等，2009）。已有的研究表明，GRACE 测得的地下水储量变化能与地面观测很好地吻合，证实了 GRACE 具有较高的区域地下水储量变化的监测能力。例如，Pat 等（2006）对美国伊利诺伊斯州进行了研究，利用 19 个地下水位地面观测数据对利用 GRACE 数据估算的地下水变化进行验证，其相关性为 0.63；Shamsudduha 等（2012）对孟加拉流域进行了研究，用 236 个地面观测站数据对 GRACE 数据估算的地下水变化进行验证，其相关性最高能达 0.93。

（二）时变重力数据反演地下水储量变化

由于 GRACE 监测的是陆地总水储量变化，不具备垂直分层监测能力，无法直接测量出地下水储量变化信息，在利用 GRACE 卫星数据进行地下水量变化估算时一般基于陆地总水储量均衡的原则分离地下水储量时变信号，即 Δ 地下水储量=Δ 陆地总水储量−[Δ 地表水储量（河流、湖泊、水库等水储量）+Δ 土壤含水量+Δ 雪水当量]，其中，"Δ"表示相对变化，即时变信号，可以是相对多年均值的变化、相对某年均值的变化或相对某月的变化。此外，人为活动的影响也需考虑，如跨流域调水引起的研究区水储量变化也应从陆地总水储量时变重力场信号中扣除（Tang et al.，2013）。从 GRACE 时变重力信号中分离地下水储量变化的过程中，所需扣除的地表水储量、土壤含水量及雪水当量等一般采用实测数据或者其他辅助数据。但由于缺乏足够的地面观测数据，较为广泛采用的是水文模型模拟量，如全球陆面数据同化系统（global land data assimilation system，GLDAS）、WaterGAP 全球水文模型［WaterGAP（global assessment and prognosis）global hydrology model，WGHM］、美国国家环境预报中心（National Center for Environmental Prediction，NCEP）、美国气候预报中心（Climate Prediction Center，CPC）等提供（或模拟）的水储量数据。

GRACE 获得的时变重力场数据已经应用于全球不同水文地质特征地区的地下水资源监测与评价，主要是以地下水为主要水源的平原和河谷地区，如我国华北地区、美国中央山谷、印度西北部地区等。研究发现，这些地区均存在大量地下水储量消耗（表 4-4），这主要与人为开采地下水有关。此外，GRACE 还被应用到多年永冻层地下水监测，例如，Muskett 和 Romanovsky（2011）发现阿拉斯加北部沿海平原连续永冻层地下水储量以 1.15±0.65km³/a 的速率增加，而南部育空河流域非连续永冻层地下水储量以 7.44±3.76km³/a 的速率减少，这是因为，全球气候变暖引起永冻层消融，使阿拉斯加北部沿海平原连续永冻层地区居间不冻层发育，加速了垂向地下水循环，而南部育空河流域非连续永冻层地区居间不冻层范围扩大，加速了地下水排泄。目前，将 GRACE 应用于岩溶地区地下水储量、不同开采层地下水储量（尤其是深层地下水）监测的研究较少，这一方面与区域复杂的水文地质条件有关；另一方面与 GRACE 技术的局限性有关，如空间分辨率低、不具备垂直分层监测能力。在未来研究中，更高时空分辨率重力卫星的发射、多源遥感技术的联合，以及地下水三维建模的发展，将使这些困难得到解决。

表 4-4 GRACE 监测的全球部分地区地下水储量消耗

区域	时段/年	消耗速率	引用
我国华北地区	2003～2010	$-8.3\pm1.1 \text{ km}^3/\text{a}$	（Feng et al., 2013）
美国高地平原	2003～2013	$-12.5\pm0.61 \text{ km}^3/\text{a}$	（Breña-Naranjo et al., 2014）
美国科罗拉多河流域	2004～2013	$-5.6\pm0.4 \text{ km}^3/\text{a}$	（Castle et al., 2014）
美国加州中央山谷	2006～2010	$-8.9 \text{ km}^3/\text{a}$	（Scanlon et al., 2012）
中东伊朗地区	2003～2012	$-25\pm3 \text{ km}^3/\text{a}$	（Joodaki et al., 2013）
印度西北部地区	2002～2008	$-17.7\pm4.5 \text{ km}^3/\text{a}$	（Rodell et al., 2009）
孟加拉流域	2003～2007	$-0.44～-2.04 \text{ km}^3/\text{a}$	（Shamsudduha et al., 2012）

随着新的空间对地观测技术不断涌现，如 InSAR、卫星测高（satellite altimetry）等，在未来水文地质领域，联合多源遥感技术监测并进行地下水储量变化的研究是一个重要趋势。目前，已经有很多研究者开展了相关研究。例如，Frappart 等（2011）利用联合卫星测高技术监测的地表水体（河流、湖泊、水库、湿地）水位变化，以及主/被动微波遥感技术获得的地表水体淹没边界变化估算地表水储量变化，然后结合 WGHM 及 LaD（land dynamics）水文模型模拟的土壤含水量从 GRACE 总陆地水储量中分离出地下水储量，结果与地面观测结果吻合很好。Castellazzi 等（2014）结合 GRACE 和水文模型（GLDAS 和 CPC）模拟的土壤含水量对墨西哥中部地下水储量变化进行了估算，并联合 InSAR 技术对基于 GRACE 数据得到的地下水超采范围、程度与地面沉降的关系进行了初步研究。此外，卫星遥感获取的土壤含水量是未来地下水储量卫星重力测量的重要辅助数据。目前，已有数个可以监测土壤含水量的卫星，如 MODIS、SMOS（soil moisture ocean salinity）、AMSR-E（advanced microwave scanning radiometer-EOS），以及 SMAP（soil moisture active-passive），这将为实现多源遥感技术联合监测地下水储量变化提供高时空分辨率、高精度的数据支撑。

除了适用于地下水储量变化监测外，GRACE 时变重力场数据还在水文地质其他方面得到了应用。例如，结合地下水位地面观测数据，GRACE 数据可用于估算含水层参数（给水度系数或释水系数）（Sun et al., 2010）；基于多目标校准（multi-object calibration）、数据同化（data assimilation）等方法，使用 GRACE 数据有助于改进水文模型参数，提高地下水位模拟和预报精度（Güntner，2008；Lo et al., 2010；Sun et al., 2012）。

卫星重力测量技术的应用领域十分广泛，它在大地测量学、地球物理学、海洋学、地震学、空间科学、气象学、水文学、天文学、国防建设等交叉领域均彰显出了巨大的应用潜力。就水文地质领域而言，重力卫星是当前唯一能监测到地表以下水储量变化的遥感技术。但当前重力卫星的分辨率和精度还不能满足实际应用的需求。目前，国际上正在开展下一代卫星重力测量计划的研究，例如，美国计划于 2015～2020 年发射 GRACE Follow-On 卫星，欧洲航天局（European Space Agency，ESA）计划于 2018 年发射 E. MOTION（earth system mass transport mission），我国正在开展下一代 Post-GRACE 计划的研究，预计于 2020～2030 年发射我国第一颗重力卫星。未来重力卫星得到的静态和动态地球重力场的精度比当前 GRACE 至少提高一个数量级，时、空分辨率都将得到提高，这将进一步促进水文地质学科及其他相关学科的发展。

第三节　遥感技术应用展望

　　大尺度与多学科交叉是未来水文地质学研究的一个重要方向（Gleeson and Cardiff, 2013）。在这个背景下，遥感技术大面积、低成本的监测能力将发挥越来越重要的作用。特别是重力卫星技术的发展，随着 GRACE-FO、下一代重力卫星项目的不断开展，高精度、高分辨率的时变重力场数据将使地下水、水文地质研究迎来重大机遇。另外，随着 GPM（global precipitation mission）、SMOS（soil moisture ocean surface）、Sentinel、Landsat8 等新型卫星的发射与使用，传统水文地质研究在数据获取、模型检验、模拟预报等方面将迎来新的机遇。

　　另一个值得关注的是数据同化技术。通过数据同化，遥感与模型在空间、时间方面的优势可以得到良好的结合，从而提高模拟、预报的准确性。多种地球观测手段、模型的有效结合，将极大地提高水文地质的研究能力。

第五章 地下水动态与均衡

第一节 地下水动态与均衡

一、地下水动态与均衡的概念

地下水资源的量和质总是随着时间而不停地变化着。地下水动态是指表征地下水数量与质量的各种要素（如水位、泉流量、开采量、溶质成分与含量、温度及其他物理特征等）随时间而变化的规律。其变化规律可以是周期性的变化，也可以是趋势性的变化。变化的周期可以是昼夜的（如月球引力导致的固体潮），也可以是季节性的或者是多年的。其变化的速率，在天然状态下一般有较明显的周期性，或具极为缓慢的趋势性。在人为因素（开采或排水）的影响下，其变化速率可大大加强。这种迅速的变化，可能对地下水本身和环境带来严重的后果。

地下水的质与量的变化，主要是由水量和溶质成分在补充和消耗上的不平衡所造成的。地下水均衡，就是指在一定范围、一定时间内，地下水水量、溶质含量及热量等的补充（流入）与消耗（流出）量之间的数量关系。当补充与消耗量相等时，地下水（量与质）处于均衡状态；当补充量小于消耗量时，地下水处于负均衡状态；当补充量大于消耗量时，地下水处于正均衡状态。地下水在天然条件下，多处于动态均衡状态；在人为活动影响下，则可能出现负均衡或正均衡状态。

从上述概念可知，地下水动态与均衡之间存在着互为因果的紧密联系。地下水均衡是导致动态变化的实质，即导致动态变化的原因；而地下水动态则是地下水均衡的外部表现，即动态变化的方向与幅度是由均衡的性质和数量所决定的。

二、地下水动态与均衡的研究意义

研究地下水动态与均衡，对于认识区域水文地质条件、水量和水质评价，以及水资源的合理开发与管理，都具有非常重要的意义。由于对地下水动态规律的认识，往往要经过相当长时间的资料积累才能得出结论，任何目的、勘察阶段的地下水资源调查，都必须重视并尽量开展地下水动态与均衡的研究工作。

研究的意义如下：

（1）在天然条件下，地下水的动态是地下水埋藏条件和形成条件的综合反映。因此，可根据地下水的动态特征分析，认识地下水的埋藏条件，认识水量、水质的形成条件，区分不同类型的含水层。

（2）地下水动态是均衡的外部表现，故可利用地下水动态资料计算地下水的某些均衡要素，如根据次降水量、潜水位升幅和潜水含水层给水度计算大气降水入渗系数；根据潜水位的升幅或降幅计算地下水的储存量及潜水的蒸发量等。

（3）地下水动态资料是地下水资源评价和预测时必不可少的依据。由于地下水的数量与质量均随着时间而变化，因此一切水量、水质的计算与评价，都在某一时间段内进行。如对同一含水系统来说，在雨季、旱季、丰水年、枯水年，其水资源数量与水质都有一定的差异。

（4）用任何方法计算的地下水允许开采量，都必须能经受地下水均衡计算的检验；任何地下水开采方案，都必须受地下水均衡量的约束。为尽可能地减少开采地下水引起的环境负效应，开采量一般不能超过地下水的补给量，即不应破坏地下水的均衡状态。

（5）由于地下水开发利用引发或可能引发环境地质问题，如区域地下水位下降、水资源衰竭、水质污染与恶化、海水入侵、土壤盐渍化、土地沼泽化、地面变形等，所以均需进行地下水的动态监测，研究地下水的均衡状态，以便预测环境地质作用的变化及发展趋势。

三、地下水动态研究的基本任务

（1）正确布设地下水动态监测网点，对动态监测的频率、监测次数及监测时间作出科学的规定。

地下水动态监测点的布置形式和位置，主要取决于地下水资源调查的主要任务。动态监测成果要满足水文地质条件的论证，地下水水量、水质评价及水资源科学管理方案制定等方面的要求。不同的勘察阶段，对以上要求各有侧重。

区域水文地质条件服务的动态监测工作，主要任务在于查明区域内地下水动态的成因类型和动态特征的变化规律。因此，监测点一般应布置成监测线形式。主要的监测线应穿过地下水不同动态成因类型的地段，沿着区域水文地质条件变化最大的方向布置。对于不同成因类型的动态区，不同含水层，地下水的补给、径流和排泄区，均应有动态监测点控制。

为地下水水量、水质计算与资源管理服务的动态监测工作，其主要任务是：为建立计算模型、水文地质参数分区及选择参数提供资料。鉴于地下水数值模型在地下水水量、水质评价与管理工作中的广泛应用，将相应的动态监测点布置成网状形式，以求能控制区内地下水流场及水质变化。对流场中的地下分水岭、汇水槽谷、开采水位降落漏斗中心、计算区的边界、不同水文地质参数分区及有害的环境地质作用已发生和可能发生的地段，均应有动态监测点控制。

地下水动态监测点，除利用井（孔）外，还应充分利用区内已有的地下水天然及人工水点。对有关的地表水体、各种污染源，以及有害的环境地质现象，也应进行监测。

科学规定地下水动态项目的监测频率、监测次数和时间，对于获得真实、完整的动态资料十分重要。对于不同的监测项目，监测的频率、次数和时间的具体要求虽有不同，但其总的原则是一致的，即要求按规定的监测频率、次数和时间所获得的地下水动态资料，应能最逼真地反映出年内地下水动态变化规律。

以上问题的具体要求，可参阅有关地下水勘察和地下水动态观测规范。需强调的是，为了能从动态变化规律中分析出不同动态要素（监测项目）间的相互联系，对各监测项目的监测时间，在一年中至少要有几次是统测的。

（2）根据所获得的地下水动态监测资料，分析地下水动态的年内及年际间的变化规律。依据某种动态要素随时间的变化过程、变化形态及变幅大小等分析水文地质条件，根据变化的周期性与趋势性，并通过不同监测项目动态特征的对比，确定它们之间的相关关系。

（3）根据所获得的各种动态资料，考虑各种影响因素（水文、气象、开采或人工补给地下水等）的作用，确定区内地下水的成因类型。为认识区域地下水的埋藏条件，水质、水量的形成条件及有害环境地质作用的产生和发展原因等，提供动态上的佐证。

四、地下水均衡研究的基本任务

（1）为进行均衡研究，首先要确定均衡区的范围及边界的位置与性质。当区域较大、各地段的地下水均衡要素组成又不相同时，应划分均衡亚区。为便于均衡计算，每个均衡区（或亚区）最好是一个相对独立的地下水系统。均衡区的边界最好是性质比较明确、位置比较清楚的某一自然边界（或地质界线）。

（2）确定均衡区内地下水均衡要素的组成及地下水水量或水质均衡方程的基本形式。在建立方程时，应考虑，同一均衡区在不同的时段其均衡要素的组成可能是不同的。因此，在均衡计算之前，还应划分出均衡计算的时段，即确定出均衡期。

（3）通过直接（野外实测或室内测定）或间接（参数计算）方法，确定出地下水各项均衡要素值，为地下水水量、水质的评价与预测提供基础数据。

（4）通过区域水均衡计算，确定出区内地下水的均衡状态，预测某些水文地质条件的变化方向，为制定合理的地下水开发方案及科学管理措施提供基本依据。

第二节 地下水动态的监测

一、地下水动态监测项目

对大多数地下水资源调查任务来讲，地下水动态监测的基本项目都应包括地下水水位、水温、水化学成分和井、泉流量等。对与地下水有水力联系的地表水水位与流量，以及矿山井巷和其他地下工程的出水点、排水量及水位标高也应进行监测。

水质的监测，一般是以水质简分析项目作为基本监测项目，再加上某些选择性监测项目。选择性监测项目是指那些在本地区地下水中已经出现或可能出现的特殊成分及污染质，或被选定为水质模型模拟因子的化学指标。为掌握区内水文地球化学条件的基本趋势，可在每年或隔年对监测点的水质进行一次全分析。

地下水动态资料，常常随着观测资料系列的延长而具有更大的使用价值，故监测点位置确定后，一般不要轻易变动。

二、区域地下水动态监测网

（一）监测网分类

根据研究和需要解决的问题可将监测网分为区域控制性监测网和专门性监测网。针对各水文地质单元主要开采层、段的地下水动态进行长期监测；对已有或潜在区域性水位下降、水资源衰竭、水质污染及恶化、海（咸）水入侵、土壤盐渍化、沼泽化、地面沉降变形等进行长期监测。

根据地下水开发利用程度可将监测网分为区域地下水动态监测网和重点经济区（城市）地下水监测网。对于完整的水文地质单元，在具有现实供水意义和前景的地区、主要含水层（组）、与产生环境地质问题有关的含水层（组）及部分次要开采层、相应的水文地质单元及主要开采目标含水层、段，污染、衰竭层、段，地面沉降变形地段等建立地下水动态监测网，对地下水动态进行长期监测。

（二）监测网的布设

区域性地下水动态监测网由国家级、省级、地区级监测点构成。

监测网的布设原则是：

（1）控制较为完整的水文地质单元，且具有供水意义和前景的地区。以国家主要农业区、经济开发区和主要城市为重点。

（2）具有现实供水意义或开发利用远景的主要含水层（组），以及与产生环境地质问题有关的含水层（组）；对于部分次要开采层也应进行监测。

（3）依据地质环境背景和水文地质条件进行布设。主要布设在：主要平原区和盆地区；岩溶水具有供水意义的地区，以及已经产生或可能产生岩溶塌陷地区；大型红层裂隙水盆地及山区基岩裂隙水具有供水意义的地段。

（三）监测点的设置

1. 监测点布设原则

对于面积较大的监测区域，应以顺沿地下水流向为主与垂直地下水流向为辅结合布设；对于面识较小的监测区域，可根据地下水的补给、径流、排泄条件布设控制性监测点。

（1）应控制水文地质单元或水源地的补给、径流、排泄区，以及不同地下水动态类型区、水质有明显变化的区（段）、不同富水地段和不同开采强度的地区。

（2）当同一水文地质单元的监测线跨越省（区、市）界时，应经过协调构成统一的监测网。

（3）应重点在地下水为主要供水水源的城市布设，以掌握供水水源地的补给区、径流区、水位下降漏斗区及遭受污染地段的地下水动态特征。

（4）监测区内的代表性泉、自流井、地热井应列为国家级或省级地下水动态监测点。

（5）在基岩地区的主要构造富水带、岩溶大泉、地下河出口处，应布设监测点加以控制。

（6）应满足取得监测区内某一特征时间的地下水流场的需要。

（7）在水源地应平行和垂直于地下水流向布设两条监测线，以监测地下水位下降漏斗的形成和发展趋势。

（8）在易发生环境地质问题的地段应布设专门性监测网点。

2. 监测点布设密度

控制性监测网点的密度，应根据水文地质条件、地下水供水程度及地下水动态监测工作程度合理地选定。

可将水文地质条件分为三类：①简单。地质条件简单，单一含水层（组）、岩性及厚度比较稳定、补给条件与水质良好、环境地质问题少。②复杂。地质条件复杂，多层含水层（组）、岩性及厚度变化大、补给条件与水质复杂、环境地质问题多。③中等。介于简单与复杂之间。

地下水供水程度可依据地下水供水量占总供水量的百分比加以划分。地下水供水程度每减少 10%，监测点的密度相应减少 5%。

在已经掌握地下水动态的地区，监测点密度可相应减少 10%～20%。

地下水水位动态监测网点设密度见表 5-1。

表 5-1　地下水水位动态监测点布设密度表

测点级别	水文地质条件复杂程度	区域控制性监测网／（点／1000km²）			重点经济区（城市）监测网/（点/100km²）		
					地下水供水量占总供水量的百分比		
		孔隙水	岩溶水	裂隙水	>80%	50%～80%	<50%
国家级	复杂	2.0～1.4	0.7～0.5	0.5～0.4	2.0～1.5	1.5～1.2	1.2～0.9
	中等	1.4～0.9	0.5～0.4	0.4～0.3	1.5～1.5	1.2～0.9	0.9～0.6
	简单	0.9～0.5	0.4～0.3	0.3～0.2	1.2～0.9	0.9～0.6	0.6～0.3
省（区市）级	复杂	4.0～3.2	2.5～2.0	1.5～1.0	5.0～3.8	3.8～3.0	3.0～2.2
	中等	3.2～2.5	2.0～1.5	1.0～0.7	3.8～3.0	3.0～2.2	2.2～1.5
	简单	2.5～2.0	1.5～1.0	0.7～0.5	3.0～2.2	2.2～1.5	1.0～0.8
地区级	复杂	6.0～5.3	5.0～4.0	2.0～1.6	6.5～5.4	5.0～4.0	4.0～3.0
	中等	5.3～4.6	4.0～3.2	1.6～1.3	5.4～4.3	4.0～3.0	3.0～2.0
	简单	4.6～4.0	3.2～2.5	1.3～1.0	4.3～3.3	3.0～2.2	2.0～1.2

3. 监测井的建设要求

（1）各类监测孔（井），必须具有地层岩性和井管结构资料。孔深、孔径能满足各项监测的要求。监测目的层与其他含水层（组）之间止水良好。

（2）监测孔的施工技术要求，必须符合水文地质钻孔质量标准的有关规定。

（3）选择监测孔时，应尽可能利用非开采井，以做到不受或极少受干扰，保证进行常年连续监测工作。

（四）监测项目及要求

1. 地下水水位监测

1）一般监测频率

国家级、省级监测点每月 3～6 次，用来补充省级监测点的地区级监测点，其监测频率与省级点相同。专门性监测点应根据监测目的和精度要求而定。

2）水位监测日期

每月监测 6 次时，各系统监测时间安排不完全一致，水利系统一般是每隔 5 日监测 1 次，一般为 1 日、6 日、11 日、16 日、21 日和 26 日。国土资源部门一般是逢 5 日、10 日测（2 月为月末日）；每月监测 3 次时，为逢 10 日测（2 月为月末日）。

3）水位监测精度

静水位测量，两次测量最大误差不大于 1cm／10m。

此外，有条件的地区，应尽可能采用自记水位仪。测水位的量具需每季校核一次，及时消除系统误差。在水面很深和高（低）温下测量时，应进行拉长和热胀（冷缩）的校正。每次监测水位时，应记录观测井是否曾经抽过水，以及是否受到附近的井抽水影响。

2. 地下水水量监测

1）单井涌水量监测

在水位多年持续下降的开采区内，选择部分代表性国家级监测点与省级监测点（或附近同一层位的开采井）作为涌水量监测点。利用水表或孔口流量计，在动力条件不变的情况下定期监测，可视水量变化大小，每月或每季监测一次，同时取得水位资料。

对代表性自流井定期监测涌水量。根据流量的稳定程度确定监测频率，一般情况下可每月 10 日监测一次。

2）泉流量的监测

根据泉水流量大小，选择容积法、堰测法或流速仪法测流。应按其测流方法要求进行操作。

新建立的泉监测点，应每月观测一次流量，在已掌握其动态规律后，可视泉流量的稳定程度确定其监测频率（表5-2）。

表 5-2　泉及监测频率表

泉的稳定程度	稳定系数／（最小流量／最大流量）	监测频率
极稳定的	1.0	每季末、季中日各监测 1 次
稳定的	1.0～0.5	每季末、季中日各监测 1 次
较稳定的	0.5～0.1	每月末、月中日各监测 1 次
不稳定的	0.1～0.03	每月监测 3 次，逢 10 日监测
极不稳定的	<0.03	（2 月为月末日）

3. 地下水水质监测

1）水质监测点的设置

依据区域地下水水质分布规律及其动态特征，布设水质监测点。应将国家级、省级水位监测点的 30%～50% 作为长期水质监测点，特殊水质分布区的水位监测点也应作为长期水质监测点。

2）水质监测频率

每年应对水质监测点总量的 50% 进行采样临测。一般情况下，浅层地下水和水质变化较大的含水层，每年丰、枯水期各采一次水样；深层地下水和水质变化不大的含水层，每年在开采高峰期采一次水样。其余 50% 水质监测点，可以每 3～5 年在开采高峰期普遍采样一次。

3）监测项目

监测项目应包括《地下水质量标准》中规定的项目，如 pH、氨氮、硝酸盐、亚硝酸盐、挥发性酚类、氰化物、砷、汞、铬（六价）、总硬度、铅、氟、镉、铁、锰、溶解性总固体、高锰酸盐指数、硫酸盐、氯化物、大肠菌群，以及反映本地区主要水质问题的其他项目。

4. 地下水水温监测

地下水水温监测可与区域水质监测网同步进行。浅层地下水，以及水温变化较大时，应每月监测 1～2 次；深层地下水，以及水温变化较小时，可以每季度监测一次；已经开发的地热田，应在地热资源勘察的基础上，重点监测地热井的温度与压力变化，监测频率一般为每月 3～6 次。

水温计的允许误差不超过 ±0.1℃。在典型监测孔内，应尽可能安装水位水温自动记录仪。

三、专门性地下水监测网

（一）监测网点的布设

专门性地下水动态监测网点是针对已经发生或者可能发生水质污染与恶化、海（咸）水入侵、地下水资源衰竭、地面变形等环境地质问题，以及获取水文地质参数、了解地下水与地表水转化关系、集中开采水源地的水位变化，而专门布设的。其布设一般原则如下。

（1）专门性地下水动态监测网点的布设要与区域性地下水动态监测网点相结合；

（2）监测内容尽量做到一点多用；

（3）解决环境地质问题的监测网要布设在已经或将要形成区域环境地质问题的地区；

（4）解决专门水文地质问题的地下水动态监测网点应布设在有代表性的水文地质地段；

（5）监测点的设置一般要根据地下水的补给、径流、排泄条件，以及需要解决的具体问题进行；

（6）专门性监测网点的密度依据具体任务而定。但是，一般不应超过省级网点和地区级网点的 10%～20%。

（二）地下水污染监测网

1. 监测网点的设置

（1）地下水污染区监测网点的布设，应考虑污染源的分布和污染物在地下水中的扩散形式，采取点面结合的方法，监测污染物质及其运移规律。监测的重点是易污染的浅层地下水及供水水源地保护区。观测孔宜在连接污染源和水源地的方向上布置。

（2）在滨海平原地区、内陆盐湖或盐池附近，以及咸淡水交替分布地区，为了确定盐

（咸）水入侵程度或确定淡水的临界开采量，应垂直于岸边或边界并沿地下水流向布设监测线。监测线应能控制淡水体、盐水楔及淡水-盐水过渡带等部位，以监测地下水水位和水质动态及地面水体的水位变化。

（3）在强烈开采中深层地下水而导致上层咸水下渗的地区，应选择代表性地段，设置咸水与淡水（开采层）分层（段）监测孔，监测咸水下移速度。

2. 监测孔的建设要求

地下水动态观测孔的过滤器，应下至所需观测的含水层最低水位以下 2～5m，其管口应高出地面 0.5～1m。孔口应设置保护装置，在孔口地面应采取防渗措施。分层观测的观测孔应分层止水。

3. 监测项目及要求

1）地下水污染区

工业污染源区：必测项目有挥发酚、氰化物、六价铬、总铬、砷、汞及其他有毒有害物质。具体情况可参照表 5-3。

表 5-3　工业生产建设项目对地下水环境影响的主要污染物一览表

工业部门	污染源	主要污染物	
		液体	固体
动力工业	火力发电	硫化物、氨氮、石油类、砷、酚、铅、镉、氟化合物、pH	灰渣
冶金工业	黑色金属冶炼	pH、化学需氧量、硫化物、氟化物、挥发性酚、氰化物、石油类、多环芳类化合物、酸性洗涤水、铜、铅、锌、砷、镉、汞、六价铬	矿石渣、炼钢废渣
	有色金属冶炼	含重金属（铜、铜、锌、汞、镉、六价铬、砷）、酸性废水、pH、化学需氧量、硫化物、氟化物、挥发性酚	冶炼废渣
机械制造工业	农机、工业设备、金属制品加工制造、交通设备制造、锻压及铸件	化学需氧量、含酸废水、电镀废水、石油类、铅、铜、镍、铁、锰、铬、镉、氰化物	金属加工碎屑
采矿工业	矿山剥离和掘进、选矿、矿坑水	含重金属（铜、铅、锌、汞、铬、镉、砷、镍、六价铬）、硫化物，氟化物，pH（或酸、碱度）	矿石、矿渣、废石
化学工业	化学肥料、有机和无机化工生产、化学纤维、合成橡胶、塑料、油漆、农药、医药	酸碱 pH、硫化物、硝基化合物（苯酚）、酚、氰、汞、铬、砷、铝、铜、锌、锰六价铬、磷、有机氯、氟化物、氯化物、氨氮、石油类、化学需氧量、生化需氧量	
石油开发及炼制	炼油、蒸馏、裂解、催化等工艺	pH、矿化度、化学需氧量、生化需氧量、溶解氧、氯化物、挥发性酚、氰化物、石油类、苯类、多环芳烃、氨、氮、硫化物	
纺织印染工业	棉纺、毛纺、丝纺、针织印染等	pH、化学需氧量、生化需氧量、挥发性酚、硫化物、苯胺类、六价铬	
制革工业	皮革、毛皮加工	硫化物、氯化物、总铬、六价铬、pH、化学需氧量、生化需氧量	纤维废渣、铬渣
造纸工业	生产纸浆、造纸	碱、酸、木质素、挥发性酚、硫化物、铅、汞、pH、化学需氧量、生化需氧量	
食品加工业	油加工、肉食加工、乳制口、水产加工、发酵酿造、味精生产	pH、化学需氧量、生化需氧量、溶解氧、挥发性、细菌、病毒	

生活污染源区：必测项目有硝酸盐、亚硝酸盐、氨氮、生化需氧量、化学耗氧量、阴离子合成洗涤剂、细菌总数及其他有毒有害物质。

农业污染源：可测定有机氯、有机磷等，并根据当地施用的其他农药和化肥成分，确定测定项目。

热污染源区：对来自地下热水的污染，可测定与热水有关的有害微量元素；对来自人为排放热量的热污染，可测定溶解氧，并测量水温。

放射性污染源：应测定总 α 放射性及总 β 放射性。

酸雨（或碱雨）区：在出现酸雨（或碱雨）的地区，应测定雨水样品中的 pH、二氧化碳、二氧化硫、一氧化氮等。

为工业、农业、生活用水及对地下水污染评价而进行的地下水水质监测，依据相应评价标准，确定测定项目。

2）盐（咸）水入侵区的水质监测

盐（咸）水入侵或咸水界面下移的专门监测孔水质测定项目，以水质简分析（或以氯离子、电导率等某些专项指标）为主，每季（或月）采样一次。有条件时，可安装电动含盐量记录仪进行监测，并严格按其要求制作标定曲线等。

3）地方病区的水质监测

在氟中毒与地甲病区，应分别测定地下水中的氟与碘；在大骨节病、克山病区，应测定地下水中的腐植酸、硒、钼；在肝癌、食道癌高发病区，应测定地下水（饮水）中的亚硝酸盐、亚硝铵，以及其他有关微量元素和重金属含量。

4）水质监测频率

应在枯水与丰水季节分别采样的基础上，根据污染源种类、污染方式及污染途径的不同，分别确定采样次数和采样日期。样品应在排污前、后和雨季前、后采取。

（三）地下水资源衰竭监测

1. 监测网点的布设

在开采地下水历史比较长，机井密度比较大的地下水集中开采区，因过量开采地下水而形成水位下降漏斗并导致地面沉降时，应穿过漏斗中心按十字形布设监测线。其长度应超过漏斗范围，以监测主要开采层位。

2. 监测内容与监测频率

监测内容包括地下水位与单井出水量。每 1～2 年要统测一次丰、枯水期水位，同时进行单井出水量调查，了解集中开采区地下水位降落漏斗的规模和发展趋势，以及地下水开采量衰减情况。

（四）地下水水源地监测

1. 监测网点的布设

针对地下水水源地勘察进行的地下水动态监测，地下水动态观测线、孔的布置，应能控制勘察区或水源地开采影响范围内的地下水动态。监测线、监测孔的布设，除符合区域地下水动态监测网点、地下水污染动态监测网点的设置原则外，宜分别符合下列要求。

（1）查明各含水层之间的水力联系时，可分层布置观测孔。

（2）需要获得边界地下水动态资料时，监测孔宜在边界有代表性的地段布置。

（3）查明污染源对水源地地下水的影响时，监测孔宜在连接污染源和水源地的方向上布置。

（4）查明咸水与淡水分界面的动态特征（包括海水入侵）时，观测线宜垂直分界面布置。

（5）需要获得用于计算地下水径流量的水位动态资料时，观测线宜垂直和平行计算断面布置。

（6）需要获得用于计算地区降水入渗系数的水位动态资料时，监测孔宜在有代表性的不同地段布置。

（7）查明地下水与地表水体之间的水力联系时，观测线宜垂直地表水体的岸边线布置。

（8）查明水源地在开采过程中下降漏斗的发展情况时，宜通过漏斗中心布置相互垂直的两条观测线。

（9）查明两个水源地的相互影响或附近矿区排水对水源地的影响时，监测孔宜在连接两个开采漏斗中心的方向上布置。

（10）为满足数值法计算要求，监测孔的布置应保证对计算区各分区参数的控制。

2. 监测内容及频率

（1）一般情况下，观测井、孔的出水量、水位、水温、气温和泉的流量，宜每隔 5～10 天观测一次，当其变化剧烈时应增加观测次数。各观测点的观测，应定时进行。计算降水入渗系数所需的水位的观测时间，应根据计算的具体要求确定。

（2）水质分析和细菌检验用的水样，宜在丰水期和枯水期各取一次，在污染地区应增加取样次数。采取水样前宜进行抽（掏）水洗井（孔）。

（3）查明地表水和地下水之间的水力联系时，应在观测地下水动态的同时，观测有关地表水的动态。

（4）地下水动态观测期间，应系统掌握有关的气象和水文资料。

（5）地下水动态观测，应在勘察期间尽早进行。观测的持续时间，详查阶段不宜少于一个枯水季节；勘探阶段不宜少于一个水文年；开采阶段应进行长期观测。

地下水监测资料要经过系统的整理和分析。资料整理的通用形式是编制月、年、多年报表，绘制年、多年动态曲线。

第三节　地下水的均衡项目

地下水的均衡包括水量均衡、水质均衡和热量均衡等不同性质的均衡。不同性质均衡方程的均衡项目（均衡要素），也必然有所区别。在多数情况下，人们首先关注的还是水量问题，而水量均衡又是其他两种均衡的基础。因此，下面着重讨论水量均衡的组成项目。

根据质量守恒定律，在任何地区，任一时间段内，地下水系统中地下水（或溶质或热）的流入量（或补充量）与流出量（或消耗量）之差，恒等于该系统中水（溶质或热）储存量的变化量。据此，可直接写出均衡区在某均衡期内的各类水量均衡方程。

总水量均衡方程的一般形式为

$$\mu \cdot \Delta h + V + P = (X + Y_1 + Z_1 + W_1 + R_1) - (Y_2 + Z_2 + W_2 + R_2) \tag{5-1}$$

式中，$\mu \cdot \Delta h$ 为潜水储存量的变化量，其中，μ 为潜水位变动带内岩石的给水度或饱和差，Δh 为均衡期内潜水位的变化值；V、P 分别为地表水体、包气带水储存量的变化量；X 为降水量；Y_1、Y_2 为地表水的流入、流出量；Z_1、Z_2 为凝结水量、蒸发量（包括地表水面、陆面和潜水的蒸发量）；W_1、W_2 为地下径流的流入、流出量；R_1、R_2 为人工引入、排出的水量。

潜水水量均衡方程的一般形式为

$$\mu \cdot \Delta h = (X_f + Y_f + W_1 + Z_1' + R_1) - (W_2 + W_s + Z_2' + R_2') \tag{5-2}$$

式中，X_f 为降水入渗量；Z_1'、Z_2' 为潜水的凝结补给量、蒸发量；W_s 为泉的流量；Y_f 为地表水对潜水的补给量；R_1'、R_2' 为人工注入量、排出量；其余符号同前。

承压水的水量均衡方程，比潜水简单，常见形式为

$$\mu^* \Delta h = (W_1 + E_1) - (W_2 + R_{2K}) \tag{5-3}$$

式中，μ^* 为承压含水层的弹性释水系数（储水系数）；E_1 为越流补给量；R_{2K} 为承压水的开采量；其余符号同前式。

不同条件的均衡区及同一均衡区的不同时间段，均衡方程的组成项可能增加或减少，例如，对地下径流迟缓的平原区，W_1、W_2 可忽略不计；当地下水位埋深很大时，Z_1'和 Z_1 常常忽略不计。又如，在封闭的北方岩溶泉域（均衡区），其雨季的水量均衡方程的一般形式是：$\mu \cdot \Delta h = (W_f + Y_f) - (W_s + R_2)$；而在旱季，地表水消失，一切取水活动停止，此时常将水量均衡方程简化为 $-\mu \cdot \Delta h = W_s$，即岩溶水的减少量等于岩溶泉水的流出量。

在补给量中，最重要的是降水入渗量（X_f）、地表水对潜水的补给量（Y_f）、地下径流的流入量（W_1）；在某些情况下，越流补给量（E_1）和人工注入量（R_1'）也有较大意义；在消耗量中，最重要的是潜水的蒸发量（Z_2'）、地下径流的流出量（W_2）、地下水的人工排出量和承压水的开采量（R_2 和 R_{2K}）；有时，泉水的流量（W_s）和越流流出量也很有意义。

第四节　地下水动态的成因类型及主要特征

地下水动态成因类型，主要是根据地下水的水位动态过程曲线的特点予以鉴别，一般根据对地下水动态影响最大的自然及人为因素对地下水动态成因类型予以命名。综合国内外一些地下水动态成因类型分类方案，将地下水动态成因类型归纳为 8 种基本类型（表 5-4），而基本类型又可组成多种混合成因类型。

表 5-4　地下水动态成因基本类型及其主要特征

地下水动态成因类型	主要特征	典型图例
1. 气候型（降水入渗型）	分布广泛，含水层埋藏深，包气带岩石渗透性较好 地下水位及其他动态要素，均随着降水量的变化而变化，水位峰值与降水峰值一致或稍有滞后。年内水位变幅值较大	
2. 蒸发型	主要分布于干旱、半干旱的平原区，地下水位埋深较浅（小于 3～4m），地下径流滞缓 地下水位随蒸发量的加大及气温升高而有明显下降，并随着干旱季节延长而缓慢下降。地下水位的变化比较平缓，年变幅不大（一般小于 2～3m）	
3. 人工开采型（开采型）	主要分布于地下水径流条件较好，补给面积辽阔，地下水埋藏较深或含水层上部有隔水层覆盖的地区 地下水水位变化平缓，年变幅很小，水位峰值多滞后于降水峰值	
4. 径流型	主要分布于地下水径流条件较好，补给面积辽阔，地下水埋藏较深或含水层上部有隔水层覆盖的地区 地下水位变化平缓，年变幅很小，水位峰值多滞后于降水峰值	
5. 水文型（沿岸型）	可分为两个亚类：①常年补给型；②季节补给型 主要分布在河、渠、水库等地表水体的沿岸或河谷中，地表水与地下水有直接的水力联系。地表水位高于地下水位 地下水位随地表水位升高、流量增大、过流时间延长而上升，位峰值和起伏程度随远离地表水体而逐渐减弱	
6. 灌溉型（灌溉入渗型）	分布于引入外来水源的灌区，包气带土层有一定的渗透性，地下水埋藏深度不十分大 地下水位明显地随着灌溉期的到来而上升，年内高水位期常延续较长	

地下水动态成因类型	主要特征	典型图例
7. 冻结型	分布于有多年冻土层的高纬度地区或高寒山区 ①冻结层下水：年内水位变化平缓，变幅不大，峰值稍滞后于降水峰值，或水位峰值不明显。②冻结层上水：水位起伏明显，呈现与融冻期和雨期对应的两个峰值	
8. 越流型	分布在垂直方向上含水层与弱透水层相间的地区。一般在开采条件下越流性质才能表现明显 相当开采含水层水位降低于相邻含水层时，相邻含水层（非开采层）的地下水将越流补给开采含水层，水位动态也随开采层变化，但变幅较小，变化平缓	

第六章　地下水资源调查成果

地下水资源调查成果是地下水资源调查工作的总结。在野外调查工作结束后，要编写出全面、系统的调查报告。

在编写成果报告之前，首先对已获得的全部室内、室外调查资料进行校核、整理和分析，尤其是要核查各种实际工作量，在数量、分布和精度上应满足规范及实际要求。如发现不足，应及时进行现场的补充工作，以保证编写成果报告的质量。

地下水资源调查成果通常由水文地质图件及文字报告组成。

第一节　水文地质图件

水文地质图件是总结和反映调查区地下水信息的主要手段之一，是记录、储存地下水各种信息的空间载体，是分析、研究、评价、开发和利用地下水资源的依据，是为国家各部门提供的基础性资料。因此，应将地下水资源调查的各种资料充分地反映在水文地质图系上。

由于地下水资源调查信息量巨大，很难用一组图来概括，因此常编制一系列图件——水文地质图系来反映。在编图过程中，既要讲究编图技术，又要注重编图的科学性、艺术性与实用性；既要图面信息丰富，又能突出重点，防止负载过重影响读图效果。

一、水文地质图件的种类

水文地质图件一般包括四类图件：基础性图件、综合性或专门性图件、单项地下水特征性图件和应用性图件。

（1）基础性图件是主要反映调查区地下水形成、赋存的背景环境类图件，如地质图、构造图、地貌图、第四纪地质图、降水量分布图等。

（2）综合性（或专门性）图件是直接反映调查区地下水特征的图件，如综合水文地质图、地下水资源图、地下水脆弱程度图、环境水文地质图、地下水质量评价图等。

（3）单项地下水特征性图件，如地下水等水位（压）线图、地下水埋深图、地下水化学类型分区图等。

（4）应用性图件主要是为满足实际生产需要而编制的图件，如地下水开发利用区划图、土壤改良水文地质图、地下水质预测图、地下水动态预测图等。

传统的水文地质编图以编写综合水文地质图为主，随着新理论、新观念、新技术的涌现，2000年在国土资源部地质环境司主持下，以中国科学院院士陈梦熊为主，完成了《地下水资源图编图方法指南》，提出了以地下水系统理论为指导，编制地下水资源系列图件的新思路、新方法。

下面仅将综合水文地质图和地下水资源图的编制内容和方法作以概略介绍。

二、综合水文地质图

综合水文地质图是把区域地下水调查工作中所获得的各种水文地质现象和资料，用各种代表符号和方式，反映在按一定比例尺缩小的图纸上所编制的一种具综合内容的地质-水文地质图件。图件能明确地反映出调查区内地下水形成的条件、赋存规律、地下水的各种特征及与周围环境的相互关系。按传统综合水文地质图的编图要求，图件通常包括下列内容。

1. 地下水类型

（1）松散岩类孔隙水：一般分为潜水和承压水两个亚类，每个亚类又可按单井涌水量划分为若干个富水等级，并圈定其界线。同一含水层组，也要区别其富水程度。按单井涌水量（按一定口径与降深值换算后的单井涌水量），一般分为：①水量极丰富的，单井涌水量大于 5000m³/d；②水量丰富的，单井涌水量为 1000～5000m³/d；③水量中等的，单井涌水量为 100～1000m³/d；④水量贫乏的，单井涌水量为 10～100m³/d；⑤水量极贫乏的，单井涌水量小于 10m³/d。

多层结构含水层组，可分为潜水与承压水或浅层水与深层水两组，用双层结构方法表示。

在绘制等水位（压）线时，还应表示出潜水位或承压水顶板的埋深。

（2）碎屑岩类裂隙孔隙水：主要指分布在中、新生代陆相沉积盆地内，比较稳定的裂隙孔隙水。不同含水层（组）或在同一含水层（组）的不同地段，应按单井涌水量划分出富水等级：大于 1000m³/d、100～1000m³/d、小于 100m³/d 三级。层状承压水的分布面积应予表示，顶板埋深按小于 50m、50～100m、大于 100m 表示。如有咸水，还应反映出咸淡水分界面的埋深。

（3）岩溶水或裂隙溶洞水：图上应分别表示出由分布较均匀、相互连通的网（脉）状溶蚀裂隙或蜂窝状溶孔构成的统一含水层（体）和由溶蚀管道发育而成的暗河水系，还应表示出岩溶均匀发育带和汇流富集带。应按泉及暗河流量与地下径流模数等综合因素，划分出富水等级。对大泉（域）和暗河（水系），可按流量分为 100～1000L/s、10～100L/s、小于 10L/s 三个富水等级。按地下径流模数，也可分为三级：小于 3L/（s·km²）、3～6L/（s·km²）、大于 6L/（s·km²）。岩溶水的埋深一般可分为二级或三级，如小于 50m、50～100m、大于 100m 三级。对覆盖型或埋藏型岩溶水，用双层结构的方法表示。各种形态的岩溶，也应表示在图中。

岩性岩相变化复杂的裂隙岩溶水，可划分为四个亚类：①碳酸盐岩裂隙溶洞水，碳酸盐岩占 90%以上；②碳酸盐岩夹碎屑岩裂隙溶洞水，碳酸盐岩占 70%～90%；③碎屑岩、碳酸盐岩裂隙溶洞水，碳酸盐岩占 30%～70%；④碎屑岩夹碳酸盐岩裂隙溶洞水，碳酸盐岩占 10%～30%。然后，根据其中岩溶水的富水性，划分其富水等级。

（4）基岩裂隙水：一般可分为构造裂隙水（指层状、似层状裂隙水）、脉状裂隙水、风化网状裂隙水和孔洞裂隙水等亚类。其富水等级，按多数常见泉水流量分为：小于 0.1L/s、0.1～1L/s、大于 1L/s 三级。按地下径流模数分为小于 1L/（s·km²）、1～3L/（s·km²）、大于 3L/（s·km²）三级。对接触带、岩脉等富水带和背、向斜等蓄水构造，也应标出其富水部位。

（5）冻结层水：可分为松散岩类冻结层水和基岩类冻结层水两个亚类。采用双层结构方法，分别表示两层水的富水等级。必要时，应反映出冻结层厚度和冻结层下水的顶板埋深，圈出岛状冻结层范围。冰丘等物理地质现象、现代冰川及其沉积物和冰雪覆盖范围等，也应该表示在图上。

2. 地下水水质

地下水水质，可反映两种情况：一为按矿化度分为淡水（小于 1g/L）、微咸水（1～3g/L）、半咸水（3～10g/L）、咸水（大于 10g/L）分布区。在盐卤水分布区，增加大于 50g/L 一级。二为污染和天然的有害离子或化合物的分布情况。

对于热泉和人工揭露的热水，可根据温度按规定分为：低温热水（20～40℃）、中温热水（40～60℃）、中高温热水（60～80℃）、高温热水（80～100℃）和超高温热水（大于 100℃）。在一般地区，可简化为温泉（20～40℃）、热泉（大于 40℃）。

3. 其他水文地质要素

（1）控制水点（井、泉、孔）及地表水系。

（2）地下水流向，地表水与地下水的补排关系，水源地的开采量，海水入侵界线，下降漏斗范围等。

4. 地貌及地质

（1）地质界线与地层符号同于地质图，但地层系统可简化，各种构造及其水文地质性质也要表示出来。

（2）第四系的成因类型、岩性结构及分布，重点地貌现象，如阶地、溶洞、暗河等。

5. 剖面图及镶图

综合水文地质图中应附区内典型剖面上的水文地质剖面图，某些内容可编制成镶图。

三、地下水资源图

《地下水资源图编图方法指南》中认为，地下水资源图应包括下列基本内容。

（1）地下水资源图以地下水系统为基本骨架，因此图面首先要反映各级地下水系统的地理分布，以及系统之间的边界界线、边界类型和相邻系统之间的相互关系。

（2）按不同介质所划分的含水层类型及其组成的含水层系统，采用不同色标或不同的网纹，编制成图例，形成图面的基本要素。同时还要表示含水层系统的结构，如单层含水层系统、多层含水层系统，以及不同地质时代含水层系统相互叠加而组成的复合型复杂含水层系统等。

（3）地下水资源量主要采用补给模数表示。根据所计算的补给模数划分为若干等级，采用不同颜色或网纹的变化加以区别。补给模数越大则颜色越深，或网纹的密度越紧。此处用数字标记表明各个子系统的资源量，以及全系统的总资源量。

以地下水补给模数作为判断地下水资源丰富程度的标准。从全国范围考虑，划分为 5 个级别，见表 6-1。

表 6-1 地下水资源丰富程度划分参考表

级别	分区	补给模数/[10 万 m³/（km²·a）]
1	地下水资源量极丰富区	>50
2	地下水资源量丰富区	30～50
3	地下水资源量中等区	20～30
4	地下水资源量贫乏区	10～20
5	地下水资源量极贫乏区	<10

（4）采用花纹符号或等值线等图例，反映地下水的渗流场、水化学场和若干基本参数，以表明地下水的动力特征和水化学特征。

（5）为反映含水层系统及地下水流系统的空间分布与时空变化，应采取各种方法，充分表明地下水系统的四维特征。例如，应用环境同位素确定地表水、地下水之间的转化关系，地下水的补给来源，含水层之间的水力联系；测定地下水的绝对年龄或在含水层中的滞留时间；利用人工放射性同位素作为示踪剂，判断岩溶暗河相互连通关系等。

地下水资源图的编图方法详见《地下水资源图编图方法指南》，在实际编图过程中应创造性地运用该指南阐明编图原则、基本方法和技术要求，使地下水资源编图理论、技术、方法不断发展。

第二节 文 字 报 告

文字报告是地下水资源调查成果的主要组成部分，是对水文地质图系的说明和补充。报告的主要内容是阐明调查区的地下水规律，进行地下水资源评价，并对地下水资源的开发利用、管理和保护做出科学论证。

编写文字报告是一项综合性、研究性很强的工作。要求把现场观察到的感性认识和室内外获得的实际资料，认真地分析，去伪存真，去粗取精，层层深入，找出其客观规律，系统地综合，使报告具有科学性。编写调查报告，要精选材料，抓住核心问题；要论据充分，条理分明，重点突出，语言精练，尽量利用插图、表格、曲线、素描和照片等进行说明。

下面以综合地下水调查报告为例，介绍文字报告的主要内容。

1. 序言

序言包括调查工作的目的、任务、以往研究程度、投入的工作量、存在问题及解决情况等，附交通位置图及研究程度图等。

2. 地下水的天然环境条件

这部分内容必须与地下水的形成、补给、径流、排泄条件紧密结合，凡是与地下水关系密切的内容详细论述，关系不大的应简写或不写。

（1）地形、水文、气候：介绍区内地形的总趋势；介绍区内地表水流域的划分，各种地表水体的特征及其与地下水的补、排关系；介绍区内的降水量、蒸发量、气温、湿度等，附气象要素图、山川形势图等。

（2）地貌：阐述区内地貌的形态、成因、年代及分布特征，注意分析地貌与岩性、构造、新构造运动及地下水等因素的关系。

（3）地质条件：介绍各时代的地层、岩石的分布及特征；要注意分析各种岩石的原始空隙、成岩裂隙、胶结和风化程度等；第四纪地质应介绍其成因类型、岩性结构及沉积特征等；可溶岩分布区，应阐述岩溶发育状况及岩溶发育规律；构造控制地下水的形成、运移和富集，应注意研究褶皱及断裂构造的空间分布及特征，各类构造形迹之间的相互关系，各种节理、裂隙的形成条件、形态特征、发育程度、分布规律、充填情况等，新构造运动活动强烈地区应单列章、节论述。

3. 水文地质条件

水文地质条件是报告的核心内容，是地下水资源评价及制定开发利用方案的基础。一般包括下列内容：①阐明区内含水层系统特征、地下水类型、各含水层的分布、特征、富水性、富水部位、地下水赋存规律等，对隔水层（组）的隔水性及特征也要予以阐述；探讨区内各种地质构造的水文地质特征。②各类地下水的补给、径流、排泄条件。③地下水动态特征。④地下水的化学特征及污染状况。⑤调查区内有矿水、热水应单独论述其特征及形成条件。

4. 地下水资源评价

依据调查要求对地下水质进行详细评价，并进行预测，提出保护和改善措施。根据调查区水文地质条件及评价要求，选择水量评价方法，建立计算模型，论述确定水文地质参数的依据，计算地下水的补给量、储存量、允许开采量，并论证允许开采量的保证精度及评价精度。

5. 地下水资源开发利用与保护

一般包括：①提出地下水资源的规划；②对已有水源地或疏干区进行研究评价；③新建水源地的选择；④地下水的开采方法及开采方案；⑤地下水开采技术要求与注意事项；⑥对因开采地下水已发生的环境问题提出防治、修复措施，预测可能产生的环境问题及预防措施；⑦提出地下水资源保护措施等。

6. 结论与建议

对调查区的水文地质条件及地下水资源评价与开采提出结论性意见，对调查工作有关的问题及今后地下水开发利用可能存在的问题提出建议。

以上介绍是传统地下水调查报告的编写内容，随着地下水科学的发展，地下水调查的编写体系也在不断地变化，如以地下水系统理论为指导，从地下水系统的含水系统、水循环系统、水动力系统、水化学系统等方面去建立报告编写体系及内容。新的理论、新的技术、新的方法不断涌现，应在满足调查要求的前提上，不断推陈出新，编写出更好的文字调查报告。

第七章　水质评价与地下水环境影响评价

地下水水质是指地下水及其所含的物质组分所共同表现的物理、化学和生物学的综合特性。地下水水质评价是地下水资源评价的重要组成内容，实质上就是对地下水水质进行定量评价。其基本任务包括：根据现阶段国家颁布的规范、标准，依据各行业或不同用途用水对水质的基本要求，评价勘察水源水质的可用性；了解水质的分布规律和水质形成的环境条件，为选择最佳取水地段和取水层位提供科学依据；对未达到水质标准的供水水源，应进行水质改良必要性和可行性的论证；为预防今后地下水水质恶化，应提出水源地卫生防护带建设和区域水环境管理的措施。

地下水水质评价按不同分类方法可分为以下几种类型（表 7-1）。

表 7-1　地下水水质评价分类

分类方法	地下水水质评价类型
地下水的用途	生活饮用水水质评价、工业用水水质评价、农田灌溉水水质评价、饮用矿泉水和医疗矿泉水水质评价、地热水水质评价
评价时段	地下水水质回顾评价、地下水水质现状评价、地下水水质预测评价

地下水水质评价的原则：

（1）要紧密配合地下水资源量的评价工作，确保工作目标、评价对象及结论和决策意见的一致性。

（2）要以系统的观点，即动态、辩证统一的观点开展评价工作。

（3）充分利用以往地下水环境调查和长期监测资料，在查明地下水质背景的基础上，对地下水水质进行分类，对重点地区地下水污染状况及其发展趋势做出评价。

（4）评价中重视采用先进的水质测试技术与评价方法，力求使评价结果准确、客观，便于决策者理解和使用。

（5）在强调地区性特点及研究程度差异的同时，按统一标准和要求进行评价。

（6）重视人类活动影响作用和影响过程的评价，特别是地下水污染和地下水开采诱发环境地质问题发生和发展规律的分析。

（7）在评价中充分考虑以往的工作基础，充分利用以往的相关成果，严格按照各种水质评价标准和评价方法进行。

地下水水质评价存在着时效性问题。地下水水质评价的时效性主要是由两方面因素决定的：一方面地下水水质的成分极为复杂，地下水中的某些成分以前不被人们认识，但随着科技水平的提高而被认识和检测出来。因而，地下水水质评价的标准也要在实践中不断地总结、修改，逐渐完善。在进行水质评价时，应以最新标准为依据，不仅考虑水质的现状是否符合标准，还应考虑是否有改善的可能，即经过处理后能否达到用水标准。另一方面，由于地下水始终处于不断地循环交替之中和自然、人类的影响之下，地下水的水质在不断地变化，勘察阶段所进行的地下水水质评价结果随着时间的推移往往还会有变化。因此，水源地建成后也要进行水质监测并定期进行评价，并预测地下水开采后水质可能发生的变化，提出卫生防护和管理措施。

地下水水质评价应反映出区域地下水水质的整体特性。因此，应使水质样本的空间分布能够在宏观上最大限度实现对地下水水质状况的控制，在采样点得到的地下水水质信息能够代表整个系统的水质状况。同时，提高成井工艺水平、采样技术及水质检测水平，保证地下水水质评价的精度。

近年来，随着地下水科学技术的发展及人们对环境问题认识的不断深化，地下水环境质量评价和地下水环境影响评价工作越来越得到重视。地下水环境质量评价是环境质量评价工作的重要组成部分，它与常规供水水质评价既有联系又有区别。地下水环境质量评价是一项全新的工作，在概念、理论与技术方法上还在不断地完善。自《环境影响评价技术导则　地下水环境》开始实施后，地下水环境影响评价工作更是有了极大的进步和飞速发展。

第一节　供水水质评价

一、生活饮用水水质评价

为了保障居民生活饮用水安全，《中华人民共和国生活饮用水卫生标准》（GB5749—2006，以下简称《生活饮用水卫生标准》）规定生活饮用水应符合下列基本要求：

（1）生活饮用水中不得含有病原微生物。

（2）生活饮用水中化学物质不得危害人体健康。

（3）生活饮用水中放射性物质不得危害人体健康。

（4）生活饮用水的感官性状良好。

（5）生活饮用水应经消毒处理。

（6）生活饮用水水质应符合本标准中对水质常规指标（表 7-2）和非常规指标及限值的卫生要求。消毒剂限值和消毒剂余量应符合本标准中消毒剂常规指标及要求。

因此，生活饮用水水质评价内容应包括地下水的感官性状、一般化学指标、毒理学指标、细菌学指标和放射性指标。

表 7-2　《中华人民共和国生活饮用水卫生标准》对水质常规指标的规定

项目	标准	项目	标准
色度	不超过 15 度	挥发酚类（以苯酚计）	≤0.002mg/L
浑浊度	不超过 1 度，水源与净水技术条件限值时不超过 3 度	硝酸盐（以 N 计）	≤10 mg/L，地下水源限制时 ≤20mg/L
嗅	无异嗅	氰化物	≤0.05mg/L
味	无异味	砷	≤0.01mg/L
肉眼可见物	无	硒	≤0.01mg/L
pH	6.5～8.5	汞	≤0.001mg/L
总硬度（以碳酸钙计）	≤450mg/L	镉	≤0.005mg/L
硫酸盐	≤250mg/L	铬（六价）	≤0.05mg/L

续表

项目	标准	项目	标准
氯化物	≤250mg/L	铅	≤0.01mg/L
铁	≤0.3mg/L	银	≤0.05mg/L
溶解性总固体	≤1000mg/L	氟化物	≤1.0mg/L
锰	≤0.1mg/L	三氯甲烷	≤0.06 mg/L
铜	≤1.0mg/L	四氯化碳	≤0.002mg/L
锌	≤1.0mg/L	耗氧量（以 COD_{Mn} 计，以 O_2 计）	水源限制，原水耗氧量大于 6mg/L 时不超过 5mg/L
铝	≤0.2 mg/L	甲醛（使用臭氧时）	≤0.9 mg/L
溴酸盐（使用臭氧时）	≤0.01 mg/L	氯酸盐（使用复合二氧化氯消毒时）	≤0.7 mg/L
亚氯酸盐（使用二氧化氯消毒时）	≤0.7 mg/L	菌落总数	100（CFU/mL）
阴离子合成洗涤剂	0.3mg/L	总大肠菌群	不得检出（每 100mL 水样中）
总 α 放射性	0.5Bq/L	耐热大肠菌群	不得检出（每 100mL 水样中）
总 β 放射性	1 Bq/L	大肠埃希氏菌	不得检出（每 100mL 水样中）

（一）地下水水质的物理性状评价（感观评价）

生活饮用水的物理性质应当是无色、无异味、无异臭、不含肉眼可见物，清凉可口（水温 7~11℃）。水的物理性质不良，会使人产生厌恶的感觉，同时也是含有致病物质和毒性物质的标志。

（二）地下水的一般化学指标评价（普通溶解盐的评价）

生活饮用水中的普通溶解盐类，主要指常见的离子成分，如 Cl^-、SO_4^{2-}、HCO_3^-、Ca^{2+}、Mg^{2+}、Na^+、K^+ 及铁、锰、碘、锶、铍等离子成分。它们大都来源于天然矿物，在水中的含量变化很大。它们的含量过高时，会损及水的物理性质，使水过咸或过苦不能饮用，并严重影响人体的正常发育；它们含量过低时，也会对人体健康产生不良影响。《生活饮用水卫生标准》中规定，水的总矿化度不应超过 1g/L。由于人体对饮用水中普通盐类的含量具有很快的适应能力，所以在一些淡水十分缺乏的地区，总矿化度为 1~2g/L 的水，也可作为饮用水。

值得注意的是，我国现行的标准对溶解性总固体（矿化度）只规定了上限标准，对下限则未做限定。其实人体所需的矿物质和微量元素大多来自饮用水，长期饮用低矿化度水（纯净水、雨水等）会对身体产生不良的影响，使人产生疲乏感，减弱人体免疫力，引发某些疾病。

（三）对饮用水中有毒物质的限制

地下水中的有毒物质种类很多，包括有机物和无机物。目前，各国对有毒物质的限定数量各不相同，主要基于对有毒物质的毒理性的研究程度和水平的差异。除了在饮用水水质标准中所限定的有毒物质外，仍有许多有毒物质的毒理性由于现有的研究水平无法确认其毒理水平而不能给出明确的限定指标。地下水中的有毒物质主要有砷、硒、镉、铬、汞、铅、氟化物、氰化物、硝酸盐、三氯甲烷、四氯化碳、溴酸盐、甲醛、亚氯酸盐、氯酸盐，以及其他洗涤剂、农药和各种化学合成剂等中的有毒物质成分。这些物质在地下水中出现，主要是地下水受到污染所致，少数也有天然形成的。就毒理学而言，这些物质对人体具有较强的毒性及强致癌性，各国在饮用水水质标准中对此类物质的含量都有严格控制。有些有毒物质能引起人体急性中毒，而大多数毒性物质随饮用水进入人体在人体内积蓄，引起慢性中毒。有毒物质对人体的毒害作用主要表现为：氟骨症、骨质损害、骨疼病、破坏中枢神经、损伤记忆、造成新陈代谢紊乱、血红蛋白变性、皮肤色素沉淀、脱发、破坏人体器官的正常功能、致癌等，中毒严重者会导致快速死亡。

（四）对细菌学指标的限制

当地下水被生活污水污染或遭受其他有机污染时，水中常含各种有害细菌、病原菌、病毒和寄生虫等，同时水中有机物含量较高，这类水严重损害人体健康。因此，饮用水中不允许有病原菌和病毒的存在。然而，由于目前检测设备条件和技术水平的限制，对于水中的细菌，特别是病原菌不是随时都能检出和查清的。因此，为了保障人体健康和预防疾病，便于随时判断致病的可能性和水受污染的程度，一般将菌落总数、总大肠菌群作为指标，《中华人民共和国生活饮用水卫生标准》（GB5749—2006）增加了大肠埃希氏菌、耐热大肠菌群等指标的限制标准。

在进行水质评价时，应将勘察区所取水样分析资料，逐项与标准对照比较，只有全都符合标准的水才可以作为饮用水。如果出现个别超标项目，则看其经人工处理后能否达到标准要求。

二、工业用水水质评价

各种工业生产几乎都离不开水，不同的生产部门对水质的要求不同，因而其评价标准和评价方法也不相同。由于工业种类繁多，限于篇幅，现仅简述主要工业的水质评价。

（一）锅炉用水的水质评价

在工业用水中，锅炉用水构成了供水的最主要部分，而且对水质的要求也较高。在进行锅炉用水的水质评价时可依据《中华人民共和国工业锅炉水质标准》（GB/T 1576—2008）中提出的水质标准。由于蒸汽锅炉中的水处在高温、高压条件下，所以水中的一些物质会发生各种不良化学反应。其中，成垢作用、起泡作用和腐蚀作用等不良的化学作用严重地影响锅炉的正常使用，不仅会造成资源浪费、降低锅炉使用效率，还会给锅炉的安全生产带来隐患。

1. 成垢作用

成垢作用就是当水煮沸时水中所含的一些离子、化合物可以相互作用而生成沉淀并依附于锅炉壁上形成锅垢的现象。锅垢总含量可根据水质分析资料用下式计算

$$H_0 = S + C + 72\left[Fe^{2+}\right] + 51\left[Al^{3+}\right] + 40\left[Mg^{2+}\right] + 118\left[Ca^{2+}\right] \tag{7-1}$$

式中，H_0 为锅垢的总含量（mg/L）；S 为悬浮物的含量（mg/L）；C 为胶体（$SiO_2+Al_2O_3+Fe_2O_3+\cdots$）含量（mg/L）；$[Fe^{2+}]$，$[Al^{3+}]$，$\cdots$为离子的浓度（mmol/L）。

式中的系数是按所生成的沉淀物摩尔质量计算出来的。

按锅垢总量对成垢作用进行评价时，可将水分为四个等级：①$H_0<125$ mg/L 时，为锅垢很少的水；②$H_0=125\sim250$ mg/L 时，为锅垢较少的水；③$H_0=250\sim500$ mg/L 时，为锅垢较多的水；④$H_0>500$ mg/L 时，为锅垢很多的水。

锅垢包括硬质的垢石（硬垢）及软质的垢泥（软垢）两部分。硬垢主要由碱土金属的碳酸盐、硫酸盐构成，附壁牢固，不易清除。所以在评价锅垢时，还要计算硬垢数量，评价锅垢的性质。硬垢常用下式计算

$$H_h = SiO_2 + 40\left[Mg^{2+}\right] + 68\left(\left[Cl^-\right] + 2\left[SO_4^{2-}\right] - \left[Na^+\right] - \left[K^+\right]\right) \tag{7-2}$$

式中，H_h 为硬垢总含量（mg/L）；SiO_2 为二氧化硅含量（mg/L）。

如果括弧中结果为负数时，说明水中没有钙镁的碳酸盐和硫酸盐，则可略去不计。

对锅垢的性质进行评价时，可采用硬垢系数（K_n），即 $K_n=H_h/H_0$。当 $K_n<0.25$ 时，为软沉淀物的水；当 $K_n=0.25\sim0.5$ 时，为中等沉淀物的水；当 $K_n>0.5$ 时，为硬沉淀物的水。

2. 起泡作用

由于水中含有一些特殊成分，在锅炉中煮沸时产生大量气泡而产生汽化作用致使水位急剧下降，导致锅炉不能正常运转。起泡作用可用起泡系数（F）进行评价。起泡系数根据钠、钾的含量计算

$$F = 62\left[Na^+\right] + 78\left[K^+\right] \tag{7-3}$$

当 $F<60$ mg/L 时，为不起泡的水（机车锅炉一周换一次水）；

当 $F=60\sim200$ mg/L 时，为半起泡的水（机车锅炉 2～3 天换一次水）；

当 $F>200$ mg/L 时，为起泡的水（机车锅炉 1～2 天换一次水）。

3. 腐蚀作用

水通过化学的或物理化学的或其他作用对炉壁的侵蚀作用称为腐蚀作用，水的腐蚀性可以按腐蚀系数（K_k）进行评价。

对酸性水：$K_k = 1.008\left([H^+] + 3[Al^{3+}] + 2[Fe^{2+}] + 2[Mg^{2+}] - 2[CO_3^{2-}] - [HCO_3^-]\right)$

对碱性水：$K_k = 1.008\left(2[Mg^{2+}] - [HCO_3^-]\right)$

$(7-4)$

当 $K_k>0$ 时，为腐蚀性水；当 $K_k<0$，但 $K_k+0.0503Ca^{2+}>0$ 时，为半腐蚀性水；当 $K_k+0.0503Ca^{2+}<0$ 时，为非腐蚀性水（其中，Ca^{2+}的单位以 mg/L 表示）。

对锅炉用水进行水质评价时，应同时考虑以上三种不良化学作用。由于锅炉种类和形式不同，对水中各种成分的具体允许含量标准也有所差异。各种标准很多，这里不再列举；应用时可查阅有关规范、手册。

（二）地下水的侵蚀性评价

天然地下水对工程建筑物的危害主要表现在对金属构件的腐蚀和对混凝土的侵蚀破坏。当地下水中含有某些成分时，水对建筑材料中的混凝土、金属等有侵蚀性和腐蚀性。当建筑物经常处于地下水的作用时，应进行地下水的侵蚀性评价。关于地下水对金属的腐蚀作用，在评价锅炉用水时已经做过介绍，其原则方法同样适用于对建筑物金属构件的腐蚀性评价。含有氢离子的酸性矿坑水、硫化氢水和碳酸矿水的腐蚀性最强。

大量试验证明，地下水中的氢离子、侵蚀性 CO_2、SO_4^{2-} 及弱盐基阳离子的存在对处于地下水位以下的混凝土有一定的侵蚀作用。侵蚀作用的方式有分解性侵蚀、结晶性侵蚀和分解结晶复合侵蚀等。三种侵蚀作用评价本书不再列举，可查阅相关书籍资料。地下水对混凝土的侵蚀性鉴定标准可查阅《水文地质手册》（第二版）。

（三）其他工业用水对水质的要求

不同工业部门对水质的要求不同，而纺织、造纸及食品等工业对水质的要求较严格。水质既直接影响工业产品的质量，又影响产品的生产成本。硬度过高的水，对肥皂、染料及酸、碱工业的生产都不太合适。硬水不利于纺织品的着色，并使纤维变脆、皮革不坚固、糖类不结晶。如果水中有亚硝酸盐，可使糖制品大量减产。水中存在过量的铁、锰盐类，能使纸张、淀粉及糖等出现色斑，影响产品质量。食品工业用水，除符合饮用水标准外，还要考虑影响质量的其他成分。

由于工业企业种类繁多，生产形式各异，各项生产用水还没有统一的水质标准。因此，目前只能依照本部门的要求与经验，提出一些试行规定。现将几种工业的用水要求列于表7-3中。

三、农田灌溉水水质评价

（一）农田灌溉用水的水质要求

灌溉用水的温度应适宜。温度过低或过高对作物生长都不利。灌溉用水的矿化度不能太高，太高对农作物生长和土壤都不利。一般以不超过 1.7g/L 为宜。地下水中所含盐类成分对作物生长有不同的影响。总之，农田灌溉用水的水质不仅应考虑对作物的生长有无影响，同时需考虑对土壤有何影响，还要注意不要造成灌区及附近地区地表水、地下水环境的污染。特别是城市郊区，常用废水作为灌溉水源，对水质必须严格限制。

表 7-3 某些工业生产用水对水质的要求

水质指标项目	造纸用水（上等纸）	人造纤维用水	黏液丝生产用水	纺织用水	印染工业用水	制革工业用水	制糖用水	造酒用水	粘胶纤维用水	胶片制造用水	备注
浑浊度/（mg/L）	2～5	0	5	5	5	10	0		2		
色度/度	5	15	0	10～20	5～10		10～20				
总硬度/德国度	12～16	2	0.5	4～6	0.4～4	10～20	<20	2～6	2.7	3	硬水妨碍染色，使皮革柔性变坏
耗氧量/（mg/L）	10	6	2		8～10	8～10	<10	<10	<5	10	使皮革具吸水性，糖不易结晶
氯/（mg/L）					50	30～40	50	30～60	30		CaSO₄，NaSO₄妨碍染色，制糖起不良影响
硫酸/（mg/L）					50	60～80	50		10		
亚硝酐（mg/L）		0	0		0	0	0	5～25（NO₂）	0.002	0	N₂O₃存在可使糖大量减少
硝酐（mg/L）		0	0		痕迹	痕迹	痕迹	0.3	0.2	0	
氨/（mg/L）		0	0		痕迹	0	0	0.1	0	0	
铁/（mg/L）	0.1	0.2	0.03	0.2	0.1	0.1	痕迹	0.1	0.05	0.07	使染色物、纸张起斑点、淀粉、糖着色
锰/（mg/L）	0.05		0.03	0.3	0.1	0.1	痕迹	痕迹			使染色物、纸张起斑点、淀粉、糖着色
硫化氢（mg/L）						1.0					
氧化钙（mg/L）											使淀粉灰分增多，Ca 和 Mg 过多使纤维变硬变脆
氧化镁（mg/L）											
氧化硅（mg/L）	20									25	
固形物（mg/L）	300		100			300～600	200～300		80	100	
pH	7～7.5	7～7.5		7～8.5	7～8.5			6.5～7.5			硬水碱水妨碍染色

（二）农田灌溉水质评价方法

为了防止土壤、地下水和农产品污染，保障人体健康，维护生态平衡，促进经济发展，我国制定了《中华人民共和国农田灌溉水质标准》（GB5084—2005）（表7-4），评价时可以作为依据。

表 7-4　农田灌溉用水水质基本控制项目标准值（单位：mg/L）

作物种类 项目	水作	旱作	蔬菜
生化需氧量（BOD_5）	≤60	≤100	≤40a，≤15b
化学需氧量（BOD_{Cr}）	≤150	≤200	≤100a，≤60b
悬浮物	≤80	≤100	≤60a，≤15b
阴离子表面活性剂（LAS）	≤5.0	≤8.0	≤5.0
水温	≤35℃		
pH	5.5～8.5		
全盐量	≤1000c（非盐碱土地区），≤2000c（盐碱土地区）		
氯化物	≤350		
硫化物	≤1.0		
总汞	≤0.001		
镉	≤0.01		
总砷	≤0.05	≤0.1	≤0.05
铬（六价）	≤0.1		
铅	≤0.2		
石油类	≤5.0	≤10	≤1.0
粪大肠菌群数/（个/100mL）	≤4000	≤4000	≤2000a，≤1000b
蛔虫卵数/（个/L）	≤2		≤2a，≤1b

a表示加工、烹调及去皮蔬菜；b表示生食类蔬菜、瓜类和草本水果；c表示具有一定的水利灌排设施，能保证一定的排水和地下水径流条件的地区，或有一定淡水资源能满足冲洗土体中盐分的地区，农田灌溉水质全盐量指标可以适当放宽

水质标准法就是对照国家颁布的《农田灌溉水质标准》对用水水质进行评价，对有些不适宜灌溉的地下水成分须进行处理，达到标准后方能进行灌溉。但是，由于医疗、生物制品、化学试剂、农药、石油炼制、焦化和有机化工处理后的废水，其成分复杂而特殊，不宜用现行的灌溉水质标准评价。

在评价中除了依照标准所列的指标外，还应考虑水温的下限、盐分的类型、有机物类型等。在水资源十分缺乏的干旱灌溉区，灌溉水的含盐量可适当放宽。

有关农田灌溉用水的地下水水质评价，由于地下水水中含盐分的多少、各种成分的复杂性及气候条件、土壤性质、潜水位深浅等对农作物生长与质量的影响，作物种类和生育期及灌溉方法、制度等不同，简单地制定某一种统一标准是困难的。因此，必须结合实际条件因地制宜地进行农业灌溉用水水质评价。

第二节　矿泉水水质评价

地下水中的某些特殊矿物盐类、微量元素或某些气体含量达到某一标准或具一定温度，使其具有特殊的用途时，称其为矿泉水。按矿泉水的用途，可分为三大类，即工业矿泉水、

医疗矿泉水和饮用矿泉水。一般所称的矿泉水主要是指天然饮用矿泉水，即可以作为瓶装饮料的矿泉水。根据《中华人民共和国饮用天然矿泉水标准》（GB8537—2008）可将天然饮用矿泉水定义为从地下深处自然涌出的或经钻井采集的，含有一定量的矿物质、微量元素或其他成分，在一定区域未受污染并采取预防措施避免污染的水；在通常情况下，其化学成分、流量、水温等动态指标在天然周期波动范围内相对稳定。它与一般淡水和生活饮用水有严格的区别，同时也不同于医疗矿泉水。饮用矿泉水盐类组分的浓度、特征化学元素的界限值，一般均低于医疗矿泉水中各化学元素的界限值。与一般的生活饮用水相比，饮用矿泉水因含有特殊化学成分，特别是含有的一些微量元素使其具有一定的保健作用。

一、天然饮用矿泉水基本特征

（1）深埋在地层深部，沿断裂带或通过人工揭露出露地表。

（2）地下水通过深部循环，与围岩发生地球化学作用，产生一定量的对人体有益的常量元素和微量元素或其他化学成分。

（3）经过长期的溶滤作用，水质洁净，没有受到地面污染，因而不必进行任何净化处理，可直接饮用。

（4）水质、水量和水温等动态指标能基本保持相对的稳定性。

（5）天然饮用矿泉水都是在自然条件下形成的，所以人造矿泉水（包括纯净水）不属于天然矿泉水的范畴。

二、天然饮用矿泉水的分类与命名

天然饮用矿泉水主要按其所含的微量元素进行分类。矿泉水可按达标的微量元素命名，例如，我国比较常见的饮用矿泉水大致可划分为以下 8 种：碳酸矿泉水（水中的游离二氧化碳含量大于 250mg/L）；硅酸矿泉水（水中的硅酸浓度大于 25mg/L）；锶矿泉水（锶含量为 0.2～5mg/L）；锌矿泉水（锌含量为 0.20～5mg/L）；锂矿泉水（锂含量为 0.20～5mg/L）；溴矿泉水（溴含量大于 1.0mg/L）；碘矿泉水（碘含量为 0.2～0.5mg/L）；硒矿泉水（硒含量为 0.01～0.05mg/L）。其中，碳酸矿泉水根据水中二氧化碳含量又可分为含气天然矿泉水、充气天然矿泉水、无气天然矿泉水和脱气天然矿泉水。

根据所含的微量元素，又可划分为含单项达标微量元素的矿泉水和含多项达标微量元素的矿泉水两大类。多数矿泉水属单项微量元素矿泉水，其中，硅酸矿泉水常同时含锶，称为含锶硅酸矿泉水。含两项以上微量元素的矿泉水较为少见，我国碳酸矿泉水与含硅酸、含锶矿泉水分布较广，称为常见矿泉水，而含锌、锂、硒等矿泉水较为少见，称为稀有矿泉水。

三、天然饮用矿泉水水质评价

天然饮用矿泉水是一种矿产资源。为了确保饮用矿泉水的质量，在进行水质评价时，必须以国家规定的标准为依据，即以《中华人民共和国饮用天然矿泉水标准》（GB8537—2008）

作为水质评价标准，该标准对水质的感官指标、理化指标和微生物指标分别进行了限定和要求，其中所限定的特殊化学组分的界限指标见表 7-5。

表 7-5　饮用天然矿泉水特殊化学组分的界限指标

项目	指标/（mg/L）
锂	≥0.20
锶	≥0.20（含量在 0.20～0.40mg/L 时，水温应在 25℃以上）
锌	≥0.20
碘化物	≥0.20
偏硅酸	≥25.0（含量在 25～30mg/L 时，水温应在 25℃以上）
硒	≥0.01
游离二氧化碳	≥250
溶解性总固体	≥1000

天然饮用矿泉水水质除了达到国家标准中规定的特殊化学组分的界限值外，同时其元素和组分也应符合《中华人民共和国饮用天然矿泉水标准》（GB8537—2008）中规定的限量指标、污染物指标与微生物指标。标准中没有规定的某些成分，则应参照一般生活饮用水标准评价。当两者规定有矛盾时，则以饮用天然矿泉水的国家标准为准。在评价过程中，还要结合饮用矿泉水产地的地质、水文地质条件和动态观测资料进行论证。天然饮用矿泉水水质评价方法可参考"地下水环境质量评价"一节中的评价方法。

第三节　地下水环境质量评价

地下水环境质量评价是对地下水环境各要素优劣进行定量描述，即按照一定的评价标准和评价方法对一定区域范围的地下水环境质量进行定量的判定与预测，具体包括地下水水量评价、水质评价及相关地质环境质量评价三方面内容，其中，地下水水质评价是地下水环境质量评价的核心内容，通常所说的地下水环境质量评价就是指地下水水质评价，即评价地下水的质量状况。例如，水文地质调查内容就包括了地下水环境质量评价。

一、地下水环境质量评价内容

地下水环境质量评价主要应包括以下内容。

（1）查明评价区域水文地质条件；

（2）确定地下水水质监测项目，根据研究精度要求布设监测孔，进行地下水环境质量现状监测，获取地下水水质监测数据；

（3）选用地下水环境质量评价方法进行地下水环境质量定量评价；

（4）分析评价区域主要污染源、污染途径、污染物的排放特征，包括污染物的组成、含量和物理化学性质、排放方式及排放速率等；

（5）根据地下水环境特征及污染物特征，估算排放污染物增量的时空分布；

（6）评估污染物排放对地下水环境的影响范围、影响时段及影响程度。

（7）依照有关法规，判断地下水水质的优劣，并提出相应的防治对策、措施及建议。

二、地下水环境质量分类标准

依据我国地下水水质的现状、人体健康基准值及地下水质量保护目标，以及生活饮用水、工业、农业用水水质最低要求，将地下水质量划分为五类。

Ⅰ类：主要反映地下水化学组分的天然低背景含量，适用于各种用途。

Ⅱ类：主要反映地下水化学组分的天然背景含量，适用于各种用途。

Ⅲ类：以人体健康基准值为依据。主要适用于集中式生活饮用水水源及工农业用水。

Ⅳ类：以工业、农业用水要求为依据。除适用于农业用水和部分工业用水外，适当处理后，可作为生活饮用水。

Ⅴ类：不宜饮用，其他用水可根据用水目的选用。

三、地下水环境质量评价方法

地下水环境质量评价方法是进行地下水环境质量评价的工具和手段。尽管国内外学者和水文地质工作者提出并应用了多种多样的评价方法，但至今仍未形成一个统一的被广泛接受的评价方法。

目前，较成熟的评价方法概括起来主要有两大类：一类为给定临界数据的评价法，如数理统计法、单因子评价法和综合评价指数法等。表 7-6 列出了单因子评价方法和综合评价指数法的计算公式和不足之处。采用综合评价指数法进行地下水环境质量评价时，综合评价指数越大，说明地下水环境质量状况越差。另一类评价方法为函数法，如模糊综合评判法、灰色聚类分析法、物元分析法、人工神经网络分析法等。

表 7-6　地下水环境质量评价方法

	评价方法	计算公式	公式中参数说明	不足
单因子评价法	单因子指数法	环境质量标准具有上限值的因子： $$F_i = \frac{c_i}{c_{ci}}$$ 环境质量标准具有下限值的因子： $$F_i = \frac{c_{i,\max} - c_i}{c_{i,\max} - c_{oi}}$$ 环境质量标准只允许在一定范围内的因子： $$F_i = \left| \frac{c_i - \overline{c}_i}{c_{oi}^{\max} - c_{oi}^{\min}} \right|$$	F_i 为地下水中某项组分 i 的评价指数；$F_i < 1$ 表明组分 i 未超出评价标准或未受到污染，$F_i > 1$ 表明组分 i 超出评价标准或已受到污染，F_i 值越大表明组分 i 污染程度越高；c_i 为组分 i 的实测值；c_{oi} 为组分 i 的评价标准值；$c_{i,\max}$ 为组分 i 在地下水中的最大实测值；$c_{oi}^{\max}$ 和 $c_{oi}^{\min}$ 分别为组分 i 的评价标准的上限和下限值；n 为评价组分项数；F 为综合评价指数；w_i 为组分 i 的权重	地下水中含有多种物质成分，用单因子指数法不能全面地反映地下水环境质量，不同水质情况的地下水也很难进行对比，也不利于反映水体功能是否满足使用要求
综合评价指数法	叠加型综合评价指数法	$$F = \sum_{i=1}^{n} \frac{c_i}{c_{oi}}$$		叠加型综合评价指数法仅是对各种不同组分是否合格的简单数学叠加，掩盖了含量少但危害大的物质的作用
	均值型综合评价指数法	$$F = \frac{1}{n} \sum_{i=1}^{n} \frac{c_i}{c_{oi}}$$		仅得到地下水组分是否超标的平均状况，很容易忽略超标的特定水质组分对环境的危害

续表

评价方法			计算公式	公式中参数说明	不足
综合评价指数法	加权型综合评价指数法	加权叠加型	$F=\sum_{i=1}^{n}w_i\frac{c_i}{c_{oi}}$	F_i 为地下水中某项组分 i 的评价指数；$F_i<1$ 表明组分 i 未超出评价标准或未受到污染，$F_i>1$ 表明组分 i 超出评价标准或已受到污染，F_i 值越大表明组分 i 污染程度越高；c_i 为组分 i 的实测值；c_{oi} 为组分 i 的评价标准值；$c_{i,max}$ 为组分 i 在地下水中的最大实测值；c_{oi}^{max} 和 c_{oi}^{min} 分别为组分 i 的评价标准的上限和下限值；n 为评价组分项数；F 为综合评价指数；w_i 为组分 i 的权重	忽略了水质分级界线的模糊性，不足以真实地反映地下水水质污染程度，权重的确定人为影响较大，无法客观对比、区分不同水体的质量优劣
		加权均值型	$F=\frac{1}{n}\sum_{i=1}^{n}w_i\frac{c_i}{c_{oi}}$		
	极值型综合评价指数法	内梅罗指数法	$F=\sqrt{\dfrac{\left[\left(\frac{c_i}{c_{oi}}\right)_{max}\right]^2+\left[\frac{1}{n}\left(\frac{c_i}{c_{oi}}\right)\right]^2}{2}}$		突出了最大污染物对环境的影响，忽视了不同污染因子对人体危害的差异
		再次平均型指数法	$F=\dfrac{\left(\frac{c_i}{c_{oi}}\right)_{max}+\frac{1}{n}\left(\frac{c_i}{c_{oi}}\right)}{2}$		
		几何平均型指数法	$F=\sqrt{\left(\frac{c_i}{c_{oi}}\right)_{max}\cdot\frac{1}{n}\left(\frac{c_i}{c_{oi}}\right)}$		

　　数理统计法是在大量水质资料分析的基础上，建立各种数学模型，经数理统计的定量运算评价水质的方法。数理统计方法应用的前提条件是水质资料准确，长期观测资料丰富，水质监测和分析基础工作扎实。数理统计方法直观明了，便于研究水化学类型成因，有可比性，但数据的收集整理困难。

　　模糊综合评判法是应用模糊数学理论，运用隶属度刻画水质的分级界限，用隶属度函数对各单项指标分别进行评价，再用模糊矩阵复合运算法进行水质评价。该方法适用于区域现状评价和趋势评价。该方法考虑了界限的模糊性，各指标在总体中污染程度清晰化、定量化，但可比性较差。

　　灰色聚类分析法是将得到分散的水质监测数据信息，通过白化函数生成灰色聚类矩阵进行计算的方法，将地下水质量的几个级别认定为相应的类别，按此类别，对地下水中各水质点的水质特征进行属类分析归纳，从而得到各水质监测点处地下水质量级别类属，最终确定地下水环境质量等级。

　　物元分析法是研究解决矛盾问题规律的方法，它可以将复杂问题抽象为形象化的模型，并应用这些模型研究基本理论，提出相应的应用方法。物元分析法进行地下水环境质量评价时，主要是依据地下水环境质量评价标准中规定的各级水质标准建立经典物元矩阵，根据地下水各监测指标的实测浓度建立节域物元矩阵，然后建立各污染指标对不同水质标准级别的关联函数，最后根据其值大小来确定水体水质的级别。

　　人工神经网络分析法是对人脑或自然的神经网络若干基本特性的抽象和模拟，由大量的、简单的单元相互连接而组成的网络结构来实现大脑的感知和学习功能，是一种非线性的动力学系统。与其他传统水质评价方法相比，应用人工神经网络分析法进行地下水环境质量评价结果更客观合理。

　　除上述介绍的评价方法外，还有许多学者提出其他的评价方法，如层次分析法、灰色权距分析法等。近年来，不断有学者对不同的评价方法进行改进和完善，极大地促进和推动了地下水环境质量评价理论的发展。

第四节　地下水环境影响评价

一、地下水环境影响评价概述

地下水环境影响评价是指针对人类的重要决策和规划、拟开发建设项目或活动可能对地下水环境造成的影响进行系统的分析、预测和评估，并提出具体的地下水环境保护建议和措施。我国自 2003 年 9 月 1 日开始实施《中华人民共和国环境影响评价法》，水环境影响评价被列为环境影响评价工作的主要内容之一，从而为地下水环境保护提供了法律保障，有效地促进和推动了水环境影响评价工作的发展。但由于地下水与地表水具有显著的差异性，地下水污染与环境变化具有隐蔽性、滞后性和难以逆转性的特点，且水文地质条件较为复杂，因此，不能简单地套用地表水环境影响评价的程序、方法进行地下水的环境影响评价。2011 年《环境影响评价技术导则 地下水环境》的出台，2016 年该导则重新修订，使地下水环境影响评价得到了进一步规范化。

地下水环境质量评价与地下水环境影响评价两者既有联系又有区别。通常所谓的地下水环境质量评价一般是指地下水环境质量现状评价，而地下水环境影响评价则根据建设项目分类进行地下水资源、地下水动力场及其作用、水质及水污染现状评价及影响预测评价。其中，水质的现状评价这一步骤在评价因子、评价标准上相一致，在评价方法上也有相似之处。但从评价目的、对象、工作内容、工作方法、工作程序都有较大的差异，二者是性质上完全不同的两项工作。从评价目的来说，地下水环境影响评价是为了保护地下水环境，为建设项目选址决策、工程设计和环境管理提供科学依据，而地下水环境质量评价是为了定量判断地下水环境质量优劣；从工作对象来说，地下水环境影响评价是拟建项目对地下水环境影响范围内的含水层中的地下水，而地下水环境质量评价是研究区域内的目标含水层中地下水；从工作内容来说，地下水环境影响评价根据建设项目分类选择进行水量、水位或水质及其相关的影响的评价，而地下水环境质量评价仅针对水质评价；从工作方法来说，地下水环境影响评价不仅需要收集场地资料、进行野外试验或室内实验、监测、现状评价还需进行影响预测评价，而地下水环境质量评价只进行的是收集研究区域资料、地下水质现状调查、监测及评价，二者具体区别可见表 7-7。

表 7-7　地下水环境影响评价与地下水环境质量评价的区别

区别	地下水环境影响评价	地下水环境质量评价
评价目的	防患于未然，有效地保护地下水环境，为建设项目合理布局或区域开发提供决策依据。	查明地下水环境质量状况，判断地下水水质的优劣，为地下水环境规划、综合治理提供科学依据
工作性质	地下水环境影响预测	地下水环境现状评定
工作对象	拟建建设项目、区域开发计划对地下水的影响	地下水自然环境
工作特点	工程性、经济性	区域性
工作方法	收集资料、野外试验或室内实验、监测、预测及评价	收集资料、地下水环境质量现状调查与监测、评价

二、地下水环境影响评价工作等级划分

根据 2016 年环境保护部发布国家环境保护标准《环境影响评价导则 地下水环境》（HJ610-2016），建设项目对地下水环境影响的程度，结合《建设项目环境影响评价分类管理名录》将建设项目分为四类，具体见《环境影响评价导则 地下水环境》国家环境保护

标准（HJ610-2016）附录 A。Ⅰ类、Ⅱ类、Ⅲ类建设项目的地下水环境影响评价执行《环境影响评价导则 地下水环境》（HJ610-2016），Ⅳ类建设项目不开展地下水环境影响评价。

评价工作等级划分应根据建设行业分类和地下水环境敏感程度分级进行划定，可以划分为一、二、三级。

建设项目的地下水敏感程度可分为敏感、较敏感和不敏感三级，分区原则见表 7-8。

表 7-8　地下水环境敏感程度分级表

敏感程度	地下水环境敏感程度
敏感	集中式饮水水源（包括已建成的在用、备用、应急水源地，在建和规划的饮用水水源地）准保护区；除集中式饮用水水源地以外的国家或地方政府设定的与地下水环境相关的其他保护区，如热水、矿泉水、温泉等特殊地下水资源保护区
较敏感	集中式饮水水源（包括已建成的在用、备用、应急水源地，在建和规划的饮用水水源地）准保护区以外的补给径流区；未划定准保护区的集中式饮用水水源，其保护区以外的补给径流区；分散式饮用水水源地；特殊地下水资源（如矿泉水、温泉等）保护区以外的分布区等其他未列入上述敏感分级的环境敏感区
不敏感	上述地区之外的其他地区

注：　"环境敏感区"是指《建设项目环境影响评价分类名录》中所界定的设计地下水敏感区

建设项目地下水环境影响评价工作等级划分见表 7-9。

表 7-9　评价工作等级分级表

环境敏感程度 ＼ 项目类别	Ⅰ类项目	Ⅱ类项目	Ⅲ类项目
敏感	一	一	二
较敏感	一	二	三
不敏感	二	三	三

废弃的盐岩矿井洞穴或人工专制盐岩洞穴、废弃矿井巷道加水幕系统、人工硬岩洞库加水幕系统、地质条件较好的含水层储油、枯竭的油气层储油等形式的地下储油库、危险废物填埋场应进行一级评价，不按表 7-9 划分评价等级。

当同一建设项目涉及两个或两个以上场地时，各场地应分别判定评价工作等级，并按相应等级展开工作。

线性工程根据所涉及地下水环境敏感程度和主要站场位置（如输油站、泵站、加油站、机务段、服务站等）进行分段判定评价等级，并按相应等级开展评价工作。

三、地下水环境影响评价技术要求

1. 一级评价要求

（1）详细掌握评价区域的环境水文地质条件，主要包括含（隔）水层结构特征及分布特征、地下水补径排条件、地下水流场、地下水动态变化特征、各含水层之间以及地表水与地下水之间的水力联系等，详细掌握调查评价区地下水开采利用现状与规划。

（2）开展地下水环境现状监测，详细掌握调查评价区地下水环境质量现状和地下水动态监测信息。进行地下水环境现状评价。

（3）查清场地环境水文地质条件，有针对性地开展现场勘察试验，确定包气带特征及其防污性能。

（4）采用数值法进行地下水环境影响预测，对不宜概化为等效多孔介质的地区，可根据自身特点选择适宜的预测方法。

（5）预测评价应结合相应环保措施，针对可能的污染情景，预测污染物运移趋势，评价建设项目对地下水环境保护目标的影响。

（6）根据预测评价结果和场地包气带特征及其防污性能，提出切实可行的地下水环境保护措施与地下水环境影响跟踪监测计划，制订应急预案。

2. 二级评价要求

（1）基本掌握评价区的环境水文地质条件，主要包括含（隔）水层结构特征及分布特征、地下水补径排条件、地下水流场等，了解调查评价区地下水开采利用现状与规划。

（2）开展地下水环境现状监测，基本掌握调查评价区地下水环境质量现状，进行地下水环境现状评价。

（3）根据场地环境水文地质的掌握情况，有针对性地补充必要的现场勘察试验。

（4）根据建设项目特征，水文地质条件及资料掌握情况，选择采用数值法或解析法进行影响预测，预测污染物运移趋势和对地下水环境保护目标的影响。

（5）提出切实可行的环境保护措施与地下水环境影响跟踪监测计划。

3. 三级评价要求

（1）了解评价区和场地环境水文地质条件。

（2）基本掌握调查评价区的地下水补径排条件和地下水环境质量现状。

（3）采用解析法或类比分析法进行地下水影响分析和评价。

（4）提出切实可行的环境保护措施与地下水环境影响跟踪监测计划。

4. 其他技术要求

（1）一级评价要求场地环境水文地质资料的调查精度应不低于1∶10000比例尺，评价区的环境水文地质资料的调查精度应不低于1∶50000比例尺。

（2）二级评价环境水文地质资料的调查精度要求能够反映建设项目与环境敏感区、地下水环境保护目标的位置关系，并根据建设项目特点和水文地质条件复杂程度确定调查精度，建议以不低于1∶50000比例尺为宜。

四、地下水环境现状调查与评价

1. 调查与评价原则

（1）地下水环境现状调查与评价工作应遵循资料搜集与现场调查相结合、项目所在场地调查（勘察）与类比考察相结合、现状监测与长期动态资料分析相结合的原则。

（2）地下水环境现状调查与评价工作的深度应满足相应的工作级别要求。当现有资料不能满足要求时，应组织现场监测及环境水文地质勘察与试验等方法获取。

（3）对于一、二级改、扩建类建设项目，应开展现有工业场地的包气带污染现状调查。

（4）对于长输油品、化学品管线等线性工程，调查工作应重点针对场站、服务站等可能对地下水产生污染的地区开展。

2. 调查与评价范围

1）基本要求

地下水环境现状调查与评价的范围应包括与建设项目相关的地下水环境保护目标，以能说明地下水环境现状，反映调查评价区地下水基本流场特征，满足地下水环境影响预测和评价为基本原则。

2）调查评价范围的确定

建设项目（除线性工程外）地下水环境影响评价现状调查范围可采用公式法、查表法和自定义法确定。

当建设项目所在地水文地质条件简单，所掌握的资料能够满足公式计算法的要求，应采用公式法；不满足公式计算法的要求时，可采用查表法确定，当计算或查表范围超出所处水文地质单元边界时，应以所处的水文地质单元边界为宜。

（1）计算公式法

$$L=\alpha \times K \times I \times T/n_e \qquad (7\text{-}5)$$

式中，L 为下游迁移距离，m；α 为变化系数，$\alpha \geqslant 1$，一般取 2；K 为渗透系数，m/d；I 为水力坡度，无量纲；T 为质点迁移天数，取值不小于 5000d；n_e 为有效孔隙度，无量纲。

（2）查表法。参照表 7-10。

表 7-10　地下水环境现状调查评价范围参考表

评价等级	调查评价面积/km²	备注
一级	≥20	应包括重要的地下水环境保护目标，必要时适当扩大范围
二级	6~20	
三级	≤6	

（3）自定义法。可根据建设项目所在地水文地质条件自行确定。

此外，线性工程应以工程边界两侧向外延伸 200m 作为调查评价范围；穿越饮用水源准保护区时，调查评价范围应至少包含水源保护区；线性工程站场的调查评价范围确定参照正常地下水环境影响调查范围的确定方法。

3. 调查内容与要求

地下水环境现状调查内容包括对评价区水文地质条件调查、环境水文地质问题调查、地下水污染源调查、地下水环境现状监测及环境水文地质勘察与试验。具体调查内容及要求详见《环境影响评价技术导则 地下水环境》（HJ610-2011）中 8.3 节内容。

4. 地下水环境现状评价

进行地下水环境现状评价主要包括：地下水水质现状评价和包气带环境现状分析。

1）地下水水质现状评价

GB/T14848 和有关法规及当地的环保要求是地下水环境质量现状评价的基本依据。对属于 GB/T14848 水质指标的评价因子，应按其规定的水质分类标准值进行评价；对于不属于 GB/T14848 水质指标的评价因子，可参照国家（行业、地方）相关标准（如 GB3838、GB5749、DZ/T0290 等）进行评价。现状监测结果应进行统计分析，给出最大值、最小值、均值、标准差、检出率和超标率等。

地下水水质现状评价应采用标准指数法进行评价。标准指数>1，表明该水质因子已超过了规定的水质标准，指数值越大，超标越严重。标准指数计算公式分为以下两种情况。

（1）对于评价标准为定值的水质因子，其标准指数计算公式

$$P_i = \frac{c_i}{c_{oi}} \tag{7-6}$$

式中，P_i 为第 i 个组分的标准指数，无量纲；c_i 为第 i 个组分的监测浓度，mg/L；c_{oi} 为第 i 个组分的标准浓度，mg/L。

（2）对于评价标准为区间值的水质因子（如pH），其标准指数计算公式

$$P_{pH} = \frac{7.0 - pH}{7.0 - pH_{sd}} \qquad pH \leqslant 7 \ 时 \tag{7-7}$$

$$P_{pH} = \frac{pH - 7.0}{pH_{su} - 7.0} \qquad pH \geqslant 7 \ 时 \tag{7-8}$$

式中，P_{pH} 为pH的标准指数，无量纲；pH为监测值；pH_{sd} 为标准中pH的下限值；pH_{su} 为标准中pH的上限值。

2）包气带环境现状分析

对于污染场地修复工程项目和评价工作等级为一、二级的改、扩建项目，应开展包气带污染现状调查，分析包气带污染状况。

五、地下水环境影响预测

1. 预测原则

（1）建设项目地下水环境影响预测应遵循《环境影响评级技术导则》总纲中确定的原则进行。考虑到地下水环境污染的复杂性、隐蔽性和难恢复性，还应遵循保护优先、预防为主的原则，预测应为评价各方案的环境安全和环境保护措施的合理性提供依据。

（2）预测的范围、时段、内容和方法均应根据评价工作等级、工程特征与环境特征，结合当地环境功能和环保要求确定，应以拟建项目对地下水水质产生的直接影响，重点预测对地下水环境保护目标的影响。

（3）在结合地下水污染防控措施的基础上，对工程设计方案或可行性研究报告推荐的选址（选线）方案可能引起的地下水环境影响进行预测。

2. 预测范围

（1）地下水环境影响预测的范围一般与调查评价范围一致。

（2）预测层位应以潜水含水层或污染物直接进入的含水层为主。兼顾与其水力联系密切且具有饮用水开发利用价值的含水层。

（3）当建设项目场地天然气包气带垂向渗透系数小于 1×10^{-6}cm/s 或厚度超过 100m 时，预测范围应扩展至包气带。

3. 预测时段

地下水环境影响预测时段应选取可能产生地下水污染的关键时段，至少包括污染发生后 100d、1000d，服务年限或能反映特征因子迁移规律的其他重要的时间节点。

4. 预测因子

预测因子应包括：

（1）根据建设项目可能导致地下水污染的特征因子，按照重金属、持久性有机污染物和其他类别进行分类，并对每一类别中的各项因子采用标准指数法进行排序，分别取标准指数最大的因子作为预测因子。

（2）现有工程已经产生的且改、扩建后将继续产生的特征因子，改、扩建后新增的特征因子。

（3）污染场地已查明的主要污染物。

（4）国家或地方要求控制的污染物。

5. 预测方法

（1）建设项目地下水环境影响预测方法包括数学模型法和类比预测法。其中，数学模型法包括数值法、解析法等方法。常用的地下水预测数学模型参见《环境影响评价技术导则 地下水环境》（HJ610-2011）中附录 D。

（2）预测方法的选取应根据建设项目工程特征、水文地质条件及资料掌握程度来确定，当数值法不适用时，可采用解析法或其他方法预测。一般情况下，一级评价应采用数值法，不宜概化为等效多孔介质的地区除外；二级评价中水文地质条件复杂且适宜采用数值法时，建议优先采用数值法；三级评价可采用解析法或类比分析法。

（3）采用数值法或解析法预测时，应先进行参数识别和模型验证。

（4）采用解析模型预测污染物在含水层中的扩散时，一般应满足以下条件：①污染物的排放对地下水流场没有明显的影响。②评价区内含水层的基本参数（如渗透系数、有效孔隙度等）不变或变化很小。

（5）采用类比预测分析法时，应给出类比条件。类比分析对象与拟预测对象之间应满足以下要求：①二者的环境水文地质条件、水动力场条件相似；②二者的工程特征、规模及特征因子对地下水环境的影响具有相似性。

（6）地下水环境影响预测过程中，对于采用《环境影响评价技术导则 地下水环境》（HJ610-2011）中推荐模式进行预测评价时，须明确所采用模型适用条件，给出模型中的各参数物理意义及参数取值，并尽可能地采用本导则中的相关模式进行验证。

6. 预测模型概化

（1）水文地质条件概化。根据评价区和场地环境水文地质条件，对边界性质、含水介质特征，地下水补、径、排等条件进行概化。

（2）污染源概化。污染源概化包括排放形式与排放规律的概化。根据污染源的具体情况，排放形式可以概化为点源或面源；排放规律可以简化为连续恒定排放或非连续恒定排放以及瞬时排放。

（3）水文地质参数初始值的确定。预测所需的包气带垂向渗透系数、含水层渗透系数、给水度等参数值初始值的获取应以收集评价范围内已有水文地质资料为主，不满足预测要求时需要通过现场试验获取。

7. 预测内容

（1）给出特征因子不同时段的影响范围、程度，最大迁移距离。

（2）给出预测期内场地边界或地下水环境保护目标处特征因子随时间的变化规律。

（3）当建设项目场地天然包气带垂向渗透系数小于 1×10^{-6} cm/s 或厚度超过 100m 时，需考虑包气带的阻滞作用，预测特征因子在包气带中的迁移。

（4）污染场地修复治理工程项目应给出污染物变化趋势或污染控制的范围。

六、地下水环境影响评价

1. 评价原则

（1）评价应以地下水环境现状调查和地下水环境影响预测结果为依据，对建设项目各实施阶段（建设、生产运行和服务期满后）不同环节及不同污染防控措施下的地下水环境影响进行评价。

（2）地下水环境影响预测未包括环境质量现状值时，应叠加环境质量现状值后再进行评价。

（3）应评价建设项目对地下水水质的直接影响，重点评价建设项目对地下水环境保护目标的影响。

2. 评价范围

地下水环境影响评价范围与调查评价范围一致。

3. 评价方法

采用标准指数法进行评价。具体方法与地下水环境现状评价方法相同。

对属于 GB/T14848 水质指标的评价因子，应按其规定的水质分类标准值进行评价；对于不属于 GB/T14848 水质指标的评价因子，可参照国家（行业、地方）相关标准的水质标准值（如 GB3838、GB5749、DZ/T0290 等）进行评价。

4. 评价结论

评价建设项目对地下水水质影响时，可采用以下判断评价水质能否满足标准要求。

（1）以下情况应得出可以满足标准要求的结论：①建设项目各个不同阶段，除边界内小范围以外地区，均能满足 GB/T14848 或国家（行业、地方）相关标准要求的；②建设项目实施的某个阶段，有个别评价因子出现较大范围超标，但采取环保设施后，可满足 GB/T14848 或国家（行业、地方）相关标准要求的。

（2）以下情况应得出不能满足标准要求的结论：①新建项目排放的主要污染物，改、扩建项目已经排放的及将要排放的主要污染物在评价范围内的地下水中已经超标；②环保措施在技术上不可行，或在经济上明显不合理。

第八章 地下水允许开采量的计算方法

第一节 地下水资源分类

一、地下水储量分类

地下水资源的概念和分类是地下水资源计算和评价的理论基础。地下水资源分类也同其他科学理论一样，随着科学技术的进步也在不断地发展和完善，至今仍不断提出新的分类方案。20 世纪 70 年代以前，我国普遍采用苏联学者普罗特尼柯夫提出的地下水储量分类，又称"四大储量分类"或"普氏分类"。该分类以自然界地下水量存在的空间和时间形式分成天然储量和开采储量，天然储量又分为动储量、调节储量和静储量。各个储量的含义如下。

动储量：单位时间流经含水层（带）横断面的地下水体积，即地下水的天然径流量。

静储量：地下水位年变动带以下含水层（带）中储存的重力水体积。

调节储量：地下水位年变动带内重力水的体积。

开采储量：用技术经济合理的取水工程能从含水层中取出的水量，并在预定开采期内不至发生水量减少、水质恶化等不良后果。

地下水储量分类在一定程度上反映了地下水量在天然状态下存在的客观规律，但其指导思想是把地下水体作为一种矿产资源，对地下水资源所具有的特点认识不足，地下水储量的概念和计算原理不能真实反映地下水的形成和运动规律，因此，依据该分类指导的地下水量计算和评价常出现很大的误差甚至错误。

二、地下水资源分类

随着地下水科学的发展，人们对地下水资源的认识不断深入。20 世纪 70 年代后期提出了地下水资源分类方案，该方案于 1989 年由国家计划委员会正式批准为国家标准（GB927-88）。建设部于 2001 年颁布的国家标准《供水水文地质勘察规范》（GB50027—2001）中仍执行该方案。

该方案将地下水资源分成补给量、储存量和允许开采量。

1. 补给量

补给量是指天然状态或开采条件下，单位时间通过各种途径进入含水系统的水量。补给量的形成和大小受外界补给条件制约，随水文气象周期变化而变化。补给量是地下水资源的可恢复量，地下水资源的循环再生性，主要体现在当其被消耗时，可以通过补给获得补偿；当消耗的地下水资源不超过总补给量时，会得到全部补偿。通常所说的某地区地下水资源丰富，表明该地区地下水资源补给量充足。因此，可依据地下水补给量的多少表征地下水资源的丰富程度。

　　补给量按开采前后形成的条件不同可分为天然补给量和开采补给增量。天然补给量是天然条件下形成并进入含水系统的水量，包括降水入渗、地表水入渗、地下水侧向径流补给、垂向越流补给等。目前，许多地区都已有不同程度的开采，保持天然状态的情况很少，通常是计算现状条件的补给量，然后计算开采补给增量。

　　地下水开采补给增量又称激发补给量、开采袭夺量或诱发补给量，是开采前不存在，因开采地下水水动力条件改变而进入含水系统的水量。常见的补给增量由下列来源组成。

　　（1）来自地表水的增量。当取水工程靠近地表水时，开采地下水，水位下降漏斗扩展到地表水体，可使原来补给地下水的地表水补给量增大，或使原来不补给地下水，甚至排泄地下水的地表水体变为补给地下水，形成开采时地表水对地下水的补给增量。

　　（2）来自降水入渗的补给增量。由于开采地下水形成降落漏斗，除漏斗疏干体积增加部分降水渗入外，还使漏斗范围内原来不能接受降水渗入补给的地区（如沼泽、湿地等），腾出可以接受补给的储水空间，因而增加了降水渗入补给量。此外，地下水分水岭向外扩展，增加了降水渗入补给面积，使原来属于相邻含水系统（或水文地质单元）的一部分降水渗入补给量，变为本漏斗区的补给量。

　　（3）来自相邻含水层越流的补给增量。开采含水层的水位降低，与相邻含水层的水位差增大，可使越流量增加，或使相邻含水层原来从开采含水层获得越流补给变为补给开采层。

　　（4）增加的侧向流入补给量。降落漏斗的扩展，可夺取属于另一含水系统（或均衡地段）地下水的侧向流入补给量，或某些侧向排泄量因漏斗水位降低，而转为补给增量。

　　（5）人工增加的补给量。包括开采地下水后各种人工用水的回渗量增加而多获得的补给量。

　　补给增量的大小不仅与水源地所处的自然环境有关，还与取水建筑物的种类、结构和布局（即开采方案和开采强度）有关。当自然条件有利、开采方案合理、开采强度较大时，夺取的补给增量可以远远超过天然补给量。例如，在傍河地段取水，沿岸布井开采时，可获得大量地表水的入渗补给增量，并远大于原来的天然补给量，成为可开采量的主要组成部分。但是，开采时的补给增量也不是无限制的。从上述补给增量的来源可以看出，它无非是夺取了本计算含水层或含水系统以外的水量。从整个地下水资源的观点来看，邻区、邻层的地下水资源也要开发利用。这里补给量增加了，那里就减少了。再从"三水"转化的总水资源的观点考虑，如果河水已被规划开发利用，这里再加大开采强度，大量夺取河水的补给增量，则会减少地表水资源。因此，在计算补给增量时，应全面考虑合理地袭夺，而不能盲目无限制地扩大补给增量。

　　计算补给量时，应以天然补给量为主，同时考虑合理的补给增量。地下水的补给量是使地下水运动、排泄、交替的主导因素，它维持着水源地的连续长期开采。允许开采量主要取决于补给量，因此，计算补给量是地下水资源评价的核心内容。

2. 储存量

　　储存量是指地下水补给与排泄的循环过程中，某一时间段内在含水介质中聚积并储存的重力水体积。潜水含水层的储存量，称为容积储存量，可用下式计算

$$W = \mu \cdot V \qquad\qquad (8\text{-}1)$$

式中，W 为地下水的储存量（m^3）；μ 为含水介质的给水度（无因次）；V 为潜水含水层的体积（m^3）。

承压含水层除了容积储存量外，还有弹性储存量，可按下式计算

$$W_{弹} = \mu^* \cdot F \cdot h \qquad (8\text{-}2)$$

式中，$W_{弹}$ 为承压含水层的弹性储存量（m^3）；μ^* 为储水（或释水）系数（无因次）；F 为承压含水层的分布面积（m^2）；h 为自承压含水层顶板算起的压力水头高度（m）。

由于地下水的补给与排泄通常处于不平衡状态，地下水的水位总是随时间变化，因此，地下水储存量也是随时间变化的。天然条件下，随水文气象周期呈周期性变化；开采条件下，则由开采状态控制储存量的变化趋势。若开采量小于补给量，储存量仍呈周期性变化；若开采量大于补给量，储存量呈逐年衰减趋势。地下水储存量不论在天然条件还是开采条件下，都具有调节作用。天然条件下，调节补给与排泄的不平衡性，当补给大于排泄时，盈余的补给量转化为储存量储存在含水层中，储存量增加；当补给小于排泄量时，储存量转化为消耗量，储存量减少。开采条件下，当水文地质条件有利时，可以暂借储存量平衡开采量。

3. 允许开采量

允许开采量，又称可开采量或可开采资源量，是指通过技术经济合理的取水构筑物，在整个开采期内出水量不会减少，动水位不超过设计要求，水质和水温变化在允许范围之内，不影响已建水源地正常开采，不发生危害性环境地质现象等前提下，单位时间内从含水系统或取水地段开采含水层中可以取得的水量，常用单位为 m^3/d 或 m^3/a。简言之，允许开采量就是用合理的取水工程，单位时间内能从含水系统或取水地段取出来，并且不发生一切不良后果的最大出水量。允许开采量是属于可再生的地下水资源量，一旦被取出，可以通过外界补给获得补偿，但是，允许开采量不是地下水资源存在的一种自然形式，是人们为合理开发利用地下水提出来的。允许开采量主要由补给量组成，其大小也随时空变化，同时还受开采技术、环境等条件限制。

允许开采量与开采量的概念是不同的。开采量是取水工程取出的地下水量，反映了取水工程的产水能力。对于供水工程而言，开采量不应大于含水系统或取水地段的允许开采量。对于消耗储存量维持开采的水源地，开采量可大于允许开采量。

三、允许开采量的组成

地下水资源分类的特点之一是允许开采量有明确的组成，可以通过分析天然或开采条件下补给量、储存量、允许开采量三者在数量上的变化，允许开采量的组成关系，研究地下水可持续利用的途径。

地下水资源数量的变化遵循质量守恒定律。在一个时间段内补给量与排泄量之差恒等于储存量的变化，即

$$Q_{补} - Q_{排} = \pm Q_{储} \qquad (8\text{-}3)$$

式中，$Q_补$ 为含水系统的补给量总和（m³）；$Q_排$ 含水系统的各种消耗量总和（m³）；$\pm Q_储$ 为含水系统中储存量的变化（m³），增加为正，减少为负。

人工开采地下水，改变了开采前后的排泄条件，破坏了补给与排泄的动平衡，在开采前的流场上又叠加了人工流场。在开采初期，由于增加了人工开采量，补给量不能同步增加，必须消耗地下水的储存量。随着开采地段地下水位下降漏斗的扩大，过水断面和水力坡度增加，获得的补给量（$\Delta Q_补$）和截取的天然排泄量（$\Delta Q_排$）增多，当开采量与 $\Delta Q_补 + \Delta Q_排$ 达到动平衡后，地下水位相对稳定，进入了均衡开采阶段，在此开采状态下，均衡方程可用下式表达

$$(Q_{天补} + \Delta Q_补) - (Q_{天排} - \Delta Q_排) - Q_开 = -\mu F \frac{\Delta h}{\Delta t} \tag{8-4}$$

式中，$Q_{天补}$ 为开采前的天然补给量（m³/d）；$\Delta Q_补$ 为开采时的补给增量（m³/d）；$Q_{天排}$ 为开采前的天然排泄量（m³/d）；$\Delta Q_排$ 为开采时天然排泄量减少值（m³/d）；$Q_开$ 为人工开采量（m³/d）；μ 为含水介质的给水度（无因次）；F 为开采时引起水位下降的面积（m²）；Δt 为开采时间（d）；Δh 为在 Δt 时间段开采影响范围内的平均水位降深（m）。

由于开采前的天然补给量与天然排泄量在一个大水文周期内是近似相等的，即 $Q_{天补} \approx Q_{天排}$，并且开采量在数值上已接近或等于允许开采量，所以式（8-4）变为

$$Q_{允开} = \Delta Q_补 + \Delta Q_排 \pm \mu F \frac{\Delta h}{\Delta t} \tag{8-5}$$

式（8-1）～式（8-5）表明，允许开采量由三部分组成：①开采时的补给增量（$\Delta Q_补$），是开采前不存在，开采时袭夺的各种额外补给量。②开采时天然排泄量减少值（$\Delta Q_排$），是含水系统因开采而减少的天然排泄量，如潜水蒸发量的减少、泉流量的减少、侧向流出量的减少，也称为开采截取量。这部分水量最大极限等于天然排泄量，接近于天然补给量。③储存量的变化（$\mu F \frac{\Delta h}{\Delta t}$），是含水层储存量的一部分，包括开采初期形成开采降落漏斗过程中含水层提供的储存量及在补给与开采发生不平衡时增加或消耗的储存量。

在明确了允许开采量的组成后，可以依据各个组成部分确定允许开采量。由于制约允许开采量的因素很多，除了地下水分布埋藏条件、丰富程度及人工取水的技术能力外，还要考虑区域水资源的统筹规划、合理调度，以及环境约束，如地面沉降、水质恶化、生态退化等不良效应。

允许开采量组成中的开采补给增量，应在满足区域水资源统一规划下，合理索取各类开采补给增量。对于开采截取量（减少的天然排泄量），理论上应尽可能地截取，但也要考虑生态用水，如地下水位下降可能引起的沼泽退化、植物枯萎死亡等。开采截取量的大小与开采方案、取水建筑物的类型、结构及开采强度有关，只有选择最佳开采方案及开采强度、最好的开采技术，才能最大限度地截取天然补给量。

第二节　地下水允许开采量计算

计算地下水允许开采量是地下水资源评价的核心问题。计算地下水允许开采量的方法，也称为地下水资源评价的方法。允许开采量的大小，主要取决于补给量，局域地下水资源评

价还与开采的经济技术条件及开采方案有关。有时为了确定含水层系统的调节能力，还需计算储存量。

　　目前，地下水允许开采量的计算方法有几十种，国内学者尝试对众多计算方法进行分类，有些学者依据计算方法的主要理论基础、所需资料及适用条件，进行了表 8-1 的分类。在实际工作中，可依据计算区的水文地质条件、已有资料的详细程度、对计算结果精度的要求等，选择一种或几种方法进行计算，以相互印证及择优。本书着重介绍几种主要的计算方法。

表 8-1　地下水资源评价方法分类表[①]

评价方法	主要方法名称	所需要资料数据	适用条件
以渗流理论为基础的方法	解析法	渗流运动参数和给定边界条件、初始条件 一个水文年以上的水位、水量动态观测或一段时间抽水流场资料	含水层均质程度较高，边界条件简单，可概化为已有计算公式要求模式
	数值法（有限元、有限差分、边界元等）、电模拟法		含水层非均质，但内部结构清楚，边界条件复杂，但能查清，对评价精度要求较高，面积较大
以观测资料统计理论为基础的方法	泉水流量衰减法	泉动态和抽水资料	泉域水资源评价
	水力消减法		岸边取水
	系统理论方法（黑箱法）、相关外推法、Q-S 曲线外推法、开采抽水试验法	需抽水试验或开采过程中的动态观测资料	不受含水层结构及复杂边界条件的限制，适于旧水源地或泉水扩大开采评价
以地下水均衡理论为基础的方法	水均衡法、单项补给量计算法、综合补给量计算法、开采模数法	需测定均衡区内各项水量均衡要素	最好为封闭的单一隔水边界，补给项或消耗项单一，水均衡要素易于确定
以相似比拟理论为基础的方法	直接比拟法（水量比拟法）、间接比拟法（水文地质参数比拟法）	需类似水源地的勘探或开采统计资料	已有水源地和勘探水源地地质条件与水资源形成条件相似

一、水量均衡法

　　水量均衡法是全面研究计算区（均衡区）在一定时间段（均衡期）内地下水补给量、储存量和消耗量之间数量转化关系的方法。通过均衡计算，得出地下水允许开采量。水量均衡法是水量计算中最常用、最基本的方法。还常用该方法验证其他计算方法计算的准确性。

---

　　① 据廖资生、余国光等分类，略加修改。原分类见：北方岩溶水源地的基本类型和资源评价方法的选择，中国岩溶，1990 年第 2 期。

（一）基本原理

一个均衡区内的含水层系统，任一时间段（Δt）内的补给量与排泄量恒等于含水层系统中水体积的变化量，即

$$Q_{补} - Q_{排} = \pm S \cdot F \cdot \frac{\Delta h}{\Delta t} \qquad S = \begin{cases} \mu & 潜水 \\ \mu^* & 承压水 \end{cases} \qquad （8\text{-}6）$$

式中，$Q_{补}$ 为含水层系统获得的各种补给量之和（m³/a 或 m³/d）；$Q_{排}$ 为含水层系统通过各种途径的排泄量之和（m³/a 或 m³/d）；μ、μ^* 分别为重力给水度、弹性释水系数；Δh 为 Δt 时段内均衡区平均水位（头）变化值（m）；F 为均衡区含水层的分布面积（m²）。

由式（8-5）对允许开采量的分析可知，若要保持均衡区内的地下水资源可持续开采，则允许开采量为

$$Q_{允} = \Delta Q_{补} + \Delta Q_{排} \qquad （8\text{-}7）$$

在实际工作中，应分析均衡区内的各个均衡项目，计算出均衡区内截取的各种排泄量和合理夺取的开采补给量，二者之和为该均衡区地下水的允许开采量。

补给量（$Q_{补}$）和消耗量（$Q_{排}$）的组成项目很多，并且要准确地测得这些数据往往也是困难的。但对某一个具体的地区来说，常常不是包含全部项目，有的甚至非常简单。例如，在我国西北干旱气候条件下的山前冲洪积扇地区，年降水量很少而蒸发强烈，降水渗入补给（$Q_{雨渗}$）几乎可以忽略不计。如果山前基岩裂隙也不发育，则侧向补给（$Q_{流入}$）也可略去。当含水层为较单一的砂卵砾石层，无越流补给，也没有各种人工补给时，则地下水的补给量主要靠从山区流出的河水渗入补给（$Q_{河渗}$）。开采后，水位降低，可以使消耗项中的蒸发（$Q_{蒸发}$）、溢出（$Q_{溢出}$）都变为零。在这种条件下，水均衡方程可简化为

$$Q_{河渗} - Q_{流出} - Q_{实开} = \mu \cdot F \cdot \frac{\Delta h}{\Delta t}$$

最大允许开采量可用下式确定

$$Q_{允开} \approx Q_{河渗}$$

因此，在这里准确测定河流渗入量是用水均衡法评价地下水资源的关键。

又如，我国南方的岩溶水地区，主要补给来源是 $Q_{雨渗}$ 和 $Q_{河渗}$，其次是侧向流入 $Q_{流入}$，消耗项中主要是 $Q_{溢出}$，其次是 $Q_{流出}$ 和 $Q_{蒸发}$。采取恰当的开采方式，可以充分截取补给，减少消耗，则计算允许开采量的公式可简化为

$$Q_{允开} \approx Q_{雨渗} + Q_{河渗} \qquad （8\text{-}8）$$

因此，在各种情况下，都应按具体条件建立具体的水均衡方程式。

（二）计算步骤

1. 划分均衡区

均衡区的划分依据地下水资源评价的目的和要求而定，在区域地下水资源评价中，应把天然地下水系统边界圈定的范围作为均衡区。局域地下水水量计算的均衡区需人为划分，划分时均衡区的边界应尽量选择天然边界或地下水交换量容易确定的边界。当均衡区面积比较大时，水文地质条件复杂，均衡要素可能差别较大，还可以含水介质成因类型和地下水类型进行分区。如果仍感困难，可以按不同的定量指标（如含水介质的导水系数、给水度、水位埋深、动态变幅等）进行二级或更细的划分。

2. 确定均衡期

地下水资源具有四维性质，不仅随空间坐标变化，还随时间变化，因此，水量均衡计算需要确定出计算时间段。时间段的长短可以根据水量评价的目的、要求和资料情况确定。一般以一个水文年为单位，也可以将一个大水文周期作为均衡期，但计算时仍以水文年为单位逐年计算，然后进行均衡期内总水量平衡计算。也可以将一个旱季或雨季作为均衡期。

3. 确定均衡要素，建立均衡方程

均衡要素是指通过均衡区周边界及垂向边界流入或流出的水量项。进入均衡区的水量项称为补给项或收入项，流出的水量项统称为排泄项或支出项。

不同的均衡区均衡要素的组成不同，应根据均衡区的水文地质条件确定补给项或排泄项。首先确定天然条件下各项补给量和排泄量，再计算开采条件下可能增加开采补给量和截取的排泄量，以此建立地下水均衡方程。

4. 计算与评价

将各项均衡要素值代入均衡方程中，计算 $Q_补$ 与 $Q_排$ 的差值，检查其与地下水储存量的变化是否相符。若不符合，检查各项均衡要素的计算是否准确，作适当修改后，再进行平衡计算，使方程平衡为止。

评价时，可根据含水层厚度和最大允许降深，将允许开采量作为排泄项纳入均衡方程中，经多年水均衡调节计算，检查地下水位下降能否超过最大允许降深，若超过，则应调整允许开采量，直到地下水位下降不超过并且接近最大允许降深为止。也可以将总补给量作为允许开采量。

进行水量均衡计算，应密切结合均衡区的水文地质条件，根据均衡计算的目的要求，确定最佳计算时段，同时要获得可靠的各类计算所需的参数，保证各个均衡要素计算的精度，才能较准确地计算出地下水允许开采量。

【实例】

河南某地农业灌溉用水的多年水均衡调节计算，如表8-2所示。根据1955～1975年的动态观测资料，计算出各年的补给量（表中左数第2栏）和计划用水量（第3栏）。农业用水是枯水年多用，丰水年反而少用。调节的顺序可不按原时间序列，一般以枯水年的地下水位为起调水位。本例选1964～1965年作为起调年，1975年后再接1955～1956年。据来水、用水差值，计算出水位变化值。由于用水常在旱季，所以因年内借用地下水储存量而产生一个水位变化值。因此，

第 10 栏等于第 8 栏加第 9 栏。从多年调节计算结果可以看出，在已有的观测水文周期中，多数年份地下水补给量不足，用水量大于补给量，地下水位有所下降，最大埋深达 9.3m。但丰水年份水位又可逐渐回升至埋深 3m 左右，这表明按多年水均衡调节用水量是有保证的（图8-1）。

表 8-2　多年水均衡调节计算值

年份	来水量（补给）/mm	用水量（消耗）/mm	来用水量差值 /mm		地下水位变化值/m		多年水均衡要求的地下水埋深/m	年水均衡调节要求的地下水位变幅/m	多年水均衡调节和年水均衡调节要求的地下水位埋深/m
			+	−	+	−			
1964～1965	19.24	96.40		77.16		1.61	3.00	2.01	5.01
1965～1966	73.60	82.30		8.70		0.18	4.61	1.70	6.31
1966～1967	71.00	76.40		5.40		0.11	4.79	1.60	6.39
1967～1968	11.88	96.40		84.52		1.77	4.90	2.01	6.91
1968～1969	54.10	62.30		8.20		0.17	6.67	1.30	7.97
1969～1970	72.63	76.40		3.77		0.13	6.84	1.60	8.44
1970～1971	146.11	62.30	83.81		1.75		6.97	1.30	8.27
1971～1972	11.88	82.30		70.42		1.47	5.22	1.70	6.92
1972～1973	59.35	62.30		2.95		0.06	6.69	1.30	7.99
1973～1974	98.53	82.30	16.23		0.34		6.75	1.70	8.45
1974～1975	28.19	62.30		34.11		0.17	6.41	1.30	7.71
1975～1955	72.28	82.30		10.02		0.21	7.12	1.70	8.82
1955～1956	104.26	62.30	41.96		0.88		7.33	1.30	8.63
1956～1957	46.30	62.30		16.00		0.33	6.45	1.30	7.75
1957～1958	43.55	76.40		32.85		0.69	6.78	1.60	8.38
1958～1959	64.80	62.30	2.50		0.05		7.47	1.30	8.77
1959～1960	165.00	90.00	75.00		1.56		7.42	1.88	9.30
1960～1961	63.80	96.40		32.60		0.68	5.86	2.01	7.87
1961～1962	240.40	82.30	158.10		3.30		6.54	1.70	8.24
1962～1963	45.53	68.30		22.77		0.48	3.24	1.43	4.67
1963～1964	191.40	68.30	129.10		2.70		3.72 3.00	1.30	5.02

引自张蔚榛"地下水非稳定流计算和地下水资源评价"（修改），科学出版社，1983。

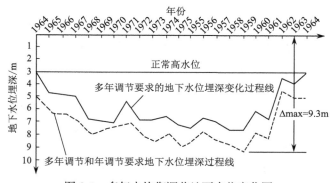

图 8-1　多年水均衡调节地下水位变化图

二、数　值　法

数值法是随着电子计算机的发展，而迅速发展起来的一种近似计算方法。地下水运移的数学模型比较复杂，计算区的形状一般是不规则的，含水介质往往是多层的、非均质和各向异性的，不易求得解析解，常用数值方法求得近似解。虽然数值法只能求出计算域内有限个点某时刻的近似解，但这些解完全能满足精度要求，数值法已成为地下水资源评价的常用方法。

用于地下水资源评价的数值法有三种，即有限差分法、有限单元法和边界元法。有限单元法和有限差分法两者在解题过程中有很多相似之处，都将计算域剖分成若干网格（有限差分法常剖分成矩形、正方形、三角形，有限单元法常剖分成三角形），都将偏微分方程离散成线性代数方程组，用计算机联立求解线性方程组，所不同的是网格剖分及线性化方法上有差别。

边界元法也称边界积分方程法，该方法不需要对整个计算区域剖分，只需剖分区域边界。在求出边界上的物理量后，计算域内部的任一点未知量可通过边界上已知量求出。因此，所需准备的输入数据比有限差分法和有限单元法少。边界元法处理无限边界比较容易。但是，边界元法也有不足，用于求解均质区域的稳定流问题（拉普拉斯方程）比较快速、有效，而用于非均质区，尤其是非均质区域的非稳定流问题，计算相当复杂，优越性不明显。

目前常用的数值法是有限差分法和有限单元法。在线性化的数学推导过程中，有限差分法简单易懂，物理定义明确。有限元法较复杂，涉及的数学知识较深。关于其具体的推导过程和详细的解题方法等，在《地下水流数值模拟》等相关文献中有详细论述。这里仅介绍运用数值法进行地下水资源评价的一般步骤。

（一）建立水文地质概念模型

在充分研究和了解计算区的地质和水文地质条件的基础上，结合评价的任务、取水工程的类型、布局等，对实际的水文地质条件进行概化，抽象出能用文字、数据或图形等简洁方式表达出来，反映地下水运动规律的水文地质概念模型。所建立的水文地质概念模型应符合下列要求：①根据目的要求，所建立的水文地质概念模型应反映计算区地下水系统的主要功能和特征；②概念模型应尽量简单明了；③概念模型应能用于定量描述，便于建立符合计算区地下水运动规律的数学模型。

对水文地质条件概化的主要内容如下：

（1）计算范围和边界条件的概化。首先，应明确计算层位，然后根据评价要求圈定出计算区的范围。计算区应该是一个独立的天然地下水系统，具有自然边界，便于较准确地利用其真实的边界条件，以避免人为边界在提供资料上的困难和误差。但在实际工作中，因勘探范围有限，常常不能完全利用自然边界。此时，需利用调查、勘探和长观资料建立人为边界。计算区范围确定后，可概化为由折线组成的多边形边界。

边界位置确定后，应进一步判明边界的性质，给出定量的数值。当地表水体直接与含水层接触时，可以认为是一类边界，但不能说凡是地表水体都一定是水头边界。只有当地表水与含水层有密切的水力联系，经动态观测证明有统一的水位，地表水对含水层有无限的补给能力，降落漏斗不可能超越此边界线时，才可以确定为水头补给边界。因为水头补给边界对计算成果的影响很大，所以确定时应慎重。如果只是季节性的河流，只能在有水期间定为水头边界。若只有某段河水与地下水有密切水力联系，则只将这段确定为水头边界。如果河水与地下水没有水力联系，或河床渗透阻力较大，仅仅是垂直入渗补给地下水，则应作为二类给定流量补给边界。

断层接触边界可以是隔水边界或透水边界，一般情况下处理为流量边界，在特殊条件下，也可能成为水头边界。如果断层本身是不透水的，或断层的另一盘是隔水层，则构成隔水边界。如果断裂带本身是导水的，计算区内为富含水层，区外为弱含水层，这种透水边界可形成流量边界。如果断裂带本身是导水的，计算区内为导水性较弱的含水层，而区外为强导水的含水层时（这种情况供水中少有，多出现在矿床疏干时），则可以定为水头补给边界。

岩体或岩层接触边界，一般多属隔水边界，这类边界多处理为流量边界。地下水的天然分水岭，可以作为隔水边界，但应考虑开采后是否会移动位置。

含水层分布面积很大或在某一方向延伸很远，成为无限边界时，如用数值法，不可能将整个含水层分布范围作为计算区，在这种情况下，可用设置缓冲带的方法，即在勘探区外围确定一适当宽度（一般为2~3层计算单元）作为水位边界。缓冲带的水文地质参数应比含水层参数小（有人认为应小50~100倍），这就等价于一个无限边界。也可取距离重点评价区足够远的地段，根据长观资料，人为处理为水位边界或流量边界。

凡是流量边界，应测得边界处岩石的导水系数及边界内外的水头差，算出水力坡度，计算出流入量或流出量。边界条件对计算结果影响是很大的，在勘探工作中必须重视。对复杂的边界条件，如给出定量数据有困难时，应通过专门的抽水试验来确定。个别地段，也可以在识别模型时反求边界条件，但不能遗留得太多。

另外，还需确定计算层的上下边界有无越流、入渗、蒸发等现象，并给出定量数值。

最后，还应根据动态观测资料，概化出边界上的动态变化规律。在进行水位中长期预报时，给定预测期边界值。

（2）含水层内部结构的概化：①确定含水层类型，查明含水层在空间上的分布形状。对于承压水，可用顶底板等值线图或含水层等厚度图来表示；对于潜水，则可用底板标高等值线来表示。②查明含水层的导水性、储水性及主渗透方向的变化规律，用导水系数 T 和储水系数 μ^*（或给水度 μ）进行概化的均质分区。实际上，绝对均质或各向同性的岩层在自然界是不存在的，只要渗透性变化不大，就可相对地视为均质区。此外，还要查明计算含水层与相邻含水层、隔水层的接触关系，是否有"天窗"、断层等沟通。

（3）含水层水力特征的概化。将复杂的地下水流实际状态概化为较简单的流态，以便于选用相应的计算方程。含水层水力特征的概化包括两个问题：①层流、紊流的问题。一般情况下，在松散含水层及发育较均匀的裂隙、岩溶含水层中的地下水流，大都视为层流，符合达西定律。只有在极少数大溶洞和宽裂隙中的地下水流，才不符合达西定律，呈紊流。②平面流和三维流问题。严格地讲，在开采状态下，地下水运动存在着三维流，特别是在区域降落漏斗附近及大降深的开采井附近，三维流更明显。但在实际工作中，由于三维流场的水位资料难以取得，目前在实际计算中，多数将三维流问题按二维流处理，所引起的计算误差基本上能满足水文地质计算的要求。

（二）建立计算区的数学模型

根据上述水文地质概念模型，就可以建立计算区相应的数学模型。地下水流数学模型是刻画实际地下水流在数量、空间和时间上的一组数学关系式。它具有复制和再现实际地下水流运动状态的能力。实际上，数学模型就是把水文地质概念模型数学化。描述地下水流的数学模型种类很多，本书指的是用偏微分方程及其定解条件构成的数学模型，其中，定解条件包括边界条件和初始条件。

例如，若概化后的水文地质概念模型为：

（1）分区均质各向同性的承压含水层；

（2）有越流补给，其补给量随开采层水位变化而变化；

（3）水流为平面非稳定流，并服从达西定律；

（4）初始水头为任意分布 $H_0(x, y)$；

（5）有开采井，在井数多而集中的单元，概化为开采强度 $Q_V(x, y, t)[m^3/(d \cdot m^2)]$；

（6）边界条件有第一类（Γ_1）和第二类（Γ_2）边界。

则其数学模型为

$$\begin{cases} \dfrac{\partial}{\partial x}\left(T\dfrac{\partial h}{\partial x}\right) + \dfrac{\partial}{\partial y}\left(T\dfrac{\partial h}{\partial x}\right) + \dfrac{K'}{m'}(H - h) + Q_E(x,y,t) - Q_V(x,y,t) = \mu^* \dfrac{dh}{dt} & (x,y) \in D, t \geqslant 0 \\ h(x,y,t) = h_0(x,y) & (x,y) \in D, t = 0 \\ h(x,y,t)\big|_{\Gamma_1} = h_1(x,y) & (x,y) \in \Gamma_1, t \geqslant 0 \\ T_n \dfrac{\partial h}{\partial n}\big|_{\Gamma_2} = -q(x,y,t) & (x,y) \in \Gamma_2, t \geqslant 0 \end{cases} \qquad (8\text{-}9)$$

式中，D 为计算域；x，y 为平面直角坐标；h 为含水层水位（m）；t 为时间（d）；K'、m' 分别为弱透水层的渗透系数、厚度；Q_E 为补给强度（m/d）；Q_V 为开采强度（m/d）；h_0 为初始流场的水头分布（m）；h_1 为第一类边界（Γ_1）上的已知水头（m）；n 为第二类边界（Γ_2）内法线方向；T_n 为第二类边界上含水层导水系数（m²/d）；q 为第二类边界上单位长度的侧向补给量（m²/d）。

有限单元法和有限差分法都是将所建立的数学模型用不同方式离散化，使复杂的定解问题化成简单的代数方程组，通过编程应用计算机求解代数方程组，解出有限个点不同时刻的数值解。

（三）从空间和时间上离散计算域

将计算域进行剖分，离散为若干小单元，做出剖分网格图。剖分时，首先要选好节点，节点最好是观测孔，以便获得较准确的水位资料。但一个计算域的节点不可能都是观测孔，需要许多插值点来补充。插值点应放在水位变化显著、参数分区及井孔节点稀疏的地方。

选好节点，在将点连接成单元时，应按单元剖分的原则做适当的点位调整。单元剖分的原则是：相邻单元的大小不要相差太大；对三角形单元来说，三个边长不要相差太大；最长与最短边之比不能超过 3∶1；三角形的内角保持在 39°～90°为好，必要时可允许出现个别的钝角，但面积不要太小；若钝角三角形太多，会影响解的收敛；在水力坡度变化较大的地段及资料较多的中心地带，网格可加密些，边远地带可放稀些。剖分后，按一定的顺序对节点和网格进行系统编号，准备相应的数据。

时间离散前先要确定模拟期和预报期。模拟期主要用来识别水文地质条件和计算地下水补给量，而预报期用于评价地下水可开采量和预测地下水位的变化。一般取一个水文年或若干水文年作为模拟期，在一个较完整的水文周期年识别数学模型，可提高识别的可信度。预测期依据评价目的和要求确定。

模拟期确定后，应给出初始时刻地下水流场，并给出各结点的水位。为了反映出模拟期地下水位的动态变化，还应将模拟期划分成若干个时段，称为时间离散。模拟期时间的离散，可根据水头变化的快慢规律，确定适当的时间步长。对模拟抽水试验来说，开始以分为单位，以后以小时、天为单位。模拟大量开采时，可以月、季（丰水、枯水）及年为单位。

（四）校正（识别）数学模型

模型的识别在数学运算过程中称为解逆问题。在识别过程中，不仅要对水文地质参数进行调整，还要对地下水的补排量、含水层结构及边界条件进行适当调整，所以，解逆问题具有多解性。识别因素越少，则识别越容易。解逆问题有两种：直接解法和间接解法。由于直接解法要求每个节点的水头均应是实际观测值，这在实际上很难办到，所以应用较少，常用的是间接解法。

间接解法就是试算法，即根据所建立的数学模型，选择相应的通用程序或专门编制的程序，用勘探试验所取得的参数和边界条件作为初值，选定某一时刻作为初始条件，按程序所要求的输入数据的顺序输入进去，按正演计算模拟抽水试验或开采，输出各观测孔各时段的水位变化值和抽水结束时的流场情况。把计算所得水头值与实际观测值对比，如果相差很大，则修改参数或边界条件，再一次进行模拟计算，如此反复调试，直到满足判断准则为止。这时所用的一套参数和边界条件及数学模型就可认为是符合客观实际的。

调试的方法也有两种：一种是人工调试；另一种是机器自动优选。人工调试方便简单，特别是在对计算区水文地质条件认识较清楚、正确时，容易达到误差要求。机器自动调试，由于存在多解性，有时可能同时得出几组参数都能满足数学上的要求，这就需要根据水文地质条件人为地分析确定。

逆演问题的唯一性，目前在数学上还没有很好地解决，参数和边界条件可以存在多种组合。因此，识别模型的过程往往很长，要反复调试多次，才能得到较满意的结果。这里，对水文地质条件的正确认识至关重要，如果对条件认识不确切，不管用什么办法进行识别，都难以达到满意的结果。

（五）验证数学模型

为了检验所建立的数学模型是否符合实际，要用实测的水位动态进行校正，即在给定边界、初始条件及参数、各项补排量的基础上，通过比较计算水位与实测水位，检验模型的正确性，这一过程称为模型识别（校正），这种校正既可以对水文地质参数进行识别，也可以对边界性质、含水层结构等水文地质条件重新识别。识别的判别准则为：①计算的地下水流场应与实测地下水流场基本一致；②控制观测井地下水位的模拟计算值与实测值的拟合误差应小于拟合计算期间水位变化值的 10%，水位变化值较小（小于 5m）的情况下，水位拟合误差一般应小于 0.5m；③实际地下水补排差应接近计算的含水层储存量的变化量；④识别后的水文地质参数、含水层结构和边界条件符合实际水文地质条件。满足上述要求，则认为所建立的数学模型基本上真实地刻画了水文地质概念模型。

（六）模拟预报，进行水资源评价

经过验证的模型，虽然符合客观实际，但只能反映勘探阶段的实际情况，而未来大量开采后，其边界条件和补给、排泄条件还可能发生变化。如果进行抽水试验的水位降深不够大，延续时间不够长，边界条件尚未充分暴露，则大量开采后就可能发生变化。因此，在运用验证后的模型进行地下水开采动态的水位预报时，还要依据边界条件的可能变化情况做出修正。对变水头边界，应推算出各时刻的水头值；流量边界，应给出各计算时段的流量；垂向补给排泄量有变化时，应推算出各时段的补排量。这些推算量的准确程度，会影响数值法成果的精度。因此，只有在边界条件和补、排条件变化不大时，数值法的结果才是较准确的。否则，做短期预报还可以，做长期预报需依赖于对气候、水文因素预报的准确性。

根据开采资料对模型进行修改以后，可以用于正演计算，解决下列问题：

（1）可预报在一定开采方案下水位降深的空间分布和随时间的演化，可用于预测未来一定时期的水位降深，看其是否超过允许降深，但其准确性则依赖于降水量预测的准确性。

（2）预报合理的开采量。根据开采区的现有开采条件，拟定出该区的开采年限和允许降深，以及井位井数等。最后计算出在预定开采期内，在允许降深的条件下，能取出的地下水量。

（3）研究某些水均衡要素。可计算出侧向补给量、垂向补给量及总补给量；模拟开采条件下的补给量，求出稳定开采条件下的开采量；可进行不同开采方案的比较，选择最佳开采方案。

（4）计算满足开采需要的人工补给量，以及模拟人工补给后水位的变化情况。

（5）研究地表水与地下水的统一调度、综合利用，进行水资源的综合评价，并研究其他水文地质问题。

根据计算成果，对地下水资源作出全面评价。

【实例】

下面以山东淄博某地孔隙地下水系统数值模拟的实例说明如何利用数值法评价地下水资源。

1. 建立水文地质概念模型

（1）计算范围：计算区位于范阳河、孝妇河河谷两岸及山前冲洪积平原区，总面积约 139km^2（图 8-2）。

（2）计算目的层：研究区孔隙含水介质为中、上更新统的亚砂土、亚黏土夹姜结石层及沿范阳河一带分布的全新统砂砾石层。各地段富水性及水文地质参数差异较大，概化为非均质各向同性含水介质。

（3）含水层水力特征：地下水天然水力坡度小，开采降深不大，地下水为层流运动的潜水二维流。

（4）侧向边界：Ⅰ、Ⅴ边界为补给边界，单宽补给量分别为 0.2～0.3m³/（d·m）、0.1～0.4m³/（d·m）；Ⅱ、Ⅲ边界为排泄边界，单宽流量分别为-（0.1～0.3）m³/（d·m）、-（0.1～0.6）m³/（d·m）；上述边界处理为第二类边界。Ⅳ边界为河流，处理为第一类边界。边界处孔隙地下水系统接受丘陵岗地的地下水侧向径流补给。

（5）垂向边界：基底与黄土夹姜结石层无水力联系，概化为隔水边界。

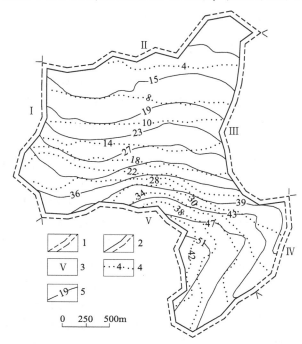

图 8-2　水文地质概念模型图

1. 第一类边界；2. 第二类边界；3. 边界分段编号；4. 含水层底板标高（m）等值线；5. 1990 年 1 月 30 日潜水等水位线

2. 建立数学模型

上述水文地质概念模型用非均质各向同性潜水二维非稳定流数学模型描述，具体如下：

$$
\begin{cases}
\dfrac{\partial}{\partial x}\left[K(H-B)\dfrac{\partial H}{\partial x}\right]+\dfrac{\partial}{\partial y}\left[K(H-B)\dfrac{\partial H}{\partial y}\right]+W-P=\mu\dfrac{\mathrm{d}H}{\mathrm{d}t} & (x,y)\in D, t\geqslant 0 \\[2mm]
H(x,y,t)=H_0(x,y) & (x,y)\in D, t=0 \\[2mm]
H(x,y,t)\big|_{\Gamma_1}=H_1(x,y) & (x,y)\in \Gamma_1, t\geqslant 0 \\[2mm]
T_n\dfrac{\partial H}{\partial n}\Big|_{\Gamma_2}=q(x,y,t) & (x,y)\in \Gamma_2, t\geqslant 0
\end{cases}
\tag{8-10}
$$

式中，K 为渗透系数（m/d）；μ 为给水度，无量纲；H 为潜水水位标高（m）；B 为含水层底板标高（m）；P 为城市供水开采强度（m/d）；W 为垂向补给强度、排泄强度的代数和（补给取正，排泄取负）（m/d）；$H_0(x,y)$ 为初始地下水水位标高（m）；$H_1(x,y,t)$ 为一类边界 Γ_1 上的水位标高（m）；$q(x,y,t)$ 为二类边界 Γ_2 上的单宽流量（m²/d）。

3. 时空离散

采用三角剖分法，将计算域剖分为 204 个三角单元，其中最小单元的面积为 0.24km²，最大单元的面积为 0.93km²；节点总数为 128 个，一类边界点为 5 个，二类边界点为 45 个，内节点为 78 个。

模拟期为 1990 年 1 月 30 日至 1993 年 5 月 30 日，分 9 个时段，每个时间段包括若干个时间步长，时间步长为模型自动控制，严格控制每次迭代的误差。

4. 模型的识别与验证

参数分区：根据水文地质条件，将计算目的层划分为 9 个水文地质参数区，如图 8-3 所示。

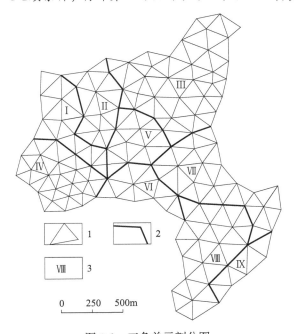

图 8-3　三角单元剖分图

1. 三角单元；2. 水文地质参数分区界线；3. 参数分区编号

源汇项的确定：根据调查统计的开采量，按时段分配到相应的三角单元上；据河流上、下游的流量确定河流的渗漏量；利用降水入渗系数法确定各单元的降水入渗补给量；利用灌溉回渗系数法确定灌溉回渗量。第二类边界处补（排）的单宽流量强度根据达西定律确定。

选取 1990 年 1 月 30 日至 5 月 30 日的实测水位资料，分三个时段识别模型，该时段源汇项简单，有利于参数识别。采用人工调参，间接识别模型的方法，将以上各种数据可视化的输入模型，进行正演计算，求解各节点水位，与实测水位进行比较，误差较大时，调整参数，再求计算水位。如此反复调整计算，直至误差达到精度要求，取相对误差小于时段水位变幅的 5%者为准。识别后的水文地质参数见表 8-3。

表 8-3　识别后的水文地质参数

分区号	渗透系数 K / (m/d)	给水度 μ	分区号	渗透系数 K / (m/d)	给水度 μ
I	19.0	0.18	VI	5.5	0.10
II	25.0	0.20	VII	18.0	0.20
III	20.0	0.20	VIII	4.0	0.10
IV	9.0	0.12	IX	30.0	0.25
V	18.0	0.18			

为了进一步验证数学模型和识别后的水文地质参数的可靠性，利用 1990 年 5 月 30 日～ 1993 年 5 月 30 日的地下水动态资料检验模型。计算水位与实测水位等值线的整体拟合程度良好，各节点水位拟合误差达到精度要求，说明含水层结构、边界条件的概化、水文地质参数的选取是合理的，所建立的数学模型能较真实地刻画孔隙地下水系统特征，可以用于地下水资源的评价和水位的预报。

5. 地下水水位预报

按拟定的三个方案预报：①保持现有工业开采量 6860m³/d，开采布局不变；②在现有开采的基础上沿范阳河在砂砾石层中增加 3000m³/d 的开采量；③在现有开采的基础上沿范阳河在砂砾石含水层中增加 5000m³/d 的开采量。

以 1993 年 5 月 30 日作为预报的开始时刻，按上述三个方案预报至 2000 年 5 月 30 日。按第一方案预报，北部的南阎一带地下水位有持续下降的趋势，2000 年 5 月 30 日最低水位值达 6.216m，说明该处已超量开采，不宜在此处增加开采量，应尽量减少开采量；按第二方案预报，开采量增加范阳河区内的 4 号点水位在 2000 年 5 月 30 日出现最低值 42.518m，水位降深是该处初始含水层厚度的 11.3%；按第三方案预报，4 号点水位在同时刻出现最低水位 41.254m，其水位降深为该处初始含水层厚度的 21.9%。可见第三开采方案可行。

三、解　析　法

解析法是直接选用地下水动力学的井流公式进行地下水资源计算的常用方法。地下水动力学公式是依据渗流理论，在理想的介质条件、边界条件及取水条件（取水建筑物的类型、结构）下建立起来的。在理论上是严密的，只要符合公式假定条件，计算出来的开采量就是既能取出又有补给保证的地下水允许开采量。但是，水文地质条件的复杂性，如客观存在的含水介质的非均质性、边界条件非规则性等，使计算得到的允许开采量常常产生误差，其误差的大小，取决于与公式假设条件的符合程度，因此，用解析法计算出来的允许开采量，常需要用水量均衡法论证其保证程度。

解析法计算过程如下。

（1）建立水文地质概念模型。由于地下水动力学公式是描述各种理想条件下水文地质模型的，所以应用解析法首先要概化水文地质条件，建立水文地质概念模型。一般根据水文地质概念模型选用公式，也常根据公式的应用条件建立水文地质概念模型，二者相互依存，相互制约。同时，根据水文地质概念模型对勘探工作提出技术要求。

（2）选择计算公式。根据概念模型选择公式时应考虑如下问题：①根据补给条件和计算的目的、要求，选用稳定流公式还是非稳定流公式。例如，在补给量充足地区，会出现稳定流，可选用稳定流公式计算；在矿床疏干工作中，常采用非稳定流公式计算。②根据地下水类型确定，选择承压水还是潜水井流公式。③考虑边界的形态、水力性质，含水介质的均质程度，以及取水建筑物的类型、结构、布局、间距等。

依据上述几个方面选择相应的井流公式计算地下水允许开采量。现有公式不能满足要求时，也可根据所建立的水文地质概念模型依据渗流理论，推导新的计算公式。

（3）确定所需的水文地质参数。一般情况下，应采用计算区勘察试验阶段所获得的水文地质参数，如渗透系数（K）、导水系数（T）、重力给水度、弹性释水系数等。如果缺少资料，也可以在水文地质条件相似且能满足精度要求的情况下，引用其他地区参数或经验数据。

（4）计算与评价。根据水文地质概念模型，拟定开采（或疏干）方案，确定计算公式，计算开采量并检查水位降深，经过反复调整计算，选出最佳方案，然后进行评价。若计算区补给充足，则计算出来的开采量就是既能取出又有补给保证的地下水允许开采量。由于水文地质条件概化时会出现误差，一般情况下，均应计算地下水补给量，论证所计算开采量的保证程度，最后确定出计算区的地下水允许开采量。

在地下水资源评价中，常用的解析法是干扰井群法和开采强度法。

（一）干扰井群法

干扰井群法适用于井数不多、井位集中、开采面积不大的地区。在有地表水直接补给的地区，可直接采用稳定流干扰井公式计算开采量。例如，一侧有河流补给的半无限含水层的干扰井公式

$$\varphi_R - \varphi_W = \frac{1}{2\pi}\sum_{i=1}^{n}Q_i\ln\frac{r_i'}{r_i} \qquad （8\text{-}11）$$

承压井时：$\varphi_R - \varphi_W = KM(H-h)$

潜水井时：$\varphi_R - \varphi_W = \frac{1}{2}K(H^2-h^2)$

式中，φ_R 为边界处的势函数；φ_W 为井壁处的势函数；K 为渗透系数（m/d）；M 为承压含水层厚度（m）；H 为天然水头（m）；h 为观测点的动水头（m）；Q_i 为井 i 的流量（m³/d）；r_i 和 r_i' 分别为实井和虚井到观测点的距离（m）。

远离地表水补给地区，应采用非稳定流干扰井公式进行计算。如无界含水层非稳定流干扰井公式

$$\varphi_R - \varphi_W = \frac{1}{4\pi}\sum_{i=1}^{n}Q_iW(u_i) \qquad （8\text{-}12）$$

式中，$W(u_i)$ 为泰斯井函数，$u_i = \dfrac{r_i^2}{4at}$，a 为导压系数，t 为开采时间；其余符号同前。

计算过程中，在拟定的开采方案基础上，反复调整开采布局（井数、间距、井位、井流量等），设计降深、开采年限及开采设备，直到开采方案达到最优为止。

【实例】

据原冶金部西安勘察公司韩昌彬等资料，勘察区位于内蒙古高原的低山丘陵河谷地带，气候干燥，平均年降水量为 222mm，集中在 7～9 月，河谷宽约 500m。除雨季外，河床常年干枯。河谷内第四系砂砾石含水层平均厚 17m，地下水埋深 2m，主要由降水和地表水补给。两侧和底部均为岩浆岩。勘探孔和试验孔的布置如图 8-4 所示。开采方案是沿河谷中心布置 9 口井，井距约 1km。其布局和映射见图 8-5。

据勘探试验资料算出井群的总出水量约为 5000m³/d。在这样的开采条件下，整个旱季（无降水和河水补给）中心区水位下降多少？

步骤 1：水文地质条件概化。根据勘探试验取得的各种参数，对水文地质条件进行如下概化。

介质条件：由于含水层沿河方向的不均匀性，可分为三个场段，采用不同的参数，如表 8-4 所示。

表 8-4　各段参数及井的出水量

井数	含水层			第一场段	第二场段					第三场段			开采总量/ (m³/d)	疏干时间/d
	宽度/m	长度/m	厚度/m	T=226.88m²/d K=16.18m/d μ'=0.08	T=490.56m²/d K=29.73m/d μ'=0.098					T=372.24m²/d K=22.15m/d μ'=0.068				
9	500	8051	17											
井号				1	3	9	11	10	12	5	7	8	4978	275
出水量/ (m³/d)				400	300	600	800	800	571	672	449	386		

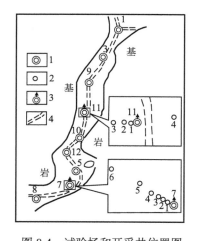

图 8-4　试验场和开采井位置图
1. 开采井及编号；2. 观测井及编号；
3. 非稳定流试验井；4. 河道

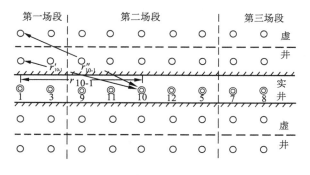

图 8-5　平行边界映射井示意图

边界条件：把河谷两岸概化为直线平行隔水边界。

疏干时间：由于区内每年 7～9 月为雨季，有降水和河水补给，故确定疏干时间为 275 天。

步骤 2：确定计算公式，计算降深值。根据概化后的水文地质条件，可选用潜水完整井

井群干扰非稳定流理论公式计算

$$S = H - \sqrt{H^2 - \frac{1}{2\pi} \sum_{i=1}^{n} \frac{Q_i}{K} W(u_i)} \qquad (8\text{-}13)$$

式中，S 为观测井的水位下降值（m）；H 为含水层平均厚度（m）；Q_i 为各井抽水量（m³/d）；K 为渗透系数（m/d）；$W(u_i)$ 为泰斯井函数；$u_i = \dfrac{r_i^2 \mu'}{4Tt}$ 为泰斯井函数自变量；r_i 为抽水井（实、虚）至观测井距离（m）；μ' 为含水层延迟释水系数；T 为导水系数（m²/d）；t 为抽水延续时间（d）。

将所有数据代入公式，计算降深值。由于平行边界相距较远，影射次数较多，所以采用表格形式进行计算比较方便。例如，先计算中心区 10 号井降深值。首先，从图上查出各实井和虚井与该井的距离 r_i，算出 r_i^2，分别乘各场段的 $\dfrac{\mu'}{4Tt}$，求出 u_i 值。然后，从井函数表查得 $W(u_i)$ 值，再乘以 $\dfrac{Q_i}{K}$，加起来便可以求得 $\dfrac{1}{2\pi} \sum_{i=1}^{n} \dfrac{Q_i}{K} W(u_i)$，用 A 表示。最后，计算 10 号井的降深 $S_{10} = H_{10} - \sqrt{H_{10}^2 - A_{10}}$。计算形式见表 8-5。

计算时取了 5 次影射，分别对中心区的 11 号、10 号、12 号及 5 号井进行了计算。其降深依次为 6.84m、7.77m、6.80m、6.80m，仅占含水层厚度的 40%～50%。

步骤 3：评价。按开采量 5000m³/d，拟建布局是合理的，可作为允许开采量，在整个旱季开采疏干了含水层的 40%，到雨季是可以补偿回来的。

表 8-5　井群对 10 号井的干扰降深计算表

场段	1场段 $\dfrac{\mu'}{4Tt} = 3.2 \times 10^{-7}$						$S = H - \sqrt{H^2 - \dfrac{1}{2\pi} \sum\limits_{i=1}^{n} \dfrac{Q_i}{K} W(u_i)}$	
井号	1号井 $\dfrac{Q}{K} = 24.75$				3 号井	$\dfrac{1}{2\pi} \sum\limits_{i=1}^{n} \dfrac{Q_i}{K} W(u_i)$		S/m
计算项目	r_i^2/m^2	u_i	$W(u_i)$	$\dfrac{Q_i}{K} W(u_i)$	r_i^2	各次	总和	
实井	2.08×10^{-7}	6.67	1.621×10^{-4}	4.01×10^{-3}		96.37		
第一次影射	2.10×10^{-7}	6.75	1.448×10^{-4}	3.58×10^{-3}		47.24		
第二次影射	2.18×10^{-7}	6.99	1.155×10^{-4}	2.86×10^{-4}		29.24	203.79	7.77
第三次影射	2.30×10^{-7}	7.39	7.364×10^{-4}	1.82×10^{-4}		16.97		
第四次影射	2.48×10^{-7}	7.95	3.767×10^{-5}	9.30×10^{-5}		9.20		
第五次影射	2.70×10^{-7}	8.70	1.733×10^{-5}	4.30×10^{-5}		4.75		

（二）开采强度法

在开采面积很大的地区时，如平原区农业供水，井数很多，井位分散，不宜使用干扰井群法，宜使用开采强度法计算允许开采量。

开采强度法的原理就是把井位分布较均匀、流量彼此相近的井群区概化成规则的开采区，如矩形区或圆形区，再把井群的总开采量概化成开采强度（单位面积上的开采量），利用开采强度公式计算开采量。现以无界承压含水层中的矩形开采区为例，说明开采强度法的原理和应用过程。

在矩形开采区内，以点（ξ，η）为中心，取一微分面积 $\mathrm{d}F = \mathrm{d}\xi\mathrm{d}\eta$，并把它看成开采量为 $\mathrm{d}Q$ 的一个点井，在此点井作用下，开采区内外将形成水位降的非稳定场，对任一点引起的水位降 $\mathrm{d}S$，可用点函数表示

$$\mathrm{d}S = \frac{\mathrm{d}Q}{4\pi T}\int_0^t \frac{\mathrm{e}^{-\frac{r^2}{4a\tau}}}{\tau}\mathrm{d}\tau \qquad （8\text{-}14）$$

式中，$\mathrm{d}Q$ 为开采量；τ 为计算刻度；T 为导水系数；a 为导压系数；t 为时间；r 为点井到 A（x，y）点的距离。

由图 8-6 可知，$r^2 = （x-\xi）^2 + （y-\eta）^2$。如设开采强度为 ε，则有 $\mathrm{d}Q = \varepsilon\mathrm{d}\xi\mathrm{d}\eta$，同时置换 $T = a\mu^*$，μ^* 为弹性释水系数。把这些关系代入上式，并在矩形区内积分，即得 A 点的总水位降深：

$$S(x,y,t) = \frac{\varepsilon}{4\mu^* a}\int_0^t （\int_{-l_x}^{l_x} \frac{\mathrm{e}^{-\frac{(x-\xi)^2}{4a\tau}}}{\sqrt{\pi\tau}}\mathrm{d}\xi \int_{-l_y}^{l_y} \frac{\mathrm{e}^{-\frac{(y-\eta)^2}{4a\tau}}}{\sqrt{\pi\tau}}\mathrm{d}\eta）\mathrm{d}\tau \qquad （8\text{-}15）$$

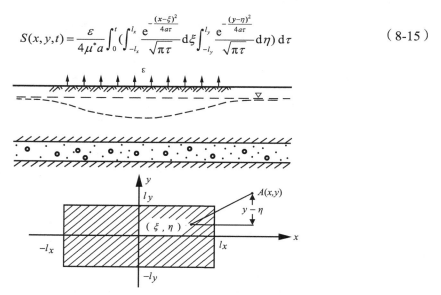

图 8-6　概化的矩形开采区示意图

对 ξ 和 η 做变量置换，并用相对时间 $\bar{\tau} = \dfrac{\tau}{t}$ 置换 τ，即得开采强度公式

$$S(x,y,t) = \frac{\varepsilon t}{4\mu^*}[S^*(\alpha_1,\beta_1) + S^*(\alpha_1,\beta_2) + S^*(\alpha_2,\beta_1) + S^*(\alpha_2,\beta_2)] \qquad （8\text{-}16）$$

式中，$\alpha_1 = \dfrac{l_x - x}{2\sqrt{at}}$，$\alpha_2 = \dfrac{l_x + x}{2\sqrt{at}}$，$\beta_1 = \dfrac{l_y - y}{2\sqrt{at}}$，$\beta_2 = \dfrac{l_y + y}{2\sqrt{at}}$；系数 $S^*(\alpha, \beta) = \displaystyle\int_0^1 \mathrm{erf}(\dfrac{\alpha}{\sqrt{\overline{\tau}}}) \, \mathrm{erf}(\dfrac{\beta}{\sqrt{\overline{\tau}}}) \, \mathrm{d}\overline{\tau}$；

$\mathrm{erf}(z) = \dfrac{2}{\sqrt{\pi}} \displaystyle\int_0^z e^{-z^2} \mathrm{d}z$ 为概率积分。

$S^*(\alpha, \beta)$ 的数值见表 8-6。

如令折减系数 $\overline{S} = \dfrac{1}{4}[S^*(\alpha_1, \beta_1) + S^*(\alpha_1, \beta_2) + S^*(\alpha_2, \beta_1) + S^*(\alpha_2, \beta_2)]$，则式（8-16）表明，流场中任一点的水位降深恒等于 $\varepsilon t / \mu^*$ 和 $\overline{S}(\overline{S} < 1)$ 的乘积。$\varepsilon t / \mu^*$ 有简单的物理意义，如果开采过程中地下水没有补给，则经过 t 时间，开采区内就应当形成 $\varepsilon t / \mu^*$ 大小的水位降深。而实际上开采区外的地下水总是流向开采区以减缓降速使水位降深变小，所以 $\varepsilon t / \mu^*$ 要乘以水位降深的折减系数 $\overline{S}(\overline{S} < 1)$。

表 8-6 函数 $S^*(\alpha, \beta) = \displaystyle\int_0^1 \mathrm{erf}(\dfrac{\alpha}{\sqrt{\overline{\tau}}}) \, \mathrm{erf}(\dfrac{\beta}{\sqrt{\overline{\tau}}}) \mathrm{d}\overline{\tau}$

α＼β	0.02	0.04	0.06	0.08	0.10	0.14	0.18	0.22	0.26	0.30	0.34	0.38
0.02	0.0041	0.0073	0.0101	0.0125	0.0146	0.0184	0.0216	0.0243	0.0267	0.0288	0.0306	0.0322
0.04	0.0073	0.0135	0.0188	0.0236	0.0278	0.0353	0.0416	0.0470	0.0518	0.0559	0.0596	0.0628
0.06	0.0101	0.0188	0.0266	0.0335	0.0398	0.0509	0.0602	0.0684	0.0754	0.0817	0.0871	0.0920
0.08	0.0125	0.0236	0.0335	0.0425	0.0508	0.0652	0.0776	0.0884	0.0978	0.1060	0.1133	0.1197
0.10	0.0146	0.0278	0.0398	0.0508	0.0608	0.0786	0.0939	0.1072	0.1188	0.1290	0.1381	0.1461
0.14	0.0184	0.0355	0.0509	0.0652	0.0786	0.1025	0.1232	0.1414	0.1573	0.1714	0.1839	0.1949
0.18	0.0216	0.0416	0.0602	0.0776	0.0939	0.1232	0.1490	0.1716	0.1916	0.2029	0.2251	0.2391
0.22	0.0243	0.0470	0.0684	0.0884	0.1072	0.1414	0.1716	0.1984	0.2222	0.2433	0.2621	0.2789
0.26	0.0267	0.0518	0.0754	0.0978	0.1188	0.1573	0.1916	0.2222	0.2494	0.2737	0.2954	0.2147
0.30	0.0288	0.0559	0.0817	0.1060	0.1290	0.1714	0.2094	0.2433	0.2737	0.3009	0.3252	0.3470
0.34	0.0306	0.0596	0.0871	0.1133	0.1381	0.1839	0.2251	0.2621	0.2954	0.3252	0.3520	0.3761
0.38	0.0322	0.0628	0.0920	0.1197	0.1461	0.1949	0.2391	0.2789	0.3147	0.3470	0.3761	0.4022
0.42	0.0337	0.0657	0.0963	0.1254	0.1532	0.2048	0.2515	0.2938	0.3320	0.3665	0.3976	0.4256
0.46	0.0349	0.0683	0.1001	0.1305	0.1595	0.2135	0.2626	0.3071	0.3474	0.3839	0.4169	0.4466
0.50	0.0361	0.0705	0.1035	0.1350	0.1650	0.2212	0.2724	0.3189	0.3612	0.3995	0.4341	0.4654
0.54	0.0371	0.0725	0.1065	0.1389	0.1700	0.2281	0.2812	0.3295	0.3735	0.4134	0.4485	0.4823
0.58	0.0380	0.0743	0.1091	0.1425	0.1744	0.2343	0.2890	0.3389	0.3844	0.4257	0.4633	0.4973
0.62	0.0387	0.0759	0.1115	0.1456	0.1783	0.2397	0.2959	0.3472	0.3941	0.4368	0.4756	0.5108
0.66	0.0394	0.0773	0.1136	0.1484	0.1818	0.2445	0.3020	0.3547	0.4027	0.4466	0.4865	0.5227
0.70	0.0401	0.0785	0.1154	0.1509	0.1849	0.2488	0.3075	0.3612	0.4104	0.4553	0.4952	0.5334
0.74	0.0406	0.0796	0.1171	0.1531	0.1876	0.2526	0.3123	0.3671	0.4172	0.463	0.5048	0.5429
0.78	0.0411	0.0806	0.1185	0.1550	0.1900	0.2559	0.3166	0.3722	0.4232	0.4699	0.5125	0.5513
0.82	0.0415	0.0814	0.1198	0.1577	0.1921	0.2586	0.3203	0.3768	0.4286	0.4760	0.5192	0.5587
0.86	0.0419	0.0822	0.1209	0.1582	0.1940	0.2615	0.3237	0.3808	0.4333	0.4813	0.5252	0.5653
0.90	0.0422	0.0828	0.1219	0.1595	0.1957	0.2638	0.3266	0.3844	0.4374	0.4860	0.5305	0.5711

α＼β	0.02	0.04	0.06	0.08	0.10	0.14	0.18	0.22	0.26	0.30	0.34	0.38
0.94	0.0425	0.0834	0.1228	0.1607	0.1971	0.2658	0.3392	0.3875	0.4411	0.4902	0.5351	0.5762
0.98	0.0428	0.0839	0.1236	0.1617	0.1984	0.2676	0.3314	0.3902	0.4442	0.4938	0.5392	0.5807
1.00	0.0429	0.0842	0.1239	0.1622	0.1990	0.2684	0.3324	0.3914	0.4457	0.4955	0.5410	0.5827
1.20	0.0437	0.0858	0.1263	0.1654	0.2030	0.2740	0.3396	0.4001	0.4558	0.5070	0.5540	0.5969
1.40	0.0441	0.0866	0.1275	0.1669	0.2049	0.2767	0.3431	0.4043	0.4608	0.5127	0.5603	0.6039
1.80	0.0444	0.0871	0.1283	0.1680	0.2062	0.2785	0.3454	0.4071	0.4641	0.5165	0.5645	0.9086
2.00	0.0444	0.0871	0.1284	0.1681	0.2064	0.2787	0.3457	0.4075	0.4645	0.5169	0.5651	0.9092
2.20	0.0440	0.0872	0.1284	0.1682	0.2065	0.2788	0.3458	0.4076	0.4646	0.5171	0.5653	0.9094
2.50	0.0440	0.0872	0.1284	0.1682	0.2065	0.2788	0.3458	0.4077	0.4647	0.5172	0.5653	0.9095
3.00	0.0440	0.0872	0.1284	0.1682	0.2065	0.2789	0.3458	0.4077	0.4647	0.5172	0.5654	0.9095

α＼β	0.42	0.46	0.50	0.54	0.58	0.62	0.66	0.70	0.74	0.78	0.82	0.86
0.02	0.0337	0.0349	0.0361	0.0371	0.038	0.0387	0.0394	0.0401	0.0406	0.0411	0.0415	0.0419
0.04	0.0657	0.0683	0.0705	0.0725	0.0743	0.0759	0.0773	0.0785	0.0796	0.0806	0.0814	0.0822
0.06	0.0963	0.1001	0.1035	0.1065	0.1091	0.1115	0.1136	0.1154	0.1171	0.1185	0.1198	0.1209
0.08	0.1264	0.1305	0.1350	0.1389	0.1425	0.1456	0.1484	0.1509	0.1531	0.1550	0.1567	0.1582
0.10	0.1532	0.1595	0.1650	0.1700	0.1744	0.1783	0.1818	0.1849	0.1976	0.1906	0.1921	0.1940
0.14	0.2048	0.2135	0.2212	0.2281	0.2343	0.2389	0.2445	0.2488	0.2526	0.2559	0.2589	0.2615
0.18	0.2515	0.2626	0.2724	0.2812	0.2890	0.2959	0.3020	0.3055	0.3123	0.3166	0.3203	0.3237
0.22	0.2938	0.3071	0.3189	0.3295	0.3389	0.3472	0.3547	0.3612	0.3671	0.3722	0.3768	0.3808
0.26	0.3320	0.3474	0.3612	0.3735	0.3844	0.3941	0.4027	0.4104	0.4172	0.4232	0.4286	0.4333
0.30	0.3665	0.3839	0.3995	0.4134	0.4257	0.4386	0.4466	0.4553	0.463	0.4699	0.476	0.4813
0.34	0.3976	0.4169	0.4341	0.4495	0.4633	0.4756	0.4865	0.4962	0.5048	0.5125	0.5192	0.5252
0.38	0.4256	0.4466	0.4651	0.4823	0.4973	0.5108	0.5227	0.5334	0.5429	0.5513	0.5587	0.5653
0.42	0.4508	0.4734	0.4937	0.5119	0.5281	0.5472	0.5556	0.5672	0.5774	0.5865	0.5946	0.6017
0.46	0.4734	0.4975	0.5191	0.5385	0.5559	0.5715	0.5854	0.5977	0.6087	0.6185	0.6272	0.6348
0.50	0.4937	0.5191	0.5420	0.5625	0.5810	0.5975	0.6122	0.6254	0.6311	0.6475	0.6567	0.6648
0.54	0.5119	0.5385	0.5626	0.5842	0.6036	0.6209	0.6364	0.6503	0.6627	0.6736	0.6834	0.6920
0.58	0.5281	0.5559	0.581	0.6036	0.6238	0.6420	0.6582	0.6728	0.6857	0.6972	0.7074	0.7100
0.62	0.5427	0.5715	0.5975	0.6209	0.6420	0.6609	0.6778	0.6929	0.7064	0.7184	0.7291	0.7386
0.66	0.5556	0.5854	0.6122	0.6364	0.6582	0.6778	0.6953	0.7110	0.7250	0.7375	0.7486	0.7584
0.70	0.5672	0.5977	0.6254	0.6503	0.6728	0.6929	0.7110	0.7272	0.7417	0.7546	0.7660	0.7762
0.74	0.5774	0.6087	0.6371	0.6627	0.6857	0.7064	0.725	0.7417	0.7566	0.7698	0.7816	0.7921
0.78	0.5865	0.6185	0.6475	0.6736	0.6972	0.7184	0.7375	0.7546	0.7698	0.7834	0.7956	0.8083
0.82	0.5946	0.6272	0.6567	0.6834	0.7074	0.7291	0.7486	0.7660	0.7816	0.7956	0.8080	0.8190
0.86	0.5017	0.6348	0.6648	0.6920	0.7165	0.7386	0.7584	0.7762	0.7921	0.8063	0.8190	0.8302
0.90	0.5080	0.6416	0.6721	0.6996	0.7245	0.7469	0.7671	0.7852	0.8014	0.8159	0.8288	0.8402
0.94	0.6136	0.6476	0.6784	0.7062	0.7316	0.7643	0.7784	0.7932	0.8096	0.8243	0.8374	0.8491

续表

α \ β	0.42	0.46	0.50	0.54	0.58	0.62	0.66	0.70	0.74	0.78	0.82	0.86
0.98	0.6184	0.6528	0.6840	0.7123	0.7378	0.7608	0.7816	0.8002	0.8168	0.8317	0.8450	0.8569
1.00	0.6206	0.6552	0.6865	0.7150	0.7406	0.7638	0.7846	0.8034	0.8201	0.8351	0.8485	0.8604
1.20	0.6362	0.6719	0.7044	0.7339	0.7605	0.7846	0.8064	0.8259	0.8434	0.8591	0.8731	0.8604
1.40	0.6438	0.6801	0.7132	0.7432	0.7704	0.7949	0.8171	0.8370	0.8549	0.8710	0.8853	0.8604
1.80	0.6488	0.6856	0.7190	0.7494	0.7769	0.8018	0.8243	0.8445	0.8627	0.8789	0.8935	0.8604
2.00	0.6495	0.6863	0.7198	0.7502	0.7778	0.8207	0.8252	0.8454	0.8636	0.8799	0.8945	0.8604
2.20	0.6497	0.6865	0.7200	0.7505	0.7781	0.8030	0.8255	0.8458	0.8640	0.8803	0.8949	0.8604
2.50	0.6498	0.6867	0.7202	0.7506	0.7782	0.8032	0.8257	0.8460	0.8642	0.8805	0.8951	0.8604
3.00	0.6499	0.6867	0.7202	0.7506	0.7782	0.8032	0.8257	0.8460	0.8642	0.8805	0.8951	0.8604

α \ β	0.90	0.94	0.98	1.00	1.20	1.40	1.80	2.00	2.20	2.50	3.00
0.02	0.0422	0.0425	0.0428	0.0429	0.0437	0.0441	0.0444	0.0444	0.0444	0.0444	0.0444
0.04	0.0828	0.0834	0.0839	0.0842	0.0858	0.0866	0.0871	0.0871	0.0872	0.0872	0.0872
0.06	0.1219	0.1228	0.1236	0.1239	0.1263	0.1275	0.1283	0.1284	0.1284	0.1284	0.1284
0.08	0.1595	0.1607	0.1617	0.1622	0.1654	0.1669	0.1680	0.1681	0.1682	0.1682	0.1682
0.10	0.1957	0.1971	0.1984	0.199	0.203	0.2049	0.2062	0.2064	0.2065	0.2065	0.2065
0.14	0.2638	0.2658	0.2676	0.2084	0.2740	0.2767	0.2785	0.2787	0.2788	0.2788	0.2789
0.18	0.3266	0.3292	0.3314	0.3324	0.3396	0.3431	0.3454	0.3457	0.3458	0.3458	0.3458
0.22	0.3844	0.3375	0.3902	0.3914	0.4001	0.4043	0.4071	0.4075	0.4076	0.4077	0.4077
0.26	0.4374	0.4411	0.4442	0.4457	0.4558	0.4608	0.4641	0.4645	0.4646	0.4647	0.4647
0.30	0.4860	0.4902	0.4938	0.4955	0.5770	0.5127	0.5165	0.5169	0.5111	0.5172	0.5172
0.34	0.5305	0.5351	0.5392	0.5410	0.5540	0.5603	0.5645	0.5651	0.5653	0.5653	0.5654
0.38	0.5711	0.5762	0.5807	0.5827	0.5969	0.6039	0.6086	0.6092	0.6094	0.6095	0.6095
0.42	0.6080	0.6636	0.6184	0.6206	0.6362	0.6438	0.6489	0.6495	0.6497	0.6498	0.6499
0.46	0.6416	0.6776	0.6528	0.6552	0.6719	0.6801	0.6856	0.6863	0.6865	0.0857	0.6867
0.50	0.6721	0.6784	0.6840	0.6865	0.7044	0.7132	0.7190	0.7198	0.7200	0.7202	0.7202
0.54	0.6996	0.7063	0.7123	0.7150	0.7339	0.7432	0.7494	0.7502	0.7505	0.7506	0.7506
0.58	0.7245	0.7316	0.7378	0.7406	0.7605	0.7704	0.7769	0.7778	0.7781	0.7782	0.7782
0.62	0.7469	0.7543	0.7808	0.7638	0.7846	0.7949	0.8018	0.8027	0.8030	0.8032	0.8032
0.66	0.7671	0.7748	0.7816	0.7846	0.8064	0.8171	0.8243	0.8252	0.8255	0.8257	0.8257
0.70	0.7852	0.7932	0.8002	0.8034	0.8259	0.8370	0.8415	0.8454	0.8458	0.8460	0.8460
0.74	0.8014	0.8086	0.8168	0.8201	0.8434	0.8549	0.8627	0.8636	0.8640	0.8642	0.8642
0.78	0.8159	0.8243	0.8319	0.8351	0.8591	0.8710	0.8789	0.8799	0.8803	0.8805	0.8805
0.82	0.8288	0.8374	0.8450	0.8485	0.8731	0.8853	0.8935	0.8945	0.8949	0.8951	0.8951
0.86	0.8402	0.8491	0.8569	0.8604	0.8855	0.8880	0.9065	0.9075	0.9079	0.9081	0.9081
0.90	0.8504	0.8594	0.8674	0.8710	0.8966	0.9094	0.9180	0.9191	0.9195	0.9197	0.9197
0.94	0.8594	0.8686	0.8767	0.8803	0.9064	0.9195	0.9282	0.9294	0.9298	0.9300	0.9300
0.98	0.8674	0.8767	0.8849	0.8886	0.9151	0.9284	0.9373	0.9384	0.9389	0.9391	0.9391

β α	0.90	0.94	0.98	1.00	1.20	1.40	1.80	2.00	2.20	2.50	3.00	
1.00	0.8710	0.8808	0.8886	0.8924	0.9191	0.9324	0.9414	0.9426	0.9430	0.9433	0.9433	
1.20	0.8966	0.9064	0.9151	0.9194	0.9472	0.9614	0.9709	0.9722	0.9726	0.9728	0.9729	
1.40	0.9094	0.9195	0.9284	0.9324	0.9614	0.9759	0.9858	0.9871	0.9875	0.9878	0.9878	
1.80	0.9180	0.9282	0.9373	0.9414	0.9709	0.9858	0.9959	0.9972	0.9977	0.9979	0.9980	
2.00	0.9191	0.9294	0.9384	0.9426	0.9722	0.9871	0.9972	0.9985	0.9990	0.9992	0.9993	
2.20	0.9195	0.9298	0.9389	0.9430	0.9726	0.9875	0.9977	0.9990	0.9995	0.9997	0.9998	
2.50	0.9197	0.9300	0.9391	0.9432	0.9728	0.9878	0.9979	0.9992	0.9997	1.0000	1.0000	
3.00	0.9197	0.9300	0.9391	0.9433	0.9729	0.9878	0.9980	0.9963	0.9998	1.0000	1.0000	

在地下水资源评价中，人们最关心的地方是开采区中心部位，这里降深最大，最容易超过允许降深引起吊泵停产。故令 $x=y=0$，则 $\overline{S}=S^*(a,\beta)$，式（8-16）简化为

$$S(t)=\frac{\varepsilon t}{\mu^*}S^*(\alpha,\beta) \tag{8-17}$$

式中，$\alpha=\frac{l_x}{2\sqrt{at}}$，$\beta=\frac{l_y}{2\sqrt{at}}$。

如果潜水含水层厚度 H 较大，而水位降 S 相对较小，即 $\frac{S}{H}<0.1$ 时，则式（8-16）和式（8-17），可以直接近似用于无界潜水含水层，计算结果不会过分歪曲事实。

如果 $0.1<\frac{S}{H}<0.3$ 时，要用 $\frac{1}{2h_c}(H^2-h^2)$ 代替 S，用给水度 μ 代替 μ^*，结果得

$$H^2-h^2=\frac{\varepsilon t}{2\mu}h_c[S^*(\alpha_1,\beta_1)+S^*(\alpha_1,\beta_2)+S^*(\alpha_2,\beta_1)+S^*(\alpha_2,\beta_2)]$$

$$H^2-h_0^2=\frac{\varepsilon t}{2\mu}h_cS^*(\alpha,\beta) \tag{8-18}$$

式中，$h_c=\frac{1}{2}(H+h)$，为开采漏斗内潜水含水层的平均厚度；h 为任一点的动水位；h_0 为开采区中心的动水位。

下面以式（8-17）为例说明计算开采量的方法。

（1）确定参数。式中含两个待定参数 μ^* 和 a。在新水源地，这两个参数可由抽水试验资料确定。在旧水源地，可利用多年开采资料计算参数。方法是：选择相邻两年的开采资料，即年平均开采强度和中心点的年平均水位降 t_1、ε_1、S_1 和 t_2、ε_2、S_2，代入式（8-17）列出两个方程

$$S_1=\frac{\varepsilon_1 t_1}{\mu^*}S^*(\frac{l_x}{2\sqrt{at_1}},\frac{l_y}{2\sqrt{at_1}}) \tag{8-19}$$

$$S_2 = \frac{\varepsilon_2 t_1}{\mu^*} S^*\left(\frac{l_x}{2\sqrt{at_1}}, \frac{l_y}{2\sqrt{at_1}}\right) + \frac{(\varepsilon_2 - \varepsilon_1)(t_2 - t_1)}{\mu^*} S^*\left(\frac{l_x}{2\sqrt{a(t_2 - t_1)}}, \frac{l_y}{2\sqrt{a(t_2 - t_1)}}\right)$$

两个方程含两个待定参数 μ^* 和 a，解是确定的。取二式比值消去 μ^*，用试算法很容易求出 a。把所求的 a 值代回二式之一，可求得 μ^*。这样求出的参数比较符合实际，尤其在水文地质条件复杂地区，更具有代表性。

（2）计算开采量。有两种做法：一是根据漏斗中心的允许降深和开采时间，按式（8-17）直接求出开采强度，看能否满足设计要求；二是根据规划的开采强度和开采时间，预报漏斗中心的水位降深，在不超过允许降深条件下间接确定开采量。

由于规划的开采强度在时间上和空间上常常是不均匀的，故在计算中要灵活运用公式。例如，开采强度在时间上有间歇性，这是农业供水的特点。旱季用水，雨季停用，用水季节也不一定连续开采。这时，为了简化计算，常把间断性开采强度概化成阶梯状过程线，如图8-7所示。

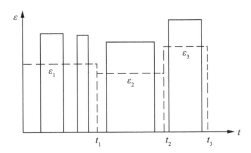

图8-7 采强度过程线概化示意图

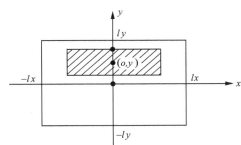

图8-8 同开采强度地段示意图

这时开采区中心的水位降深公式可按叠加原理组成下列形式

$$S(t) = \sum_{i=1}^{n} \frac{(\varepsilon_i - \varepsilon_{i-1})(t_i - t_{i-1})}{\mu^*} S^*\left(\frac{l_x}{2\sqrt{a(t_i - t_{i-1})}}, \frac{l_y}{2a\sqrt{(t_i - t_{i-1})}}\right) \quad (8\text{-}20)$$

开采强度在空间上不均匀。因开采规模逐渐扩大，可能出现开采强度不同地段，见图8-8斜线地段。该斜线地段的中心坐标为 (o, y)，开采强度为 $\varepsilon_{大}$，其余地段用 $\varepsilon_{小}$ 表示。这时，地段的中心降深往往最大，可作为计算点。按式（8-16）计算，全区由 $\varepsilon_{小}$ 在 (o, y) 点引起的降深为

$$S(o, y, t) = \frac{\varepsilon_{小} t}{2\mu^*}\left[S^*\left(\frac{l_x}{2\sqrt{at}}, \frac{l_y - y}{2\sqrt{at}}\right) + S^*\left(\frac{l_x}{2\sqrt{at}}, \frac{l_y + y}{2\sqrt{at}}\right) \right] \quad (8\text{-}21)$$

按式（8-17），$\varepsilon_{大} - \varepsilon_{小}$ 在同一点引起的水位降深为

$$S(t) = \frac{(\varepsilon_{大} - \varepsilon_{小}) t}{\mu^*} S^*\left(\frac{l'_x}{2\sqrt{at}}, \frac{l'_y}{2\sqrt{at}}\right) \quad (8\text{-}22)$$

斜线地段中心的总降深为

$$S = S(o, y, t) + S(t) \qquad (8\text{-}23)$$

四、开采试验法

（一）开采抽水法

　　开采抽水法也称开采试验法，是确定计算地段补给能力，进行地下水资源评价的一种方法。其原理是在计算区拟定布井方案，打探采结合井，在旱季，按设计的开采降深和开采量进行一至数月开采性抽水，抽水降落漏斗应能扩展到计算区的天然边界，根据抽水结果确定允许开采量。

　　评价过程如下：

　　（1）动水位在达到或小于设计降深时，呈现出稳定流状态。按设计需水量进行长期抽水时，主井或井群中心点的动水位，在等于或小于设计降深时，就能保持稳定状态，并且观测孔的水位也能保持稳定状态，其稳定状态均达到规范要求，而且在停抽后，水位又能较快地恢复到原始水位（动水位历时曲线如图8-9所示）。这表明实际抽水量小于或等于开采时的补给量，按设计需水量进行开采是有补给保证的，此时实际抽水量就是允许开采量。

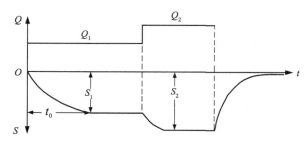

图 8-9　稳定开采抽水试验状态动水位历时曲线图

　　（2）动水位始终处于非稳定状态。在长期抽水试验中，主孔及观测孔的水位一直持续缓慢下降，停止抽水后，水位虽有恢复，但始终达不到原始水位。说明抽水量大于补给量，消耗了含水层中的储存量。出现这种情况，应计算出补给量作为允许开采量。计算补给量的方法是选择抽水后期，主井与观测井出现同步等幅下降时的抽水试验资料，建立水量均衡关系式，求出补给量（$Q_补$）。此时，任一抽水时段（Δt）内产生水位降深（图8-10），若没有其他消耗时，水均衡关系式为

$$(Q_抽 - Q_补) \cdot \Delta t = \mu F \cdot \Delta S \qquad (8\text{-}24)$$

式中，$Q_抽$ 为抽水总量（m^3/d）；$Q_补$ 为抽水条件下的补给量（m^3/d）；μF 为单位储存量，即水位下降1m时，含水层提供的储存量（m^3/m）；ΔS 为 Δt（d）时段内的水位下降值（m）。

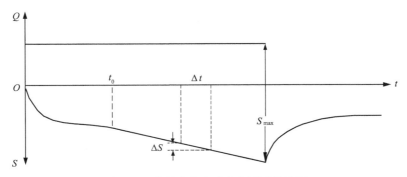

图 8-10　非稳定状态动水位历时曲线图

由式（8-24）可得

$$Q_{抽} = Q_{补} + \mu F \frac{\Delta S}{\Delta t} \qquad （8-25）$$

上式说明抽水量由两部分组成，即开采条件下的补给量和含水层消耗的储存量。只要选择水位等幅下降阶段若干个时段资料，就可利用消元法计算出补给量和 μF 值。为了检验所求补给量的可靠性，可利用水位恢复阶段的资料计算补给量进行检验，水位恢复时，$\Delta S / \Delta t$ 为水位回升速度，计算时应取负号。由式（8-25）得水位恢复时计算补给量的公式

$$Q_{补} = \mu F \frac{\Delta S}{\Delta t} \qquad （8-26）$$

以所求得的补给量作为允许开采量是具有补给保证的。但用旱季抽水资料求得的补给量作为允许开采量是比较保守的，没有考虑雨季的降水补给量。因此，最好将抽水试验延续到雨季，用同样的方法求出雨季的补给量，并应用多年水位、气象资料进行分析论证，用多年平均补给量作为允许开采量。

用开采抽水法求得的允许开采量准确、可靠，但需要花费较多人力、物力。一般适用于中小型地下水资源评价项目，特别是水文地质条件复杂，短期内不易查清补给条件而又急需作出评价时，常采用这种方法。

【实例】

某水源地位于基岩裂隙水的富水地段。在 $0.2km^2$ 面积内打了 12 个钻孔，最大孔距不超过 300m。在其中的 3 个孔中进行了 4 个多月的开采抽水试验，观测数据见表 8-7。

表 8-7　水源地抽水试验观测数据

时段（月.日）	5.1～5.25	5.26～6.2	6.3～6.10	6.11～6.19	6.20～6.30
平均抽水量/（m^3/d）	3169	2773	3262	3071	2804
水位平均降速/（m/d）	0.47	0.09	0.94	0.54	0.19

注：表中数据引自陕西省第二水文地质大队。

这些数据表明，在水位急速下降阶段结束后，开采等幅持续下降，停抽或暂时中断抽水及抽水量减少时，都发现水位有等幅回升现象。这说明抽水量大于补给量。利用表 8-7 中的

资料可列出 5 个方程式：①3169=$Q_补$+0.47μF；②2773= $Q_补$+0.09μF；③3262= $Q_补$+0.94μF；④3071=$Q_补$+0.54μF；⑤2804=$Q_补$+0.19μF。

用其中任意两个方程便可解出 $Q_补$ 和 μF 值。为了全面考虑，把 5 个方程搭配联解，求出 $Q_补$ 和 μF 值，结果见表 8-8。

表 8-8　$Q_补$和 μF 值计算结果

联合方程号	①和②	③和④	③和⑤	④和⑤	平均
$Q_补$/（m³/d）	2679	2813	2688	2659	2710
$\mu F/m^2$	1042	473	611	763	723

从计算结果看，由不同时段组合求出的补给量相差不大，但 μF 值变化较大，可能是裂隙发育不均，降落漏斗扩展速度不匀所致。

再用水位恢复资料进行复核，数据及计算结果见表 8-9。

表 8-9　利用水位恢复资料计算补给量

时段（月.日）	水位恢复值/m	$\Delta S / \Delta t$ /（m/d）	平均抽水量/（m³/d）	计算公式	补给量/（m³/d） 个别值	补给量/（m³/d） 平均值
7.2～7.6	19.36	3.87	0	$Q_补 = \mu F \dfrac{\Delta S}{\Delta t}$	2798	2658
7.21～7.26	19.96	3.33	107	$Q_补 = Q_抽 + \mu F \dfrac{\Delta S}{\Delta t}$	2517	

从以上计算结果看，该水源地旱季的补给量为 2600～2700m³/d，以此 作为开采量是完全有保证的。若不能满足需水量要求，还可以利用年内暂时储存量，适当增大允许开采量，此外还应考虑总的降深大小及评价开采后对环境的影响。

（二）补偿疏干法

补偿疏干法是在含水层有一定调蓄能力地区，运用水量均衡原理，充分利用雨洪水，扩大可开采量的一种方法。这种方法适用于含水层分布范围不大，但厚度较大，有较大的蓄水空间起调节作用；并且仅有季节性补给，旱季没有地下水补给来源，雨季有集中补给，补给量充足，含水介质渗透系数较大，易接受降水和地表水入渗补给的地区，如季节性河谷地区、构造断块岩溶发育地区等。这些地区若按天然补给量进行评价，容易得出地下水资源贫乏的结论。若充分利用含水层系统储存量的调节作用，在旱季动用部分储存量，维持开采，等到雨季或丰水年得到全部补给，就可以增加地下水补给量，扩大地下水可开采资源量。

应用这种方法时，除考虑水文地质条件外，还需注意下列三点：①可借用的储存量必须满足旱季连续开采；②雨季补给量除了满足当时的开采外，多余的补给量必须把借用的储存量全部补偿回来；③要注意计算区流域内水资源总量的合理优化配置。

补偿疏干法的步骤如下。

1. 计算最大开采量

通过旱季的抽水试验求得单位储存量 μF。因为旱季抽水时无任何补给来源，完全靠疏干储存量来维持抽水。由于含水层范围有限，抽水时的降落漏斗极易扩展到边界，所以抽水时的水均衡式为

$$Q_{旱抽} = \mu F \frac{\Delta S}{\Delta t} \qquad (8-27)$$

则单位储存量为

$$\mu F = Q_{旱抽} \frac{\Delta t}{\Delta S} = Q_{旱抽} \frac{t_1 - t_0}{S_1 - S_0} \qquad (8-28)$$

式中，μ 为给水度；F 为含水层抽水影响面积（m^2）；$Q_{旱抽}$ 为旱季抽水量（m^3/d）；ΔS 为水位下降值（m）；Δt 为抽水时间（d）；t_0 为抽水时水位急速下降后开始平稳等幅下降的时间，即降落漏斗扩展到边界的时间（d）；S_0 为降落漏斗扩展到边界时的水位降深值（m）；t_1 为旱季末时刻或任一抽水延续时刻（d）；S_1 为 t_1 时刻对应的水位降深值（m）。

这种地区，μF 一般可视为常数，所以只要有一段平稳等幅下降的抽水试验资料便可以计算出来。如果不是常数，则用整个旱季的抽水试验资料，计算出一个平均值。

求出了单位储存量（μF）之后，再根据含水层的厚度和取水设备的能力，给出最大允许下降值 S_{max}，查明整个旱季的时间 $t_旱$，则可计算最大开采量（$Q_开$）。

$$Q_开 = \mu F \frac{S_{max} - S_0}{t_旱} \qquad (8-29)$$

2. 计算雨季补给量

计算雨季补给量时，地下水雨季补给量除保证雨季开采外，多余部分补偿旱季借用的储存量，引起水位回升。可以根据旱季延续至雨季抽水试验资料，求出水位回升的速率 $\frac{\Delta S'}{\Delta t'}$，可以认为水位回升时的单位补偿量 $\mu' F$ 与水位下降时的单位储存量 μF 是近似相等的。则雨季补给水量等于抽水量（$Q_{雨抽}$）与水位回升恢复的储存量之和。

$$Q_补 = \mu' F \frac{\Delta S'}{\Delta t'} + Q_{雨抽} \qquad (8-30)$$

3. 评价开采量

如果地下水一年接受补给的时间为 $T_雨$，为了安全可以乘以修正系数 r（$r=0.5\sim1.0$），则得到的补给总量为

$$V_补 = Q_补 \cdot T_{雨抽} \cdot r \qquad (8-31)$$

把 $V_补$ 分配到全年，即得到每天的补给量为

$$Q_补 = (\mu'F\frac{\Delta S'}{\Delta t'} + Q_{雨抽})\frac{T_雨 \cdot r}{365} \qquad (8\text{-}32)$$

若 $Q_补$ 大于或等于旱季最大开采量（$Q_开$），则 $Q_开$ 可作为允许开采量。若 $Q_补$ 小于 $Q_开$，则以 $Q_补$ 作为允许开采量。

【实例】

某水源地的含水层为厚层灰岩，呈条带状，面积约 $10km^2$。灰岩分布区有间歇性河流通过，故岩溶水的补给来源主要是季节性河水渗漏和降雨渗入。为了评价可开采量，在整个旱季做了长期抽水试验，一直延续到雨季，试验资料归纳如图 8-11 所示。勘察年的旱季时间 $t_旱$=253d，雨季补给时间为 $t_{雨补}$=112d。根据当地条件，允许降深为 S_{max}=23m。

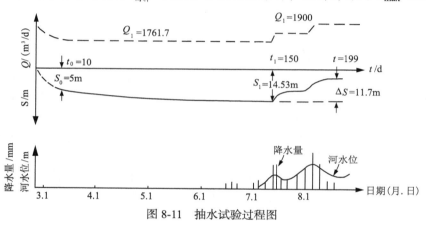

图 8-11　抽水试验过程图

首先，按旱季抽水资料求 μF 值，把有关数据代入公式得

$$\mu F = Q_{旱抽}\frac{t_1 - t_0}{S_1 - S_0} = \frac{1761.7 \times (150 - 10)}{14.53 - 5} = 25880 \ (m^2)$$

其次，计算开采量，S_{max}=23m，S_0=5m，$t_旱$=253d，代入公式得

$$Q_开 = \mu F\frac{S_{max} - S_0}{t_开} = 25880 \times \frac{23 - 5}{253} = 1841.2 \ (m^3/d)$$

$$V_{疏干} = \mu F(S_{max} - S_0) = 25880 \times (23 - 5) = 465840 \ (m^3)$$

然后，求补给量。分析当地多年水文气象资料后，取安全系数 r=0.8，$t_补 = rt_{雨补} = 0.8 \times 112 = 89.6d$，得

$$Q_补 = (\mu F\frac{\Delta S'}{\Delta t'} + Q_{雨抽})\frac{T_雨 \cdot r}{365} = \frac{89.6}{365}(25880\frac{11.7}{49} + 1900) = 1983.35 \ (m^3/d)$$

$$V_{补偿} = \mu F\frac{\Delta S}{\Delta t}t_补 \cdot r = 25880 \times \frac{11.7}{49} \times 89.6 = 553684.1 \ (m^3)$$

最后，评价。根据计算结果，$Q_补 > Q_开$，$V_补偿 > V_疏干$，故以 $Q_开 = 1841.2$（m^3/d）作为允许开采量，是既有补给保证，又能取出来的开采量。

（三）Q-S 曲线外推法

1. 原理与应用条件

Q-S 曲线外推法与开采抽水法一样，适用于水文地质条件不易查清而又急于做出评价的地区，该方法广泛应用于开采及矿床疏干涌水量的计算中。

这种方法的基本原理是：根据稳定井流理论抽水，抽水井涌水量与水位降深之间，可以用 Q-S 曲线的函数关系表示，依据所建立的 Q-S 曲线方程，外推设计降深时的涌水量。

实际抽水过程中出现的涌水量与水位降深关系极复杂，曲线形态特征与下列因素有关。

（1）水文地质条件的影响：在含水层厚度大、分布广、补给条件好的地区，Q-S 曲线常呈直线或抛物线；在含水层规模有限，补给条件较差的地区，抽水开始时，曲线形态呈抛物线型，当水位降至一定深度后，曲线形态转化成幂曲线类型；当开采区或疏干区靠近隔水边界，或含水层规模很小，或补给条件极差时，Q-S 曲线呈对数曲线类型，此时抽水试验常难以达到真正的稳定，不能用不稳定的抽水资料去建立 Q-S 方程。

（2）水位降深的影响。水位降深增大到一定程度，井周围出现三维流或紊流，也可能出现承压转无压的现象，都会使 Q-S 曲线方程无法外推预测，推断范围受到限制，一般不应超过抽水试验最大降深的 1.75~2 倍，超过时，预测精度会降低。

（3）抽水井结构的影响。井的不同结构（如井的类型、直径、过滤器的长度及位置等）均影响 Q-S 曲线形态。例如，小口径井在降深较大时水跃现象明显，而大口径井可减弱水跃现象发生。尤其是用勘探时抽水孔的口径抽水所得到的资料，推测矿床疏干竖井的涌水量，会有较大误差，更不宜用此资料预测复杂井巷系统的涌水量。

另外，抽水过程中其他一些自然和人为因素的干扰，也都会影响外推预测的精度。

因此，应用 Q-S 曲线外推法，必须重视抽水试验的技术条件，抽水试验条件（包括井孔位置、井孔类型、口径、降深等）应尽量接近未来开采条件，尽量排除抽水试验过程中其他干扰因素。

2. 计算方法与步骤

第一步：建立各种类型 Q-S 曲线。

Q-S 曲线的类型可归纳为直线型、抛物线型、幂曲线型、对数曲线型四类，对每一类型，均可建立一个相应的数学方程，如表 8-10 所示。

表 8-10　常见的 Q-S 曲线类型

类型	表达式	说明
Ⅰ 直线型	$Q = q \cdot S$	q 为单位涌水量[m^3/（$a \cdot m$）]，S 为水位降深值（m），在 Q-S 坐标系中呈直线
Ⅱ 抛物线型	$S = a + bQ^2$	在 S/Q-Q 坐标系中为直线，a、b 为待定系数
Ⅲ 幂曲线型	$Q = aS^b$	在 $\lg Q$-$\lg S$ 坐标系中呈直线
Ⅳ 对数曲线型	$Q = a + b\lg S$	在 Q-$\lg S$ 坐标系中为直线

第二步：鉴别 Q-S 曲线类型。

（1）伸直法：将曲线方程以直线关系式表示，以关系式中两个相对应的变量建立坐标系，把从抽水试验（或开采井巷排水）取得的涌水量和对应的水位降深资料，放到表征各直线关系式的不同直角坐标系中，进行伸直判别。如其在某种类型直角坐标中伸直了，则表明抽水（排水）结果符合该种 Q-S 曲线类型。如其在 Q-lg$S$ 直角坐标系中伸直了，则表明 Q-S 关系符合对数曲线。余者同理类推。

（2）曲度法：用曲度 n 值进行鉴别，其形式如下

$$n = \frac{\lg S_2 - \lg S_1}{\lg Q_2 - \lg Q_1} \tag{8-33}$$

式中，Q 和 S 分别为同次抽水的抽水量和水位降深。

当 $n=1$ 时，为直线；$1<n<2$ 时，为幂曲线；$n=2$ 时，为抛物线；$n>2$ 时，为对数曲线。如果 $n<1$，则抽水试验资料有误。

第三步：确定方程参数 a、b，外推预测降深时的涌水量。方法有两种。

（1）图解法：利用相应类型的直角坐标系图解进行测定。参数 a 是各直角坐标系中直线在纵坐标上的截距长度；参数 b 是各直角坐标系图解中直线对水平倾角的正切。图 8-12 为 $Q=f(\lg S)$ 曲线，从图中求得 $a=50$；为求 b 值，在直线上取 A 点，得到 $\lg S_A=0.6$，$Q_A=170$，则

$$b = \frac{Q_A - a}{\lg S_A} = \frac{170 - 50}{0.6} = 200$$

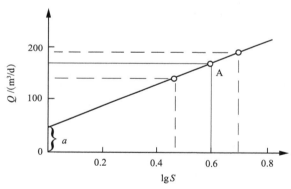

图 8-12 $Q=f(\lg S)$ 曲线

（2）最小二乘法：当精度要求较高时，通常用最小二乘法获取参数 a、b，公式如下

抛物线方程
$$\begin{cases} b = \dfrac{N\sum S - \sum S \sum Q}{N\sum Q^2 - (\sum Q)^2} \\[4mm] a = \dfrac{\sum S - b\sum Q}{N} \end{cases} \tag{8-34}$$

$$抛物线方程 \quad \begin{cases} b = \dfrac{N\sum\lg Q\sum\lg S - \sum\lg Q\sum\lg S}{N\sum(\lg S)^2 - (\sum\lg S)^2} \\[4mm] \lg a = \dfrac{\sum\lg Q - b\sum\lg S}{N} \end{cases} \quad (8\text{-}35)$$

$$对数曲线方程 \quad \begin{cases} b = \dfrac{N\sum Q\sum\lg S - \sum Q\sum\lg S}{N\sum(\lg S)^2 - (\sum\lg S)^2} \\[4mm] a = \dfrac{\sum Q - b\sum\lg S}{N} \end{cases} \quad (8\text{-}36)$$

式中，N 为降深次数。

直线方程：q 为单位降深涌水量，可根据抽（放）水量大降深资料 $q = Q_{大}/Q_{小}$ 求得。

求出有关的方程参数后，将它和供水或疏干设计水位降深（S）值代入原方程式，即可求得预测涌水量。

第四步：换算井径。

当用抽水试验资料时，因钻孔径远比开采井筒直径小，为消除井径对涌水量的影响，需换算井径。

$$地下水呈层流时 \qquad Q_{井} = Q_{孔}\cdot\left(\frac{\lg R_{孔} - \lg r_{孔}}{\lg R_{井} - \lg r_{井}}\right) \qquad (8\text{-}37)$$

$$地下水呈紊流时 \qquad Q_{孔} = Q_{井}\sqrt{\frac{r_{井}}{r_{孔}}} \qquad (8\text{-}38)$$

井径对涌水量的影响，一般认为比对数关系大、比平方根关系小。

例如，广东某金属矿区，曾用 $Q\text{-}S$ 曲线预测+50m 水平的涌水量为 14450m³/d，与巷道放水外推的数值（14000m³/d）接近，而用解析法预测的结果（12608m³/d）则偏小 12%。

五、回归分析法

回归分析法是依据长期、系统的试验或观测资料，用数理统计法找出地下水资源量与地下水水位或其他变量之间的相关关系，并建立回归方程外推地下水资源量或预测地下水水位的变化。

在统计学中，将研究变量之间关系的密切程度称为相关分析，将研究变量之间联系形式称为回归分析，在实际应用中二者密不可分，故一般不加区别。

地下水资源量与许多因素有关，如地下水水位、降水量、潜水蒸发量、开采区的面积等。若将这些因素作为自变量，则它们与地下水资源量之间存在统计相关关系，如果自变量只有一个，称为一元相关或简单相关；若有两个以上自变量，则称为多元相关或复相关。在多元相关中，只研究其中一个自变量对因变量的影响，而将其他自变量视为常量的称为偏相关；

自变量为一次式的，称为线性相关；为多次式的，称为非线性相关。

（一）一元回归

1. 一元线性回归方程

在地下水资源量计算中，常常需要确定开采量 Q 与水位降深 S 之间的关系，以研究两者之间的关系为例，介绍建立一元线性回归方程的原理和方法。

设有 i 组（$i=1$，2，3，…，n）系列观测统计资料 Q_i 和 S_i。资料数 n 称为样本容量。将这些资料展在 Q-S 坐标图上，如图 8-13 所示，各点的位置比较分散，不能连成直线或光滑曲线，因而不能用某种函数关系来描述其变化规律。但从整体看，呈直线或曲线分布趋势。按其分布趋势，用最小二乘法原理，可以找出一条最佳配合直线或曲线（也称回归直线或曲线），使所有观测值偏离回归直线的距离最小。描述回归直线或曲线的方程称为回归方程。可以用来外推设计降深下的开采量。

现假设观测点的分布趋势为直线，则最佳配合直线的方程一般表达式为

$$S = A + BQ \qquad\qquad （8\text{-}39）$$

式（8-39）中把降深 S 视为因变量，把地下水开采量 Q 作为自变量，A 和 B 为待定系数。由于最佳配合直线的位置取决于 A 和 B，就将寻找最佳配合直线转化为求待定系数 A、B 的问题。采用研究区的大量实际观测统计资料，运用最小二乘法原理可求得待定系数 A 和 B。求待定系数的方法如下。

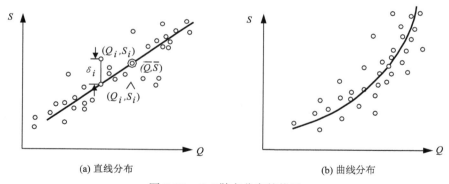

图 8-13　Q-S 散点分布趋势图

由图 8-13（a）图可知，任一实测值（Q_i，S_i）与最佳配合直线的偏差 $\delta_i = S_i - \hat{S} = S_i - (A + BQ_i)$。若所有实测点的观测值与最佳配合直线的偏差平方和 $\Delta = \sum_{i=1}^{n} \delta_i^2$ 为最小，此时，由待定系数 A 和 B 确定的直线即为最佳配合直线，即 $\Delta = \sum_{i=1}^{n} \delta_i^2 = \sum_{i=1}^{n} \left[S_i - (A + BQ_i) \right]^2$ 最小。

因 Q_i 和 S_i 都是实际观测资料，故 Δ 可视为 A 和 B 的函数。若使函数值最小，则 Δ 对 A 和 B 的偏导数应等于零，即

$$\begin{cases} \dfrac{\partial \Delta}{\partial A} = \dfrac{\partial \Delta}{\partial A}\left[\sum_{i=1}^{n}\left(S_i - A - BQ_i\right)^2\right] = -2\sum_{i=1}^{n}\left(S_i - A - BQ_i\right) = 0 \\[4mm] \dfrac{\partial \Delta}{\partial B} = \dfrac{\partial \Delta}{\partial B}\left[\sum_{i=1}^{n}\left(S_i - A - BQ_i\right)^2\right] = -2\sum_{i=1}^{n}\left(S_i - A - BQ_i\right)Q_i = 0 \end{cases}$$

用均值 $\bar{Q} = \dfrac{1}{n}\sum_{n=1}^{n}Q_i$，$\bar{S} = \dfrac{1}{n}\sum_{n=1}^{n}S_i$，$\overline{QS} = \dfrac{1}{n}\sum_{n=1}^{n}Q_iS_i$，$\bar{Q} = \dfrac{1}{n}\sum_{n=1}^{n}Q_i^2$，代入上式得到

$$\begin{cases} \bar{S} - A - B\bar{Q} = 0 \\ \overline{QS} - A\bar{Q} - B\bar{Q}^2 = 0 \end{cases}$$

将二式联立求解，可求得待定系数 A 和 B

$$A = \bar{S} - B\bar{Q}，\quad B = \frac{\overline{QS} - \bar{Q}\cdot\bar{S}}{\overline{Q^2} - (\bar{Q})^2} \tag{8-40}$$

将求得的待定系数 A 代回式（8-39），则得

$$S = \bar{S} + B\left(Q - \bar{Q}\right) \tag{8-41}$$

式（8-41）即为常用的一元线性回归方程，B 为直线的斜率，称为回归系数。式（8-41）是降深倚流量的回归方程，同理可得到流量倚降深的方程

$$Q = \bar{Q} + B\left(S - \bar{S}\right) \tag{8-42}$$

求得的回归方程虽然是最佳的，但任何系列的实测资料，无论多分散的点，都可以找到一条最佳配合直线，求得最佳回归方程。回归方程只解决了变量联系形式问题，其实用价值有多大，还需判断因变量与自变量的密切联系程度。在数理统计中，用相关系数（r）衡量变量之间的密切程度。相关系数可用下式求得

$$r = \frac{\sum_{i=1}^{n}(Q_i - \bar{Q})(S_i - \bar{S})}{\sqrt{\sum_{i=1}^{n}(Q_i - \bar{Q})^2 \sum_{i=1}^{n}(S_i - \bar{S})^2}} \tag{8-43}$$

式中，$\sum_{i=1}^{n}\left(Q_i - \bar{Q}\right)\left(S_i - \bar{S}\right)$ 为变量 Q 和变量 S 的协方差；$\sum_{i=1}^{n}\left(Q_i - \bar{Q}\right)^2$ 为 Q 的方差；$\sum_{i=1}^{n}\left(S_i - \bar{S}\right)^2$ 为 S 的方差。

回归系数 B 也可以用相关系数和根方程表示

$$B = r\sqrt{\frac{\sum_{i=1}^{n}(S_i - \bar{S})^2}{\sum_{i=1}^{n}(Q_i - \bar{Q})^2}} \tag{8-44}$$

相关系数取值为 0～1，即 $0 \leqslant r \leqslant 1$，$r$ 越接近 1，关系越密切，方程的实用价值越大，用所求得的回归方程外推计算，其误差平方和就越小；当 $r=1$ 时，称完全相关，两变量之间呈函数关系，反之，r 越接近于 0，联系越差；当 $r=0$ 时，两变量之间为零相关，没有关系。

在实际应用中，还需要判断 r 值多大时，所建立的回归方程才有价值。数理统计中应用相关系数检验表解决这个问题。表 8-11 给出了不同取样数 N 在两种显著水平（即 $a=0.05$ 和 $a=0.01$）时，相关系数达显著时的最小值，显著性水平就是指作出显著（即认为有价值）这个结论时，可能发生判断错误的概率，当 $a=0.05$ 时，说明判断错误的可能性不超过 5%；当 $a=0.01$ 时，这种可能性不超过 1%。说明当 a 小时，检验严格，要求的相关系数值大。在同一显著水平下，抽样数 N 越小，要求的相关系数值越大。这说明当两个变量的关系密切时，少量取样就反映出它们的关系。若两变量关系密切程度差时，必须有很多的抽样才能反映出它们的实际情况。经过显著性检验以后所建立的回归方程虽然是有价值的，但若用以预报外推涌水量或水位降深，仍然可能存在一定的误差，还需要研究预报的精度问题。

表 8-11 相关系数显著性检验表

$N-2$ \ a	0.05	0.01	$N-2$ \ a	0.05	0.01
1	0.997	1.000	21	0.413	0.526
2	0.950	0.990	22	0.404	0.515
3	0.878	0.959	23	0.396	0.505
4	0.811	0.917	24	0.388	0.496
5	0.754	0.874	25	0.381	0.487
6	0.707	0.834	26	0.374	0.478
7	0.666	0.798	27	0.367	0.470
8	0.632	0.765	28	0.361	0.463
9	0.602	0.735	29	0.355	0.456
10	0.576	0.708	30	0.349	0.449
11	0.553	0.684	35	0.325	0.418
12	0.532	0.661	40	0.304	0.393
13	0.514	0.641	45	0.288	0.372
14	0.497	0.623	50	0.273	0.354
15	0.482	0.606	60	0.250	0.325
16	0.468	0.590	70	0.232	0.302
17	0.456	0.575	80	0.217	0.283
18	0.444	0.561	90	0.205	0.267
19	0.433	0.549	100	0.195	0.254
20	0.423	0.537	200	0.138	0.181

各实际观测值与回归方程计算值的误差称为剩余标准差，以 δ_s 表示，用下式计算

$$\delta_s = \sqrt{\frac{\sum_{i=1}^{n}\left(S_i - \hat{S}\right)^2}{n-2}}$$

（8-45）

式中，S_i 为任一点（i 点）的实际水位降深；$\hat{S}$ 为以 S_i 时观测的实际流量通过回归方程计算的水位降深。

也可用均方根差 σ'_s 和相关系数（r）计算 $\delta_s = \sigma'_s \sqrt{1-r^2}$

式中，$\sigma'_s = \sqrt{\dfrac{\sum (S_i - \bar{S})^2}{n-1}}$。

剩余标准差的大小，反映了各实测点偏离回归方程的程度，可以用来说明此回归方程外推预报的精度。δ_s 越小，预报精度越高。

根据概率论中随机变量呈正态分布的理论，在 S_i 的全部观测值中，有 68.3%都可能落在回归直线两旁各一个剩余标准差的范围内，即任一观测值 S_i 可能落在 $\hat{S} \pm \delta_i$ 之间的概率 P 等于 68.3%，或用下式表示（图 8-14）

$$P\left[\left(\hat{S}-\delta_i\right) < S_i < \left(\hat{S}+\delta_i\right)\right] = 68.3\%$$

$$P\left[\left(\hat{S}-2\delta_i\right) < S_i < \left(\hat{S}+2\delta_i\right)\right] = 99.7\%$$

$$P\left[\left(\hat{S}-3\delta_i\right) < S_i < \left(\hat{S}+3\delta_i\right)\right] = 99.7\%$$

例如，当计算得知 δ_i=0.5m，用回归方程预报 Q=20000m³/a 时，S 为 10m，则 S=10±0.5m 的精度只有 68.3%的把握；而 S=10±1.0m 的精度则有 95.4%的把握；若预报 S=10±1.5m 的精度则几乎有百分之百（99.7%）的把握。应注意，只有当 A、B 和 δ 都精确已知时，图 8-14 中的置信限才是平直的；否则，置信限为弧形。

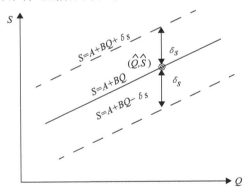

图 8-14　$S=A+BQ$ 的误差范围图

由此可知，要提高预报的精度及预报的把握性，只有使剩余标准差的值为最小才能达到。由计算 δ_s 的公式可知，它取决于均方根差 δ'_s、相关系数 r 和观测数据的总量 n。因此，要提高预报精度，就要提高观测的准确性，尽量减少人为误差，观测数据要多，自变量的取值范围要大，相关系数要大。

以上以 S 与 Q 之间的关系为例，讨论了一元线性回归方程的建立、显著性检验及预报精度，同样可以分析其他量（如降水量与允许开采量或泉流量）之间的相关关系。

2. 曲线相关方程

若实际观测值在散点图上没有直线的趋势，而呈近似的曲线，则可用上述相同的道理建立一个曲线回归方程。不过，用变换坐标的方法，把曲线变为直线（即线性化）更为方便，这样就可以直接利用前述的一元线性回归方程了。

例如，幂函数有满足多种曲线的性质，其一般式为

$$y = ax^b$$

式中，a、b 为待定系数。若两边取对数则变为 $\lg y = \lg a + b \lg x$，这个方程在对数坐标上则是一条直线，便可用前述方法建立线性回归方程。

如果研究的变量是开采量 Q 与降深 S 的关系，则其形式为

$$Q = AS^B$$

取对数

$$\lg Q = \lg A + B \lg S$$

回归方程为

$$\lg Q = \overline{\lg Q} + B\left(\lg S - \overline{\lg S}\right)$$

考虑对数的均值与均值的对数相近，即 $\overline{\lg S} \approx \lg \overline{S}$，$\overline{\lg Q} \approx \lg \overline{Q}$，去掉对数后，回归方程可表示为

$$Q = \overline{Q}\left(\frac{S}{\overline{S}}\right)^B \tag{8-46}$$

这就是幂函数的一元非线性回归方程，在水文地质计算中经常用到。回归系数 B 的计算公式为

$$B = r\sqrt{\frac{\sum_{i=1}^{n}\left(\lg Q_i - \overline{\lg Q}\right)^2}{\sum_{i=1}^{n}\left(\lg S_i - \overline{\lg S}\right)^2}} \tag{8-47}$$

相关系数的计算公式为

$$r = \frac{\sum_{i=1}^{n}\left(\lg Q_i - \overline{\lg Q}\right)\left(\lg S_i - \overline{\lg S}\right)}{\sqrt{\sum_{i=1}^{n}\left(\lg Q_i - \overline{\lg Q}\right)^2 \sum_{i=1}^{n}\left(\lg S_i - \overline{\lg S}\right)^2}} \tag{8-48}$$

下面用例子来说明用简相关分析评价可开采量的方法与步骤。

【实例】

某水源地已有多年开采历史资料，经过条件分析，认为扩大开采后仍有补给保证。为了满足扩大开采，要求外推设计降深 26m 时的开采量。

解：首先，据历史资料绘成 $Q\text{-}S$ 坐标的散点图，以便选择用直线还是曲线回归方程。这里不妨两种都试算一下。

先按直线相关计算。原始资料和计算结果均列于表 8-12 中。计算步骤如下。

（1）计算基本数据：算出均值 $\overline{Q}$ 和 $\overline{S}$，再计算 $Q_i - \overline{Q}$ 和 $(Q_i - \overline{Q})^2$、$S_i - \overline{S}$ 和 $(S_i - \overline{S})^2$ 及 $(Q_i - \overline{Q})(S_i - \overline{S})$。

（2）求根方差及均方根差：

$$\sigma_Q = \sqrt{\sum (Q_i - \overline{Q})^2} = \sqrt{441.34} = 21.008, \quad \sigma_S = \sqrt{\sum (S_i - \overline{S})^2} = \sqrt{29.69} = 5.449$$

$$\sigma_Q' = \sqrt{\frac{\sum (Q_i - \overline{Q})^2}{n-1}} = \sqrt{\frac{441.34}{6-1}} = 9.4, \quad \sigma_S' = \sqrt{\frac{\sum (S_i - \overline{S})^2}{n-1}} = \sqrt{\frac{29.69}{6-1}} = 2.4$$

（3）求相关系数：

$$r = \frac{\sum (Q_i - \overline{Q})(S_i - \overline{S})}{\sqrt{(Q_i - \overline{Q}) \sum (S_i - \overline{S})}} = \frac{113.99}{\sqrt{441.34 \times 29.69}} = 0.996$$

（4）进行显著性检验：令 $N=6$，则 $N-2=4$，查检验表，当 $a=0.01$ 时，相关系数达到显著的最小值，为 0.917，这里 $0.996 > 0.917$，故可认为这里开采量与降深的关系是密切的。另外，按一般供水要求，$r > 0.8$，也是符合要求的，因此可以建立回归方程。

（5）求回归系数，建立直线回归方程：

$$B = r = \frac{\sigma_Q}{\sigma_S} = 0.996 \times \frac{21.008}{5.449} = 3.84$$

回归方程为 $Q - 68.3 = 3.84（S - 18.7）$ 或 $Q = 3.84S - 3.51$

（6）求剩余标准差，确定预报精度：

$$\delta_Q = \sigma_Q' \sqrt{1 - r^2} = 9.4 \times \sqrt{1 - (0.996)^2} = 0.8399$$

再用同样步骤做幂曲线的相关分析求回归方程。计算数据如表 8-13 所示。

$$\sigma_{\lg Q} = \sqrt{\sum \left(\lg Q_i - \overline{\lg Q}\right)^2} = \sqrt{0.01703} = 0.1305$$

$$\sigma_{\lg S} = \sqrt{\sum \left(\lg S_i - \overline{\lg S}\right)^2} = \sqrt{0.0151} = 0.1229$$

$$r = \frac{\sum (\lg Q_i - \overline{\lg Q})(\lg S_i - \overline{\lg S})}{\sqrt{(\lg Q_i - \overline{\lg Q})^2 \sum (\lg S_i - \overline{\lg S})^2}} = \frac{0.01596}{\sqrt{0.01703 \times 0.0151}} = 0.995$$

$$B = r \cdot \frac{\sigma_{\lg Q}}{\sigma_{\lg S}} = 0.995 \times \frac{0.1305}{0.1229} = 1.056$$

幂曲线回归方程为 $\qquad \lg Q = 0.492 + 1.056 \lg S$ 或 $Q = 3.1 \times S^{1.056}$

剩余标准差为 $\qquad \sigma_{\lg Q} = \sigma'_{\lg Q} \cdot \sqrt{1 - r^2} = \sqrt{\dfrac{0.01703}{6-1}} \cdot \sqrt{1 - (0.995)^2} = 0.00583$

$$\delta_Q = 1.0135$$

（7）进行外推预报。这两个回归方程都可用来预报地下水的开采量，但是以直线回归方程更接近于实际。分别用这两个回归方程外推设计降深为26m时的开采量，计算结果如表8-14所示。

表 8-12　直线相关计算表

年份	开采量 Q_i /（万 m³/d）	水位降 S_i /m	$Q_i - \bar{Q}$	$S_i - \bar{S}$	$(Q_i - \bar{Q})^2$	$(S_i - \bar{S})^2$	$(S_i - \bar{S})(Q_i - \bar{Q})$
1959	60	16.5	−8.3	−2.2	68.89	4.84	18.26
1960	67	18.0	−1.3	−0.7	1.69	0.49	0.91
1961	60	16.5	−8.3	−2.2	68.89	4.84	18.26
1962	63	17.5	−5.3	−1.2	28.09	1.44	6.36
1970	80	21.5	+11.7	+2.8	136.89	7.84	32.76
1971	80	21.9	+11.7	+3.2	136.89	10.24	37.44
总和 ∑	410	111.9			441.34	29.69	113.99
平均	$\bar{Q} = 68.3, \bar{S} = 18.7$						

表 8-13　幂曲线相关计算表

年份	$\lg Q_i$	$\lg S_i$	$\lg Q_i - \overline{\lg Q}$	$\lg S_i - \overline{\lg S}$	$(\lg Q_i - \overline{\lg Q})^2$	$(\lg S_i - \overline{\lg S})^2$	$(\lg Q_i - \overline{\lg Q})(\lg S_i - \overline{\lg S})$
1959	1.778	1.218	−0.053	−0.050	0.00280	0.0025	0.00265
1960	1.826	1.255	−0.005	−0.013	0.00003	0.0002	0.00007
1961	1.778	1.218	−0.053	−0.050	0.00280	0.0025	0.00265
1962	1.799	1.243	−0.032	−0.025	0.00100	0.0006	0.00080
1970	1.903	1.332	+0.072	+0.064	0.00520	0.0041	0.00461
1971	1.903	1.340	+0.072	+0.072	0.00520	0.0052	0.00518
总和 ∑	10.987	7.606	+0.001	−0.002	0.01703	0.0151	0.01596
平均	$\overline{\lg Q} = 1.831$	$\overline{\lg S} = 1.268$					

表 8-14　开采量预测结果表

设计降深/m		16	18	20	22	24	26
开采量 /（万 m³/d）	$Q = 3.8S - 3.51$	57.93	65.61	73.29	80.97	88.65	96.33
	$Q = 3.10 S^{1.056}$	57.93	65.16	73.32	81.09	88.99	96.73

（二）多元回归

实际上影响地下水水位下降的因素往往不只一个，而是多个独立自变量的同时影响。因此，需要进行复相关分析，用多元回归方程来进行外推预报。复相关的基本原理与建立一元回归方程基本相同，但计算较复杂。应用计算机编程可使计算很简便。

1. 二元直线回归方程

回归方程的一般形式为

$$y = a + b_1 x_1 + b_2 x_2 \tag{8-49}$$

式中，a、b_1、b_2 为待定系数；x_1、x_2 为两个相互独立的自变量，这里指影响地下水位的因素，如开采量、降水量、回灌量等。

同样，可用最小二乘法的原理，求出各待定系数，其公式为

$$a = y - b_1 \overline{x}_1 - b_2 \overline{x}_2$$

$$b_1 = \frac{r_{x_1,y} - r_{x_1,x_2} - r_{x_2,y}}{1 - r_{x_1,x_2}^2} \cdot \frac{\sigma_y}{\sigma_{x_1}}$$

$$b_2 = \frac{r_{x_2,y} - r_{x_1,x_2} - r_{x_1,y}}{1 - r_{x_1,x_2}^2} \cdot \frac{\sigma_y}{\sigma_{x_2}}$$

式中，$\sigma_y = \sqrt{\sum_{i-1}^{n}(y_i - \overline{y})^2}$；$\sigma_{x_1} = \sqrt{\sum_{i=1}^{n}(x_{1i} - \overline{x}_1)^2}$；

$\sigma_{x_2} = \sqrt{\sum_{i-1}^{n}(x_{2i} - \overline{x}_2)^2}$；$r_{x_1,y} = \dfrac{\sum_{i-1}^{n}(x_{1i} - \overline{x}_1)(y_i - \overline{y})}{\sigma_{x_1} \cdot \sigma_y}$；

$r_{x_1,x_2} = \dfrac{\sum_{i-1}^{n}(x_{1i} - \overline{x}_1)(y_i - \overline{y})}{\sigma_{x_1} \cdot \sigma_{x_2}}$；$r_{x_2,y} = \dfrac{\sum_{i-1}^{n}(x_{2i} - \overline{x}_2)(y_i - \overline{y})}{\sigma_{x_2} \cdot \sigma_y}$

$\overline{y}$、$\overline{x}_1$、$\overline{x}_2$ 分别为各自的均值。其计算步骤与一元回归相同。

2. 二元曲线回归方程

二元曲线回归方程也是将其线性化以后按线性方程计算。例如，二元幂曲线的一般式为

$$y = a x_1^{b_1} \cdot x_2^{b_2} \tag{8-50}$$

两边取对数则变为

$$\lg y = \lg a + b_1 \lg x_1 + b_2 \lg x_2$$

令 $y' = \lg y$ ， $a' = \lg a$ ， $x_1' = \lg x_1$ ， $x_2' = \lg x_2$ ，则得

$$y' = a' + b_1 x_1' + b_2 x_2'$$

便可按直线二元回归方程计算。

3. 多元回归方程

当有更多自变量影响时，可以用一般的多元线性回归方程

$$y = a + b_1 x_1 + b_2 x_2 + b_3 x_3 + \cdots + b_m x_m \tag{8-51}$$

同样，用最小二乘法原理可以求出各个待定系数，即回归系数。解多维联立线性方程组时，可借助计算机计算，有关文献中有专门程序可借鉴。若采用逐步回归法计算，计算机还可以自动进行因子"贡献"大小的挑选，剔除"贡献"小的和不独立的因素，最后得到主要影响因素的回归方程。

（三）回归分析法的适用条件

回归分析法是建立在数理统计理论的基础上的，考虑了一些随机因素的影响，便于解决一些复杂条件的水文地质问题。在数据采样时，应注意资料来源的一致性。它是根据现实物理背景得出的统计规律，在此基础上适当外推是可以的，但外推范围不能太大。

这种方法适用于稳定型或调节型开采动态，或补给有余的旧水源地扩大开采时的地下水资源评价。如果已经是消耗型水源地，要用人工调蓄、节制开采来保护水源地。这时，也可以用回归分析法分析开采量、回灌量与水位的关系，求得合理的开采量和人工回灌量。有些学者在研究上海市控制地面沉降时作过这样的分析。

六、地下水水文分析法

地下水水文分析法是依照水文学，用测流的方法来计算地下水在某一区域一年内总的流量。这个量如果接近补给量或排泄量，则可以用它作为区域的允许开采量。由于地下水直接测流很困难（有时只能用间接测流法），所以地下水水文分析法只能用于一些特定地区，如岩溶管流区、基岩山区等地，而这些地区常常也是其他许多方法难于应用的地区。

（一）岩溶管道截流总和法

在岩溶水呈管流、脉流的地区，区域地下水资源绝大部分是集中于岩溶管道中的径流量，而管外岩体的裂隙或溶裂中所储存的水量甚微。因此，岩溶管道中的地下径流量不仅可以代表一个地区地下水天然资源的数量，而且也可以表征该地区地下水可开采的资源数量。在现代生产技术水平下，一般暗河中的径流量都可以开发和利用，因此，在这种地区只要能设法在各暗河的出口用地表水水文测流法测得各暗河的径流量，总和就是该区的地下水允许开采量。取各暗河枯水季节的流量较有开采保证。

$$Q_{开} = \sum_{i=1}^{n} Q_{管i} \qquad (8-52)$$

式中，$Q_{开}$ 为地下水管道控制流域范围内的地下水允许开采量；$Q_{管i}$ 为计算区各管道的流量。

对于暗河发育的脉流区，应在暗河系统的下游选取一垂直流向的计算断面，使断面尽可能通过更多的暗河天窗（落水洞或竖井等）和暗河出口，再补充一些人工开挖、爆破的暗河露头，直接测定通过断面的各条暗河的流量，总和便是该脉状系统控制区域的地下水可开采量。

截流总和法适用于我国西南石灰岩地下暗河发育地区。这一地区暗河通道的"天窗"和出口较多，地下水呈管流紊流，用渗流理论不易计算，而这种方法效果较好。

（二）地下径流模数法

地下径流模数法原理是，在水文地质条件相差不大、其补给条件相近的地区，可以认为地下暗河的流量或地下径流量与其面积是成正比的。其比例系数的意义就是单位补给面积内的地下径流量，即地下径流模数。因此，只要在该地区内选择一两个地下暗河通道或泉测定出流量和相应的补给面积，计算出地下径流模数，再乘以全区的补给面积，便可求得区域地下水的径流量，以此作为区域地下水的允许开采量。若测得某一补给区域（面积 F_i）内的地下径流量（Q_i），则地下径流模数用下式计算

$$M = \frac{Q_i}{F_i} \qquad (8-53)$$

若整个计算区的补给面积为 F，则计算区的总流量 Q 为

$$Q = M \cdot F \qquad (8-54)$$

应用该方法时一定要注意水文地质条件的相似性。

广西水文地质队曾在地苏、大化、六也、保安等地用地下径流模数法计算出各暗河枯水期流量，并与"天窗"实测流量、抽水试验所得最大出水量相比，其平均准确度达 86%，表 8-15 说明在这些地区用地下径流模数法评价地下水资源是可行的。

表 8-15 地苏地区地下暗河流量计算值与实测值对比表（1）

测流位置	地下水类型	地下径流模数 /[m³/(km²·s)]	补给面积 /km²	计算流量 /(m³/s)	实测流量 /(m³/s)	准确度 /%	备注
大化风翔	地下暗河天窗	0.004	155	0.62	0.68	91	实测值是抽水试验所得的最大出水量
六也百加	地下暗河天窗	0.004	60	0.24	0.20	83	
地苏南口	地下暗河天窗	0.004	65	0.26	0.20	77	
地苏拉棠楞好	地下暗河天窗	0.004	18	0.072	0.08	90	浅层裂隙溶洞水
地苏万良百光	地下暗河天窗	0.004	14	0.056	0.06	92	浅层裂隙溶洞水
大化达悟东红	地下暗河出口	0.004	14	0.176	0.155	80	相邻水系

（三）频率分析法

水文分析法都是用求得的地下径流量作为区域地下水的允许开采量。地下径流量往往受气候条件影响较大，是随时间而变化的，有季节性变化，还有多年变化。如果所有资料是丰水年测得的，则会得出偏大的数据，在平水年和枯水年没有保证；如果是用枯水年的资料，则又过于保守。因此，最好是计算出不同年份的（或不同月份的）多个数据，进行频率分析，求出不同保证率的数据。如果地下径流量观测的数据较少，系列较短，可以与观测数据较多、系列较长的气象资料进行相比分析，用回归方程来外推和插补，再进行频率分析。

【实例】

某泉有 6 年的月平均流量观测资料。把流量大小按 0.5L/s 分成若干区间，统计 6 年中各流量区间出现的月数，然后用下式计算每个区间流量的出现频率 N 和保证率 P

$$N = \frac{m_i}{n} \times 100\%$$

$$P = \frac{m}{n} \times 100\%$$

有的用

$$P = \frac{m}{n+1} \times 100\%$$

式中，m_i 为各流量区间出现的月数；n 为总的观测月数；m 为大于或等于该区间流量出现月数的和（用该式计算的保证率称为经验保证率）。

计算结果列于表 8-16。

表 8-16 地苏地区地下暗河流量计算值与实测值对比表（2）

流量区间 /（L/s）	出现的月数	出现频率 /%	保证率 /%	流量区间 /（L/s）	出现的月数	出现频率 /%	保证率 /%
10～9.5	2	2.8	2.8	5.5～5.0	4	5.5	25.0
9.5～9.0	2	2.8	5.6	5.0～4.5	3	4.1	29.1
9.0～8.5	2	2.8	8.4	4.5～4.0	3	4.1	33.2
8.5～8.0	1	1.4	9.8	4.0～3.5	7	9.7	42.9
8.0～7.5	3	4.1	13.9	3.5～3.0	1	1.5	44.4
7.5～7.0	2	2.8	16.7	3.0～2.5	11	15.3	59.7
7.0～6.5	1	1.4	18.1	2.5～2.0	11	15.3	75.0
6.5～6.0	1	1.4	19.5	2.0～1.5	18	25.0	100.0
6.0～5.5	0	0	19.5	合计	72	100.0	

七、系统理论法

系统理论法是基于统计通讯技术和自动控制论建立起来的。这里的系统由三部分组成：一是物理实体，如通讯设备、自控装置、滤波器、放大器、示波器等，用在水文地质上则含水体、流域等；另外两部分，即输入和输出信息，可表示如下

$$I(t) \to \boxed{W(t)} \to O(t)$$

输入信息 物理实体 输出信息

当有输入信息 $I(t)$ 时，经过实体的物理作用，便得出输出信息 $O(t)$，不管物理实体具体结构如何，用函数 $W(t)$ 表示，它们之间的数量关系在数学上称褶（卷）积关系，即

$$O(t) = \int_{-\infty}^{\infty} I(t-\tau)W(t,\tau)\mathrm{d}\tau = I(t) \cdot W(t,\tau) \qquad (8\text{-}55)$$

式中，$I(t)$ 为描述输入信息，称为系统的激励函数；$W(t)$ 为刻划系统物理特征的函数，称为系统的特征函数或称权函数；$O(t)$ 为描述输出信息，称为系统的响应函数。当输入是单位脉冲迪拉克（Dirac）函数，即 σ 函数时，相应的输出称为单位脉冲响应函数。

若物理实体已处于定常状态，即权函数不依赖时间 t 而改变，则式（8-55）成为

$$O(t) = \int_{-\infty}^{\infty} I(t-\tau)W(\tau)\mathrm{d}\tau \qquad (8\text{-}56)$$

权函数也是单位脉冲响应函数。由于这个积分运算是线性运算，所以这种系统称为线性时不变系统。现将式（8-56）写成两个积分之和，则为

$$O(t) = \int_{-\infty}^{0} I(t-\tau)W(\tau)\mathrm{d}\tau + \int_{0}^{\infty} I(t-\tau)W(\tau)\mathrm{d}\tau \qquad (8\text{-}57)$$

对式（8-57）右边的积分变量置换，并令 $t-\tau = \lambda$，则得

$$O(t) = \int_{t}^{\infty} I(\lambda)W(t-\lambda)\mathrm{d}\lambda + \int_{-\infty}^{t} I(\lambda)W(t-\lambda)\mathrm{d}\lambda \qquad (8\text{-}58)$$

由此可见，若把 t 看作现在的时间，则输出的 $O(t)$ 由两部分组成；第一部分是由 t 以后时间所有输入信息反映输出 $O(t)$ 的；而第二部分则是由 t 以前时间所有输入信息来反映输出 $O(t)$ 的。显然，后者表示"记忆"，前者表示"预测"。

对于一个系统的运用，首先要通过对输入、输出的分析，确定描述系统物理实体特征的参数，即求得权函数 $W(\tau)$。然后便可以用来预测，即当任意给定一个输入时，利用所确定的模型来求出输出的预测值。由于无需了解物理实体的具体结构，所以这种模型也称为"黑箱"模型。

运用系统理论来解决水文地质问题时，最典型的是用来预测大型泉（特别是一些岩溶泉）水的流量。把整个泉域的蓄水岩体视为系统的物理实体，补给泉的大气降水量便是系统的输入，泉流量便是系统的输出。如果含水体的厚度较大，含水层的厚度可视为不随时间而变，则可以认为含水体的特征函数是不随时间而变化的。于是，可将泉域的蓄水体连同其降水补给量和泉流量看成是一个线性时不变的单输入、单输出的集中参数系统。

大气降水是一个随时间变化的不连续的脉冲函数，通过泉域含水体这个"转换装置"的调节作用，由泉群流出的水量却是一个随时间变化的连续函数。

因此，设输入（降水量）为 $U(t)$，输出（泉流量）为 $Q(t)$，则描述这个水文地质系统的方程为

$$Q(t) = \int_t^\infty U(\lambda)W(t-\lambda)\mathrm{d}\lambda + \int_{-\infty}^t U(\lambda)W(t-\lambda)\mathrm{d}\lambda \qquad （8-59）$$

这是一般的方程，通过实际物理意义的分析可以简化。因为某一时刻的泉流量仅与此时刻以前一定时期的降水量有关，更早时期的降水补给量已经通过泉口流出，对此时刻的流量已无影响，而 t 时刻以后的降水量还没有产生影响，即当 $0 > \lambda > t$ 时，$U(t) = 0$，于是上述方程可简化为

$$Q(t) = \int_0^t U(\lambda)W(t-\lambda)\mathrm{d}\lambda \qquad （8-60）$$

实际计算时可以将积分离散化，得

$$Q(t) = \sum_{\lambda=0}^t U_\lambda W_{t-\lambda} \qquad （8-61）$$

作变量置换，令 $t-\lambda = \tau$，则可写作

$$Q(t) = \sum_{\tau=0}^t U_{t-\tau}W_\tau \qquad （8-62）$$

如果以月为单位，把各月的降水和泉流量按时间顺序分别排成两个序列，来分析降水形成泉水的过程。第 t 月的降水所形成的地下径流或立即就可到达泉口，或者在 $t+k(k \geqslant 0)$ 月才到达泉口开始流出，一直到 $t+n$ 月才全部流完，经过了 $n-k+1$ 个月（这里 k 和 n 均为整数，且 $n > k \geqslant 0$）。因为第 $t-(n+1)$ 月以前的降水所形成的地下径流已通过泉口流出去了，而第 $t-k$ 月、第 $t-(k+1)$ 月，一直到 $t-n$ 月的降水所形成的地下径流正在向泉口流动，并决定着泉流量大小。所以上式应改写为第 t 月泉流量的公式

$$Q_t = \sum_{\tau=k}^n U_{t-\tau}W_\tau \qquad （8-63）$$

上式说明第 t 月的泉流量 Q_t 是由第 $t-n$ 月降水（U_{t-u}）所形成的部分径流量（$U_{t-n}W_n$），一直到第 $t-k$ 月降水（U_{t-n}）所形成的部分径流量（$U_{t-k}W_k$）逐一叠加组成的，从这里可以看出 Q_t 是 U_{t-n}，…，U_{t-k} 的加权平均，而权分别是 W_n，…，W_k，这也说明了系统权函数或权序列这个名称的由来。由于 Q_n 与 U_n 的单位不同，故 W_n、W_k 并不含有百分数的意义。

这个公式就是用来描述泉域含水体这个"转换装置"的数学模型，并可以利用它来预测泉的流量，也可用来评价大中型供水井区的地下水资源量，以及用来预测矿井涌水量。

具体运用时，首先根据输入 U_t（大气降水），与输出 Q_t（泉流量或开采量或矿井涌水量）的实际观测序列来识别系统，即确定权函数或权序列 W_τ。确定的方法就是根据最小平方估计准则，即要求计算与实测的误差总和为最小，用电子计算机解权序列的线性方程组便可以得到。

【实例】

河北邯郸地区南单元的岩溶水从黑龙洞泉群排泄，泉域如图 8-15 所示，西安煤炭研究所及原武汉地质学院对黑龙洞泉群进行了具体的分析与计算。共有如下六个步骤。

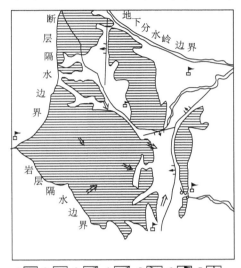

图 8-15 邯郸地区黑龙洞泉域示意图

1. 石灰岩含水层露头；2. 泉域内位第四纪覆盖层；3. 断层；4. 河流；5.岩溶水流向；6. 气象站；7. 黑龙洞泉

第一步：进行条件分析。

泉流量和降水量的多年观测结果表明，泉群流量的变化规律与当地降水的规律有明显的一致性，即将降水量的大小和时间分配，与泉群流量大小和时间有着密切的关系。一般泉流量峰值出现的时间均滞后于雨季 1～2 个月，这说明岩溶储水盆地对降水补给的地下水有一个调节作用。丰水年补给充沛，影响泉水流量增大达 3 年之久，通过水文动态分析和泉水流量自然消耗的计算，一次补给的地下水，需要 2.5～3 年的时间才能基本泄尽，即一次降水对泉水量的影响可达 30～36 个月。

根据上述水文地质条件及系统理论的要求，可认为本单元具有三个特点：①单元外的大气降水对黑龙洞泉流量没有影响，也无其他水源补给，可以认为是一个单输入；②在泉域以东鼓山与邯郸大断层之间，灰岩埋深于 1000m 以下，岩溶水径流逐渐滞缓，补给其他含水层及东泄流量不大，故灰岩泉水基本上可视为单输出；③灰岩含水体分布面积广，厚度大，储水盆地灰岩水位年变幅对含水层厚度而言是很小的。地下水位远高于含水层顶面，多处于承压状态，含水层厚度可视为不变，从而可以认为储水盆地（即系统中的"转换装置"）中的含水体处于定常状态。灰岩露头部分可看做降水输入区，因此，可以认为含水体的特征函数是不随时间变化的。

于是，将黑龙洞泉群的储水盆地连同本单元的降水量和泉流量看成是一个线性时不变的单输入、单输出的集中参数系统。

第二步：对降水量和泉流量实测资料的处理。

在本泉域周围有十几个长期水文、气象观测站。各站年降水量最小值相差十几到几十毫米，最大在 400mm 以上，一般在 200mm 左右。各站控制的补给灰岩地下水范围，在本单元视为均等，故月降水量采用 5 个站的算术平均值。因地下水埋深较深，一般在 30m 以上，所以地下水的自身蒸发不予考虑。

根据地表土层、植被和岩溶发育情况调查，认为沟谷之集中水流对灰岩地下水的补给是主要的。一般一次连续降水在 5mm 以上者就可产生局部地表积水，而一次连续降水在 10mm 以上便可形成表流。据此，对每月逐日降水量进行分析，把三日连续降水量在 20mm 以上，两日连续降水量在 10mm 以上者算为"有效降水量"（即有补给灰岩地下水能力的降水量）作为计算依据，从而得出各站的逐月降水量，再取其平均值用于计算，而对非有效降水量均作零来处理。

由于观测时间的权数基本相等，故对泉流量的月平均值，也采用算术平均值来进行计算。随着工农业的发展，本单元内的工业、农业、民用取水量日益增加，1960～1974 年已从近 2m³/s 增加到 3m³/s 左右。在计算时也应对取水点的分布特点作适当考虑。

第三步：用最小平方估计准则确定权序列。

根据输入输出实际观测资料来识别系统，确定权函数或权序列。根据最小平方估计准则，要求计算值的误差总和应为最小，即

$$\Phi(W_k,W_{k+1},\cdots,W_n)=\sum_{t=1}^{N}(Q_{t计}-Q_{t测})^2=\sum_{t=1}^{N}[U_{t-k}W_k+U_{t-(k+1)}W_{k+1}+\cdots+U_{t-n}W_n-Q_{t测}]^2=最小 \tag{8-64}$$

式中，N 为观测数据的个数，且 $N\geq n>k\geq 0$；其他符号意义同前。

令

$$\frac{\partial\phi}{\partial W_i}=0,(i=k,k+1,\cdots,n) \tag{8-65}$$

就得到权序列 W 的线性方程组

$$U^TUW=U^TQ_{t测} \tag{8-66}$$

式中，

$$U=\begin{bmatrix}U_{1-k}&U_{1-(k+1)}&\cdots&U_{1-n}\\U_{2-k}&U_{2-(k+1)}&\cdots&U_{2-n}\\\vdots&\vdots&\vdots&\vdots\\U_{N-k}&U_{N-(k+1)}&\cdots&U_{N-k}\end{bmatrix}\quad W=\begin{bmatrix}W_k\\W_{k+1}\\\vdots\\W_n\end{bmatrix},Q_{t测}=\begin{bmatrix}Q_{1测}\\Q_{2测}\\\vdots\\Q_{n测}\end{bmatrix}$$

解此线性方程组就可得到权序列 W_k，W_{k+1}，$\cdots$，W_n。很明显，这是最小平方估计意义下的最优权序列。利用它即任意给定的权序列长度 m（$m=n-k+1$）个月的有效降水量资料，按前述的流量预测公式 $Q_t=\sum_{\tau=k}^{n}U_{t-\tau}W_\tau$，就可算出泉群的预测流量。

第四步：对权序列长度的确定。

权序列的长度是指某月降水量对泉流量大小起影响作用的时间长短，以月为时间单位。如果某月降水量自 k 月影响泉流量至 n 月影响消逝，那么权序列长度 m 就等于 $n-k+1$。因此，当 k 和 n 确定之后，m 即可确定下来。

k 是某月降水后泉流量有明显增加的月数，可根据动态曲线的分析来确定。从曲线上可

见，降水的当月对泉流量就有影响，但不明显，一般是第一个月降水对下一个月泉的流量有明显的影响，所以取$k=1$。n的大小也可以通过水文地质分析和动态资料来判断确定，还可以用试算方法确定，其方法如下。

先将求流量的公式改写成：

$$Q_t = \sum_{\tau=0}^{k-1} U_{t-\tau} W_\tau + \sum_{\tau=k}^{n} U_{t-\tau} W_\tau + \sum_{\tau=n+1}^{t} U_{t-\tau} W_\tau \qquad (8\text{-}67)$$

式中，右边第一个和式表示降水还没有影响到泉的流量，故应为0；第三个和式表示第$k+1$个月以前的降水对t月泉流量的影响，很明显，如果n选择合适，则第三个和式也应该接近于零。

若令

$$Q_t' = \sum_{\tau=n+1}^{t} U_{t-\tau} W_\tau \qquad (8\text{-}68)$$

则

$$Q_t = \sum_{\tau=k}^{n} U_{t-\tau} W_\tau + Q_t' \qquad (8\text{-}69)$$

由于Q_t'是一个微小的量，对Q_t的影响很小，所以可假定为一个常量，设该微小常量为a，则$Q_t' = |a|$，于是

$$Q_t = \sum_{\tau=k}^{n} U_{t-\tau} W_\tau + a \qquad (8\text{-}70)$$

对式（8-70）用最小平方估计的方法进行处理后，就得到一个求权函数的正则方程，即

式中，

$$U = \begin{bmatrix} 1 U_{1-k} \, U_{1-(k+1)} \cdots U_{1-n} \\ 1 U_{2-k} \, U_{2-(k+1)} \cdots U_{2-n} \\ 1 U_{3-k} \, U_{3-(k+1)} \cdots U_{3-n} \\ \vdots \; \vdots \qquad \vdots \qquad \vdots \\ 1 U_{N-k} \, U_{N-(k+1)} \cdots U_{N-k} \end{bmatrix}, W = \begin{bmatrix} a \\ W_k \\ W_{k+1} \\ \vdots \end{bmatrix}$$

其符号的意义同前。

用此式通过试算的办法选择合适的n，使a的绝对值达到预先指定的一个微小数值（本例取0.5m/s，与观测平均误差相当），则相应的一列权函数即为所求。

第五步：对于不合理的权函数的处理。

从水文地质意义而言，权函数均应大于零，但在计算中可能出现一些负值或零值，主要原因是降水量与泉流量之间的关系不匹配。造成不匹配的因素主要有：泉流量的实测值有较大误差；权序列长度过长；统计处理有效降水量时列入了一些非有效降水量。因此，一般应对降水量的补给意义进行分析，认真处理。为使计算成果比较准确，首先要求流量观测值准确，并在野外观测和试验的基础上把有效降水量的下限取准，在室内动态资料整理分析的基础上，取好k值和n值范围，以减少试算工作量。

试算中，权序列长度过大时，权函数尾部就会出现零值或负值。对黑龙洞泉流量实际计

算中，当权序列长度为 37 个月时，权函数的末端才出现一个负值。若权序列长度过短也有可能出现上述情况。本实例计算时，权序列长度最小取到 12 个月，则权函数中为正值。满足了权函数皆为正值，在水文地质意义上是合理了，但还要求计算值与实测值的误差平方和为最小。满足这两个条件下确定出权序列长度，计算出权序列值，才可以用于预报计算。

第六步：计算成果及评价。

降水量和泉流量的实测资料经处理后，便可用电子计算机计算。本例是在 DJ-6 机上完成解算的，解线性方程组的方法用消元法求解。系统的识别部分选用了 1957 年 12 月～1967 年 1 月的降水量资料，1961 年 1 月～1977 年 12 月的流量资料。系统的预测部分选用了 1964 年 12 月～1974 年 11 月的降水资料、1967 年 12 月以后的零散泉流量资料和 1974 年 6～12 月的泉流量资料。

权序列长度的计算范围为 12～37 个月。通过试算资料对比，以 33 个月的权函数 W 数列较好，其数据参见表 8-17 及图 8-16。

表 8-17　权函数 W 表

序号	权函数 $W \times 10^{-2}$	序号	权函数 $W \times 10^{-2}$	序号	权函数 $W \times 10^{-2}$	序号	权函数 $W \times 10^{-2}$
1	3.183	10	0.5933	19	0.6353	28	0.3410
2	2.039	11	1.421	20	0.2870	29	0.3349
3	2.531	12	0.6564	21	0.7355	30	0.3447
4	1.794	13	0.8981	22	0.6188	31	0.3353
5	1.960	14	0.1232	23	0.8016	32	0.2370
6	1.529	15	0.2869	24	0.3833	33	0.2578
7	1.641	16	0.3567	25	0.838		
8	1.347	17	0.3729	26	0.2088		
9	1.192	18	0.5545	27	0.09916		

计算结果表明，计算结果的误差一般在 10%左右。个别误差较大，如 1963 年特大洪水期的 3 月，系因所测泉流量有洪水成分混入，以及泉出口附近有集水渗入。计算的部分成果如图 8-17 所示。

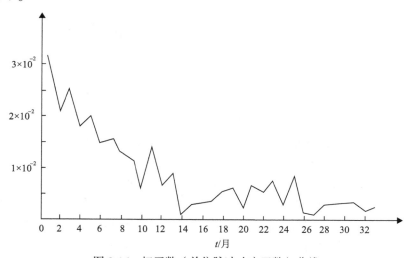

图 8-16　权函数（单位脉冲响应函数）曲线

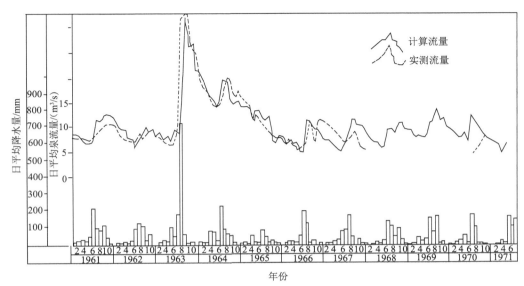

图 8-17　黑龙洞泉群实测流量与计算流量对比曲线图

第三节　地下水资源评价

一、地下水资源评价的原则

地下水资源评价原则有许多提法，内容大体相近，现归纳以下四条原则。

1. 可持续利用原则

地下水资源评价应在可持续发展的前提下进行。可持续发展理论的实质是强调资源利用、经济增长、环境保护和社会发展协调一致，既能满足当代人需要，又不损害后代人满足需要的能力（冯尚友，2000）。地下水资源的可持续利用，就是在保证生态良性循环的前提下，地下水系统能永久持续提供一定水资源量，以满足经济增长、社会发展的需要。区域地下水资源评价时，应在不发生不良生态环境效应情况下，提供当今时代与未来世代均可以持续利用的水量。

2. "四水"相互转化，统一评价的原则

大气降水、地表水和土壤水、地下水是相互联系、相互转化的统一体。地表水和土壤水、地下水均接受大气降水补给并通过蒸散发作用将水分排放到大气中去，而地下水与地表水也在不断地相互转化，进行着水量交换。例如，河流的基流量是由地下水转化而来的，在河流岸边开采地下水时，地下水的开采补给量主要来自河水。因此在地下水资源评价中，研究解决好地表水与地下水转化关系要从整体水资源量考虑，避免重复计算，应按地下水系统或地表水流域，考虑地表水、地下水取用条件及经济技术合理性和环境效应，实行地下水、地表水统一评价、统一规划、合理开发利用。

3. "以丰补欠"合理调控原则

含水层系统具有强大的调蓄功能，合理调控地下水位可以减少甚至避免蒸发损失。在季节性降雨补给发育的地区，可以充分利用储存量的调节作用，在旱季或干旱年，借用储存量满足开采，到丰水季节或丰水年，将借用的储存量补给回来。利用这一原则时，必须注意区域水资源综合平衡，合理截取雨洪水，以达到充分利用水资源的目的。

4. 经济、技术、环境和社会综合考虑的原则

在地下水资源勘察和评价工作中，应综合考虑经济、技术、环境及社会各方面的利弊。确定开采量及开采方案时，应在获得良好的经济技术效益的同时，要求对环境的负面影响最小，要有较好的环境效益和社会效益。

二、地下水资源评价的内容

地下水资源评价的概念目前尚无统一的定义。一般理解为：对地下水资源的质量、数量的时空分布特征和开发利用条件作出科学的、全面的分析和估计，称为地下水资源评价。地下水资源评价包括水质评价和水量评价，水质评价是水量评价的前提，水量评价是地下水资源评价的核心，通常说的地下水资源评价是指对地下水资源的数量进行评价。地下水资源评价的内容包括对各种地下水量时空分布规律的研究，地下水可开采资源量（允许开采量）的计算、评估，预报地下水动态，分析地下水开采潜力及开发利用前景、对环境产生的影响，提出应采取的工程措施及建议等。

地下水资源评价因地下水调查的目的、要求及调查阶段不同，评价的要求和内容也有差别，大体可分为区域地下水资源评价和局域水源地地下水资源评价两种。

（一）区域地下水资源评价

区域地下水资源评价是指在较大面积内，包括一个或若干个天然地下水系统，如大型的山间盆地、山前倾斜平原、冲积平原、构造盆地等。区域地下水资源评价为研究区域地下水资源承载力，规划、开发、利用和为进一步勘探地下水水源地提供资料依据。

区域地下水资源评价主要是计算参与现代水循环的可再生性地下水资源——补给资源。储存资源量是不可再生性资源，但为最大限度发挥地下水系统的调蓄功能，提高区域地下水资源的可持续利用能力，以及为提高战略资源的安全保障能力和应急保障能力，储存资源量也应予以计算，在补给资源和储存资源量计算的基础上，结合环境、生态及开发利用条件的要求计算可开采资源量（允许开采量）。

补给资源量是指地下水系统在天然或人为开采状态下从外界获得的满足水质要求的水量。从理论上讲，补给资源量是可持续再生的，因而是可持续利用的水量。从供水角度讲，只要从地下水系统提取的水量不超过其补给资源时，水源便能保证持续供应。补给资源是随时空变化的，年际之间变化很大，因此，计算区域的补给资源量比较难以给出一个准确的数字，目前常用两种方法解决：一是以多年平均补给量作为补给资源量。计算时，依据多年降

水及水文系列资料，分析确定水文周期，计算典型水文周期内多年平均补给量作为计算区域内的年补给资源量。二是采用典型年法，即依据降水量系列资料，计算 50%（平水年）、75%（枯水年）、95%（特枯水年）不同保证率年份地下水补给量，作为各典型年的补给资源量。

储存资源量是地质历史时期累积而成的地下水资源。但它是由补给资源转化而来的，特别要注意避免与补给资源量重复计算。储存资源量应是计算时段内地下水水位变动带以下含水层系统中存储的水体积，同时还要考虑不同的目的要求及开采条件。

区域地下水可开采资源量（允许开采量）不是地下水资源存在的自然形式，是一个受技术、经济、社会、环境约束的、人为提出来的地下水量。从可持续发展的观点出发，地下水可开采资源量（允许开采量）应是地下水系统中在不引起各种不良生态环境效应的情况下能够提供的持续利用的地下水量。

因此，常以地下水系统中的补给资源量作为区域地下水可开采资源量。然而准确给出地下水可开采资源量仍存在两个问题：①区域地下水补给资源受各种条件限制很难取出来，如目前常用降水入渗系数法或地下径流模数法计算山区地下水补给量，但计算得到的地下水补给量结合开采方案把它取出来是很困难的；②受生态环境、社会环境及开采技术水平的限制，在什么技术水平上、哪些约束条件下确定区域地下水可开采资源量，是一个复杂而又必须综合考虑的问题。

因此，大多区域地下水可开采资源量的确定很难结合具体开采方案。但这并不影响区域地下水可开采资源量计算成果的应用。因为这类成果大多数为国家、省和各地、市级政府制订远景规划或区划提供资料依据，一般要求达到 E 级或 D 级评价精度即可。要求对可开采资源量进行概略估算和概略计算（《地下水资源分类分级标准》，GB15218—94）即满足要求。GB15218—94 中还规定，在当前技术经济条件下，评价区域某些具有潜在经济意义地下水资源时，技术、经济、环境或法规方面会出现难以克服的问题和限制，这类资源属于目前尚难利用的地下水资源。例如，地下水位埋藏过深，取水困难或不经济；含水层导水性极不均匀，施工水井的成功率过低；含水层导水性过差，单井的出水量过小，地下水质或水温不符合要求；建设取水建筑物，在地质或法规方面存在难以克服的问题或限制等。评价区域如存在这类地下水资源，应在计算出地下水允许开采量的同时，计算出尚难利用的地下水资源。

这些都为分析计算以补给资源作为地下水可开采资源量提供了依据和思路。

在地下水资源评价中，储存资源量一般不列于可开采资源量中，但从区域地表水、地下水联合调度出发，合理开发利用水资源出发，利用含水层系统的储存资源实现区域水资源的调蓄，这时，储存资源可作为可开采资源的一部分，但计算时要满足在预计开采期内或开采期过后有限的时间内水资源总量能达到平衡，还要满足经济技术条件的允许程度。

在某些特殊情况下，如应急保障供水时，需计算在满足当前开采条件下的最大储存资源量。此时计算的最大储存资源量不属于可开采资源量的范畴。

（二）局域水源地地下水资源评价

局域水源地地下水资源评价与区域地下水资源评价有两点不同：①局域水源地地下水资源评价要求评价精度高，一般要求达到 B 级或 C 级精度，有多年开采动态资料的地区要求达到 A 级精度；②局域水源地地下水资源评价区范围小。评价区可以是一个独立的地下水系统，也可以是地下水系统的一个子系统或更低一级的子系统，评价区边界可以是自然边界，也可以是人为划定的边界，如取行政区边界为评价区边界等。

局域水源地地下水资源评价的内容主要有两点：①计算允许开采量；②提出合理取水方案和确定取水建筑物。在实际工作中，二者是相辅相成的，因为计算允许开采量必须密切结合取水方案。通常根据水文地质条件，提出经济技术合理的取水建筑物，拟定几套不同取水方案，通过计算对比，选出最佳方案。计算允许开采量，评价其保证程度及开采后是否会产生不良环境问题。

局域水源地允许开采量的计算方法多采用解析法和数值法；在水文地质条件比较复杂的地区，任务又急，常采用开采抽水试验的方法，在已有多年开采动态资料的地区，可采用回归分析法等数理统计方法，不论采用哪种方法评价，都应用水量均衡法，以论证其补给保证程度等。

三、地下水资源评价方法的选择

地下水资源评价方法很多，每一种方法都可以用来计算地下水可开采资源（地下水允许开采量），但每一种方法都有一定的适用条件和应用范围，因此在选择评价方法时应考虑下列水文地质因素：①地下水类型，地下水赋存和运移的基本规律；②地下水系统的结构状况，含水层系统的分布埋藏条件，水文地质参数在平面和剖面上的变化规律；③地下水允许开采量的主要组成部分；④有无地表水体存在，天然及开采条件下与地下水的关系；⑤地下水质的变化规律；⑥评价区地下水开发利用情况。

综合考虑上述条件后，依据所获得的资料及勘察阶段的评价精度要求，结合方法的适用条件选择一种或几种方法计算，最好选择多种方法计算，以便于相互检验印证。

应强调指出，在实际工作中不能仅根据水文地质条件和取得的资料选择方法，还应预先确定计算方法，根据计算方法的需要，提出要查清的水文地质问题，指导勘察工作的设计和发展。

四、地下水允许开采量分级

由于我国一直将地下水储量相当于固体矿产的储量对待，所以地下水储量由全国矿产储量委员会统一审批。全国矿产储量委员会制定了《地下水资源分类分级标准》，并于1994年由国家技术监督局颁布为国家标准。该标准中，将允许开采量分为A、B、C、D、E五级。主要依据下列四个方面进行分级：①水文地质条件研究程度；②地下水资源量研究程度；③开采技术经济条件研究程度；④不同勘察阶段的目的要求。

各级允许开采量精度的具体要求如下。

A级允许开采量：①A级允许开采量可作为大型水源地扩建、改建的依据，提交的成果精度要求一般为1:1万或1:2.5万比例尺；②在已完成的水源地勘察基础上，有3年以上连续开采的水位、开采量、水质动态监测资料；③对水均衡和存在的问题进行专题研究和勘探试验工作；④可直接作为水源地的大泉，应有30年以上降水观测数据和15年以上泉水流量和水质观测数据；⑤以水文地质单元（天然地下水系统）为基础，对允许开采量进行系统的多年均衡计算、相关分析和评价，修改、完善地下水渗流场数学模型；⑥对开采过程出现的环境问题进行专题研究，提出水源地改造、扩建，调整开采布局，保护环境和合理开采地下水资源的具体方案和措施，并对地下水开采的经济条件作出评价。

B 级允许开采量：①B 级允许开采量可作为大型水源地主体工程建设设计的依据，提交的成果精度要求一般为 1∶1 万或 1∶2.5 万比例尺。②对通过详查已选定的水源地进一步布置勘探工程和试验；开展 1 年以上的地下水动态监测；对一些关键性问题，开展专题研究，查明水源地的水文地质条件和边界条件；在水文地质条件复杂且需水量接近允许开采量的条件下，进行大流量长时间群井开采试验，验证对边界条件的认识和参数的可靠性。③对可作为水源地的大泉，应有 10 年以上的水量、水质动态观测数据，且具有连续枯水年份泉水流量观测数据或历史特枯流量资料，动态观测系列可缩短。④建立完整水文地质单元（地下水系统）的水文地质概念模型，并建立均衡法、数值法等数学模型，采用两种或两种以上的方法，结合不同的开采方案和枯水年组合系列，对水源地的允许开采量进行计算、对比，预测地下水开采期间水位、流量、水质出现的变化。⑤通过模拟计算等方法，提出并论证水源地最优开采方案，分析、预测可能出现的环境地质问题及其出现的地段和严重程度，对地下水开采的经济条件作出评价。

C 级允许开采量：①C 级允许开采量可作为水源地及其主体工程可行性研究、集中供水的总体规划及县级农牧业开发利用地下水的依据，提交的成果精度要求一般为 1∶2.5 万或 1∶5 万比例尺。②勘察工作包括地面调查、物探、单孔-多孔抽水试验和水质分析等，还要有枯水年半年以上的地下水动态观测工作；并对地下水开发利用现状、规划及存在问题进行详细调查和了解。③对可作为水源地的大泉，应有 3 年以上的水量、水质动态观测工作。④在基本查明水文地质条件基础上，选择均衡法、解析法、数值法等两种或一种以上适当的方法，结合开采方案，初步计算地下水允许开采量。⑤对于确定可进一步进行勘探的水源地，对取水方案和适用的取水建筑物等提出建议，对开采地下水可能出现的环境地质问题进行论证和评价，对地下水开采经济条件作出初步评价。

D 级允许开采量：①D 级允许开采量可作为省、市、地一级制定农业区划或水利建设、工业布局等规划的依据，其成果精度一般为 1∶20 万或 1∶5 万比例尺；②主要勘察工作是进行地面测绘，在有代表性的有利开采地段，进行物探和个别的单孔抽水试验工作；③可作为水源地的泉水，要有 1 年以上的丰、枯季节流量观测和水质分析资料；④选用均衡法、解析法等适当方法，概略计算地下水允许开采量；⑤对地下水开采的技术经济条件和可能出现的环境地质问题作出初步评价。

E 级允许开采量：①E 级允许开采量可作为国家或大区远景规划、农业区划的依据，其成果精度一般为 1∶50 万比例尺；②其调查工作以收集资料为主，进行一些路线调查，对可作为水源地的泉水，要有一次或一次以上的实测流量和水质分析资料；③采用均衡法、比拟法等简单方法，对地下水资源量进行概略估算；④对地下水开采的技术经济条件和开采地下水可能出现的环境问题作出概略评价。

第九章　地下水资源开发

对地下水进行开发利用，需要取水工程才能实现，取水工程的任务是从水源地中取水，送至水厂或用户，它主要包括水源、取水构筑物、输配水管道、水厂和水处理设施（图 9-1）。

由图 9-1 可以看出，在确定取水工程之前，首先应研究供水水源地，选择经济与技术合理的取水构筑物（类型、结构与布置等），这是供水水文地质勘察主要任务之一。

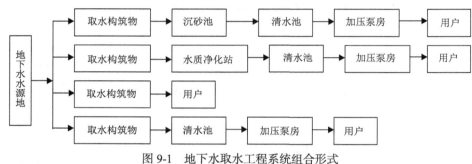

图 9-1　地下水取水工程系统组合形式

第一节　水源地的选择

水源地的选择，对于大中型集中供水水源地来说，就是选择取水地段；对小型分散供水水源地来说，则是解决某几眼水井具体位置的问题。

水源地位置选择的正确与否，不仅关系水源地建设的投资，还关系是否能保证水源地长期经济、安全地运转和避免产生各种不良的环境地质问题。

在选择集中供水水源地的位置时，一般应考虑以下技术和经济方面的条件。

（1）为满足水量要求和节省建井投资，供水水源地（或开采地段）应尽可能选择在含水层层数多、厚度大、渗透性强、分布广、具有调节能力、水量丰富、水质良好的地段上，如冲洪积扇的上部砾石带和轴部、冲积平原的古河床，厚度较大的层状或似层状裂隙岩溶含水层，延续深远的断裂及其他脉状基岩含水带。

（2）为增加开采补给量，保证水源地的长期均衡开采，水源地应尽可能选择在可以最大限度拦截区域地下径流的地段，接近补给水源和能充分夺取各种补给量的地段，如,区域性阻水界面的上游一侧；在松散地层分布区，水源地尽量靠近补给地下水的河流岸边；区域地下径流的排泄区附近。

（3）为保证水源地投产后能按预计开采动态正常运转，避免过量开采产生的各种生态环境负效应，在选择水源地时，要从区域水资源综合平衡观点出发，尽量避免出现工业和农业用水之间、供水与矿山排水及上下游之间的矛盾，新建水源地应尽量远离原有的取水或排水点，减少互相干扰。

（4）为保证取出水的质量，水源地应选择在不易引起水质污染（或恶化）、便于保护的地段上。例如，把水源地选择在远离城市或工矿排污区的上游；远离已污染（或天然水质不良）的地表水体或含水层地段；避开易使水井淤塞、涌沙或水质长期混浊的流砂层或岩溶充填带。为减少垂向污水渗入的可能性，最好把水源地选择在包气带防污性能好的地方。

水源地应选择在不易引起地面沉陷、塌陷、地裂等有害工程地质问题的地段，以及洪水不易淹没的地区。

在选择水源地时，还应从经济上、安全上和扩建前景方面考虑。在满足水量、水质要求的前提下，为节省建设投资，水源地应尽可能靠近供水区；为降低取水成本，水源地应选择在地下水浅埋或自流地段；河谷水源地要考虑洪水的淹没问题；人工开挖的大口径取水工程，则要考虑井壁的稳固性。当存在多个水源地方案选择时，应加强多个方案分析比较，从中优选最佳的水源地。

以上这些集中式供水水源地的选择原则，对于基岩裂隙山区的小型水源地的选择（或者说单个水井的定位）也基本上适合。但在基岩地区，由于地下水分布极不均匀，水井的布置主要取决于富水裂隙带分布的位置。此外，布井地段的上游有无较大补给面积、地下汇水条件及夺取开采补给量的条件也是基岩区水井位置确定时必须考虑的条件。

第二节　取水建筑物的类型及适用条件

地下水取水建筑物大致可分为垂直的（井）和水平的（渠）两种类型。在某种情况下，两种类型可联合使用，如大口井与渗渠相结合的取水形式。正确选用取水构筑物的类型，对提高出水量、改善水质和降低工程造价影响很大，同时，还应考虑设备材料供应情况、施工条件和工期长短等因素。

取水建筑物类型的选择，主要取决于含水层（带）的空间分布特点及含水层（带）的埋藏深度、厚度和富水性能；同时也与设计的需水量大小、预计的施工方法、选用的抽水设备类型等因素有关。表9-1列出了目前我国常用的取水建筑物类型及适用条件。

表 9-1　地下水取水构筑物的型式及适用范围

型式	尺寸	深度	适用范围				出水量
			地下水类型	地下水埋深	含水层深度	水文地质特征	
管井	井径50～100mm，常用150～600mm	井深20～1000mm，常在300m以内	潜水、承压水、裂隙水、溶洞水	200m以内，常用在70m以内	大于5m或有多层含水层	适用于任何砂、卵石、砾石地层及构造裂隙岩溶裂隙地带	单井出水量为500～6000m³/d，最大可达2万～3万m³/d
大口井	井径2～10m常用4～8m	井深在20m以内，常用6～15m	潜水、承压水	一般在10m以内	一般为5～15m	砂、卵石、砾石地层，渗透系数最好在20m/d以上	单井出水量为500～1万m³/d，最大为2万～3万m³/d
辐射井	集水井直径4～6m，辐射管直径50～300mm,常用75～150mm	集水井井深常用3～12m	潜水、承压水	埋深12m以内，辐射管距降水层应大于1m	一般大于2m	补给良好的中粗砂、砾石层，但不可含有漂石	单井出水量为500～5000m³/d，最大为1万m³/d
渗渠	直径为450～1500mm，常用600～1000mm	埋深10m以内，常用4～6m	潜水、河床渗透水	一般埋深8m以内	一般为4～6m	补给良好的中粗砂、砾石、卵石层	单位出水量为10～30m³/(d·m)，最大50～100m³/(d·m)

除表 9-1 中所列各种常见的单一取水建筑物外，还有一些适用于某种特定水文地质条件

的联合取水工程，如开采深埋岩溶含水层的竖井-钻孔联合工程；开采复杂脉状含水层（带）的竖井-水平或倾斜钻孔联合工程、竖井-水平坑道工程；开采岩溶暗河水的拦地下河堵坝引水工程等。

第三节　取水建筑物的合理布局

取水建筑物的合理布局，是指在水源地的允许开采量和取水范围确定之后，以何种技术、经济上合理的取水建筑物布置方案，才能最有效和最少产生有害作用地开采地下水。

一般所说的取水建筑物合理布局，主要包括取水建筑物平面或剖面上的布置（排列）形式、间距与数量等方面的问题。

一、管井的合理布局

（一）管井的平面布局

井群的平面布置方案应根据勘察地段的水文地质条件确定。开采井的平面布局主要有如下几种类型：

（1）直线布井方式，主要适用于傍河水源地，可沿河布置一排或两排的直线井群。

（2）梅花形布井方式，主要适用于远河的潜水及多个含水层的地下水开采地段。

（3）扇形布井方式，在基岩地区，由于岩石富水性极不均匀，地下水多是网状及脉状等窄条带径流，为了最大限度地截取地下水，常根据径流带的宽窄，在横截面上布置3～5口呈扇形的井群。

（4）平均布井方式，主要应用面状布井方式，均质的松散含水层，井与井之间通常采用等距排列的平均布井方法。

需要指出的是，在岩层导水性、储水性能分布极不均匀的基岩裂隙水分布区，水井的平面布局主要受富水带分布位置的控制，应该把水井布置在补给条件最好的强含水裂隙带上，而不必拘束于规则的布置形式。

（二）水井的垂向布局

对于厚度不大的（小于30m）孔隙含水层和多数的基岩含水层（主要含水裂隙段的厚度也不大），一般均采用完整井形式（即整个含水层厚度）取水，因此不存在水井在垂向上的多种布局问题。而对于大厚度（大于30m）的含水层或多层含水组，是采用完整井取水，还是采用非完整井井组分段取水，应从技术、经济上的合理性考虑确定。

对于多层含水层可以采用在垂向上分层取水，既可达到取不同含水层的目的，也便于管理。例如，渭南傍河水源地就采用垂向井组方式分别开采45m以上潜水、45～90m浅层承压水、90～180m中层承压水和180～300m深层承压水。

对于大厚度单层含水层，可采用非完整井组分段取水，当采用非完整井组分段取水时，过滤器长度与安装部位对井的出水量影响至关重要。

过滤器长度可根据设计出水量、含水层性质和厚度、水位降深及技术经济等因素确定。据井内试验测试，在细颗粒（粉、细、中砂）含水层中，靠近水泵部位井壁进水多，下部进水少，70%～80%的出水量是从过滤器上部进入的。根据冶金勘察总公司试验资料，过滤器适用长度不宜超过30m。在粗颗粒（卵、砾石）含水层中，过滤器的有效长度随着动水位的加大和出水量增加，可向深部延长，但随着动水位的继续增加，向深度延长率就越来越小。据陕西省综合勘察设计院在西安市大厚度含水层中试验可知（图9-2和图9-3），当降深达到10.47m时，过滤器有效长度不超过30m。因此，过滤器长度可按下列原则确定：含水层厚度小于30m时，在设计动水位以下的含水层部位，全部下过滤器；含水层厚度大于30m时，可根据试验资料并参照表9-2确定。

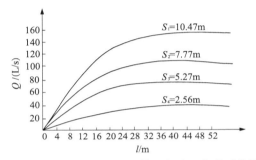

图9-2　出水量与滤水管长度（Q-l）关系曲线

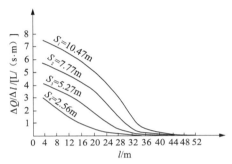

图9-3　出水量增加强度与滤水管长度（ΔQ/Δl - l）关系曲线

表9-2　过滤器适宜直径、长度、规格类型及出水量

岩层名称		粉砂层	细砂层	中砂层	粗砂、砾石层	卵石、砾石层	基岩层
岩层结构成分		颗粒较均匀，d_{50}=0.1mm，一般含部分黏土渗透系数约5m/d	颗粒较均匀，d_{50}=0.15～0.2mm，渗系数10～20m/d	颗粒较均匀，d_{50}=0.25～0.4mm，渗透系数30～50m/d	颗粒不均匀，d_{50}=0.5～1.25mm，渗透系数100～200m/d	颗粒不均匀，d_{50}=1.25～50mm，渗透系数200～1000m/d	溶洞裂隙发育的石灰岩溶洞内清水，无填充物
井的口径		井壁管和过滤器150～200mm，上部井管为了装泵，有时为250～300mm	井壁管和过滤器200mm，上部井管为了装泵，有时为300mm	井壁管和过滤器200～300mm，上部为了装泵，有时为350～400mm	井壁管和过滤器300～400mm，上部井管为了装泵，有时为450～500mm	井壁管和过滤器400～1000mm，上部井管为了装泵，有时为1200mm	上部最大开口500mm，依次缩小口径为426mm、377mm、325mm、273mm、219mm等
过滤器的长度	一般范围/m	20～40	20～40	20～40	20～50	20～50	
	较大出水量的合理长度/m	40～50	40～50	40～50	50～60	50～60	
过滤器的种类		双层填砾过滤器填砾过滤器	填砾过滤器	填砾过滤器	缠丝过滤器填砾过滤器	缠丝过滤器填砾过滤器	带圆孔钢管填砾过滤器
单位涌水量/[m³/（d·m）]		50～100	100～200	200～300	300～500	500～2000	1000～10000

　　过滤器一般设在含水层中部，厚度较大的含水层，可将过滤管与井壁管间隔排列，在含水层中分段设置，以获得较好的出水效果。多层承压含水层，应选择在含水性最强的含水段安装过滤器。岩性为均质的潜水含水层，应在含水层底部的 1/2～1/3 厚度内设过滤器。

　　大厚度含水层中的分段取水一般采用井组形式，每个井组的井数取决于分段（或分层）取水数目。一般多由 2～3 口水井组成，井组内的 3 个孔可布置成三角形或直线形。由于分段取水时在水平方向的井间干扰作用甚微，所以其井间距离一般采用 3～5m 即可；当含水层颗粒较细，或水井封填质量不好时，为防止出现深、浅水井间的水流串通，可把孔距增大到 5～10m（图 9-4）。

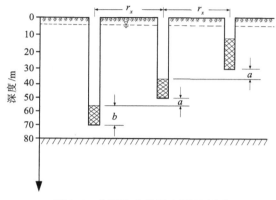

图 9-4　分段取水井组布置示意图

　　设计分段取水时，应正确确定出相邻取水段之间的垂向间距（如图 9-4 中的 a 段），其取值原则是：既要减少垂向上的干扰强度，又能充分汲取整个含水层厚度上的地下水资源。表 9-3 列出了在不同水文地质条件下分段取水时，垂向间距（a）的经验数据。如果要确定 a 的可靠值，则应通过井组分段（层）取水干扰抽水试验确定。许多分段取水的实际材料表明，上、下滤水管的垂向间距 a 在 5～10m 的情况下，其垂向水量干扰系数一般都小于 25%，完全可以满足供水管井设计的要求。

表 9-3　分段（层）取水井组配置参考资料表

序号	含水层厚度/m	井组配置数据			
		管井数/个	滤水管长度/m	水平间距/m	垂直间距 a/m
1	30～40	1	20～30	—	—
2	40～60	1～2	20～30	5～10	> 5
3	60～100	2～3	20～25	5～10	≥5
4	>100	3	20～25	5～10	≥5

引自供水水文地质手册编写组，1983。

　　在透水性较好（中砂以上）的大厚度含水层中分段（层）取水，既可有效开发地下水资源，提高单位面积产水量，又可节省建井投资（不用扩建或新建水源地），并减轻浅部含水层开采强度。据北京、西安、兰州等市 20 多个水源地统计，由于采用了井组分段（层）取水方法，水源地的开采量都获得了成倍增加。当然，井组分段（层）取水也是有一定条件的。如果采用分段取水，又不相应地加大井组之间的距离，将会大大增加单位面积上的取水强度，从而加大含水层的水位降深或加剧区域地下水位的下降速度。因此，对于补给条件不太好的水源地，采用分段取水方法时要慎重。

（三）井数和井间距离的确定

水井的平面及垂向布局确定之后，应在满足设计需水量的前提下，本着技术上合理且经济、安全的原则，来确定水井的数量与井间距离。取水地段范围确定之后，井数主要取决于该地段的允许开采量（或者设计的总需水量）和井间距离。

1. 集中式供水井数与井间距离确定方法

对于集中式供水，常采用解析法或数值法确定井数和井间距。解析法仅适用于均质各向同性，且边界条件规则的情况下。为了更好地逼近实际，在勘探的基础上，最好采用数值模拟技术来确定井数与井间距离。一般工作程序为：首先在勘探基础上，概化水文地质概念模型，建立地下水流数学模型（必要时要建立水质模型），对所建数学模型进行识别与检验。其次，根据水源地的水文地质条件、井群的平面布局形式、需水量的大小、设计的允许水位降深等已给定条件，拟定出几个不同井数和井间距离的开采方案。然后分别计算每一布井方案的水井总出水量和指定点或指定时刻的水位降深。最后选择出水量和指定点（时刻）水位降深均满足设计要求、井数最少、井间干扰强度不超过要求、建设投资和开采成本最低的布井方案，即为技术经济上最合理的井数与井距方案。

对于水井呈面状分布（多个井排或在平面上按其他几何形式排列）的水源地，因各井同时工作时，将在井群分布的中心部位产生最大的干扰水位降深，故在确定该类水源地的井数时，除考虑所选用的布井方案能否满足设计需水量外，还要考虑中心点（或其他预计的干扰强点）的水位是否超过设计的允许水位降深值。

2. 分散间歇式农田灌溉供水的井数与井间距离的确定方法

对于分散间歇式农田灌溉供水，灌区内布置的井数主要取决于单井灌溉面积，即取决于井间距离。确定灌溉水井的合理间距时，主要考虑的原则是：单位面积上的灌溉需水量必须与该范围内地下水的可采量相平衡。下面介绍两种方法。

1）单井灌溉面积法

当地下水补给充足、资源丰富，能满足土地的灌溉需水量要求时，则可简单地根据需水量来确定井数与井距。首先，根据下列公式计算出单井可控制的灌溉面积 F（亩）[①]

$$F = \frac{Q \cdot T \cdot t \cdot \eta}{W} \qquad (9\text{-}1)$$

式中，Q 为单井的稳定出水量（m^3/h）；T 为一次灌溉所需的天数；t 为每天抽水时间（h）；W 为灌水定额（$m^3/$亩）；η 为渠系水有效利用系数。

如果水井按正方网状布置，则水井间的距离（D）应为

$$D = \sqrt{667F} = \sqrt{\frac{667QTt\eta}{W}} \qquad (9\text{-}2)$$

---

① 1 亩 $\approx 666.67 m^2$。

如果水井按等边三角形排列，则井间距离（D）应为

$$D = \sqrt{\frac{2F}{\sqrt{3}}} \quad 或 D = \sqrt{\frac{2QTt\eta}{\sqrt{3}W}} \tag{9-3}$$

式（9-2）和式（9-3）中的符号同式（9-1）。

整个灌区内应布置的水井数（n），将等于

$$n = \frac{S \cdot \beta}{F} \tag{9-4}$$

式中，S 为灌区的总面积（亩）；β 为土地利用率（%）；F 为单井控制的灌溉面积（亩）。

从以上公式可知，在灌区面积一定的条件下，井数主要取决于单井可控制的灌溉面积；而单井所控制的灌溉面积（或井距），在单井出水量一定条件下，又主要取决于灌溉定额。因此，应从平整土地、减少渠道渗漏、采用先进灌水技术等方面来降低灌溉定额，以达到加大井距、减少井数、提高灌溉效益的目的。

2）考虑井间干扰时的井距确定方法

这种计算方法的思路是，首先提出几种可能的设计水位降深和井距方案，分别计算出不同降深、不同井距条件下的单井干扰出水量。然后通过干扰水井的实际可灌溉面积与理论上应控制灌溉面积的对比，确定出合理的井距。通常采用解析法和水位削减法计算。

二、大口井的合理布局

在地下水位埋藏浅、含水层厚度不大和富水性较好的条件下，宜用大口井取水。井深根据含水层埋深、设计水位降深、地下水位变幅、吸水管足阀下保留水深及井底反滤层厚度等确定。井径根据出水量大小、抽水设备安装位置及施工条件等确定。对于非完整大口井，井径与出水量一般呈直线关系，但当井径大到一定程度后，出水量增加很少。

含水层厚度为 5～10m 时，多采用井壁进水的完整井；含水层厚度大于 10m 时，一般采用井底进水或井底井壁同时进水的非完整井，井底距不透水层不小于 1.0～2.0m。

完整式大口井井壁进水孔形式可以分为：水平进水孔、斜形进水孔和无砂混凝土透水井壁，同时，井底应深入不透水层，并设置沉砂坑。非完整式大口井井底进水（或井底井壁同时进水）必须做反滤层 3～4 层，防止井底涌砂，当然非完整式大口井也可采用井底井壁同时进水的形式，井壁进水形式与完整井井壁进水形式相同。

三、辐射井的合理布局

辐射井位置选择和平面布置的形式，根据集水类型，一般可分为四种布置形式，各自位置选择的原则如表 9-4 所示。

辐射井由集水井和辐射管组成，其规格和作用见表 9-5。根据辐射管铺设层次的多少，可分单层辐射管井和多层辐射管井，当含水层较薄或集取河床渗透水时，宜设置单层辐射管，如图 9-5 所示；当含水层较厚，地下水富水性好，可设置多层辐射管，如图 9-6 所示。多层辐射管的布置要求，如表 9-6 所示。当多层含水层较厚，各含水层之间水力联系又不密切时，

可设置倾斜式辐射井。

辐射管在井内应交错布置，便于辐射管顶进水，辐射管要以 1/250 的纵向坡度向集水井倾斜。一般最下一层辐射管与井底距离为 1～2m。

表 9-4　辐射井布置形式及位置选择

集水类型	布置形式	位置选择原则
集取河床渗透水	集水井设在岸边或滩地，辐射管伸入河床下	①集取河床渗透水时，应选河床稳定，水质较清，流速较大，有一定冲刷力的直线河段 ②集取岸边地下水时，应选含水层较厚，渗透系数较大的地段 ③远离地表水体集取地下水时，应选地下水位较高，渗透系数较大地下水补给充沛的地段
同时集取河床渗透水和岸边地下水	集水井设在岸边，部分辐射管伸入河床下，部分辐射管设在岸边	
集取岸边地下水	集水井和辐射管都设在岸边	
远离河流集取地下水	沿地下水流方向的辐射管长度，应大于背地下水流方向的辐射管的长度	

表 9-5　辐射井组成

名称	规格	作用
集水井	大口井封底或不封底，直径根据辐射管井的施工方法和抽水设备确定	①顶进辐射管；②安装抽水设备；③汇集水量；④井底进水增加出水量（不封底时）
辐射管	沿集水井径向设置，直径 50～250mm，单层或多层，每层数根	集取河床渗透水和地下水

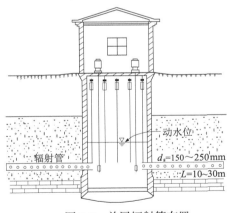

图 9-5　单层辐射管布置

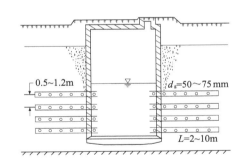

图 9-6　多层辐射管布置

表 9-6　多层辐射管的布置

管径/mm	层数	层距/m	每层根数
50～75	4～6	0.5～1.2	6～8
100～150	2	1.5～3.0	3～6

四、渗渠的合理布局

（一）渗渠位置的选择

渗渠一般选择在：①水流较急，有一定冲刷能力的直线或凹岸非淤积河段，并尽可能靠近主流；②含水层较厚，颗粒较粗，并不含泥质的地段；③河水清澈，水位变化较小，河床稳定的河段。

（二）渗渠平面布置的形式

渗渠平面一般分为平行河流、垂直河流和平行与垂直河流相结合三种形式，如图9-7所示。

一般取水量较大的工程，多采用平行河流或平行与垂直河流结合形式；取水量较小的工程，多采用垂直河流形式。不论采用哪种布置形式，都应通过经济技术比较，因地制宜地确定。不同渗渠布置形式的适用条件和优缺点见表9-7。

渗渠以截取河床潜流水和岸边漫滩潜水效果较好，由于含水层较薄，地下水调蓄能力小，受河水直接补给，其取水量随季节性变化很大，枯水期为丰水期的50%~60%或更小，而且投产后容易堵塞，出水量有逐年减少的趋势。埋设在河床下的渗渠，受河水影响，水质变化较大，易堵塞，检修管理麻烦，使用年限较短；埋设在河岸漫滩下的渗渠，水质较稳定，使用年限长。因此，要根据水文地质条件，合理选择渗渠位置、类型和确定取水量。

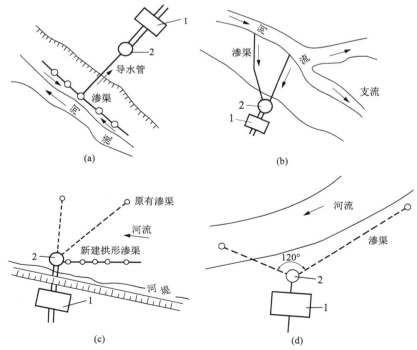

图9-7　渗渠平面布置形式
1. 泵房；2. 集水井

表 9-7　渗渠平面布置形式选择

布置形式	优缺点	适用条件
河滩下平行于河流（或略成一倾角）[图 9-7（a）]	（1）施工较容易，检修方便（2）不易淤塞，出水量变化较小	（1）含水层较厚，潜水充沛，河床较稳定，水质较好，集取河床潜流水和岸边地下水（2）渗渠与河流水边线距离，当含水层为卵石、砾石层时，不宜小于25m；对稳定河床，可适当减少；河水浑浊，应适当加大
在河滩下垂直于河流[图 9-7（b）]	（1）施工、检修方便、施工费用较低（2）出水量受河水季节变化影响较大	（1）岸边地下水补给条件差（2）河床下含水层较厚，透水性能好，潜流水较丰富（3）集取河床潜流水
在河床下垂直于河流[图 9-7（c）]	（1）出水量较大（2）施工、检修困难，滤层易淤塞，需经常清洗翻修	（1）河流水浅，冬季结冰，取地面水有困难（2）河床含水层较薄，透水性较差（3）集取河床渗透水
平行与垂直组合布置[图 9-7（d）]	兼有（a）、（c）形式的优缺点	（1）地下水、潜流水均丰富，含水层较厚（2）集取地下水，河床潜流水与河床渗透水（3）两条渗渠的夹角宜大于 120°，垂直于河流的应短于平行于河流的渗渠

渗渠或称水平集水管按埋设位置和深度不同，可分为完整式及非完整式两种类型，如图9-8 所示。

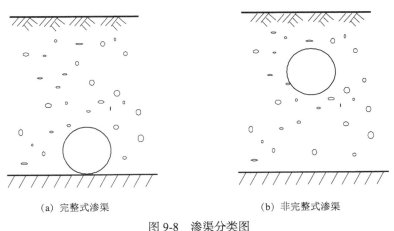

（a）完整式渗渠　　　　　　　　　　　（b）非完整式渗渠

图 9-8　渗渠分类图

第四节　地下水资源合理开发模式

一、地下水库式开发模式

为了缓解水资源紧缺，改善单纯引地表水引起的环境负效应，荷兰、英国伦敦、美国加利福尼亚州、德国及我国北京等地都采用地下水库式开发模式，通过人工和自然调蓄技术，对水资源进行时间和地域的再分配。

地下水库式开发模式主要选择在含水层厚度大、颗粒粗，与地表水直接发生联系且地表水源丰富，具有良好的人工调蓄条件的地段，如冲洪积扇顶部和中部。冲洪积扇的中上游为单一潜水区，含水层颗粒粗，分布范围广，厚度大，可达上百米，有巨大的储存和调蓄空间，且地下水位埋藏浅、补给条件好；而扇体下游受岩相影响，颗粒细、构成潜伏式天然截流坝（图 9-9）。这种结构特征，决定了地下水库具有易蓄易采的特点，具有良好的调蓄功能和多年调节能力，有利于"以丰补欠"，充分利用洪水。

根据水文地质条件，调蓄的最佳部位是冲洪积扇的中上游单一潜水区。可采用群井强采、枯采丰补、以丰补欠的调蓄方式。为实现这种调蓄方式，在工程措施上要采、补相结合。补源措施上可在河流的上、中、下游分级修建高出河床 1～2m 滞洪坝，延长河水对地下水的补给时间，增加河床中水层厚度与湿周长度，从而达到增加地下水补给量的目的。也可利用扇体上游的一些废弃沙坑引洪水进行人工回灌。这些工程措施可达到充分利用洪水，增加补给量的目的。在采水工程上可采用深度适宜管井进行强采。井间距采用有关方法计算确定。

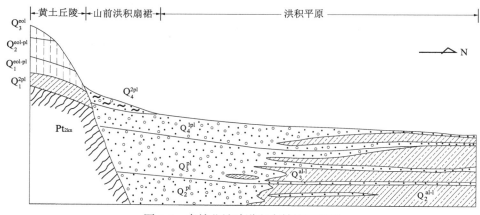

图 9-9　秦岭北坡冲洪积扇结构示意图

现以涝河冲洪积扇为例，对地下水库多年调蓄功能进行模拟。涝河冲洪积扇位于秦岭北坡户县余下镇，面积为 30.28km²，扇体内主要河流为涝河，涝河水量丰富，多年平均流量为 3.91m³/s，经实测当出山口涝河流量小于 2.07m³/s 时（扣除渠道引水量），河流将全部入渗补给地下水。

目前，涝河中下游河床上已建有 4 级高出河床 1～2m 的拦洪坝，现利用群井强采的调蓄方式，按井距 400m，开采总量为 19.8 万 m³/d，计算时段为 120 个月，利用有限分析法进行多年调蓄功能的模拟。其主要监测孔水位动态历时曲线如图 9-10 所示。从图 9-10 可以看出，全区开采量为 19.83 万 m³/d 时，观测孔 gh1 的降深历时曲线将出现四个谷值；第一谷值出现在预测后的第 26～27 时段，低水位为 424.96m，经 4 个月就可回升至 427.74m；第二个谷值，出现在预测后的 34～35 时段，低水位为 424.64m，经 4 个月就可回升至 427.7m；第三个谷值，出现在预测后的第 56～58 时段，低水位为 425.15m，经 2 个月就可回升至 428.3m；第四个谷值出现在预测后的 105～107 时段，最低水位为 424.23m，经 3 个月就可回升至 428.33m。由此可见，该地下水库有很强的调蓄能力。再分析一种极端情况，假若由于涝河流量的预测出现风险，如一年内涝河完全断流（历史上从未发生过的小概率事件），此时将有 7227 万 m³/a 的地下水需由地下水库疏干提供，若疏干面积按 35km² 估算，给水度为 0.25，则含水层仅需疏干 8.3m，如果再加上正常开采状态下的 1m 下降值，也不会超过 10m，相当于含水层厚度 50m（这是保守的取值）的 20%，这在开采条件下是完全允许的。从对环境的影响来看，下游泉尚能保持 1.26 万 m³/d，与现状相比仅削减了 58%，而且涝河流量超过 2.07m³/s，尚有部分余水流向下游。因此，不会对环境造成很大影响。由此可见，这种开发模式是可行的。

　　实践证明，开发地下水库，不仅可以调蓄地表径流，充分利用洪水，平衡水资源在时程上分配的不均匀性，以丰补欠，提高其利用率；而且具有不占耕地，不需搬迁，卫生防护条件好，投资少等一系列优点。同时，还可避免大量引地表水、使水资源搬家而引起调出水区的生态环境恶化的问题，尤其对于干旱地区可避免无效蒸发量，取得资源环境与经济的综合效益。

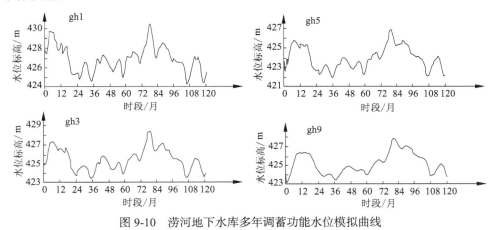

图 9-10　涝河地下水库多年调蓄功能水位模拟曲线

二、河流近岸开发模式

　　我国北方的北京、西安、兰州、西宁、太原、哈尔滨、郑州等大城市，大型供水水源地都是傍河取水型的，经多年的开采实践证明，傍河取水是保证长期稳定供水的有效途径，特别是利用地层的天然过滤和净化作用，使难于利用的多泥沙河水转化为水质良好的地下水，为沿岸城镇和工业集中供水提供水源，是地表水与地下水联合开发的一种主要模式之一。在选择傍河水源地时，应遵循以下原则。

　　（1）在分析地表水、地下水开发利用现状的基础上，优先选择开发程度低的地区；

　　（2）充分考虑地表水、地下水富水程度及水质；

　　（3）为减少新建厂矿所排出的废水对大中城市供水水源地的污染，新建水源地尽可能选择在大中城镇上游河段；

　　（4）尽可能不在河流两岸相对布设水源地，避免长期开采条件下两岸水源地对水量、水位的相互削减。

三、井渠结合模式

　　农灌区一般采用井渠结合开发方式，特别在我国北方地区，由于降水与河流径流量年内分配不均匀，与灌溉需水过程不协调，每年 3～5 月或 4～6 月灌溉临界期一般严重缺水，形成"春夏旱"。为解决这一问题，发展井渠结合的灌溉，可以起到井渠互补、余缺相济和采补结合的作用。实行井渠统一调度，可提高灌溉保证程度和水的利用率，这不仅是一项见效快的水利措施，还是调控潜水位、防治灌区土壤盐渍化和改善农业生态环境的有效途径。经内陆灌区多年实践证明，井渠结合灌溉的作用：一是提高了灌溉保证程度，缓解或解决了春夏旱的缺水问题；二是减少了河水的灌溉数量，从而减少了灌溉水对地下水的补给；三是可通过井灌控制地下水位，改良盐渍化。例如，新疆乌鲁木齐冲积平原五家渠灌区的101、102和103三个团场，先后打井360眼，1978年播种面积为23万亩，共需水量1.3亿 m³，其中，井灌提取地下水量0.5亿 m³，打井不但解决了灌溉水源的不足问题，而且有效地降低了地下水位，已从井灌前的0.5～1.0m，下降到3.0m左右，灌区盐碱地得到了改良。

四、井灌井排模式

井灌井排模式主要适用于干旱内陆河流下游，地下水的矿化度低于 1.5g/L，含水层与表层土壤间无隔水层的地区一般容易发生土壤盐渍化，而且地表水缺乏。在这些地区开展井灌井排模式：一方面提高了灌溉保证程度；另一方面可达到改良土壤盐渍化的目的。井灌井排模式具有效果快、稳定、排灌结合成本低和占地少等优点，但在咸水区不宜采用。

五、排供结合模式

在采矿过程中，地下水大量涌入矿山坑道，往往使施工复杂化和采矿成本增高，严重时甚至威胁矿山工程和人身安全，因此需要排水。例如，我国湖南某煤矿，平均每采 1t 煤，需要抽出地下水 130m³ 左右；匈牙利尼拉德铝土矿，需要抽出 210m³ 的地下水才能开采 1t 铝土。又如，目前沿我国太行山麓有不少煤田，由于大小矿床疏干问题得不到解决而未能开发。如果矿山排水能与当地城市供水结合起来，便可一举两得。据估算，这一地区的矿坑排水量每年可达 5 亿 m³ 左右，如果能得到充分利用，可在城市供水紧缺的局面中发挥重要作用。

六、引 泉 模 式

在一些岩溶大泉及西北内陆干旱地区，地下水溢出带可直接采用引泉模式，为工农业生产提供水源。大泉一般动态稳定，水中泥沙含量低，适宜直接在泉口取水使用，或在水沟修建堤坝，拦蓄泉水，通过管道引水，解决城镇生活用水或发展泉灌。这种方式取水经济，一般不会引发生态和环境问题。

以上是几种主要的地下水开发模式，实际应用中远不止上述几种，可根据地区水文地质条件选择合适的开发模式，使地下水资源开发与社会、经济、环境协调发展。

第十章　地下水资源的管理与保护

第一节　地下水资源的规划与管理

随着人口增加、经济与城市的发展，水资源需求量迅速增加，水资源短缺已成为全球性问题。同时，由于水资源的开发利用及污染日益加重，水环境不断恶化。因开发利用地下水而引起的许多环境水文地质问题，如区域地下水位持续下降、水质恶化、土地荒漠化、海水入侵、地面沉降等公害，对人民生活与工农业建设带来了严重影响和巨大损失。因此，使地下水可持续利用，防止地下公害的发生与发展，就成为地下水管理的核心任务。

一、地下水资源规划与管理的含义

地下水资源管理是指运用行政、法律、经济、技术和教育等手段，对地下水资源开发、利用和保护的组织、协调、监督和调度。协调地下水资源与经济社会发展之间的关系，制定和执行有关地下水资源管理的条例和法规，处理各地区、各部分之间的用水矛盾，尽可能谋求最大的社会、经济和环境效益。

由于地下水资源管理的内容涉及面很广，它与自然、社会、经济、环境诸系统都有十分密切的关系。因此，地下水资源规划与管理，从其服务目标出发，可以是只考虑合理开发利用和防止地下水资源枯竭的单一目标，也可以是综合考虑防止、控制和改善因地下水开发利用而产生的社会、生态、环境负效应和经济技术限制条件的多层次、多目标的管理。但是，不论管理目标是否具有多样性，其管理实质是建立一套适应水资源自然特性和多功能统一性的管理制度，优化水资源的状态（水位、水质等），使有限的水资源实现优化配置和发挥最大的社会、经济与环境效益，保障和促进社会经济的可持续发展（王浩等，2001）。

由于地下水资源是水资源的重要组成部分，因此，水资源规划与管理的主要技术方法也适用于地下水资源的规划与管理，但地下水资源管理在技术方法上有其特殊性。下面结合水资源管理的技术、经济与行政措施介绍地下水资源管理的主要措施。详细的地下水资源管理的技术方法将在《地下水资源管理》一书中专门论述。

二、水资源管理的技术措施

（一）建立节水型社会经济结构体系，严格控制需水量的无限增长

节水是缓解水资源紧缺的重要途径，也是我国为解决水资源问题所确立的基本国策。对许多地区而言，以开源和节流而论，虽然水资源的广度开发仍有潜力，但最大的潜力是节水，这里关键在于节水的深度开发。因此，要严格控制需水量的无限制增长，努力提高全社会节水意识，做到取水有计划，节水有措施，让用水部门在节水中求生存、求发展，逐步建立起

一个高效合理用水的节水型社会经济体系。节水型社会经济体系的建立要通过节水型的产业结构、种植结构、技术结构、居民点和工业点结构与空间结构等来实现，它由节水型农业生产体系、工业生产体系和城乡节水型的居民生活体系等组成。

农业往往是国民经济中的第一用水大户，以关中地区为例，农业灌溉用水占到整个用水的 70%～80%，每亩平均用水量达 300～500m³，1995 年农业实际用水量达到 34.46 亿 m³，而水的有效利用系数只有 0.3～0.4，个别井灌区也只有 0.6 左右，而世界公认的以缺水闻名的美国德克萨斯州和以色列均已达到 0.8 以上。从灌溉效益上来看，平均每立方米水生产谷物不足 1kg，而以色列已达到 2.32kg。这些充分表明，在解决农业干旱问题上，水的如何使用是亟待解决的问题，也说明农业节水潜力巨大。农业节水应从五个方面着手。

（1）完善田间工程配套，实现渠道防渗管道化，可节水 40%～50%。

（2）改进田间灌溉技术。在对田间耕地进行平整和细作的基础上，改大水漫灌为小畦灌、沟灌，改长畦为短畦，可节水 20%～30%。实行以微灌、喷灌、滴灌为代表的先进灌溉技术，可节水 40%～70%，还可增产 10%～30%，蔬菜、水果、果树及一些经济作物效果更佳，有的成倍增产。

（3）优化作物灌溉制度，减少作物的无效蒸腾。这是指对灌溉用水采取优化调度、合理分配等管理措施，结合各种耕作栽培技术，尽量减少农作物的水分蒸腾，提高农作物水分的利用效率。根据山西省水利厅赵廷式等研究，一般作物在全生育期的不同生长阶段缺水，对产量影响是很不相同的。以冬小麦为例，播种到越冬前，如缺水 50%，将减产 28%；而越冬到返青，如缺水 50%，只减产 7%。由此可见，研究限水灌溉，优化灌溉制度，可提高单方水的效益，达到节水的目的。

（4）调整农业生产结构，推广抗旱优良品种，发展多种经营。例如，秦岭北坡及山前洪积倾斜平原是发展果林和饲养业的良好基地，大力发展果林带和养畜业，既压缩了农业用水，又增加了农民收入。各地、市若能根据各自的情况，因地制宜地调整农业结构，其节水潜力是很大的。

（5）要加强节水农业宣传，确定发展节水农业的投入方式，用政策推动节水农业的发展。通过多种资料对比分析，投资与节水比为：渠系衬砌每亩投资约 80 元，可节水 50m³；地下暗管输水每亩投资 70～100 元，可节水 80m³；喷灌每亩投资 100～200 元，可节水 100m³，水的利用率可达 80%，作物增长幅度大，一般可达 20%～40%，且减少了田间渠系建设与管理维护和平整土地等工作量，有利于加快实现农业机械化、产业化和现代化；塑料软管灌溉每亩投资 20～30 元，可节水 100m³。

工业节水的重点应放在提高工业用水重复利用率方面，降低工业产品单位产量或产值的耗水量，从而提高工业用水的利用率。从工业部门来看，节水重点应抓住电力、冶金、化工、石化、纺织和轻工行业的节水。工业用水按用途分为冷却用水、工艺用水、锅炉用水和洗涤用水四大方面，从国内外资料分析，其中，冷却用水所占比重最大。因此，从工业用水的用途上讲，节水重点应放在冷却用水上。此外，要改进工艺，减少用水环节，如冶金工业中以气化冷却技术代替水冷却技术以后，可节约用水 80%。

城乡生活节水要推广使用节水型卫生设备及净化水处理装置，这是节约城乡生活用水的有效办法，同时生活用水要实行一水多用，循环复用。例如，将洗菜、洗脸和洗衣的污水用于冲刷厕所，可达到节约用水的目的。国内一些城市在这方面已取得了成功的经验，如山西省水利勘测设计院，1987 年建成一套中水道系统，将污水回用于冲厕所、绿化、冲洗汽车等，节水 40%，节水潜力很大。此外，要加强对供水管网的管理，杜绝跑、冒、滴、漏现象，把水资源浪费降低到最低限度。

综上所述，无论是农业，还是工业和城乡生活用水，节水潜力巨大，只要投入必要的资金和科技，就有可能将其转化为现实的水资源，其转化条件是高效率的管理。在近期内国家财力有限，很难上大的工程的情况下，节水无疑对解决水资源紧缺有重要的意义。从根本上讲，即使南水北调通水了，也不能忘记节水，节水比开源更重要，节水见效快，能够立竿见影。

（二）开展地下水人工调蓄，开发利用地下水库

地下水人工调蓄是人为地利用地下储水库容调节水资源，达到扩大可利用水资源的目的。进行地下水人工调蓄，应根据区域水文地质条件和地下水与地表水转化关系与特点，采取相应措施，提高水资源利用率。

地下水人工调蓄的措施，包括人工补给地下水和修建地下水库两种方式。地下水人工补给是指人们为了一定目的，借助于某些工程措施，把地表水或其他水源人为地注（渗）入含水层中，使地下水得到补充补给或者形成新的地下水资源，改变和改善现有地下水的利用状况。地下水库则是指利用天然的蓄水构造或人工修筑地下水坝，拦截地下潜流，并把多余的地表水储存到含水层中，既可补充被消耗的地下水资源，又可提高水资源的控制能力，减少流失，达到涵养水源的目的，其储水、取水，用水和调节水量方面的功能，与地表水库相同。

（三）排供结合和跨流域调配水资源

根据当地水文地质条件，利用矿区排水与供水，如实行超前取水、以供减排、以供代排、上供下疏等，还可采用帷幕截流，做到内疏外供。矿井涌水量很大的矿床，实行排供结合，应以确保矿山安全开采为前提，并全面评价其技术可行性和经济合理性，制订统一规划、统一管理的实施方案。

在地下水位过高造成土壤盐渍化或沼泽化的地区，也可把抽水排涝与供水结合起来，实行井灌井排，降低地下水位，加速土壤脱盐，提高防涝能力，改良浅层淡水，达到农业增产的目的。

当一个地区的水资源经过充分调配利用仍不能满足生活和生产需要时，可考虑从有水资源剩余的流域调入地表水。跨流域调水，工程复杂，影响面广，耗资巨大，不仅要修建大量的水利工程，还会使原来的水均衡条件发生变化，从而影响气候和生态环境的改变。因而，需要进行充分的调查和论证，如对引水量、引水路线、调蓄库容和调蓄方式，以及引水后可能发生的环境地质问题，如滑坡、崩塌、次生盐渍化和沼泽化等，进行详细研究和科学预测。

（四）污水资源化

实行污水资源化，使大量污水重新变成可利用的水资源，首先要对工业废水中的污染物质进行分类、分级控制。对于重金属要严格控制，在车间或厂内加以处理，达标后才准许排

放。对于有机物要实行总量控制，可与城市生活污水合并按区域集中处理。其次要因地制宜，建立起污水处理系统。进行污水处理的目的，是利用物理、化学、生物等方法把污水中的污染物质分离出来或转化为无害的物质，使污水得到净化。应根据污水的性质、处理后的用途及当地的自然条件和经济能力，采取一种或多种处理方法。根据不同的处理程度，把污水处理系统分为一级处理、二级处理和深度处理（也称三级处理）。还要研究并推广处理量大、适用面广、除去率高、运行能耗小、回收率高并见效快的净化设施，如氧化塘—水生物—污灌系统、臭氧发酵—沼气—废水处理系统等。

（五）防止污染，保护水质

根据防治地下水水质恶化的功能，分为预防和治理两类技术措施，以预防为主，治理为辅。预防性技术措施包括减少污染物产生和防止污染物渗入地下水两个方面。具体措施有：

（1）对城市发展和水源地建设要做出全面规划，尤其是工业要合理布局。容易引起地下水污染的工厂，应尽可能建在离水源地地下水流出方向较远的地区。矿山污水的排放，或矿砂的堆放，要根据水文地质条件选择合适的地点，并采取防渗措施。要积极进行技术改造，改进工业企业的生产工艺，尽量采用低污染或无污染的新技术，减少"三废"排放量。同时，要完善地下排污系统，污水排放管道要防渗。

（2）新建水源地，必须考虑地下水污染的环境条件，尽量选择在地下水补给区。水文地质条件和开采条件，都要有利于防治地下水的污染。为使水源地免受污染，要加强水源地卫生防护，建立卫生防护带制度，一般要建立三级防护带。

（3）开展"三废"资源的综合利用，化害为利。用污水灌溉时，必须防止对地下水的污染。固体废弃物可用以发电或制造建筑材料。

地下水受污染后，就要进行治理。首先要查明污染源，并针对其特点予以清除或防止进入地下水。从水文地质角度来看，治理措施有人工补给和抽水等，以加速稀释和净化被污染的地下水或阻止劣质水体的入侵。

（六）调整供水水源结构，实行分质供水与水的循环使用

我国水资源缺乏，尤其优质水源有限。因此，在水源利用上应根据工农业产业结构对水质的要求，开展分质供水、优质优用，这是综合利用有限水资源的有效措施。生活用水立足于地下水或优质地表水；工业用水大体上可分为锅炉、洗涤和冷却用水。锅炉用水对水质有特殊要求，可选用地表水或地下水；洗涤用水可利用地表水；对水质要求不高的冷却用水和市政用水，可利用回用水。对于有苦咸水分布的地段，可适量开采部分苦咸水进行农田灌溉，以补充农业用水的不足。同时，行业间用水统筹安排，循环使用。为实现节水和综合利用，应打破条块分割，农业用水、城市用水相互兼顾，城市中加强用水单位的横向联系，打破行业用水界限，采用废水处理重复使用的综合利用模式，逐步推广一水多用。例如，火电用水尽量与农田灌溉相互重复使用，用火电热水发展冬季温室蔬菜栽培，火电排水进一步与供暖、渔业等用水相结合。

（七）调整产业结构，优化区域生产力布局

目前，水资源已成为生产建设规划布局的制约条件，为此，要根据水资源条件调整和优化产业结构，合理对区域生产力布局，形成节水型经济结构，实现水资源与国民经济合理布局，促使经济效益和环境效益最优。

在保证规划目标产值的条件下，通过产业结构的优化与调整，使有限的水资源在经济系统中合理分配，以发挥最大效益，把"以水定工业"作为产业结构调整与生产力布局的一个基本原则，这也是合理利用有限水资源的必要手段。要发展机械、电子、食品、通讯、信息等低耗水的产业，限制大耗水低产值的产业和容易造成污染的产业。

在工业生产布局上，要充分考虑水资源条件，实行以源定供，以供定需，从更大的宏观范围来考虑规划经济发展问题，充分发挥经济协作区的互补协调作用，把耗水大的工业放置在水资源较丰富的地段，使之成为卫星城市，做到就地开发、就地使用，这既可减轻城区供水的压力，还可以避免由城市工业过渡集中、需水量不断增加、地下水的开采强度远远超过允许开采量，而引起的环境负效应，同时也减少了长途输水的费用，可取得巨大的社会、经济和环境效益。

城市的发展，受水资源、环境容量等自然条件的制约，面对水资源紧缺的局面，要控制城市中心区的发展规模，充分发展中、小城市和卫星城镇，建立分散型的供水系统，这是缓解水资源供需矛盾的关键性措施。

农业在粮食、棉花、油料稳定增长的前提下，因地制宜，充分发挥各地区的资源优势，合理安排农林牧副渔发展比例。

（八）加强水资源管理的科学研究

要加强水资源合理开发利用的科学研究，运用系统工程，在综合考虑水资源系统与社会经济的基础上，建立可供实际操作调度的水资源管理模型和信息联作系统、决策支持系统和预警系统等，逐步建立健全科学的水资源管理控制体系。

三、水资源管理的经济措施

（一）把水资源管理纳入社会和国民经济发展计划

（1）在制订经济发展计划时，要高瞻远瞩，通盘规划，合理利用有限的水资源。

（2）要调整水资源消耗与养护的关系，扭转长期存在的地下水资源消耗大于养护的局面。采取水土保持、涵养水资源、节约用水、提高水质、扩大绿化面积等综合性措施。

（3）把水资源管理纳入经济管理体制。生产建设要符合水资源保护的要求，要符合自然规律与经济规律的要求。不能只管发展，不管环境，只考虑眼前的直接的经济效果，不顾及对社会和生态的影响；不能只从本企业、本部门计算经济效益，而必须从社会整体出发，衡量其经济效益；不仅要算生产产品的账，还要算水环境的损失账和治理水污染的消耗账。

（二）运用经济手段进行水资源管理

（1）收取水费、水资源费和排污费。依法征费，可调动用水单位保护水资源的积极性，加快水环境污染治理的步伐，还能节约水资源。

（2）把水资源保护与用水单位领导和职工的经济利益紧密结合起来，节约用水有奖，浪费水受罚。谁破坏或污染水资源，就必须承担治理和赔偿损害的经济责任，必须支付罚款和赔偿的一部分或大部分，不能全用公款支付。

（3）在有条件的地方可实行"浮动价格，枯水高价，丰水低价，超计划用水加价，按质论价"的政策，努力做到"以水养水"。国内外经验表明，水价提高 10%，用水量下降 5%。

（三）加强水资源经济管理模型的研究

水资源开发利用规划的总目标是促进国民经济发展，改善环境质量，所以必须加强水资源经济管理模型的研究，为有关部门提供决策手段和能力，以便有效地进行水资源管理。

四、水资源管理的行政、法律措施

（一）地下水资源管理的行政组织措施

从中央到地方建立统一的、赋有行政和法律权力的水资源管理机构，是进行水资源管理工作不可缺少的组织保证。

（1）水资源管理机构具有行政职能和专业技术管理职能。其行政职能包括：在防止地下水污染和地面沉降等方面，贯彻并监督执行国家有关水资源的方针、政策、法律、法令，检查有关水资源开发、利用、保护的各项规划及各项法律、法令的实施情况，对于违法者切实予以经济制裁、行政处分和法律诉讼；在法律授权范围内，会同有关部门制订水资源开发与保护的某些条例、规定、标准和经济技术政策；统一管理所属范围内水资源的合理开发与保护工作，指挥和协调各有关部门的工作：负责审批用水单位的建井申请，征收水费等日常管理事务。

（2）水资源管理机构的专业技术管理职能包括：对管理区域内各种水资源进行正确统计，制订审批地下水开采方案，管理建井工作；负责水资源量和质方面的动态观测，资料的统计积累和分析整理工作，定期预报地下水量和水质的变化和发展趋势，提出改善措施，制订对水资源和环境保护的技术对策，为有关水资源的法令、法律条款的建立和修订提供技术论证；组织有关水资源评价、监测、开发、利用、保护等各项专题科研工作的实施，积极引进推广国内外地下水资源管理的先进经验和技术。

我国由国务院水行政主管部门负责全国水资源的统一管理工作。有些省、直辖市、自治区或地区、县设立了水资源管理委员会，具体实行对所管辖地区的水资源管理。

（二）水资源管理的法律措施

国外现代水法共同性的内容为：提倡水归公共所有，归社会所有，共同使用，并加强政府对水的管理和控制；开发与保护相结合，与控制污染、维持生态平衡相结合；兴利与除害相结合，对预防或减轻水的有害影响，防洪、防止水土流失、防止含盐量增加、防止污染等做出规定；对地表水、地下水和大气水联合管理；实行用水许可与水权登记制度；征收水费和水税。

国外水环境和水资源管理法规有以下 6 种：国际性水法（包括国际河流或边界河流流域诸国间的协议及跨国调水输水协议）；把水资源和水环境保护内容直接写入国家宪法；地表水与地下水结合在一起的综合水资源法；把地表水法扩大到地下水资源的管理；对地表水和地下水分别制订法规；为某个重要水源地单独制定法规。

我国在 1984 年和 1988 年分别颁布并在 2002 年和 2008 年分别修订了《中华人民共和国水污染防治法》和《中华人民共和国水法》。地方性水法（如北京、上海、哈尔滨、济南、天津、郑州等市，河北、山西、吉林、贵州、内蒙古等省区）与全国水法无原则上的差别，只是针对区内具体情况作些补充规定。我国水法的内容和特点既包括国外水法的共同性内容，符合现代水法的趋势，又有自己的特色，概括起来有以下几点。

（1）内容全面，体现了兴利与除害相结合，开发利用与保护相结合。水法内容既有开源，也有节流，既考虑经济效益，也考虑社会和环境效益；同时十分强调生态环境的保护。

（2）强调按科学方法办事。强调开发利用水资源必须进行综合科学考察和调查评价，兴建跨流域的引水工程必须进行全面规划和科学论证。

（3）水法是在总结我国多年来治水实践经验教训的基础上制定的。针对以往规划的失误，水法特别强调开发利用水资源和防治水害，应按流域或区域统一规划。同时还规定，经批准的规划是开发利用水资源和防治水害活动的基本依据，并强调开发利用水资源时，要使水资源发挥多种功能和综合效益。

（4）水法充分注意我国水资源时空分布不均匀的特点。把计划用水和节约用水作为国家一项基本政策列入水法的总则中，包括制订水资源的长期供求计划，对跨行政区域的水量进行宏观调配，实行取水许可证制度和有偿用水制度，以及解决水纠纷的原则和程序等。这些对利用我国有限的水资源具有十分重要的现实意义和深远意义。

要落实地下水资源管理的上述各项措施，实现地下水资源的科学管理，必须切实提高各级人员特别是领导人员的素质，包括其道德、哲学和科学修养，这是管理好地下水资源的根本保证。

第二节　地下水资源的保护

地下水不仅是资源，而且也是环境的主要因子。随着工农业发展、人口增长，人类大量开发利用地下水资源。与此同时，也出现了地下水位持续下降、水质恶化及由此诱发的一系列地质生态环境负效应，不仅造成了严重的经济损失，还影响着人类生存空间。因此，必须对有限的地下水资源实行保护。

一、水资源保护的含义

水资源保护的核心是根据水资源系统运动和演化规律，调整和控制人类的各种取用水行为，使水资源系统维持一种良性循环的状态，以达到水资源永续利用的目的。水资源保护不是以恢复或保持地表水、地下水天然状态为目的的活动，而是一种积极的、促进水资源开发利用更合理、更科学的管理问题。水资源保护与水资源开发利用是对立统一的，两者既相互制约，又相互促进，保护工作做得好，水资源才能永续开发利用，开发利用科学合理了，也就达到了保护的目的。正因如此，水资源保护工作应贯穿在人与水打交道的各个环节中。从更广泛的意义上讲，正确客观地调查、评价水资源，合理地规划和科学分配水资源都是水资源保护的重要技术手段，因为这些工作是水资源保护的基础。从管理的角度来看，水资源保护主要是"开源节流"。它一方面涉及水资源、经济、环境三者平衡与协调发展的问题；另一方面涉及各地区、各部门、集体和个人用水利益的分配与调整。这里既有工程技术问题，也有经济学和社会学的问题。同时，还要广大群众积极响应，共同参与，就这一点来说，水资源保护也是一项社会性的公益事业。总之，水资源保护可以定义为：为防止水资源因不恰当利用造成的水源污染和破坏，而采取的法律、行政、经济、技术等措施的总和。目前在全国各地，这些措施都在不同程度上得到了采用。工程技术手段的功能是提高水资源的保护效果，特别是水资源监测和调控技术的发展，为水资源保护起到了重要的作用；经济手段的功能是通过经济杠杆，调整用水结构，促进合理用水，鼓励节水，减少浪费，从而提高用水效益；法律手段是推行水资源综合规划，保护水源，治理"三废"和科学管水的强制性措施，也是规范人们用水行为的重要保证；行政手段是改革水资源管理体制，落实各项保护措施的重要方法和组织形式，也是我国目前广泛采用的手段之一。教育手段的目的是强化公众珍惜和保护水资源的意识，提高全民节约用水自觉性。这些措施的综合运用，能使我国水资源保护开创一个新的局面（徐恒立等，2001）。

二、水资源保护的法律基础

近年来，世界上很多国家或地区的水资源问题都十分突出。一方面，城市和工业发达地区用水量剧增，水源严重不足，制约着经济发展和人民生活水平的提高；另一方面，工业"三废"和生活污水的非控制排放，使越来越多的水体受到污染，可供利用的水源日趋减少。在这样严峻的事实面前，保护水资源已成为人类为生存而斗争的紧迫任务。为此，不少国家制订了一系列法律和法规，对水资源治理、开发利用和保护作了各种相应要求和限制，以防止不恰当的开发利用造成水源污染或破坏。通过立法的强制手段，辅以各种技术措施在一部分国家已取得了相当的成效。例如，1984 年，美国国家环境保护局通过了地下水保护对策。对策认为，要从制度上提高全国保护地下水的能力，最有效的途径是加强各州的计划，自 1985 年以来，环境保护局根据水法规定向各州提供资金，以便每个州根据其具体问题和需要制订地下水保护对策。1977 年在阿根廷召开的联合国水资源国际会议指出，前苏联水法是世界上最完善的水法之一（陈梦熊和马凤山，2002）。

我国有关水资源保护的法律和法规有：《水土保持工作条例》（1982 年 6 月 30 日国务院颁布）、《中华人民共和国水法》（1988 年 1 月 21 日中华人民共和国主席令第 61 号并于

2002 年修订）、《中华人民共和国环境保护法》（1989 年 12 月 26 日第七届全国人民代表大会常务委员会发布，2014 年修订）、《中华人民共和国水土保持法》（1991 年颁布，2010 年修订）、《取水许可制度实施办法》（1993 年 8 月 1 日国务院颁发）、《城市地下水开发利用保护管理规定》（1993 年 12 月 4 日建设部第 30 号令）、《城市供水条例》（1994 年 7 月 19 日国务院发布）、《中华人民共和国水污染防治法》（1996 年 5 月 15 日第八届全国人民代表大会常务委员会发布，2008 年修订）。

其中，《中华人民共和国水法》对水资源的所有权作了明确规定，即中华人民共和国的水资源属于全民所有，国家对水资源有管理权和调配权。同时，还规定国家对水资源实行开发利用与保护相结合的方针；开发利用水资源应贯彻全面规划、统筹兼顾、综合利用、讲求效益的原则，并注意发挥水资源的多种功能效益，规定国家要保护水资源、防治水污染、防治水土流失、保护环境，以及实行计划用水和节约用水的基本政策。此外，该法还明确了国家对水资源实行统一管理与分级、分部门相结合的管理体制，规定了开发利用水资源的工作程序和审批制度，对水和水域，以及水工程的保护、用水管理、防汛抗洪等方面的内容及规定实行用水许可证制度，征收水资源费和水费的制度。

为保护水质不进一步恶化、治理已被污染的水环境，以及合理利用水资源，国家有关部门还制订了一系列水质标准和实行排污许可证制度。

水质标准包括环境水质标准和污水排放标准两大类。环境水质标准有《地表水环境质量标准》（GB3838—2002）、《生活饮用水卫生标准》（GB5749—2006）、《生活饮用水水质卫生规范》（2001 年卫生部颁布，2006 年修订）、《地下水质量标准》（GB/T 14848—93）、《农田灌溉水水质标准》（GB5084—2005）及渔业用水和海水水质等。污水排放标准有《污水综合排放标准》（GB8978—88）等。

排放许可证制度主要有以下几个原则：①环境目标和污染源削减的统一；②容量总量控制和目标总量控制并举；③重点区域、重点污染和重点污染物三突出；④实行排污许可证制度，发放许可证必须经准备、协调、发证和管理 4 个阶段。

为了保证水体不受污染，国家规定禁止向水体排放油类、酸液或剧毒废液、放射性物质的固体废弃物和废水，以及含汞、镉、砷、铬、铅、氰化物和黄磷等可溶性剧毒废渣、工业废渣、城市垃圾及其他废弃物。禁止在水体中清洗装储过油类或有毒污染物的车辆或容器。向水体排放废污水必须遵守国家规定的标准，达不到标准应负责治理。禁止在江河、湖泊、运河、渠道、水库最高水位线以下的滩地和岸坡堆放、存储弃物和其他污染物。

为了防止地下水污染，禁止利用渗坑、渗井、裂隙和溶洞排放或倾倒含有有毒污染物的废水、含病原体的污水和其他废弃物。禁止用无防渗措施的沟渠、坑塘输送或存储上述废污水。开采地下水时，若各含水层水质差异大，应当分层处理。兴建地下工程设施或进行地下勘探、采矿等活动，应采取防护性措施。人工回灌补给地下水不得恶化水质。

总之，上述各项法律和法规的制定，标志着我国水资源保护已开始走向法制化的道路。要使这些法律真正起到作用，除需制定配套的专项法律和行政法规及根据当地具体情况制定有关规定外，还需不断完善水司法和执法体系。这在我国，任务还相当艰巨，有待通过各方的不断努力去实现（徐恒力，2001）。

三、地下水保护的技术措施

（一）地下水源保护的措施

1988 年颁发的《中华人民共和国水法》中，对开采地下水有专门规定。按照法律规定，地下水保护和管理的核心任务是科学开发，合理用水，加强监督管理和动态观测预测，对过量开采的地区，要严格控制开采，防止水量衰竭和水质恶化。

1. 一般地区的水源保护措施

1）合理布局

根据城市总体发展规划，运用系统工程的方法，制订地表水和地下水的综合开发利用规划，充分考虑各方面的需要，有计划、有步骤地开发利用地下水，要根据水文地质条件，合理布置井群，要尽量避免在同一层位、同一深度和同一时间内进行开采。在以侧向补给为主、径流条件良好的地区，按线状布井；以垂向补给为主、径流条件较差的地区，可面状布井。开采面积很大的深部承压水，均匀布井；开采中小型自流盆地和自流斜地，尽量在中下游横向布井。含水层较薄而又靠近河流时，可采取傍河取水，以渗渠、大口井、辐射井和虹吸井群等形式取水。含水层较厚时，可采取管井或组井（分层、分段取水）形式取水。

2）科学开采

科学开采，就是使开采量严格控制在允许开采量以内。为此，要对地下水源地进行水量均衡分析，制订出合理的开采量及其年内分配情况，作为科学开采的依据。由于地下水补给具有季节性特点，因此在补给时期要适当加强开采，而在非补给时期，要适当控制开采。如需在枯水期增加开采量，其超采部分必须在丰水期能得到补偿，或者存在着人工补给可能性。有条件的城市，工业用水和生活用水要逐步分质供水。

3）加强监督

建立和健全地下水动态监测网，加强对地下水开采利用的监督，进行地下水情的预测预报，以指导地下水合理开发利用，及时发现和防治由地下水开采而引起的地质环境及生态环境的变化。

地下水开采后，水文地质条件势必发生改变，因此，以勘察报告中提出的允许开采量作为控制指标，显然已失去意义。在没有对地下水资源重新评价之前，可以把限制水位作为控制超标的界限，即

$$H_x = H_D \pm S \qquad (10-1)$$

式中，H_x 为限制水位（m）；H_D 为多年平均水位或多年最低水位（m）；S 为根据自然条件和供需条件确定的一个深度值，一般取 0~2m。

限制水位是一个法定值，能起到监测开采的作用，发现水位超过界限，可以提出警告或限制开采的措施。对保护水源来说，限制水位是切实可行的。但具体确定某个水源地限制水位值，需要有完善的监测手段。例如，大连经 10 余年生产实践，在沿海岩溶地区的最佳水位降深高程一般为–5~–6m，最大为–8m。

2. 过量开采地区的水源保护措施

1）人工补给

对于已经过量开采的地区，人工补给是个有效办法。除了利用开采井进行回灌外，也可以利用池塘、渠、坑、水库进行回灌。图 10-1 是补给地下水用的渗水池塘的典型设计方案。北京长辛店水源地，原来每到冬春季水位下降供水不足，利用就近水库放水进行人工补给后，附近水源井出水量增大近1倍以上。北京卢沟桥地区利用永定河漫滩废采石坑进行人工补给，使水源井出水量增加 50%以上。人工补给对于控制漏斗扩大和水位下

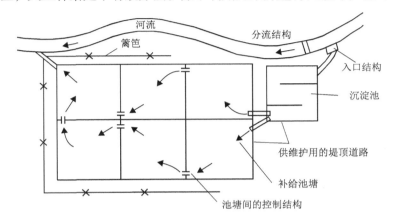

图 10-1　池塘型补给工程的典型方案

降效果明显。据计算，石家庄市区如能每年回灌 4000 万 m³，其降落漏斗中心水位降速将由 1.14m/a（优化水位）降到 0.31m/a，不仅垂直方向降速减少，漏斗面积也相应缩小（图 10-2 和图 10-3）。

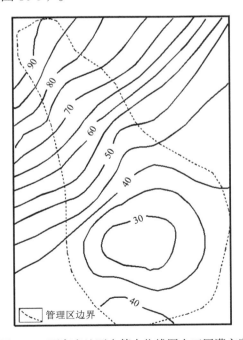

图 10-2　石家庄地下水等水位线图人工回灌方案
（1992 年）（林学钰，1987）

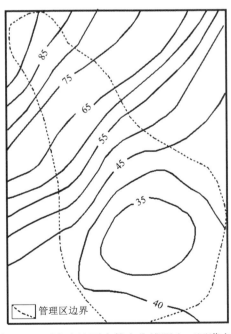

图 10-3　石家庄地下水等水位线图人工回灌方案
（1994 年）（林学钰，1987）

人工回灌后地下水水位降落漏斗要素见表 10-1。

表 10-1　人工回灌后地下水水位降落漏斗要素简表

项目 时间	漏斗中心最低水位/m			35m 封闭等高线			人工回灌量 /（万 m³/a）	开采量 /（万 m³/a）
	结点标号	标高	埋深	长轴方向	长轴大小/km	面积/km²		
第一期	19	32.134	39.256	NEE-SWW	9.75	37.8	4000	126.13
第二期	8	31.452	39.938	NEE-SWW	13.5	78.64	4000	132.03

引自林学钰，1987。

2）调整开采井布局

为了解决我国地下水开发中存在的问题，并考虑今后长远发展的需要，应对地下水开采布局作必要的调整，及早制订地下水近期和长远的优化开发规划。除了实行优先保证长期稳定优质饮用水；合理调控地下水位，综合治理旱涝盐碱；积极开展地下水人工调蓄等重要措施外，地下水的优化开采布局还应遵循以下几项原则和采取相应措施。

（1）必须严格限制严重超采区的地下水开采量，新辟水源地宜分散布局。我国大中城市，特别是北方开采地下水的城市，超采现象相当突出，占北方省会城市的一半以上，在部分城市引起了地面沉降、地面塌陷等灾害，其根本原因是开采井群过于集中。地下水是一种就地资源，其优势是适于相对分散开采，潜力大而不易引起环境地质问题。不少大中城市外围具有开发新水源地的水文地质条件，应采取水源地分散布局的方式，以防止相互干扰，充分利用地下水资源和有效地保护环境，积极及早调整地下水开采布局，在严重缺水地区，应限制兴建耗水量大的企业，合理调整产业结构和经济发展规划，使其与水源条件相适应。

（2）控制深层地下水的开采，大力开发浅层水和合理利用微咸水。在一些平原和城市地区，过量开采深层地下水，引起了水位持续下降，如北方的天津、沧州、太原、银川及南方的常州、无锡、嘉兴等城市，漏斗中心水位埋深可达 40～70m，引起了地面沉降，因此必须控制深层水的开采，将其调整为相对分散开采的生活饮用水源。在北方缺水平原区，可大力开发浅层地下水和微咸水，作为农灌水源，如黄淮海平原微咸水开采资源为 47 亿 m³/a，其中，河北平原微咸水开采资源达 15 亿 m³/a，在合理灌溉制度控制下可充分发挥效益。

（3）兴建大中型傍河地下水源地，激发河流补给，自然过滤泥沙，保持稳定供水。例如，在宁夏、内蒙古、山西、河南、山东等省区，黄河中下游沿岸地区及其他多泥沙河流沿岸，兴建地下水水源地，可避免建难度较大的河流泥沙处理工程，这是多泥沙河流水资源利用的有效方式。

（4）实行供水与矿区排水相结合。在北方岩溶大水矿区，涉及河北、山西、山东、河南等 10 个省份，其中，煤铁矿区总排水量达 14.7 亿 m³/a，水质好的岩溶水排水量为 9.9 亿 m³/a，占总排水量的 60.5%，目前矿山排水利用率小于 30%。在河北、河南、山东等岩溶大水矿区，提高矿区排水利用率和建立排供结合的水源地，可使 78% 左右的岩溶水排水量转化为可供利用的水源，这是缓解北方主要矿区工农业用水紧缺状况的一种投资少见效快的措施。

（5）有控制地开采允许利用的地下水储存量。在干旱年份或干旱季节，地表水缺乏地区，严重缺水地区及非永久性供水区，经过经济技术与环境效益综合论证后，可有控制地开发利用地下水储存量。

3. 地下水和地表水联合调度

由于降水量在时间上分布不均匀，许多河流汛期径流量猛增，到枯水期骤减。如果将疏干含水层作为调节库容，则可大大提高水资源的利用率，防止地下水枯竭。如图 10-4 所示，两者峰值出现时间不同，这为两者联合调度提供了有利条件。从图 10-4 中可以看出，弃水 A 利用以后，使水资源总量得到 E 体积，从而可弥补枯水期超采部分（即图 10-4 中 D 的体积）。如果含水层蓄调能力大，还可起到多年调节作用。

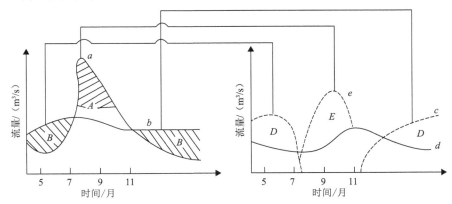

图 10-4　典型水文年地下水与地表水联合调度示意图（许涓铭和邵景力，1988）

a. 河川径流过程曲线；*b.* 总需水量过程曲线；*c.* 地下水开采过量过程曲线；*d.* 无回灌条件下地下水补给量过程线（其中已扣除了开采量）；*e.* 有回灌条件下的地下水补给量过程线；*A.* 利用的弃水；*B.* 仅有地表水供水的缺水量；*D.* 枯水期地下水开采量超过补给量的部分；*E.* 弃水利用后的水资源总量

地下水与地表水联合调度有以下几种类型：

（1）水库与泉水联合供水，利用两者丰、枯期不在同一时间出现的情况，通过联合调度得到均匀供水，正在研究开发中的山西漳泽水库与辛安泉的联合调度就是一例。

（2）在城市水源地上游有水库存在，且地表水与地下水有水力联系时，可充分利用含水层进行调蓄。辽阳太子河冲洪积扇与上游的汤河、参窝水库就属于这一种情况。尽管辽阳的地下水开采量很大，但由于枯水期超量开采疏干的含水层得到汛期弃水和水库放水补给，因而能较稳定地供水。

4. 利用河槽蓄水，增加对地下水的补给

河槽是一个大的储水池，把经过处理达到排放标准的污水放到河槽中，通过稀释、吸附和过滤等作用，使水质净化达到渗漏补给地下水的目的。也可在河床上、中、下游部位修建高 1～2m 滚水坝，抬高河水位，增大河床的湿周面积，延长河水停留时间，可达到增加地下水补给的效果。此外，也可以利用河流上游的废弃砂坑和洪水进行人工回灌。

（二）地下水水质的保护

由于地下水污染后很难在短期内恢复水质，所以应积极采取预防措施，避免地下水污染的发生或控制其发展。对地下水水质的保护必须采取"防治结合，以防为主"的方针。只有这样才能使地下水的环境质量不断向着良性循环发展，才能提高水质的可用性。

1. 预防地下水水质污染的措施

预防性的措施，是指那些有助于防止地下水水质恶化现象产生的各种技术措施。主要有

以下方面。

1）加强城市发展与水源地建设的全面规划与合理布局

在制订城市发展规划，特别是确定城市工业布局时，必须考虑尽量减少城市环境污染和保护地下水水质不受污染。对于那些容易造成地下水水质污染的工厂（如石油、化工、焦化、合金、电镀等工厂），应尽可能布置在水源地下游较远的地方，或者采用管道排污。同样，新建水源地时，也必须考虑地下水污染的环境条件（如把水源地选择在城市上游或地下水的补给区，或从地层岩性结构上看防污染条件较好的地方）。总之，为保护地下水源，必须在城市建设的总体规划中考虑环境保护的要求；必须要有防治污染、维持生态的指标；要把环境保护工作与经济发展同步规划、同步实施，做到经济、社会和环境的协调发展。

2）严格控制水源地的开采量和开采降深，防止劣质水入侵

当取水层位上下接近劣质水层或水体时，要严格控制水源地的开采量和开采降深；在水井设计中必须采用分层取水，同时保证水井施工中的止水、回填质量；对于年久失修的水井要及时更换井管，对报废井要保证回填质量。

滨海地区地下水往往与海水有水力联系，若地下淡水开采利用不合理，会造成海水入侵。海水入侵是世界上有海岸线的国家所面临的地下水污染的主要方式之一，防止海水入侵污染地下淡水，也是我国沿海城市地下水资源保护的一项重要任务。防止海水入侵的措施目前有：①限制淡水开采量。只有使淡、盐水维持一个稳定的动力均衡状态，才能控制和防止海水入侵，过量开采势必破坏均衡，引起海水入侵，显然限制淡水开采量是必要和有效的措施，但人类生活、生产用水又是不可少的，为解决此矛盾，必须准确地求得淡水开采量的临界值（即在不引起海水入侵发展，又不使淡水水质恶化前提下的淡水最大开采量），在此临界值内调配生活、生产用水。②通过人工回灌建立"补给水丘"（或

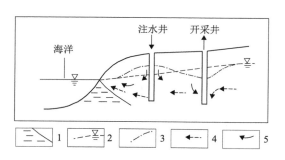

图 10-5 "补给水丘"示意图

1.咸水体；2.开采前天然地下水位；3.采取注水后的地下水位；4.天然状态下的地下水流向；5.采取注水、抽水后的地下水流向

"淡水压力水墙"），即在海岸和内陆开采地段之间布置注水井，回灌淡水使之形成高于地下水位的水丘或水墙，防止海水向内陆移动（图 10-5）。美国加利福尼亚州的某些沿海地带及以色列沿海，都设置了一线注水井群，成功地阻止了海水入侵。③建立"抽水槽"。在海岸线附近布置一排抽水井，通过抽水形成一个低槽，防止海水入侵（图 10-6）。抽出的咸淡混合水排入海中，该法不需补给水源，但大量淡水被排走，减少水层的厚度，且整个工程耗资巨大。④注水和抽水相结合的方法。一般是将抽水槽建立在靠近海岸的位置，将注水井布置在靠近开采水源地的一侧。⑤建造一道人工挡水墙。这种方法主要用于海水沿着狭窄透水通道入侵的地段，即沿垂

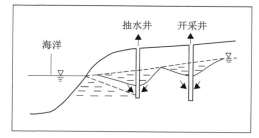

图 10-6 "抽水槽"示意图

直于海水入侵的方向打一排密集的钻孔，然后注入泥浆或水泥砂浆。注浆配料须与含水层的透水性相对应，注入钻孔后要能很快凝固起来，从而形成一道稳定的不透水墙，防止海水入侵。根据国外资料，挡水墙的高度一般不超过15m。在上述5种防止海水入侵的方法中，只有①是最为经济有效的，其余方法虽然在技术和实践中可行，但经济上的花费却不能低估。由此可见，加强对开采地下水的管理，是防止海水入侵的根本措施。

　　3）实行"总量控制"和"有害物质"排放标准，预防"三废"对地下水的污染

　　（1）预防固体废物对地下水污染。固体废物包括工业废渣和城市垃圾，这些废物虽然通过回收和焚化可减少其排放量，但极大部分仍然堆放在地面上，降水和融雪水的淋滤作用，可把含有大量无机污染物的溶滤液带入地下水中。为此，一些国家要求把固体废物置于具有工程设施的排放系统（称为"卫生垃圾坑"）中去。在这种坑中，固体废物要经过压实并分层盖土。即使如此，仍有溶滤液向下移动。因此除在坑底设置防渗衬砌层外，还可通过暗沟或井把渗滤液收集起来进行处理（图10-7）。

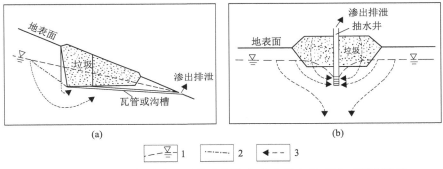

图 10-7　在卫生垃圾堆中以瓦管或沟槽（a）和抽水井（b）来控制渗滤
1.天然地下水位；2.工程完工后地下水位；3.地下水流向

　　固体废物在水的溶滤作用下，除了产生溶滤液之外，还伴随有机物分解而产生二氧化碳、甲烷、硫化氢、氢和氮等气体，因此需要在坑中设通气孔，以防止地下水位以上的土壤带中累积甲烷。

　　（2）预防城市污水排放对地下水污染，实现污水资源化。从城市下水道排出污水，对地下水污染危害最大。在工业化国家中，城市污水大部分经过一级和二级污水处理厂加工后排放，从而减少对地下水的污染。污水处理厂加工产生的固体剩余物——污泥，可作为肥料使用，但它的潜在性副作用可能对地下水产生污染。城市污水处理厂处理后的污水、某些企业可以作为冷却水或其他水资源统统加以利用，污水经过处理加以利用，将会有效地缓解缺水带来的巨大压力。国内外经验表明，对废污水进行处理回收在技术上是可行的。

　　（3）预防工业废水、污水的漏失和排放对地下水的污染。对生产过程中漏失废液和污水较多的工厂，应建立各种防渗幕，防止污水渗入地下水中，并在地下建立排水设施（图10-8和图10-9），利用深井排放工业有毒污水，在工业发达国家已广泛应用。据统计，1964年美国有污水注入井30眼，到1973年在24个州已发展到280眼；在加拿大，1967年至少有80眼注入井在使用；在北美，这种井在10万眼以上；我国一些制药厂也开始利用深井排放污水。国外污水注入井都在200～4000m，大部分深度为300～2000m，注入地层一般为砂岩、石灰岩和玄武岩，也有注入咸水含水层的。注入井的注入压力小于700万Pa，注入流量为50～1400L/min范围。污水注入后所形成流场为一个圆丘，并向水流方向呈非对称延伸，如图10-10所示。随着注入继续，圆丘扩展范围不断扩大。

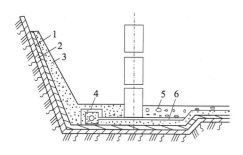

图 10-8　工厂下面的层状排水防渗装置
（鲍切维尔，1965）

1.嵌入土中的碎石；2.黏土或混凝土；3.细砂；4.汇集排水处；
5.卵石或碎石；6.排水管

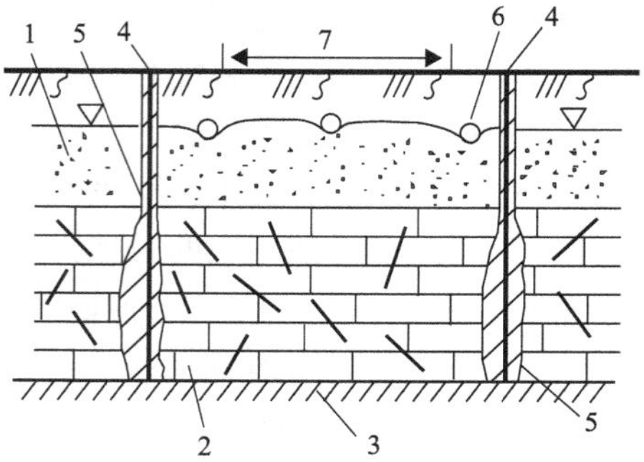

图 10-9　环状防渗幕（鲍切维尔，1965）

1.砂砾石；2.裂隙渗水岩石；3.隔水层；4.防渗墙；5.胶结幕；
6.排水设备；7.地下水污染源

污水向深井排放，必须选择合适的水文地质条件，否则会带来严重后果。

（4）预防放射性废物堆放对地下水污染。放射性废物包括采矿、选矿中的废渣，铀提纯过程中的固体或半固体的低放射性废物和反应堆废物。反应堆废物含有各种放射性物质，其半衰期的范围从几秒到几十年或更长。这些元素中的 ^{137}Cs、^{90}Sr 和 ^{60}Co 元素，半衰期分别为 28 年、33 年和 6 年，它们经常被认为是对环境造成重大危害的因素。具有放射性元素的废物，要分解衰变到很低水平的放射性，需要几百年的时间。根据国外经验，对放射性废物一般采取掩埋方式处置。为了避免放射性元素向下迁移，要求堆放放射性废物地点具有下列条件：具有足够稳定性；具有隔绝性，即与生物圈的地下水隔绝；地下水位应有足够的深度，以使废物掩埋带完全处于非饱和带。

在国外，掩埋放射性废物有如图 10-11 所示的几种类型。盛装放射性废料的容器，一般是用水泥和钢材等制作的。在美国有 4 种地层正在考虑作为储存放射性废物予以开放，它们是深硅酸盐层、深结晶火成岩、深页岩层、干砂区内厚的非饱和带。

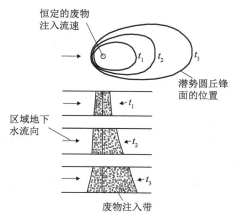

图 10-10　由废物排放井和废物入侵带的扩张而
形成的潜势圆丘在不同时间的位置
（Kazmann，1974）

（5）预防农业活动对地下水污染。农业活动对地下水污染包括两个方面：一是使用肥料和杀虫剂，以及在土地上圈养家禽或储存家畜排放的粪便；二是利用污水灌溉。防治的方法是：除了对牲畜圈、厕所等设置防渗层外，最好是进行发酵处理，使有机氮的分解产物保持在 NH_3-N 状态，以防止进一步氧化。经过消化处理的大粪，可提供无害的和稳定的污泥，而它的肥料价值没有降低，同时还产生沼气可用作燃烧或照明。大粪在消化处理过程中可消减病原微生物。例如，在印度已建造了几个大粪消化池，最大的一个可供 2 万人使用。大粪运到处理厂后，用 2～3 倍于大粪量的水进行稀释，经过缓慢搅拌后进入消化池。大粪消化池需要进行排泥，为流进新鲜水提供空间，将提取液洒在典型的污泥干化床上，干污泥可用作肥料。大粪消化处理过程如图 10-12 所示，从干化床排出的水可通过深坑进行处置，或排到地面下的处置池，或流入小型废水稳定塘内进一步处理。另一种方法是从消化池中提取的液体流入污水湖进行处理。

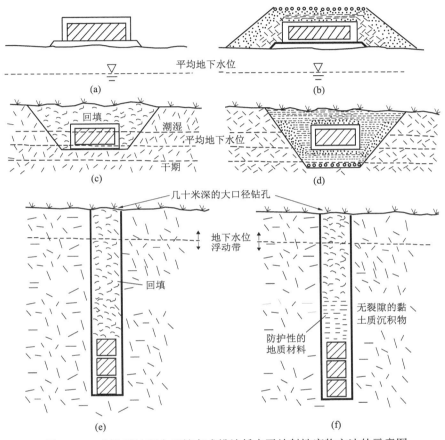

图 10-11　在浅层地下水区储存或排放低水平放射性废物方法的示意图

（a）在地面上以容器储存；（b）具有地质材料保护层的地面容器储存；（c）浅层埋藏，上面回填；（d）在沟道中浅层埋藏；（e）具有回填的较深埋藏；（f）在大口径井孔中的较深埋藏，井孔具有较高阻滞作用的地质材料防护

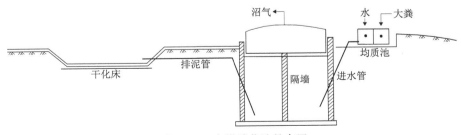

图 10-12　大粪消化池的布置

农业上大量使用的化肥也是重要污染源，防治方法主要是减少土壤中 NO_3-N 的含量。只

要抑制硝化作用，把氮素固定在土壤中，就能防止氮素下降。由于硝酸氨化肥易于淋失，故应尽量使用其他化肥来替代硝酸氨化肥。使用氮肥增效剂，对硝化作用的抑制也是有效的。要逐步采用高效、低毒、低残留农药代替长效性农药。DDT、敌敌畏等农药对人体健康有很大危害，残留在土壤中会引起地下水污染。

污水灌溉适合于透水性较差和厚度较大的黏性土地区，但应注意控制污水灌溉定额。

2. 水质污染后的治理措施

水质污染后的治理措施，要根据污染状况、范围、性质和使用要求，通过经济技术比较确定。一般需要外加水源提取稀释，或用其他物理化学方法降解破坏水中污染物使之达到使用标准。如果污染轻微，也可以利用土层的自净能力来达到净化目的。

发现地下水污染后，首先应当切断污染源，然后立即采取防止污染物进一步扩散的补救措施。治理措施包括以下 3 种。

（1）补排措施。这种措施就是对已被污染的地下水采用人工补给或强烈抽水方法，使污染地下水得到稀释或净化，或改变地下水径流条件，加速水的交替循环，以达到改善水质的目的。

（2）堵截措施。当地下水被污染之后，如果因技术经济条件的限制，不能采取补排措施加以治理，就可以考虑采用堵截污染体于一定范围之内的方法，以防止进一步扩散。采用防渗墙或防渗帷幕进行堵截，通常应穿过整个含水层直达隔水层。山东龙口为治理海水入侵对地下水的污染，正在施工防渗帷幕。近年来，国外在多孔介质含水层中，采用人造泡沫屏障技术取得了一定效果。其方法就是通过钻孔注入含有少量烷基类物质（1%左右）的水来产生的大量泡沫，降低含水层对液体的渗透性，起到人造屏障作用（图 10-13）。

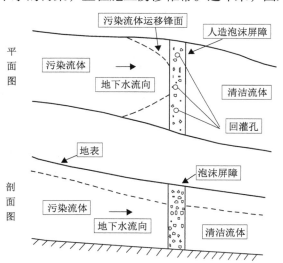

图 10-13　多孔介质含水层中人造泡沫屏障（胡尊国，1990）

（3）水处理。对于污染地下水，也可采用物理、化学和生物法处理。表 10-2 列举了不同类型污染质及其相应的单元操作或处理方法。除了把地下水抽出来经过处理构筑物分离污染质外，还可以在污染水体内打净化剂，投入粒状活性炭进行吸附或利用离子交换等方法进行处理。但由于污染水体面积大、水量较多，利用一般理化处理也难以见效，而且成本较高，目前尚处于试验阶段。

表 10-2　地下水中的污染质及处理方法

污染质		单元操作或处理系统
悬浮物		格栅；磨碎；筛网；筛滤；沉淀；上浮；过滤；离心；投药（混凝剂、聚合电解质）混凝沉淀；土地处理系统
可生物降解有机污染物		各种类型活性污泥法（悬浮生长型生物处理系统）；生物膜法（固着生长型生物处理系统，如生物滤池、生物转盘等）；土地处理系统
难降解有机污染物		物理-化学处理系统；活性炭吸附；臭氧氧化；土地处理系统
病原体		加氯消毒；臭氧消毒；二氧化氯消毒；紫外线消毒；加热消毒；溴和碘消毒；超声波—紫外线—臭氧系统消毒
植物营养素	氮	生物硝化和脱氮（悬浮生长型、固着生长型）；氨解析；离子交换法；土地处理系统
	磷	投加金属盐；石灰混凝沉淀；生物-化学除磷；土地处理系统
重金属		化学沉淀-化学上浮；离子浮选；离子交换法；电渗析；反渗透；活性炭吸附
溶解性无机固体		离子交换法、反渗透、电渗析、蒸发
油		隔油池；上浮法；混凝过滤；粗粒化；过滤；电解—絮凝—上浮
热		冷却池；冷却塔
酸、碱		中和；渗析分离；结晶；热力法（浸没燃烧）
放射性污染物		化学沉淀；离子交换法；蒸发；储存等

据北京市环境保护科学研究院，1989。

四、地下水饮用水水源保护区的划分

根据 2007 年环境保护部《饮用水水源保护区划分技术规范》（HJ/T338-2007）规定：生活饮用水必须设计水源保护区。地下水按含水层介质类型的不同分为孔隙水、基岩裂隙水和岩溶水三类；按地下水埋藏条件分为潜水和承压水两类。地下水饮用水源地按开采规模分为中小型水源地（日开采量小于 5 万 m^3）和大型水源地（日开采量大于等于 5 万 m^3）。

（一）孔隙水饮用水水源保护区划分方法

孔隙水的保护区是以地下水取水井为中心，溶质质点迁移 100 天的距离为半径所圈定的范围为一级保护区；一级保护区以外，溶质质点迁移 1000 天的距离为半径所圈定的范围为二级保护区，补给区和径流区为准保护区。

1. 水源地保护区半径计算

1）中小型保护区半径计算经验公式

$$R = \alpha \times K \times I \times T / n \qquad (10\text{-}2)$$

式中，R 为保护区半径，m；α 为安全系数，一般取 150%（为了安全起见，在理论计算的基础上加上一定量，以防未来用水量的增加以及干旱期影响造成半径的扩大）；K 为含水层渗透系数，m/d；I 为水力坡度（为漏斗范围内的水力平均坡度）；T 为污染物水平迁移时间，d；n 为有效孔隙度。

一、二级保护区半径可以按式（10-2）计算，但实际应用值不得小于表 10-3 中对应范围的上限值。

表 10-3　孔隙水潜水型水源地保护区范围经验值

介质类型	一级保护区半径 R/m	二级保护区半径 R/m
细砂	30～50	300～500
中砂	50～100	500～1000
粗砂	100～200	1000～2000
砾石	200～500	2000～5000
卵石	500～1000	5000～10000

2）大型水源地

建议采用数值模型，模拟计算污染物的捕获区范围为保护区范围。

2. 保护区划分

1）一级保护区

大型水源地建议采用数值模型，模拟计算污染物的捕获区范围为保护区范围。一级保护区以地下水取水井为中心，溶质质点迁移 100 天的距离为半径所圈定的范围作为水源地一级保护区范围。

中小型水源地可以开采井为中心，按表 10-3 所列经验值确定以 R 为半径的圆形区域。也可以开采井为中心，按式(10-2)计算的结果为半径的圆形区域。公式中，一级保护区 T 取 100 天。

对于集中式供水中小型水源地，井群内井间距大于一级保护区半径的 2 倍时，可以分别对每口井进行一级保护区划分；井群内井间距小于等于一级保护区半径的 2 倍时，则以外围井的外接多边形为边界，向外径向距离为一级保护区半径的多边形区域（图 10-14）。

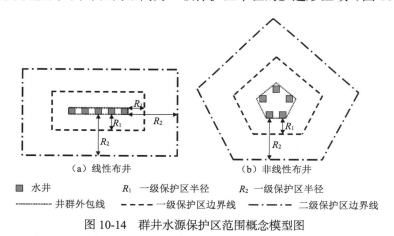

（a）线性布井　　　　　　　　（b）非线性布井

■ 水井　　　　R_1 一级保护区半径　　　　R_2 一级保护区半径
‧‧‧‧‧‧‧‧ 井群外包线　　— — — 一级保护区边界线　— ‧ — 二级保护区边界线

图 10-14　群井水源保护区范围概念模型图

2）二级保护区

大型水源地一级保护区以外，溶质质点迁移 1000 天的距离为半径所圈定的范围为二级保护区。

中小型水源地潜水设置二级保护区，承压水不设置二级保护区。

方法一：以开采井为中心，表 10-3 所列经验值为半径的圆形区域。 方法二：以开采井为中心，按式（10-2）计算的结果为半径的圆形区域。公式中，二级保护区 T 取 1000 天。

对于集中式供水水源地，井群内井间距大于二级保护区半径的 2 倍时，可以分别对每口井进行二级保护区划分；井群内井间距小于等于保护区半径的 2 倍时，则以外围井的外接多边形为边界，向外径向距离为二级保护区半径的多边形区域（图 10-14）。

3）准保护区

大型水源地必要时将水源地补给区划为准保护区。

中小型水源地孔隙水潜水型水源准保护区为补给区和径流区。承压水必要时将水源补给区划为准保护区。

（二）裂隙水与饮用水水源保护区划分方法

按成因类型不同分为风化裂隙水、成岩裂隙水和构造裂隙水，裂隙水需要考虑裂隙介质的各向异性。

1）一级保护区

风化裂隙、成岩裂隙大型水源地需要利用数值模型，确定污染物相应时间的捕获区范围作为保护区。以地下水开采井为中心，溶质质点迁移 100 天的距离为半径所圈定的范围作为水源地一级保护区范围。中小型水源地以开采井为中心，按式（10-2）计算的距离为半径的圆形区域，一级保护区 T 取 100 天。

构造裂隙潜水型水源应充分考虑裂隙介质的各向异性。以水源地为中心，利用式（10-2），n 分别取主径流方向和垂直于主径流方向上的有效裂隙率，计算保护区的长度和宽度。T 取 100 天。

2）二级保护区

风化裂隙、成岩裂隙大型水源地裂隙潜水型水源地设置二级保护区，一级保护区以外，溶质质点迁移 1000 天的距离为半径所圈定的范围为二级保护区。中小型水源地以开采井为中心，按式（10-2）计算的距离为半径的圆形区域。二级保护区 T 取 1000 天。

构造裂隙潜水型水源应充分考虑裂隙介质的各向异性。以水源地为中心，利用式（10-2），n 分别取主径流方向和垂直于主径流方向上的有效裂隙率，计算保护区的长度和宽度。T 取 1000 天。裂隙承压水型水源地不设置二级保护区。

3）准保护区

必要时将水源补给区和径流区划为准保护区。

（三）岩溶水饮用水水源保护区划分方法

根据岩溶水的成因特点，岩溶水分为岩溶裂隙网络型、峰林平原强径流带型、溶丘山地网络型、峰丛洼地管道型和断陷盆地构造型五种类型。岩溶水饮用水源保护区划分须考虑溶蚀裂隙中的管道流与落水洞的集水作用。

1）岩溶裂隙网络型水源保护区

划分方法与风化裂隙水相同。

2）峰林平原强径流带型水源保护区

划分方法构造裂隙水相同

3）溶丘山地网络型、峰丛洼地管道型、断陷盆地构造型水源保护区划分

一级保护区：参照地表河流型水源地一级保护区的划分方法，即以岩溶管道为轴线，水源地上游不小于 1000m，下游不小于 100 m，两侧宽度按式（10-2）计算（若有支流，则支流也要参加计算）。同时，在此类型岩溶水的一级保护区范围内的落水洞处也宜划分为一级保护区，划分方法是以落水洞为圆心，按式（10-2）计算的距离为半径（T 值为 100 天）的圆形区域，通过落水洞的地表河流按河流型水源地一级保护区划分方法划定。

二级保护区：不设二级保护区。

准保护区：必要时将水源补给区划为准保护区。

五、加强流域综合整治

不论是我国还是其他发达国家的实践均已证明，加强流域整治，是一种行之有效的水资源保护措施。

山区的经济活动一般是资源开发型的。对干旱半干旱地区而言，山区还是流域水资源形成区，保护山区水资源对保护整个流域水资源是有重要意义的（刘昌明和何希吾，1998）。对山区的水资源保护主要是防止水土流失、矿井开采中的资源流失和其他污染途径造成的水资源污染。只要防止或减轻山区的土壤侵蚀和矿产开采中的资源流失，水质就会得到较好的保护。因此，有效地保护山区水资源，应当有计划地划分水资源保护区，禁止乱砍滥伐森林和安排有污染的工业。同时要大力加强植树造林，调节气候，涵养水源，促进自然界水分的良性循环。

平原地区的经济活动一般是生产型和加工型的，工农业生产废水和城市生活污水是造成该区水域污染的主要原因。所以，从保护与利用水资源方面考虑，平原地区应当采取有效的污水处理措施，提高水资源的利用效率。

六、加强地下水监测

对地下水动态、水质及其变化趋势进行全面、系统地监测，为地下水保护提供基础资料，对水源保护至关重要。要逐渐建立和完善地下水监测网络系统、地下水监测信息系统、地下水环境预警预报系统等，掌握地下水环境的变化规律，指导地下水保护。

七、加强地下水保护的科学研究

要针对地下水保护的科学问题开展深层次的研究，如地下水脆弱性评价与编图技术、水源地保护带划分技术、非点源污染调查与评价、污染含水层的修复与治理、地下水监测网优化与设计等，加强研究，组织联合攻关。

第十一章　矿床水文地质

矿床水文地质是水文地质学的重要组成部分，是水文地质学理论方法在矿床勘探、开发利用中的应用。地下水既是宝贵的资源，也是致灾因子，矿床水文地质主要的思想是围绕矿区消除水患水害而开展工作。保障矿山工程安全，须明晰矿区水文地质条件，确定矿床充水因素，预测矿井涌水量；在了解一般性矿井水害规律的基础上，进行矿井水害预测预报，开展矿井水害防治；由于矿床开发对环境特别是对地下水环境的扰动，会产生一系列的环境问题，所以需要通过科学合理的地下水开发利用与防治方案，将环境影响降至最小。矿床水文地质工作可以分为矿床调查中的矿床水文地质调查工作与开采中的矿井水文地质工作。两者关系密切，不可分割。前者是矿产地质勘探的组成部分，以满足勘探要求与矿山设计为目的，这部分工作是从事地下水研究者的主要工作；后者是矿山企业为保障生产安全，提高效益、降低成本、保护环境为目的的。

一般来讲，矿床水文地质的概念专门用于矿山勘探阶段，而矿产开发阶段的水文地质一般称为矿井水文地质。水文地质勘探以国家的勘探规范为其工作依据，查明矿区水文地质条件与主要充水因素，预测矿坑涌水量，初步评价矿区供水水源，预测开采造成的环境地质问题，为矿井设计服务。而矿井水文地质按矿山开发可以划分为 3 个阶段：开拓阶段水文地质工作、开采阶段水文地质工作及闭坑与矿山恢复阶段的水文地质工作。此外，还有一些专门性的服务于矿山开发的水文地质工作，如环境评价、矿坑水的防治与利用、专门供水等专项水文地质工作。

第一节　矿床充水与矿床水文地质分类

一、矿床及矿床开采

（一）矿床类型

一般情况下矿体本身不含水，即使含水也是少量的裂隙水，对矿床充水无意义。矿床充水主要由围岩含水造成，围岩含水性决定矿床的充水条件与矿井涌水量大小。不同类型矿床的含水性各异。

岩浆矿床：围岩多为岩浆岩，含裂隙水，矿井涌水量小，但也有分布在碳酸盐岩分布区的接触交代型与侵入型矿床，因围岩是可溶岩，矿井涌水量大。

沉积矿床：陆相沉积建造矿层的顶底板均为碎屑岩，涌水量相对较小；海陆交互相沉积构造，因矿床顶底板分布碳酸盐岩，涌水量相对较大。

变质矿床：该类型充水特点取决于变质岩的原生性质。

（二）矿田与井田

矿田是指一个矿床的天然分布范围，如一个煤盆地称煤田；一个铁矿分布地称铁矿田。

井田是指一个大矿田中开采的基本单元。例如，一个分布为数千平方公里的大煤田，只有将它分割为若干单元才便于组织开采；也可以将数个规模较小的相邻矿体（如金属矿）划归为一个单元进行开采。为便于开采，常将井田划分成较小的采区。井田的范围与边界是根据效益规模（储量、开采年限）人为划分的。边界的确定关系井田的矿井涌水量，因为在同一含矿地下水系统中的不同部位，含水层的补给、径流条件与富水性各不相同，造成同一矿田中不同井田的矿井涌水量有很大差异。井田划分或采区的划分在复杂水文地质条件区域尤为重要，关系开采顺序，可以先易后难，积累经验，在整体上减少疏干量。

（三）开采方式

（1）露天开采。浅埋矿床一般宜露天开采。露天开采经济、安全，适用于大型机械施工，建矿快，产量大、生产效率高。露天开采时，把矿层分割为一定厚度的水平分区，由上而下梯状开采。

（2）地下开采。水平（中段）与采区：由于矿体空间分布大，开采前首先需将矿体分割成若干开采块段，在垂向上，层状矿称水平，非层状矿称中段，每一水平控制的开采厚度为100～150m，中段略小；在平面上分阶段开采的区域为采区。

开拓、采准、回采依次是地下开采的 3 个阶段。开拓阶段的主要任务是从地面到矿体通过开掘一系列的井（垂直的）、巷（水平的），建立运输、通风、排水、供水系统，这些统称为开拓井巷，均分布在围岩中，故开拓井巷涌水量在矿井总涌水量中所占比例较大；采准阶段是对采区作进一步的分割，以形成更多的采矿工作区，也主要分布在围岩中；回采阶段是大量采出矿石的生产过程，采矿过程完成后即形成采空区。开采阶段影响的主要是类似于揭露含水层或导通充水通道的问题。

地下采矿方法可分为支撑采矿法、崩落采矿法、充填采矿法。支撑采矿法分天然和人工两种：天然支撑法又称矿柱法，采用保留安全矿柱（永久、临时）的方法保持围岩稳定性；人工支撑采矿法是用人工支撑的方法控制地压，保护采区安全生产。崩落采矿法是运用崩落上盘岩石来充填采空区，控制围岩的位移，确保安全生产，一般适应于无地表水或顶底板无强含水层的地区。充填采矿法的优点是在基本不改变上覆地层的情况下进行开采，但成本高，大多用于城镇、道路、地表水下和顶底板有强含水层的情况下。崩落法是最常用的采矿方法，但它对矿井突透水影响也最大。开采方法主要是涉及岩体稳定性，如开裂、下沉，对是否能导通含水层或水体非常关键。

二、矿床充水因素

矿体尤其是围岩中赋存有地下水，这种现象称矿床充水。这些地下水及与之有联系的其他水源，在开采状态下造成矿井的持续涌水。水源进入矿井的途径称为充水通道。水源与通道构成了矿床充水的基本条件，其他各种因素只是通过对水源与通道的作用，影响矿井涌水量的大小，称充水强度影响因素。例如，阻隔各种水源进入矿井自然因素，扩大天然通道，产生新通道的采矿因素。水源、通道、充水强度影响因素，统称为矿床充水因素，它们在充水过程中的不同组合，形成了不同的充水条件。其中，充水水源的规模、充水通道的导水性及导致采矿后发生变化的采矿因素，是矿床充水因素分析的重点。矿床充水是矿井涌水、矿井突水的前提条件。

矿床充水因素分析贯穿矿床勘探与开采的全过程。勘探阶段，主要根据矿床所处的自然环境及矿区水文地质条件，初步预测采后主要充水水源和通道，为矿井涌水量的预测与矿井排水设计提供依据；开采阶段，充水因素分析更具体，可结合具体开采条件解决矿井充水水源和充水通道问题，为所采取的防治矿井充水措施提供依据。

（一）充水水源

1. 降水

降水是地下水的主要补给水源，所有矿床充水都直接或间接与降水有关。有时降水还是唯一的矿床充水水源，如位于当地侵蚀基准面以上的矿床和无地表水分布的矿区。研究降水对矿床充水的意义：一是降水作为矿床水文地质的宏观影响因素的控制作用；二是降水补给直接作用的矿床，如分水岭地段和地下水位变幅带内的矿床，矿床浅埋且充水含水层基本裸露的矿床及类似西南高原岩溶管道充水的矿床；三是季节性降水对位于调蓄库容巨大的蓄水构造中矿床的影响。

（1）充水特征。降水量是决定矿床充水大小的根本因素，南方湿润多雨地区的矿床充水强度普遍大于北方半干旱地区，而西北干旱地区的矿井涌水量很小；降水入渗随矿体埋深而减弱，并出现涌水量滞后的特征；矿井涌水量呈季节性周期变化，最大涌水量是正常涌水量的数十倍。

（2）分析与评价方法。分析降水的充水影响，首先要考虑矿体与当地侵蚀带和地下水的关系，以及地形的自然汇水条件，然后具体地分析矿体的埋深、入渗条件和汇水条件。矿井涌水量预测的重点是丰水年雨季峰期的最大涌水量，预测方法常以均衡法为主，尤其是位于分水岭地区的矿床，其雨季地下水渗流场呈大起大落的垂向运动，不符合渗流理论的基本原理。降水入渗系数在山区可通过小流域均衡试验实测或选用宏观经验值，在平原地区一般根据降水量与地下水位的长期观测资料计算取得，也可运用数值模型的调参求得入渗系数的平面分布值。在泉域地区还可采用描述地下水排泄量（泉流量）与降水量关系的集中参数系统模型（黑箱模型），求得整体泉域降水的有效补给量（入渗量）及其滞后特征，但是这些天然状态值的应用，要考虑采矿后的影响。

2. 地表水

位于矿区或矿区附近的地表水，往往会成为矿井水的重要充水水源，对采矿造成很大威胁。因此，地表水是矿床水文地质条件复杂程度划分的重要依据之一。

1）充水特征与补给方式

地表水的规模及其与矿体之间的距离，直接影响矿床的充水强度。一般地表水的规模越大，距离越近，威胁也越大；反之则小。位于季节性河流附近的矿床，平时涌水量一般不大，仅在雨季对矿床的威胁较大；随开采深度增加，地表水的影响也会明显减弱。此外，若对矿井排水管理不当，其回渗量也可成为矿井水的重要来源。

地表水对矿床充水影响的强弱，取决于地表水对矿井的补给方式。

（1）渗透式补给：这种补给方式无大水矿床，其条件是充水围岩以裂隙含水层为主，或地表水体下分布稳定的弱透水层。

（2）灌入式补给：大多数发生在大水矿床中。主要是各种因素导致岩溶塌陷致使岩溶通道被导通，与地表水体直接发生联系，还有就是河流通过强透水冲积层直接灌入到开采面。

2）分析与评价方法

对地表水补给条件的评价，应从上述两种补给方式的基本条件入手，分析河水通过导水通道灌入或渗入矿井的可能性：一是要分析地表水与充水围岩之间有无覆盖层及其隔水条件；二是分析开采状态下有无出现导水通道的条件，如覆盖层变薄或尖灭形成"天窗"、断裂破碎带、地面塌陷、顶板崩落等。此外，应利用一切技术手段掌握地表水与充水围岩之间的水力联系程度，如抽水试验、地下水动态成因分析、同位素测试、实测河段入渗量或用数值法反演等计算不同河段的入渗量等。但是，准确评价大型地表水的充水强度是很困难的，往往直至矿井开采结束前都应观测研究地表水灌入的可能性。

在地表水下采矿时一般要采用保护顶板稳定性的采矿方法，如充填采矿法、支撑采矿法等防止地表水的灌入。

3. 地下水

地下水是矿井涌水最常见的直接来源。造成矿井涌水的含水层称充水含水层（或充水围岩）。同时它还是其他水源进入矿井的主要途径。

1）充水特征

充水含水层的空隙性决定矿床的充水强度。空隙类型是矿床水文地质分类的依据。在宏观上岩溶充水矿床最强，裂隙充水矿床最弱，孔隙充水矿床居中。我国的大水矿床（指矿井涌水量大于 10 万 m^3/d）多数为岩溶充水矿床。

充水含水层与矿体的接触关系决定了矿井的进水条件，分为直接进水和间接进水。充水含水层的规模及其补给径流条件，影响矿井涌水量大小和动态。含水层规模大、补给径流条件好，矿井涌水量大而稳定；反之，涌水量随排水逐年减小，易疏干。此外，开采初期矿井涌水量受储存量影响大，后期则主要反映充水含水层的补给径流条件。

在我国，对矿床威胁最大的充水岩溶含水层依次是：北方中奥陶系灰岩、南方二叠系茅口组灰岩和石炭系壶天组灰岩，其共同特点是岩石质纯厚度大、岩溶发育，90%的大水矿床分布其中。

2）分析与评价方法

对矿床充水含水层的研究与评价，除常规水文地质条件分析方法外，最有效的技术方法是抽水试验。对于一般的充水矿床，常通过一至数个典型地段的抽水试验，查清典型地段含水层的水文地质条件，获取矿床充水含水层的代表性水动力参数及涌水量与水位降深的统计关系，作为评价其富水性及补给径流条件的依据，并为解析法和数理统计法等方法预测矿井涌水量提供基本数据。对于水文地质条件复杂的矿床，20 世纪 70 年代以来，我国普遍采用大流量、大降深、大口径、大范围的大型群孔抽水试验，从整体上揭示充水含水层的结构特征及其补给、径流、排泄条件，作为充水条件评价的依据，大大提高了对大水矿床的勘探与评价的水平。

4. 老窑水

老窑水是指被废弃的矿井和淹没的生产井巷中的积水，是矿区浅部采矿常见的充水水源。老窑水涌水一般来势凶猛，酸性大并含有害气体或携带块石沙土，破坏性大。同时，老窑水涌水还可成为其他水源涌入矿井的通道，此时危害更大。老窑水因年代久远，分布范围不清，调查困难。对老窑水的调查很重要，主要通过调查编制老窑水空间分布图，划分危险区，估计容积水量，查清其与其他水源的联系。

除上述几种主要水源外，玄武岩中的同生、次生洞穴，煤矿中因煤层自燃形成的空洞均充满积水，虽然储存量不大，有时也会对开采造成不良影响，尤其是当它们成为导水通道时，可能对矿井充水强度影响很大，因此也应给予一定的关注。

在实际情况下，充水水源可能是由多种水源组成的，也可能是相互转化的，在这里只是限定在主要水源或直接水源的范畴，以利于充水条件分析。

（二）充水通道

矿床充水通道是矿井充水的重要因素，由于矿床充水通道种类繁多，性质千差万别，以下仅对矿井构成直接威胁的溃入式导水通道进行论述。

1. 构造断裂带

1）充水特征

对于不同类型的充水矿床，断裂带的充水意义各不相同。裂隙充水矿床富水性弱，断裂带中的地下水则可以成为矿井的主要充水来源；岩溶充水矿床断裂带本身是否富水意义不大，重要的是它的导水作用。断裂带的导水作用因其在矿区的分布位置而异。

（1）隔水断层：一般为压性断层或断裂带被黏土质充填。隔水断层分布在充水含水层内时，常隔断充水含水层的水力联系，但强烈的采矿活动可使其转化为导水断裂带；若分布在边界上，能阻止区域地下水的补给；当切穿顶底板隔水层时，会降低其隔水性，在开采条件下可造成顶板或底板的突水。

（2）导水断层：边界的导水断层起充水含水层接受区域地下水补给的通道作用；矿区内导水断层与地表水连通时，常成为地表水溃入矿井的导水通道；井巷通过充水含水层内的导水断层时，涌水量增大，也可产生溃水。

（3）不同规模的断层，在矿床充水中的意义各有不同：规模大的断层一般组成矿田的天然边界或井田的人为边界，控制矿床或矿井的地下水补给径流条件，影响矿井涌水量大小；分布在矿区内的中小断层或区域性构造裂隙带，是矿井顶底板突水中最多见的突水通道，在华北石炭系–二叠系煤田中 50%以上的突水事故都与该类断裂有关。

断层是否成为矿井溃入式导水通道，取决于断层的性质与采矿活动的方式和强度。采矿活动中，由隔水断层转化为导水断裂带的现象并不少见。

2）分析与评价方法

对断裂带导水作用的调查研究，是矿床水文地质工作的重点。应从其自身水文地质特性入手，查清断层不同部位的导水性及其与力学性质、两侧地层岩性变化的关系，在此基础上根据断层的分布位置，结合开采条件评价其充水作用：是作为沟通充水含水层与其他水源之间联系的间接充水作用，还是导致矿井大量突然涌水的直接通道作用。后者是关键，勘探时常需投入大量勘探与试验工作，并利用各种技术方法综合评价其导水控水作用，如钻探、坑探、物探、抽水试验及地下水流场、水化学、同位素分析等。

2. 岩溶塌陷与"天窗"

1）充水特征

岩溶塌陷是指覆盖于充水（或空气）空间之上的土层，因外力（抽水、放水、暴雨）作用瞬间塌落，先期存在的岩溶洞隙为容纳和运移塌落物质提供了必要的空间条件，它是岩溶动力地质作用的结果，与非可溶岩中产生的塌陷不同。岩溶塌陷的形成受三要素控制：可溶岩浅部岩溶发育；上覆盖层薄而松散；水动力场发生急剧变化。其主要分布地段：地下水降落漏斗范围内；构造断裂及裂隙密集带；河床及沿岸；地面低洼长年积水或岩溶水排泄带；可溶岩与非可溶岩接触带，岩溶水位在覆盖层附近等。岩溶塌陷是岩溶充水矿床严重的水文地质工程地质问题，它不仅造成突发性矿井溃水，还破坏地面多种设施，导致河水断流，破坏水资源。我国岩溶塌陷集中发生在南方溶洞充水矿床中。

"天窗"是指岩溶充水含水层与上覆冲积层之间的未胶结、半胶结地层，因沉积相变或河谷下切而变薄甚至消失，导致充水含水层与上覆第四系含水层的直接接触，形成导水"天窗"。天然状态下，"天窗"是充水含水层地下水排泄通道，也是岩溶坍塌的有利部位。例如山东莱芜铁矿，1995 年中奥陶系灰岩中的大型疏干工程放水试验，最大放水量为 10.6 万 m^3/d，平均水位降深为 59.04m，地面出现岩溶塌陷 27 处，其中位于汶河及其支流的覆盖层变薄处占 88.9%，共 24 处。一旦"天窗"形成坍塌，其补给方式立即由渗透补给演变为集中灌入式补给。

2）预测方法

据上所述，研究岩溶塌陷最有效的方法，是利用抽、排水和暴雨过程，观测岩溶塌陷的分布规律和形成发展过程及与抽水、排水、暴雨时的流场变化关系，并根据塌陷形成三要素建立预测模型，预测发展趋势。预测方法有：

（1）地质分析法。综合历史与现状，根据岩溶发育的地质背景条件与内外动力因素，预测开采状态下的发展趋势；

（2）多元逐步回归分析。用塌陷强度（因变量）与影响因素（自变量）构建回归方程，通过两者之间的显著程度检验，确定关系密切的自变量进入回归方程，建立预测模型。

（3）经验公式。如利用抽、放水试验，建立塌陷范围（或强度）与水位降深的关系式。

3. 岩溶陷落柱

岩溶陷落柱指石炭系-二叠系煤系地层下伏中奥陶碳酸盐岩中的古洞塌陷形成的柱体。它与现代岩溶塌陷不同，是石膏岩溶产物。灰岩中硬石膏因水解膨胀，使上覆坚硬岩层受挤压破碎塌落充填而成。岩溶陷落柱主要分布在煤层底板厚层灰岩古剥蚀面附近，仅晋、鲁、冀、陕、豫、苏 6 省 45 个矿区就发现 2875 个，最大的空间体积有 3 万 m^3，分布密度最多达 70 个/km^2（山西西山煤矿）。多数岩溶陷落柱无水，只有少数因塌落物疏松，或在地震影响下充填物与围岩产生相对位移，成为导水通道，突水时水量大、来势凶，易酿成灾害。

4. 采空区上方冒裂带

当采矿形成大面积采空区后，原始应力平衡受到破坏，采空区顶板在集中应力的作用下，岩层破裂冒落，在采空区上方依次产生无规则冒落带、导水裂隙带和变化微弱的整体移动带，并在地面形成塌陷。上述分带规律在岩层缓倾的矿区较完整，并与崩落采矿法有关。冒落带和导水裂隙带统称为冒裂带。当冒裂带达到上覆地面水源时，将造成突水。因此，冒落带和导水裂隙带的最大高度限制，是在强含水层或地表水下采矿时，确保安全开采上限的重要依据。

5. 隔水底板与突水通道

当采空区位于高压富水的岩溶含水层上方时，在矿山压力和底板承压水压力水头的作用下，岩溶水会突破采空区底板隔水层的薄弱地段涌入矿井。因此，隔水层的薄弱地段，也可视为特殊的导水通道。首先要有富水性强的充水含水层，一般大突水点均分布在岩溶发育的强径流带上；矿井底板长期处于高水头的压力下；隔水底板厚度变薄或裂隙发育的地段是突水高发的薄弱地段，据统计 50%～90% 以上的突水点与断裂有关；矿山压力是诱发底板突水的外力，其作用有一过程，少则数天，多则数月，甚至多年。例如，河北开滦煤矿赵各庄有一石门风道，开拓后 12 年无突水迹象，1972 年 3 月 3 日在东Ⅲ断层处出现淋水，3 月 5 日开始涌水，水量为 1.08m^3/min，至 3 月 15 日突水量最大值达 52.7m^3/min，并随流溃冲下矿石 175m^3，还伴有冲击地压。

6. 封闭不良或未封闭钻孔

若对各种完工的钻孔处置不当，其可成为连通各水源涌入矿井的直接通道，国内外均有钻孔突水淹矿的记录，因此要求对每口已完工的钻孔进行严格的封孔止水。其作用一是为保护矿体免遭氧化破坏；二是防止地下水或其他水源直接入渗到矿井。

导水通道在矿井充水过程中的突发性、复杂性、灾害性是它的重要特点，三者相互依存，在大水矿床开采中得到最完整的体现。我国大水矿床的主要突水通道各异，北方以底板突水为主，南方以地面塌陷为主，它们均与断裂有关。因此，断裂岩溶塌陷及底板突水通道是研究重点。

（三）采矿活动

采矿活动对矿床充水的影响是十分巨大和明显的。采矿产生的矿山压力，造成矿层顶板冒落与底板隔水层的破坏，使矿井与主要充水含水层或其他水源直接接触；矿山压力也使一些隔水断层"复活"变成导水通道。同时，矿井排水改变充水层的补给、径流、排泄条件，使排泄区的地下水回流，并与系统外其他水源沿排泄区进入矿区，造成排泄区及其下游地区水资源的枯竭；排水产生的地面塌陷，改变了矿床的封闭程度，因此一个河床塌陷坑的地表水灌入量可能比数十平方公里裸露面积的降水入渗量对矿井的威胁更大。此外，排水还会产生流砂等水文地质工程地质问题。可以说，所有主要导水通道的形成均与采矿活动有关。

1. 矿山压力

矿山压力是指由于采矿形成的采空区，破坏了矿区顶底天然的均衡受力状态，其在上覆岩层的重力作用下出现顶板下沉、破碎、冒落；底板膨胀，底鼓出现采动裂隙，这种造成岩层变化的力，称为矿山压力。矿山压力随采空区采深的加深和面积的扩大而增强，是造成顶底板突水的基本要素。

采空区顶板冒落一般从顶板弯曲、产生裂隙开始，最终崩落，其过程由下而上一层一层地冒落，直到填满整个采空区，并在冒落带上方形成导水裂隙和岩层的整体移动。我国煤矿冒落带高度一般是煤层厚度的 2～3 倍，个别可达 8 倍以上，如辽宁阜新煤矿。

采空区底板的弯形破坏，一般随采矿工作面的推进，呈现出采前压缩、采后膨胀、采后再压缩和采后稳定等变形过程。从研究采矿压力与突水关系出发，压缩区与膨胀区分界线上岩层受剪切力影响最大，底鼓和采动裂隙最发育，尤其是在采面推进方向的前方剪切线是底板最薄弱的位置，是突水点集中分布的位置。

2. 矿山排水

矿山排水形成以采矿井巷为中心的地下水降落漏斗，并随采空面积和采深的增加而不断延展，有的岩溶充水矿床的疏干影响距离可超过数十公里，并彻底改变区域水文地质背景条件和矿床的充水条件。具体影响如下：

（1）改变充水含水层的渗透性。疏干漏斗范围内地下水力坡度与流速增大，含水层的充填物被冲刷、流失，原始的空隙结构遭破坏。1977 年开始的岩溶充水矿山回访调查工作表明，由于矿井的排水量大，多数岩溶充水矿山的主要充水含水层的渗透性有所增大，影响矿井涌水量预测的精度。

（2）改变地表入渗条件。疏干漏斗范围内的地表覆盖层遭到不同程度的破坏，地表入渗条件增强，一些岩溶充水矿山调查表明，疏干前降水、融雪大多流泄于地表，排水后基本是向地下入渗。

（3）扩大矿床的充水含水层，转移天然补给边界。在长期疏干状态下，下伏区域含水层中的地下水会通过对疏干层的补给涌入矿井，造成充水含水层的扩大。此外，随疏干漏斗的不断外延，矿床的自然边界逐渐失去隔水作用，境外新水源随之进入矿区。例如湖南恩口煤矿，主要充水含水层为底板下面的茅口组与栖霞组灰岩，地表壶天河、小碧河、涟水河自东向西横切矿区，天然状态下矿区与东部壶天河之间存在地下分水岭，充水含水层是茅口组灰岩，勘探时以壶天河与小碧河为定水头补给边界。1966 年建井至 1982 年，发现东部地下水分水岭已基本消失，下部栖霞组灰岩地下水已进入疏干范围，西部疏干漏斗已跨越小碧河以西 2000 多米，并继续向西的涟水河方向扩展。在滨海地区则随疏干漏斗的发展造成海水倒灌，如辽东复州湾黏土矿。

三、矿床水文地质分类

（一）矿床水文地质分类

长期的勘探与开采实践表明，水文地质条件相似的矿床，具有基本类同的充水条件与接近的矿井涌水量及采后的主要水文地质工程地质问题。随着资料和经验的积累，人们逐渐揭示了矿床所处的内外环境与充水条件及充水强度之间的内在联系，在对复杂多变的矿床充水条件具有高度概括的基础上，划分了不同的水文地质类型，明确了各类型的基本水文地质特征，提高了矿床水文地质勘探的效率。国家标准《矿区水文地质工程地质勘探规范》（GB12719-91）适用于矿床水文地质勘探的分类方案如下。

1. 类及亚类

根据矿床主要充水层的储水空间特征，将充水矿床划分为 3 类。

第一类是以孔隙含水层充水为主的矿床，简称孔隙充水矿床；

第二类是以裂隙含水层充水为主的矿床，简称裂隙充水矿床；

第三类是以岩溶含水层充水为主的矿床，简称岩溶充水矿床。

岩溶充水矿床又可按岩溶形态划分为 3 个亚类：第一亚类为溶蚀裂隙为主的岩溶充水矿床；第二亚类为以溶洞为主的岩溶充水矿床；第三亚类为以暗河为主的岩溶充水矿床。

2. 不同充水方式与类型

按矿体（或层，下同）与主要充水含水层的空间关系，上述各类充水矿床充水方式分为：直接充水的矿床，指矿床主要充水层（含冒落带和底板破坏厚度）与矿体直接接触，地下水直接进入矿井；顶板间接充水矿床，指主要充水层位于矿层冒落带之上，矿层与其之间有隔水层或弱透水层，地下水通过构造破碎带、弱透水层进入矿井；底板间接充水矿床，指主要充水层位于矿层之下，矿层与其之间有隔水层或弱透水层，承压水通过底板薄弱地段、构造破碎带、弱透水层或导水的岩溶陷落柱进入矿井。

若综合考虑矿体与当地侵蚀基准面的关系，地下水的补给条件、地表水与主要充水层水力联系密切程度，主要充水含水层和构造破碎带的富水性、导水性，第四系覆盖情况及水文地质边界的复杂程度等，各类充水矿床又可分 3 种类型。

第一种类型，水文地质条件简单的矿床。主要矿体位于当地侵蚀基准面上，地形有利于自然排水，或主要矿体虽在基准面以下，但附近无地表水体。矿床主要充水层和构造破碎带富水性弱至中等，地下水补给条件差，很少或无第四系覆盖，水文地质边界简单。

第二种类型，水文地质条件中等的矿床。主要矿体位于当地侵蚀基准面以上，地形有自然排水条件，主要充水含水层和构造破碎带富水性中等至强，地下水补给条件好；或主要矿体位于当地侵蚀基准面以下，但附近地表水不构成矿床的主要充水因素，主要充水含水层、构造破碎带富水性中等，地下水补给条件差，第四系覆盖面积小且薄，疏干排水可能产生少量塌陷，水文地质边界较复杂。

第三种类型，水文地质条件复杂的矿床。主要矿体位于当地侵蚀基准面以下，主要充水含水层富水性强，补给条件好，并具较高水压，构造破碎带发育，导水性强且沟通区域强含水层或地表水体，第四系厚度大、分布广，疏干排水有产生大面积塌陷、沉降的可能，水文地质边界复杂。

（二）矿井水文地质分类

与指导勘探不同，矿井水文地质分类的目的是分析矿井水文地质条件，指导矿井防治水工作，通过采取有效的防治水措施，确保生产安全。由于防治水主要面向的是煤炭产业，因此在本书介绍煤炭生产的矿井水文地质分类（表 11-1）。

表 11-1　矿井水文地质类型

分类依据		类别			
		简单	中等	复杂	极复杂
受采掘破坏或影响的含水层及水体	含水层性质及补给条件	受采掘破坏或影响的孔隙、裂隙、岩溶含水层，补给条件差，补给来源少或极少	受采掘破坏或影响的孔隙、裂隙、岩溶含水层，补给条件一般，有一定的补给水源	受采掘破坏或影响的主要是岩溶含水层、厚层砂砾石含水层、老空水、地表水，其补给条件好，补给水源充沛	受采掘破坏或影响的是岩溶含水层、老空水、地表水。其补给条件很好，补给来源极其充沛，地表泄水条件差
	单位涌水量 q/[L/(s·m)]	$q \leqslant 0.1$	$0.1 < q \leqslant 1.0$	$1.0 < q \leqslant 5.0$	$q > 5.0$
矿井及周边老空水分布状况		无老空积水	存在少量老空积水，位置、范围、积水量清楚	存在少量老空积水，位置、范围、积水量不清楚	存在大量老空积水，位置、范围、积水量不清楚
矿井涌水量/（m³/h）	正常 Q_1	$Q_1 \leqslant 180$（西北地区 $Q_1 \leqslant 90$）	$180 < Q_1 \leqslant 600$（西北地区 $90 < Q_1 \leqslant 180$）	$600 < Q_1 \leqslant 2100$（西北地区 $180 < Q_1 \leqslant 1200$）	$Q_1 > 2100$（西北地区 $Q_1 > 1200$）
	最大 Q_2	$Q_2 \leqslant 300$（西北地区 $Q_2 \leqslant 210$）	$300 < Q_2 \leqslant 1200$（西北地区 $210 < Q_2 \leqslant 600$）	$1200 < Q_2 \leqslant 3000$（西北地区 $600 < Q_1 \leqslant 2100$）	$Q_2 > 3000$（西北地区 $Q_2 > 2100$）
突水量 Q_3/（m³/h）		无	$Q_3 \leqslant 600$	$600 < Q_3 \leqslant 1800$	$Q_3 > 1800$
开采受水害影响程度		采掘工程不受水害影响	矿井偶有突水，采掘工程受水害影响，但不威胁矿井安全	矿井时有突水，采掘工程、矿井安全受水害威胁	矿井突水频繁，采掘工程、矿井安全受水害严重威胁
防治水工作难易程度		防治水工作简单	防治水工作简单或易于进行	防治水工程量较大，难度较高	防治水工程量大，难度高

注：①单位涌水量以井田主要充水含水层中有代表性的为准；②在单位涌水量 q，矿井涌水量 Q_1、Q_2 和矿井突水量 Q_3 中，以最大值作为分类依据；③同一井田煤层较多，且水文地质条件变化较大时，应当分每层进行矿井水文地质类型划分；④按分类依据就高不就低的原则，确定矿井水文地质类型。

第二节　矿井涌水量预测

矿床在开掘中揭穿岩层，使岩层中的地下水进入巷道，须通过排水才能消除或降低地下水对采矿工作的影响或威胁。预测进入巷道水量大小称为矿井涌水量预测。在水文地质条件控制和开采的共同作用下，地下水可以以不同方式进入巷道，即渗入式涌水和溃入式涌水。

前者符合地下水流一般性运动特征，属于生产中的正常现象，一般称为矿井涌水，是矿井涌水量预测评价的对象，通过排水等措施维持矿井的正常生产。后者不符合地下水流运动特征，地下水在很短时间大量进入巷道，水量超过设计疏干能力，能够造成事故，属于生产中必须预防的现象，称为矿井突水（也叫透水）。充水则称为矿床充水，是指矿床围岩地下水对于矿床的存在形式与状态，也是指未来矿井开采条件下地下水对矿井的影响。

一、矿井涌水量预测概述

（一）矿井涌水量预测的内容及要求

矿井涌水量是指矿山开拓与开采过程中，单位时间内涌入矿井（包括井、巷和开采系统）的水量，通常以 m^3/h 表示。它是确定矿床水文地质条件复杂程度的重要指标之一，关系矿山的生产安全与成本，对矿床的经济技术评价有很大的影响，并且也是设计与开采部门选择开采方案、开采方法，制订防治疏干措施，设计水仓、排水系统与设备的主要依据。因此，矿井涌水量预测可概括为以下 4 个方面。

（1）矿井正常涌水量：指开采系统达到某一标高（水平或中段）时，正常状态下保持相对稳定的总涌水量，通常是指平水年的涌水量。

（2）矿井最大涌水量：指正常状态下开采系统在丰水年雨季时的最大涌水量。对某些受暴雨强度直接控制的裸露型、暗河型岩溶充水矿床来说，常常还应依据矿山的服务年限与当地气象变化周期，按当地气象站所记录的最大暴雨强度，预测数十年一遇特大暴雨强度产生时可能出现暂短的特大矿井涌水量，作为制订各种应变措施的依据。

（3）开拓井巷涌水量：包括井筒（立井、斜井）和巷道（平巷、斜巷、石门）在开拓过程中的涌水量。

（4）疏干工程的排水量：指在规定的疏干时间内，将一定范围内的水位降到某一规定标高时，所需的疏干排水强度。

在生产过程中可以根据实际情况和需要选择上述一种或任意几种矿井涌水量预测评价，也可以自主设定其他种类的矿井涌水量评价。

（二）矿井涌水量预测的步骤

矿井涌水量预测是在查明矿床的充水因素及水文地质条件的基础上进行的。它是一项贯穿矿区水文地质勘探全过程的工作。一个正确预测方案的建立，是随着对水文地质条件认识的不断深化、不断修正、完善而逐渐形成的，一般应遵循如下 3 个基本步骤。

1. 选择计算方法与相应的数学模型

每个阶段一般要求选择 2 种或 2 种以上的计算方法，以相互检验、印证。选择时必须考虑 3 个基本要素。

（1）矿床的充水因素及水文地质条件复杂程度。例如，位于当地侵蚀基准面之上，以降水入渗补给的矿床，应采用水均衡法；水文地质条件简单或中等的矿床，可采用解析法或比拟法；水文地质条件复杂的大水矿床，要求采用数值方法。

（2）不同阶段对矿井涌水量预测的精度要求。

（3）资料满足程度。例如水均衡法，要求不少于一个水文年的完整均衡域的补给与排泄项的动态资料；Q-S 曲线方程外推法，要求其抽水试验的水位降达到预测标高水柱高度的 $1/2 \sim 1/3$；解析法，要求勘探工程对含水层结构、水动力学参数的确定与边界的概化提供充分的依据；数值法，要求勘探工程全面控制含水层的非均质各向异性、非等厚等结构特征及其边界条件，并提供数值模型的建立、识别、预测所需的完整信息数据。这些数据的获取，只有采用大型抽、放水试验对渗透场进行整体控制与揭露才可能做到。

因此，计算方法与相应数学模型类型的选择，与矿床的充水因素及水文地质条件复杂程度、勘探方法勘探工程的控制程度及信息量是相互关联的。所以数学模型类型选择是否合理，可以用以下标准衡量：一是对矿床水文地质条件的适应性，指能否正确刻画水文地质条件的基本特征。二是对勘探方法勘探工程控制程度的适应性，指是否最充分地利用勘探工程提供的各种信息，即信息的利用率；同时，也可理解为所选数学模型要求的勘探信息是否有保证，即信息的保障率。

2. 构建水文地质模型

矿井涌水量预测中数学模型的作用是对水文地质条件进行量化，因此预测精度主要取决于对充水因素与水文地质条件判断的准确性。由于不同数学模型类型对水文地质条件的描述形式与功能各异，因此必须按数学模型的特点构建水文地质模型，称其为水文地质条件的概化。概化后的水文地质模型称为水文地质概念模型，它在地质实体与数学模型之间起中介桥梁作用。下面以最基本的预测方法——解析法与数值法为例做一讨论。

（1）概化已知状态下的水文地质条件；

（2）给出未来开采状态下的内边界条件；

（3）预测未来开采状态下的外边界条件。

解析法将复杂的含水层结构与内外边界，以理想化模式构造理论公式，因此必须按解析解要求进行概化，如含水层均质等厚，内外边界几何形态规则，边界供水条件简单、确定。

数值法以近似分割原理对复杂的含水层结构、内外边界条件进行量化"逼真"，概化时要求以控制水文地质条件与内外边界的节点参数、水位与流量来构造水文地质概念模型。

3. 解算数学模型，评价预测结果

应该指出，不能把数学模型的解算仅仅看作是一个单纯的数学计算，而应看作是对水文地质模型和数学模型进行全面验证识别的过程，也是对矿区水文地质条件从定性到定量，再回到定性的不断深化认识的过程。

（三）矿井涌水量预测的特点

虽然矿井涌水量预测的原理方法与供水水资源评价类同，但其预测条件、预测要求与思路各有不同，充分考虑矿井涌水量预测的特定条件是提高矿井涌水量精度的关键。

（1）供水水资源评价，以持续稳定开采确保枯水期安全开采量为目标，而矿井涌水量预测则以疏干丰水期的最大涌水量为目标。

（2）矿床大多分布于基岩山区，含水介质的非均质性突出，参数代表性不易控制；边界条件复杂、非确定性因素多，常出现紊流、非连续流与管道流。评价与预测的定量化难度大。

（3）矿山井巷类型与分布千变万化，开采方法、开采速度与规模等生产条件复杂且不稳定，与供水的取水建筑物简单、分布有序、生产稳定形成明显的对比，给矿井涌水量预测带来诸多不确定性因素。

（4）矿井涌水量预测多为大降深下推。此时开采条件对水文地质条件的改变难以预料和量化，这与供水小降深开采有明显差异。

（5）矿床水文地质勘探阶段与专门性的供水水文地质勘探对比，一般投入小、工程控制程度低，预测所需的信息量相对少而不完整。

二、矿井涌水量预测

矿井涌水量预测可以依据表 8-1 提供的各种地下水资源计算的方法进行。在矿井涌水量预测中比较常用的方法可以分为以下几类：水文地质条件比拟法、统计学方法、解析法、数值法及均衡法等其他方法。水文地质比拟法是利用地质和水文地质条件相似、开采方法基本相同的生产矿井（采区或工作面）的排水或涌水量观测资料，来预测新建矿井的涌水量，这是一种近似的评价方法。统计学方法是通过建立涌水量与其他影响因素之间的相互关系，外推涌水量。数值法在矿井涌水量评价中需要注意的是如何把复杂的矿井系统概化成合理内边界。本书主要通过介绍解析法和均衡法在涌水量预测的应用，使学生理解与掌握各种评价方法是如何在矿井涌水量评价中使用的。

（一）解析法在矿井涌水量预测中的应用

1. 解析法的特点与应用范围

解析法具有对井巷类型适应能力强，使用快速、简便等优点，是最常用的基本方法。解析法是根据解析解的建模要求，通过对实际问题的合理概化，构造解析公式，用于矿井涌水量预测。解析法预测矿井涌水量时，常常用等效原则将各种形态的井巷与坑道系统概化成具有等效性的"大井"，称"大井"法。因此，矿井涌水量计算的最大特点是"大井法"与等效原则的应用，而在面向供水的水资源评价中则以干扰井的计算为主。

稳定井流解析法：应用于矿井排水（疏干）流场处于相对稳定状态的矿井涌水量预测。包括：①在已知某开采水平最大水位降深条件下的矿井总涌水量；②在给定某开采水平疏干排水能力的前提下，计算地下水位降深（或压力疏降）值。

非稳定井流解析法：用于矿床排水（疏干）过程中地下水位不断下降，疏干漏斗持续不断扩展，非稳定状态下的矿井涌水量预测。包括：①已知开采水平水位降深（S）、疏干时间（t），求涌水量（Q）；②已知 Q、S，求疏干某水平或漏斗扩展到某处的时间（t）；③已知 Q、t，求 S，确定漏斗发展的速度和漏斗范围内各点水头函数随时间的变化规律，用于规划各项开采措施。在勘探阶段，以选择疏干量和计算最大涌水量为主。

2. 应用条件概化

如上所述，应用解析法预测矿井涌水量时，关键问题是如何在查清水文地质条件的前提下，将复杂的实际问题概化。概化工作包括：分析疏干流场的水力特征；边界条件的概化；正确确定各项参数。

1）分析疏干流场的水力特征

矿区的排水（疏干）流场是在天然背景条件下，叠加开采因素演变而成的。分析时，应以天然状态为基础，结合开采条件做出合理概化。

（1）区分稳定流与非稳定流。在开拓阶段，地下水流场的内外边界受开拓井巷的扩展控制，以消耗含水层储存量为主，属非稳定流；进入回采阶段后，井巷轮廓大体已定，流场主要受外边界的补给条件控制，当存在定水头（侧向或越流）补给条件时，矿井水量被侧向补给量或越流量所平衡，流场特征除受气候的季节变化影响外，呈现相对稳定状态。基本符合稳定流的"建模"条件，或可以认为两者具等效性；反之，均属非稳定流范畴。

但选用稳定流解析法时要慎重，必须进行均衡论证，判断疏干区是否真正存在定水头供水边界或定水头的越流系统。

（2）区分达西流与非达西流。在矿井涌水量计算时，常遇到非达西流问题，它涉及解析法的应用条件，有两种情况应着重注意：一是暗河管道岩溶充水矿床，地下水运动为压力管道流与明渠流。此外，分水岭地段的充水矿床，矿井涌水量直接受垂向入渗降水强度控制，与水位降深无关。两者均与解析法的"建模"条件相距甚大，矿井涌水量预测应选择水均衡法或各种随机统计方法。二是局部状态的非达西流，常发生在大降深疏干井巷附近或某些特殊构造部位，非达西流对参数计算产生影响，对参数的代表性也存在影响。在宏观上，它是一个流态概化问题，不存在解析法的应用条件问题。

（3）区分平面流与空间流。严格讲，在大降深疏干条件下，地下水运动的垂向速度分量不能忽略，但完整井巷的地下水三维流运动的范围仅限于井巷附近，一般为含水层厚度的1.5~4.75倍距离。因此，在矿井涌水量预测中，大多将其纳入二维平面流范畴，在宏观上不影响预测精度。计算时应根据井巷类型做出不同的概化。

如竖井的涌水量计算，可概化为平面径向流问题，以井流公式表达。计算水平巷道涌水时，与剖面平面流近似，可采用单宽流量解析公式，但其两端上往往也产生辐射流，需要考虑它的存在，并采用平面径向流公式补充计算巷道端部的进水口。

坑道系统则复杂得多，根据"大井法"原理，一般以近似的径向流概化，但当坑道系统近于带状的狭长条形时，也可概化为剖面流问题。

对于倾斜坑道，可根据坑道的倾斜度，分别按竖井或水平巷道进行近似。若坑道倾斜度大于45°时，视其与竖井近似，用井流公式计算；若坑道倾斜度小于45°时，则视其与水平巷道近似，用单宽流量公式计算。

根据解析解的存在条件，一些简单的非完整井巷涌水量计算，可以运用三维空间问题予以解决。此时，可根据非完整井的特点，运用地下水动力学中映射法与分段法的原理来求解。通常用平面分段法解决完整竖井的涌水量计算，用剖面分段法解决非完整平巷的涌水量计算。

（4）区分潜水与承压水。与供水不同，矿井排水时，往往出现承压水转化为潜水或承压-无压水。此外，在陡倾斜含水层分布的矿区，还可能出现坑道一侧保持原始承压水状态，而另一侧却由承压水转化无压水或承压 – 无压水的现象。概化时，需从宏观角度进行等效的近似处理。

　　2）边界条件的概化

　　解析法要求将复杂的边界补给条件概化为隔水与供水两种进水类型。同时，将不规则的边界形态简化为规则的。但实际问题中一般难以具有上述理想条件，其进水条件常常既不完全隔水，又不具有无限补给能力，它的分布也极不规则。因此，必须通过合理的概化，缩小理论与实际的差距，满足近似的计算要求。其要点如下。

　　（1）立足于整体概化效果。

　　（2）以均衡为基础，用好等效原则。等效原则是边界概化中的常用方法，即通过概化（如相对隔水边界、近似定水头边界）寻找近似处理的途径，或根据等效原则将垂向越流补给和侧向补给共同构造定水头边界，将局部进水口概化为区域进水边界等。但这些等效原则的应用，必须建立在区域水均衡条件论证的基础上，并涉及参数的优化处理。

　　（3）充分考虑开采因素。开采排水产生的流场始终处于补给量与疏干量不断变化的动态平衡状态，随着开采条件的变化，边界的位置及其进水条件常发生转化。例如，湖南恩口煤矿的东部边界（图 11-1），在 I 水平疏干时东部壶天河不起作用；开采延伸至 II 水平时，因排水量增大漏斗扩展到壶天河，成为茅口组灰岩的定水头供水边界；当疏干达到 III 水平时，排水量随降深继续增加，当壶天河的补给能力无法与其平衡时，其定水头供水边界已不复存在，漏斗扩展至由隔水层构成的隔水边界，但壶天河仍以变水头集中补给形式平衡疏干漏斗的发展。概化时，应与西部边界的供水条件作统一的整体考虑，如仅就东部边界而言，可用等效原则按第一类越流边界处理，但必须从均衡出发，确定一个相当于第一类越流作用的"引用越流系数"取代。此外，也可单独计算壶天河的渗漏量，作为矿井涌水量的一部分。

　　（4）边界几何形态的概化也需认真对待。例如，湖北铜录山铜矿的露天矿涌水量预测，矿井充水来自围岩大理岩，与东西两侧岩浆岩隔水层呈 30° 交角，向南敞开（图 11-2）。

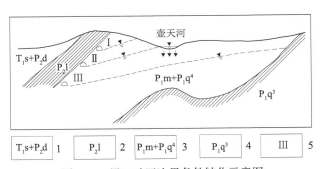

图 11-1　恩口矿区边界条件转化示意图

1.下三叠大冶组和上二叠长兴组灰岩；2.上二叠乐平组隔水层；3.下二叠茅口组与栖霞组岩溶含水层；4.下二叠栖霞组李子塘段隔水层；5.疏干水平

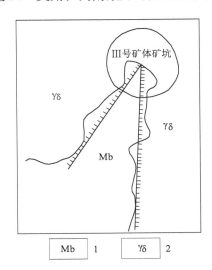

图 11-2　铜录山矿区边界概化图

1.大理岩；2.岩浆岩

　　20 世纪 60 年代勘探时，概化为东侧直线隔水的环状供水边界，采用非完整井稳定井流公式，预测矿井涌水量为 5958～7985m³/d，而实际涌水量仅 3790m³/d，误差为 57%～111%。70 年代回访调查验证计算时，采用 30°扇形补给边界的稳定流近似计算，得涌水量 3685m³/d，周期实际涌水量为 3416m³/d，误差仅 7.8%。证明边界形态概化的重要性。

（5）边界概化应把重点放在主要补给供水边界上。简化补给边界的形状往往会带来较大的误差，但简化隔水边界的形状影响一般不大。

3）各种类型侧向边界条件下的计算方法

（1）映射法，即根据地下水动力学中的映射叠加原理，获得矿井涌水量预测所描述的各种特定边界条件下的解析公式。可采用如下一般形式表示。

$$\text{稳定流}\quad Q = 2\pi(\varphi_R - \varphi_{r_0})/R_\Lambda \tag{11-1}$$

$$\text{非稳定流}\quad Q = 4\pi KU/R_r \tag{11-2}$$

式中，φ_R 和 φ_{r_0} 分别为外补给边界和矿井内边界处的势函数，在无压水时等于 $Kh^2/2$，在承压水时为 KMh，h 为地下水动水位（从下伏隔水层算起），M 为承压含水层厚度；K 为含水层渗透系数；U 为势函数，无压水时等于 $(H^2-h^2)/2$，承压水时等于 $M(H-h)$，H 为从下伏隔水底板算起的地下水天然水位；R_Λ 与 R_r 分别为稳定流与非稳定流的边界类型条件系数，用汇点、源点的映射法原理和水流叠加规则求得，各种理想化边界类型条件系数见表 11-2。

表 11-2　理想化边界类型条件系数

边界类型	图　示	R_Λ $\left[Q = 2\pi(\varphi_R - \varphi_{r_0})/R_\Delta\right]$	R_r $(Q = 4\pi KU/R_r)$
直线隔水		$\ln\dfrac{R^2}{2br_0}$	$2\ln\dfrac{1.12at}{r_0 b}$
直线供水		$\ln\dfrac{2b}{r_0}$	$2\ln\dfrac{2b}{r_0}$
直交隔水		$\ln\dfrac{R^4}{8r_0 b_1 b_2 \sqrt{b_1^2 + b_2^2}}$	$2\ln\dfrac{(2.25at)^2}{8r_0 b_1 b_2 \sqrt{b_1^2 + b_2^2}}$
直交供水		$\ln\dfrac{2b_1 b_2}{r_0 \sqrt{b_1^2 + b_2^2}}$	$2\ln\dfrac{2b_1 b_2}{r_0 \sqrt{b_1^2 + b_2^2}}$
直交隔水供水		$\ln\dfrac{2b_2 \sqrt{b_1^2 + b_2^2}}{r_0 b_1}$	$2\ln\dfrac{2b_2 \sqrt{b_1^2 + b_2^2}}{r_0 b_1}$
平行隔水		$\ln\left(\dfrac{b}{\pi r_0} + \dfrac{\pi R}{2B}\right)$	$\dfrac{7.1\sqrt{at}}{B} + 2\ln\dfrac{0.16B}{r_0 \sin\frac{\pi b}{B}}$
平行供水		$\ln\left(\dfrac{2B}{\pi r_0}\sin\dfrac{\pi b}{B}\right)$	$2\ln(\dfrac{2B}{\pi r_0}\sin\dfrac{\pi b}{B})$
平行隔水供水		$\ln\left(\dfrac{4B}{\pi r_0}\cot\dfrac{\pi b}{B}\right)$	$2\ln(\dfrac{4B}{\pi r_0}\cot\dfrac{\pi b}{B})$

（2）分区法，也称卡明斯基辐射流法。它是从研究稳定状态下的流网入手，根据疏干

流场的边界条件与含水层的非均质性特点，沿流面和等水压面将其分割为若干条件不同的扇形分流区（图 11-3），每个扇形分流区内其地下水流都呈辐射流，其沿流面分割所得的各扇形区边界为阻水边界，而沿等水压面分割所得的扇形区边界为等水头边界。常用卡明斯基平面辐射流公式分别计算各扇形区的涌水量 Q_i。

潜水　$Q_i = \dfrac{(b_1 - b_2)}{\ln b_1 - \ln b_2} \cdot \dfrac{h_1^2 - h_2^2}{2l}$　（11-3）

承压水　$Q_i = \dfrac{(b_1 - b_2)}{\ln b_1 - \ln b_2} \cdot \dfrac{M(h_1 - h_2)}{l}$　（11-4）

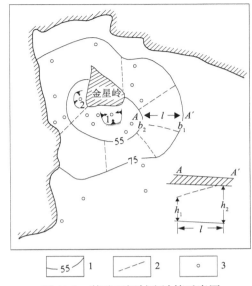

图 11-3　某矿区辐射流计算示意图

1. 1、2 号汇水点等水位线范围；2. 块段分界流线；3. 观测孔

式中，b_1、b_2 为分流区辐射状水流上、下游断面的宽度；h_1、h_2 为 b_1、b_2 断面隔水底板上的水头高度；M 为承压含水层厚度；l 为 b_1 与 b_2 断面的间距。

按下式求各分区流量的总和

$$Q = \sum_{i=1}^{n} Q_i = Q_1 + Q_2 + \cdots + Q_n \qquad （11-5）$$

每个扇形区内的下游断面，是以直接靠近井巷的疏干漏斗等水头线的一部分为准；而上游断面则以远离井巷的供水边界上等水头线一部分为准。

4）垂向越流补给边界类型的确定及其计算

当疏干含水层的顶底板为弱透水层时，其垂向相邻含水层就会通过弱透水层对疏干层产生越流补给，出现越流补给边界。越流补给边界分定水头和变水头两类，解析法对后者的研究尚待解决。

产生定水头垂向越流补给的矿井涌水量计算，可用增加越流参数项 B 的形式来表示。

稳定流　$Q = 2\pi KMS / K_0 \left(\dfrac{r_0}{B}\right)$　（11-6）

非稳定流　$Q = 4\pi TS / W \left(u \cdot \dfrac{r_0}{B}\right)$　（11-7）

式中，K 为含水层渗透系数；M 为含水层厚度；T 为含水层的导水系数；S 为水位降深；$W\left(u \cdot \dfrac{r_0}{B}\right)$ 为定流量越流补给井函数；B 为越流因素，$B = \sqrt{\dfrac{TM'}{K'}}$，$K'$ 为垂向弱透水层渗透系数，M' 为垂向弱透水层厚度；$K_0(x)$ 为零阶二类修正贝塞尔函数。

3. 参数确定

1）渗透系数（K）

渗透系数是解析公式中的主要参数。我国矿山大多分布于基岩山区的裂隙、岩溶充水矿床，充水含水层的渗透性具有明显不均匀性，根据解析计算要求，应作均值概化，同时这也是保证渗透系数具有代表性的措施之一。矿井涌水量预测中常用的方法有两种。

（1）加权平均值法，又可分为厚度平均、面积平均、方向平均法等，如厚度平均，则公式为

$$K_{CP} = \frac{\sum_{i=1}^{n} M_i(H_i) K_i}{\sum_{i=1}^{n} M_i(H_i)} \qquad （11\text{-}8）$$

式中，K_{CP} 为渗透系数加权平均值；$M_i(H_i)$ 为承压（潜水）含水层各垂向分段厚度；K_i 为相应分段的渗透系数。

（2）流场分析法。有等水位线图时，可采用闭合等值线法

$$K_{CP} = -\frac{2Q\Delta r}{M_{CP}(L_1 + L_2)\Delta h}$$

或根据流场特征，采用分区法

$$K_{CP} = \frac{Q}{\sum_{i=1}^{n} \left(\frac{(b_1 - b_2)}{\ln b_1 - \ln b_2} \cdot \frac{h_1^2 - h_2^2}{2L} \right)} \qquad （11\text{-}9）$$

式中，L_1、L_2 为任意两条（上、下游）闭合等水位线的长度；Δr 为两条闭合等水位线的平均距离；Δh 为两条闭合等水位线间水位差；M_{CP} 为含水层的平均厚度；Q 为涌水量；b_1、b_2 为分流区辐射状水流上下游断面的宽度；h_1、h_2 为 b_1、b_2 断面隔水底板上的水头高度；l 为 b_1 与 b_2 断面的间距。

2）引用半径 r_0 的确定

矿井的形状极不规则，尤其是坑道（井巷）系统，分布范围大，形状千变万化，构成了复杂的内边界。根据解析法计算模型的特点，要求将它理想化。经观测，坑道系统排水时，其周边逐渐形成了一个统一的降落漏斗。因此，在理论上可将形状复杂的坑道系统看成是一个理想"大井"在工作，此时整个坑道面积，看成是相当于该"大井"的面积。整个坑道系统的涌水量，就相当于"大井"的涌水量，这样就使一般的井流公式能适应于坑道系统的涌水量计算。这种方法，在矿井涌水量预测中称为"大井法"。"大井"的引用半径 r_0，在一般情况下用下式表示

$$r_0 = \frac{F}{\pi} = 0.565\sqrt{F} \qquad （11\text{-}10）$$

式中，F 为坑道系统分布范围所圈定的面积。确切地说，F 近似等于为保证井田设计生产必需的坑道所圈定面积的大小，或者以降落漏斗距坑道最近处的封闭等水位线所围起来的面积。如果开采面积近于圆形、方形时，采用上式较准确，对于其他特别的形状，可采用专门公式计算。

3）引用影响半径 R_0 的确定

根据等效原则，将疏干量与补给量相平衡时出现的稳定流场的边界用一个引用的圆形等效外边界进行概化，其与"大井"中心的水平距离称为引用影响半径，也称为补给半径，即 $R_0=R+r_0$。同理，在用平面流解析公式计算狭长水平坑道涌水量时，也就有了"引用影响带宽度（L_0）"的概念，即疏干坑道中心与外边界之间的距离。

在稳定流条件下，引用影响半径 R_0 为一个常量，也称补给半径。在非稳定流条件下则是一个不断变化着的变量，这样在理论上解决了稳定井流理论及其引用影响半径计算公式的实用问题。

矿山疏干实际表明，矿井排水的影响范围，总是随时间的延长、排水量的增加及坑道的推进而不断扩大，直到天然边界为止，它不可能被限制在一个不是边界的理想"半径"之内。此外，对比计算表明，若确定影响半径的误差为 2～3 倍，则矿井涌水量的计算误差可达 30%～60%；若取偏低值，其误差远比取偏高值要大。因此，矿井涌水量预测时，能否用解析公式及常见的经验公式来近似地确定影响半径值要慎重。开拓井巷的涌水量预测，最好采用抽水试验外推法，即根据多次降深的抽水试验，确定降深与影响半径或流量与影响半径的线性关系，外推某疏干水位或某疏干量的相应疏干半径值，如

$$R = aS^{\frac{1}{m}} \text{ 或 } R = aQ^{\frac{1}{m}} \tag{11-11}$$

式中，R 为疏干排水影响半径；a 为比例系数；S 为水位降深；Q 为排水量。

对坑道系统的涌水量预测，应根据疏干中心与天然水文地质边界线之间距离的加权平均值（R_{CP}）计算，即塞罗瓦特科公式

$$R_{CP} = r_0 + \frac{\sum b_{CP}L}{\sum L} \tag{11-12}$$

式中，r_0 为"大井"的引用半径；b_{CP} 为井巷轮廓线与各不同类型水文地质边界间的平均距离；L 为各类型水文地质边界线的宽度。

4）最大疏干水位降深 $S_{\max}$ 的确定

理论上，目前解析解还无法处理承压区与无压区同时存在大降深的评价问题。在解决实际问题时，则是矿床疏干时最大可能水位降深是多少，如何近似确定最大疏干水位降深 $S_{\max}$ 值。

爱尔别尔格尔在实验中取得的潜水最大水位降深等于潜水含水层一半的结论，即 $S_{\max}=1/2H$（扩大应用到承压含水层时，$S_{\max}=H-1/2H$），一直是水文地质计算中所遵循的概念。近年来，我国通过渗流槽及野外抽水试验证明这一结论是保守的。$S_{\max}$ 可以超过 $0.8H$，在矿井涌水量计算中，通常不考虑这一概念。据观测，在长期疏干条件下的大截面井巷系统外缘，动水位（h）一般不超过 1～2m，它所引起的涌水量计算偏大值一般为 0.5%～1%。因此，矿井涌水量预测时，最大疏干水位降深一般取 $S_{\max}=H$。

另一个理论问题，即最大水位降深 $S_{\max}=H$ 时的最大涌水量计算。众所周知，当 $S_{\max}=H$

时，裘布依公式在理论上就会"失真"，这正是稳定井流理论的最大缺陷之一。而泰斯公式则是从承压水含水层建立起来的，扩大到无压含水层使用时（作最大降深疏干时，承压含水层均转化为无压水层），常把随时间变化的含水层厚度作线性处理，即取不变的平均值，这种线性化处理必然带来误差，据研究当降深超过含水层厚度的30%时，非稳定井流公式不符合实际情况，出现明显误差，更不用说是作最大水位降深的计算了。如上所述，不难看出矿井涌水量预测时，用作最大水位降深的最大疏干量计算，对解析法来说不是很适宜的。

【实例】

最佳疏干量（$Q_{佳}$）的确定。

某铁矿地处灰岩区，裂隙岩溶发育较均匀，地下水运动符合达西定律，矿区内有部分地下水动态长期观测资料，其他地质条件忽略。

1. 要求

（1）当疏干水平（或中段）的水位降深（S）确定后，则疏干量（Q）是时间（t）的函数。这样，疏干量Q就是与疏干时间t有关的一组数据。某水平的正常疏干量应是该水平预测的矿井涌水量值。设计部门要在一组具有不同疏干强度Q及与其相应的时间t的对比中，选出最佳疏干方案，即选择排水能力要求不太大，而疏干时间又不长的方案。

（2）疏干时间通常要求控制在两个雨季之间，否则Q的计算则无意义。

2. 任务

给定的条件是：①疏干中段水位降（S）确定为零米标高；②疏干时间要求在两个雨季间完成。

3. 最佳疏干量的计算与分析

第一步：初选疏干时间段t。根据第二项任务，在现有地下水动态曲线（图11-4）上初选3个时间段，即270d、210d、150d，供计算分析。

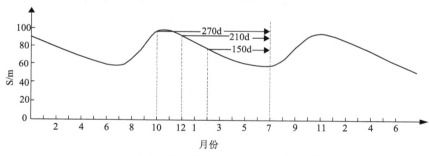

图11-4 某矿区地下水水位动态曲线图

第二步：确定相应的S值。根据给定的零米标高，从动态曲线图上确定出各时间段相应的S值，即$t_3=270d$，$S_3=100m$；$t_2=210d$，$S_2=90m$；$t_1=150d$，$S_1=80m$。

第三步：求相应的Q值，利用公式（符号为常用地下水动力学符号）：

$$Q = 4\pi TS / W\left(\frac{\mu r^2}{4Tt}\right)$$

式中，T为导水系数；S为水位降深；$W\left(\dfrac{\mu r^2}{4Tt}\right)$为泰斯井函数。

在已知 t_1、S_1、t_2、S_2、t_3、S_3 的条件下，求得相应的 Q_1、Q_2、Q_3，作为第四步分析的初值。

第四步：绘制不同疏干强度 Q 条件下的 $S=f(t)$ 曲线。在初值 Q_1、Q_2、Q_3 的范围内，利用式（11-7），通过内插给出一组供进一步分析的疏干量数据。

分析不同疏干量时的 S 随 t 的变化规律，并绘制不同疏干量条件下的 $S=f(t)$ 曲线（图 11-5）。

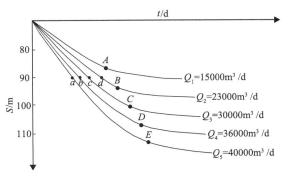

图 11-5　不同疏干量条件下的 $S=f(t)$ 曲线

第五步：绘制不同定降深 S 条件下的 $Q=f(t)$ 曲线。根据图作出不同降深 S 条件下的疏干量 Q 与时间 t 的关系曲线 $Q=f(t)$（图 11-6），进行不同 S 条件下，疏干量 Q 与疏干时间 t 的对比分析。

第六步：绘制降深 S 与最佳疏干量 $Q_{佳}$ 的关系曲线。根据图中各 $S=f(t)$ 曲线的拐点，求出不同降深 S 条件下的最佳疏干强度 Q，即拟稳定疏干量与降深的关系曲线（图 11-7）。

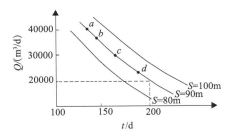

图 11-6　不同降深条件下 $Q=f(t)$ 曲线

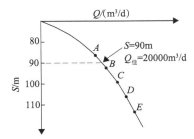

图 11-7　降深与疏干量关系曲线

第七步：确定最佳疏干量，并检验其可行性。根据图 11-7 取得的不同降深 S 的最佳疏干量 $Q_{佳}$，检验它们达到 S 时所需的时间 t，是否满足任务要求，即是否能在两个雨季之间完成疏干任务。如符合需要，预测就算完成；不符合，则要重复进行，直至所选取的最佳疏干量满足任务要求的 S 与 t 时为止。

从图 11-7 中取 $S=90m$，则 $Q_{佳}$ 为 $20000m^3/d$。从图 11-6 中求得 $t=200d$；可行性检验：$200<210d$，故符合技术要求。

继而，求雨季最大疏干量 Q_{max}。雨季地下水位上升，如以 t 表示雨季的时段长，以 S 表示水位上升幅度，为保证开采水平（中段）的正常生产，必须将雨季（特别是丰水年雨季）抬高的水头 S 降下去。因此，雨季的最大疏干量应为开采水平正常疏干量（即正常涌水量）Q，即前面所确定的最佳疏干量，再加雨季 t 时段抬高 S 所增加的疏干量，称疏干增量，则

$$Q_{max} = Q_{佳} + Q_{雨增}$$

上述 Q_{max} 计算，关键是雨季 t 及其时段内地下水位上升幅度的确定。一般按动态观测资料给出抬高 S 的平均值，较为可靠。将所得 t、S 代入前面所列公式，则可计算出雨季增加的疏干量 $Q_{雨增}$。

（二）水均衡法在矿井涌水量预测中的应用

1. 应用条件

水均衡法适用于地下水运动为非渗流型且水均衡条件简单的充水矿床。

（1）位于分水岭地段地下水位以上的矿床。其主要特征为：地下水位一般停留在下伏弱含水层的顶端，故含水层薄，水位埋藏深，水位变幅大、升降迅速，具有巨大的透水能力却无蓄水能力。抽水试验困难，也无效果。地下水动态与降水直接相关。依照降水方式的不同，地下水动态易形成各种尖峰状动态曲线形态，矿井涌水量往往不随降深的增加而加大，故水位降深在一定程度上失去意义。补给区主要在矿区范围及其附近，补给路径短，以垂向补给为主。矿区地下水与区域地下水不发生水力联系，即无侧向补给。

（2）暗河管道充水矿床。①含水介质为孤立的暗河管道系统，通常各管道系统各自形成补给、径流、排泄系统，互相不发生直接水力联系，有些地区的管流与分散虽有一些联系，但管流占当地地下水排泄量的 60%～80%以上。②含水层极不均一，无统一地下水水位，因此不形成统一的含水层（体）。③管流发育地区，地表溶蚀洼地、漏斗、落水洞发育、三水转化强烈，地面难以形成长年性水流；地下水动态受降水控制，暴涨暴落。其流量与降水补给面积成正比，变化大，具有集中排泄特点。

很明显，上述特征无法用抽水试验求参，难以根据地下水动力学原理进行矿井涌水量预测，同时，岩溶通道形状多变，管道组合复杂，也不适应管渠水力学的应用条件。因此，多数上述充水矿床常采用非确定性随机模型和水均衡法解决实际问题。

2. 方法原理

非渗流型确定性模型——水均衡方程，是根据水均衡原理，在查明矿床开采时水均衡各收入、支出项之间关系的基础上建立的预测方程。

地下水均衡研究工作首先要对地下水动态与降水量进行长期观测，形成包括钻孔、矿区生产井巷、采空区、老窑，以及有代表性的泉与地下暗河、有意义的地表汇水区等组成的长期观测网，为正确地为圈定均衡区域、选择均衡期提供依据，为模型提供可靠的参数。

运用水均衡法的关键是正确圈定均衡区域、选择均衡期，以及测定均衡要素。但是，在解决上述问题时会遇到一个困难，就是建立在天然条件下的水均衡关系会在矿床开采过程中遭受强烈的破坏。排水使地下水运动的速度和水力坡度增大或因开采造成漏斗范围内巨大岩体的变形坍塌或导致大量人工裂隙的产生，促使地表水渗入作用加强。此外，在长期疏干的影响下，随着漏斗的不断扩展，也常导致地下水分水岭的位移，其结果不仅补给范围扩大了，甚至形成新的补给源渗入。上述种种现象，常不易通过勘探阶段对天然水均衡的研究而获得解决。因此，水均衡关系式的建立及其水均衡要素的测定应充分考虑开采条件的影响，这样可以提高涌水量预测的精度。

3. 矿井涌水量预测的内容

应用该方法可以计算下列 3 种涌水量。

（1）多年最大涌水量。这是在多年期间出现的最大涌水量，在矿山服务期间可能遇上数次。它是根据当地气象站所记录的最大暴雨强度计算的涌水量，一般是宏观概括性的，其数值只能达到数量级精度，但其意义重要：①表明矿山服务期间出现特大涌水量的可能性，警惕由此带来的破坏性灾害。②多年最大涌水量持续时间短，一般仅数小时至数昼夜，然而流量大，来势迅猛，含泥沙量大，具冲溃性，事前应做好防范准备。③依据多年最大涌水量，作为矿井设计排水系统的依据，是不可能也不适宜的，但可作为设计截流引洪平硐等防治水工程的依据，因此它是矿山开拓设计的重要依据。四川石屏硫铁矿区，根据最大涌水量预测成果，在地表开凿 1416m 截流引洪平硐，矿井最大涌水量减少 93%。四川华蓥山煤矿和湖南香花岭矿区，根据预计最大涌水量资料，设计平硐截引暗河水后，复杂的充水条件变得简单，引洪效果显著。

（2）一般情况下的最大涌水量。这是平水年条件下可以出现的最大涌水量，它是设计排水系统的主要依据，如确定水仓、排水沟和选择水泵规格等。

（3）正常涌水量。它表征全年约 80% 时间内的涌水量，是开采设计和安排生产计划的依据。

4. 最大涌水量预测方法

1）暴雨峰期系数法——湖南某分水岭地段裸露铁矿

矿井最大涌水量受多年一遇的暴雨强度及其补给条件控制，因此最大涌水量的预测，常以多年一遇的最大暴雨强度的补给量为依据。

暴雨峰期系数法

$$Q_{\max} = \frac{F \cdot X \cdot f \cdot \psi}{t} \qquad （11\text{-}13）$$

式中，$Q_{\max}$ 为多年最大涌水量（m^3/h）；F 为补给区汇水面积（m^3）；X 为峰期旋回降水量（m）；f 为入渗系数；t 为峰期延续时间（h）；ψ 为峰期系数。

峰期系数是峰期矿井涌水量占旋回涌水量的百分数。峰期系数 ψ 与最大降水旋回的选择及该降水旋回峰期时间的确定有关。从预测效果分析，峰期时间 t 的取值越小，则 ψ 值越小，但获得的矿井最大涌水量 $Q_{\max}$ 值越大。因此，应根据矿山的服务年限，选择最大降水旋回，根据最大降水旋回期间暴雨的分布特征及其与矿井最大涌水量延续时间的关系，谨慎地确定峰期时间 t 值。多年最大涌水量是以当地气象站所记录的最大暴雨强度计算的涌水量。根据我国南方某些岩溶充水矿区的资料，多年的最大涌水量一般出现在旋回降水量 X 不低于 80mm 与 40mm，降雨高峰的暴雨强度达 40mm/h 与 20mm/h 以上时，ψ 一般为 9%～31%。ψ 值的确定应在矿区汇水范围内水均衡条件的基础上，通过坑内泉流量和沟谷地表汇流等观测资料获取，用峰期系数对该铁矿进行多年与年的最大涌水量预测，见表 11-3。

表 11-3　峰值系数法预测矿井最大涌水量

区段	F/m^2	涌水量类型	X/mm	F /%	ψ /%	t /h	$Q_{\max}$/（m^3/h）
北区	864656	多年	100	35.8	21.0	4	1610
		年	60				966

2）暗河充水系数法

$$Q_{max} = F \cdot X \cdot f \cdot \psi \tag{11-14}$$

式中，F 为暗河汇水面积（km^2）；X 为暴雨强度（mm/h）；f 为入渗系数；ψ 为暗河充水系数。

暗河充水系数 ψ 为暗河灌入矿井涌水量（$Q_充$）与暗河流量（$Q_暗$）的比值。ψ 可根据老窑或邻近水文地质条件相似的生产矿井观测资料分析确定，一般为 20%～50%，也可通过暗河储存量的测定，结合对充水条件的分析得到

$$\psi = \frac{Q_进 - Q_出}{Q_进} \tag{11-15}$$

式中，$Q_进$ 为暗河进口处流量（m^3/h）；$Q_出$ 为暗河出口处流量（m^3/h）。

湖南某地多金属矿，位于珠江和湘江流域的分水岭地段、大型溶蚀洼地分布区。矿体赋存于上泥盆系灰岩中。境内地下暗河分布在当地侵蚀基准面（455m 标高）以上的 550m、535m、480m 3 个高程上，构成矿床充水的主要通道，属于高位暗河顶板直接充水类型。矿床充水的主要特点是：在枯水期与平水期，暗河一般排泄地下水，具明渠流态特点；在洪水期，暗河则补给地下水，具管道流态特征；暗河水动态受大气降水量和降水强度影响，具明渠流动态特征；矿井涌水量以瞬时涌水为主，雨后数小时矿井水暴涨暴落；矿井涌水强度与暗河的汇水面积、降水的强度、暗河的断面及连通性有关。

该矿运用式（11-15）计算出多年（10～20 年出现一次）和年最大涌水量，见表 11-4。

表 11-4　暗河充水系数法预测矿井最大涌水量

F/m^2	涌水量类型	$X/$（mm/h）	$f/\%$	$\psi/\%$	$Q_{max}/$（m^3/h）
922500	多年	80	90	50	33000
	年	45			18700

此外，水均衡法还常用以进行小型封闭集水盆地中第四系堆积物覆盖下的露天矿的矿井涌水量计算。这类矿区的地下水形成条件极为简单，其单位时间内进入未来采矿场的地下水主要由两部分组成，即由采矿场及其疏干漏斗范围内消耗的储存量（Q_1）和采矿场内降水量、集水面积内降水的渗入补给量（Q_2）组成。因此，采矿场疏干条件下的疏干总量（$Q_疏$）为

$$Q_疏 = Q_1 + Q_2 \tag{11-16}$$

必须指出，由于水均衡法能在查明有保证的补给源情况下，确定出矿床充水的极限涌水量，因此可作为论证其他计算方法成果质量的一种依据。这种论证性的计算有时是非常有意义的。

第三节　矿井水防治

矿井涌水是矿区生产的常见现象，涌水进入巷道水仓之后通过排水设备被排除巷道之外，

以保障矿井的正常作业。同时，涌水也是可以作为资源利用的，我国许多北方缺水地区矿井涌水大多能够做到资源化处理。而矿井突水是矿山开采过程中的突发现象，是矿山的五大灾害之一，轻则影响生产、增加生产成本，重则破坏矿山、危及矿工生命安全。矿井突水，也称矿井透水，是在掘进或采矿过程中，当巷道揭穿导水断裂、富水溶洞或积水老窑等，大量地下水突然涌入矿山井巷的现象。矿井突水一般来势凶猛，常会在短时间内淹没坑道，给矿山生产带来危害，造成人员伤亡。矿井突水一般有以下几种情况：地表洪水溃入、底板突水、顶板突水、老窑水突水、岩溶溶洞突水等。这些类型的水源在矿产资源没有开发的情况下，就是常见的地下水，在气象水文、地质、水文地质等条件控制下赋存、运移，矿床就是正常的地质体作为水文地质条件存在着。矿产开采条件，改变了岩层、构造等各种地质体的结构及力学性质，也就打破了原来维持地下水存在与运动的平衡条件，如果条件改变得突然就会由充水状态变成突水状态。例如，在富水的岩溶水充水的矿区及顶底板有较厚高压含水层分布的矿山区，由于矿井巷道穿破构造破碎地段，常易发生矿井突水。又如，当巷道底板下有间接充水层时，便会在地下水压力和矿山压力作用下，破坏底板隔水层，形成人工裂隙通道，导致下部高压地下水涌入井巷造成突水。在我国，煤炭类矿山由于其特殊的水文地质条件，是矿井突水的主要发生区。而在矿井水害事故中，老空（窑）水是第一杀手，事故发生数约占水害伤亡事故的80%，其次是地表洪水和岩溶水；突水事故主要发生在掘进工作面，事故发生数约占水害事故的80%。其实，只要查明水文地质条件，采取措施，矿井突水是可以预防和治理的，只要是条件清楚，措施得当，带压开采、水下开采均是可以的。一般来讲，矿井防治水工作可以分为两步：第一步是查明有无突水的可能；第二步是采取措施防止突水事故的发生。特别需要指出的是，煤炭行业由于防突透水的任务繁重，规定较为详细，有专门的工作规范。

一、矿井突水勘察与预测

矿井突水勘察与预测是指对矿井突水发生的可能性进行勘察与预测，其目的是确定产生突水的水源与突水通道，对矿井突水进行预测。一般来讲，常规矿山地质勘探与水文地质勘探的精度是难以满足矿井防治水勘察精度的，需进行专门的水文地质补充调查与勘探。例如，1984年6月3日开滦煤田范各庄矿发生的突水，在世界采矿史上是空前的，突水发生后仅21h就将年产300万t煤的范各庄矿全部淹没，根据淹没体积测算，突水高峰期（11h）的平均涌水量为34.22m^3/s，分别是国外最大突水量（南非西德律方天金矿 7m^3/s）和我国历史上最大突水量（山东淄博北大井 7.4m^3/s）的6倍和4.6倍，3天后又淹了吕家坨矿，之后陆续涉及唐家庄矿与赵各庄矿。突水的原因是，在回采距煤层底板奥陶系灰岩含水层超过200m的第七号煤层时，遇到一个短轴46m、长轴67m的椭圆形岩溶陷落柱，柱体冒落高度竟达200m，开拓巷道导致陷落柱松散物垮落，沟通了煤系地层与奥灰强含水层及第四系含水层的水力联系。

（一）矿井突水勘察的主要任务与特点

矿井突水勘察就是查明矿井在开拓阶段和回采阶段能否发生突水事故，确定发生的地点、时间、突水通道、突水来源、突水规模、危害程度，提出应急措施。

矿井突水勘察是一项专门性的水文地质勘察工作，有以下几个特点：①任务单一、明确，就是要确定在矿井开拓与回采阶段有无发生突水的可能，确定矿井突水的主要参数；②矿井突水勘察是一项精细化、大比例尺的水文地质工作，对断层、破裂、节理、陷落柱、顶底板厚度与强度、井下出水点、涌水量、老空水、含水层水头变化及矿区地表水与相邻的含水层都要进行细致的勘察与观测；③矿井突水勘察的对象许多都是直接观察不到的，是典型的"在不明情况下查明情况"，技术受限、盲点较多；④许多勘察工作是在井下进行的，随着矿井生产的变化，各种条件也在不断变化，预测评价的目标也在不断变化，进一步增大了勘察的难度。

（二）主要内容

开展矿井突水勘察是防治矿井突水的基础工作。一般要进行矿井水文地质调查与观测、矿井水文地质补充勘探、水文地质物探、水文地质化探等工作。

1. 矿井水文地质调查与观测

针对矿井水防治工作开展的水文地质调查与观测工作是对一般性的水文地质测绘工作的补充、更新与完善，调查与观测工作紧紧围绕矿井地下水系统、充水条件、矿井疏排水所能影响的范围与因素来开展，比例尺一般应大于 1∶1000，应加强常规水文地质勘察与专门水文地质勘察结合，加强地面水文地质勘察与井下水文地质勘察的结合。在矿井水文地质调查与观测工作中应着重做好以下几方面工作。

（1）收集矿区以往成果中的资料，重点是抽（放）水试验、突水点观测、井下水位地质钻孔、矿井涌水量观测、相邻或条件相似矿井突水资料，以及地下水开发利用资料和各种相关图件、总结、报告等。

（2）加强对古井老窑水文地质调查，包括规模、形态、标高及调查附近有无地表水体与地表水的距离；建井与生产、废弃与改造等情况；开展各种水文与水文地质特征调查，如地质条件、构造、地质储量及残留煤柱大小与相邻近老窑、采空区的关系。对报废的矿井无资料可查者，主要靠现场观察、测绘和访问，必要时应进行勘探。

（3）开展矿井井下水文地质调查与观测工作，包括对井巷或露天采矿场的涌水量、涌水点的观测；随着开采含水层的变化情况；矿井排水时降落漏斗形成与扩展情况；不同开采方式引起的岩土稳定性变化情况。

（4）在岩溶地层分布区，要开展专门的岩溶水文地质工作，提交专项成果。

2. 井下水文地质勘查

（1）矿井物探，特指在地下巷道、采场中进行以物性差异为基础，通过观测地下地球物理时空变化规律来解决矿井地质、矿井水文地质、矿井工程地质问题的各种地球物理探测方法的总称。目前已成为井下勘探必备的最先进技术手段之一，在探测隐伏导水裂隙带、富水异常区、含水层隔水层厚度变化、围岩变形、岩溶塌陷、老窑水等方面有着重要的作用。井下物探常用的方法包括矿井直流电法、矿井地震、矿井无线电波透视、探地雷达法、微重力测量、放射性测量和红外测温法等。

（2）坑道钻探。井下水文地质钻探不仅能够替代地面钻探，重要的是具有方便、快速灵活、适应井下操作、针对性强的特点，而且可以实施多方位、多角度钻进。

（3）水文化探。水文化探就是利用常规水化学组分、微量元素、稀土元素、环境同位素识别突水水源，判别导水通道，也可以利用地下水连通示踪试验来判断流畅特征与水动力属性。

（4）放水试验。井下放水试验是将放水孔布置在井下巷道内，利用孔口标高低于含水层水头标高的特点，使承压水沿钻孔自流涌入矿井，从而在含水层中形成一定规模的降落漏斗，达到查明含水层之间的水力联系、水文地质参数，预测工作面涌水量，评价疏水降压的可能性的目的。

（5）井下其他水文地质勘察方法包括井下水文地质观测、注（压）水试验、原位应力测试。

（三）矿井突水预测

矿井突水是一种复杂的水文地质现象。从理论上讲，在当下开采规模与开采深度条件下，只要勘探达到足够精度，按照工程规范进行开采，矿井突水问题是完全可以避免的。但是，任何工程都是在一定的经济技术条件下进行的，因而勘探精度是有限的，这就导致在采矿中仍然会遇到水文地质条件不明确的状况，矿井产生突水就有可能发生。当前，矿井突水预测难以做到"突水地点、突水发生时间、突水规模"三要素的准确预报，实际上更像是在对采矿中发生突水"三要素"的风险评估，如果判断矿井突水的风险达到一定级别，则可实施矿井突水预警，并遵循"预测预报、有疑必探、先探后掘、先治后采"的原则，通过实施"防、堵、疏、排、截"综合治理，规避矿井突水事故的发生。一般情况下，综合考虑矿床充水因素、突水临界条件与突水前兆等来进行矿井突水风险评估。

1. 矿床充水因素

矿床充水因素分析是矿井突水预测的基础。矿床充水因素包括水源、通道、充水强度三个因素，它的不同组合构成了矿床充水条件，矿床充水条件不仅控制着矿井涌水的大小，也是矿井突水的前提条件。就充水水源而言，必须是在量上达到一定的规模，有足够的水压力，多数是地表水体、老窑水、岩溶发育层（段）的岩溶水或富含水的第四纪含水层的地下水。在所发生的矿井突水事故中，各种类型的导水通道也是突水通道；导水通道中的地下水是以渗流的方式运动的，符合达西流，导水通道变成突水通道往往是开采导致岩土失稳，致使水源溃入式进入巷道。

2. 突水临界条件

突水临界条件是矿井突水预测的重要控制因素。在矿井掘进与回采中，为了防止岩体失稳致使导水通道变成突水通道，往往采取预留矿柱、预设顶底板安全厚度等措施。考虑水头压力、岩土力学性质及施工方式等因素，在合理的经济技术下确保不发生突水的岩土稳定条件即为突水临界条件。例如，不能因为有突水因素存在就无限制地预留矿柱，造成经济损失，也不能为了经济最大化，贸然减小矿柱预留大小。一般有以下几种情景。

（1）开采形成采空区，顶板岩石应力重新分布，致使巷道顶板变形破坏。在水头压力、顶板自重等应力作用下，上覆含水层的地下水不能溃入到巷道未被破坏的隔水层厚度。

（2）开采形成采空区使底板的应力得到了重新分布，底板岩层产生隆起、开裂，破坏了底板岩层的稳定性。在水头压力等作用下能够防止下伏含水层溃入到巷道的底板最薄厚度。

（3）巷道前方或侧帮受含水层（或水体）威胁，一般需要设留矿柱或岩柱，能够防止产生淹矿的最小矿柱（岩柱）厚度。

3. 几种常见的突水预测中的岩体厚度计算

岩体是阻隔工作面与水体之间联系的屏障，下面介绍的几种岩体安全厚度是理论性的，对分析防突透水有指导意义，但在具体工作中一定要根据实际观测情况提出切实可行的措施。

1）回采工作面上覆岩层支承压力分布及岩层移动

由于采空区上方岩层悬顶的存在和形成力学结构过程中的运动，采空区上方一部分岩层重量将由工作面前方和采空区周围的未采矿体承担，从而引起采空区周围岩体内的应力重新分布，在围岩体内形成应力增高区（支承压力区）、应力降低区（卸压区）和原岩应力区。工作面回采跨度超过一定距离后，在自重和上覆岩层作用下，矿层之上的直接顶板开始断裂、破碎与垮落。工作面顶板上覆岩层，按其破坏程度不同，被划分为垮落带、断裂带和弯曲带（图11-8）。

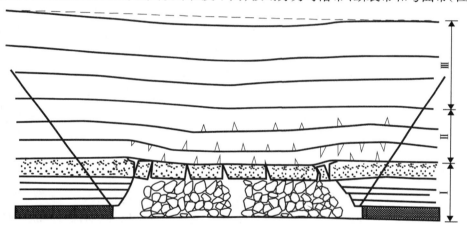

图 11-8　上覆岩层移动、变形和破坏分带
Ⅰ.垮落带；Ⅱ.断裂带；Ⅲ.弯曲带

目前，国内外通常根据实际观测资料，给出冒裂带厚度与有关影响因素之间的关系曲线，建立经验公式。勘探阶段计算冒裂带最大高度，主要是为充水因素的宏观分析提供依据。常用的计算方法是苏联的半经验公式（此公式对倾斜矿层不适宜）。

$$H_1 = \frac{M}{(K-1)\cos\alpha} \qquad (11-17)$$

$$H_2 = (2\sim3)H_1 \qquad (11-18)$$

式中，H_1 为冒落带最大高度（m）；H_2 为导水裂隙带最大高度（m）；M 为矿层厚度或采厚（m）；α 为矿层倾角；K 为岩石碎胀系数，指顶板岩层冒落碎胀后的体积和未冒落前原岩体积之比（页岩为1.15～1.35；砂页岩为1.2～1.4；砂岩为1.3～1.6）。

2）采空区底板岩层应力变化、破坏

工作面底板在支承压力作用下，底板中出现水平拉应力，在压缩区和隆起区分界处的底板中出现剪应力，拉应力和剪应力使底板出现一系列垂直于层面的断裂，垂直断裂和顺层断裂交叉，形成底板破坏带（图 11-9）。

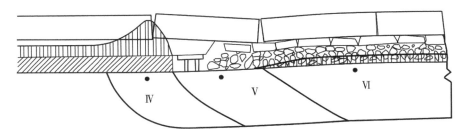

图 11-9 煤层底板应力及变性分区
Ⅳ.底板压缩区；Ⅴ.底板不均匀隆起区；Ⅵ.底板均匀隆起区

预测底板突水常用底板突水系数预测方法进行预测。突水系数是指单位隔水层厚度所承受的水压，其表达式为

$$T_S = \frac{P}{M - C_P} \tag{11-19}$$

式中，T_S 为突水系数（Pa/m）；P 为隔水层承受的水压力（Pa）；M 为隔水层厚度（m），考虑隔水层岩性与强度因素，计算时 M 应采用等效厚度，即以砂岩每米所能承受的水压力 0.1MPa 为强度单位，砂质页岩为 0.07MPa，黏土质页岩为 0.05MPa，断层带岩石为 0.035MPa，计算时将不同岩性隔水层换算成同等的等效隔水层厚度；C_P 为矿山压力对底板的破坏厚度（m）。

临界突水系数是通过对矿区大量突水资料统计分析得出的。我国一些突水资料丰富的矿区总结出的 T_S 值见表 11-5。根据峰峰、焦作、淄博等六矿区的统计，突水系数（即突水相对临界值）一般为 0.66～0.72，超过此值就可能发生突水。

表 11-5 我国一些矿区的临界突水系数 T_S 值

矿区	临界突水系数/（MPa/m）	矿区	临界突水系数/（MPa/m）
峰峰、邯郸	0.066～0.076	淄博	0.060～0.140
焦作	0.060～0.100	井陉	0.060～0.150

底板受构造破坏块段临界突水系数一般不大于 0.060MPa/m，正常块段不大于 0.100MPa/m。

3）硐室和掘进工作面突水条件及其预测

巷道顶底板含水层的静水压力与顶底板隔水层的抗压强度是对抗着的。巷道顶底板受静水压力状况，类似两端固定承受均匀布荷重梁的受力状况，如图 11-10 所示。斯列萨列夫按梁和强度理论给出了巷道底板和顶板含水层安全静水压力公式

底板 $$p = \frac{2k_p t^2}{L^2} + \gamma t \tag{11-20}$$

$$顶板 \quad p = \frac{2k_p t^2}{L^2} - \gamma t \qquad (11\text{-}21)$$

式中，p 为顶板或底板隔水层能够承受的安全水压（MPa）；t 为隔水层厚度（m）；L 为巷道宽度（m）；γ 为隔水层的平均重度（mN/m³）；k_p 为隔水层的平均抗拉强度（MPa）。

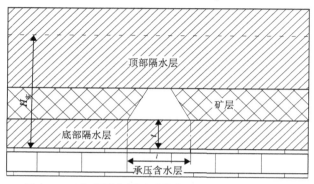

图 11-10　巷道隔水层承受静水压力关系剖面示意图

若实际静水压力小于式（11-20）和式（11-21）计算值，则巷道是安全的；若实际静水压力大于式（11-20）和式（11-21）计算值，则巷道顶板或底板会被水压鼓破突水。

4）开拓巷道侧向静水压力的作用和突水预测

巷道前方或侧帮受含水层（或水体）威胁情况与同巷道顶底板受含水层（或水体）威胁情况相似（图 11-11），斯列萨列夫给出了确定巷道至含水层（或水体）的安全距离公式

$$L = 0.5KM\sqrt{\frac{3p}{k_p}} \qquad (11\text{-}22)$$

式中，L 为巷道至含水层（或水体）距离（煤柱安全宽度）（m）；K 为安全系数，一般取 2～5；M 为巷道高度或煤层厚度（m）；p 为水头压力（MPa）；k_p 为隔水层或煤层的抗拉强度（MPa）。

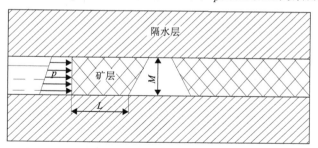

图 11-11　巷道侧方承受静水压力示意图

对于安全宽度 L，还要结合含水层（或水体）与巷道空间关系，用隔水层理论最小厚度来检查，以便既能抵抗侧压力，也可抵抗顶板或底板的水压力（图 11-12）。此时，有如下算式

$$L = \frac{t}{\sin \alpha} \qquad (11\text{-}23)$$

式中，t 为隔水层理论最小安全厚度（m）；α 为煤（岩）层倾角。

对于断层这种特殊水文地质体，可采用安全防水岩柱宽度经验公式

$$H_a = \frac{p}{T_S} + 10 \qquad (11\text{-}24)$$

式中，H_a 为断层安全防隔水煤（岩）柱的宽度（m）；p 为水头压力（MPa）；T_S 为临界突水系数（MPa/m）；10 为保护带厚度（m）。

若实际安全宽度大于式（11-24）计算值，则巷道是安全的；若实际安全宽度小于式（11-24）计算值，则巷道侧帮会被水压鼓破突水。

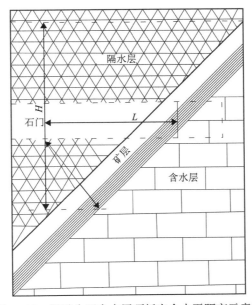

图 11-12 掘进头至含水层顶板安全水平距离示意图

二、矿井防治水技术措施

矿井防治水不仅是为了防止矿井突水，也是为了减少矿井涌水量，降低排水成本，有效保护水资源与水环境。矿井防治水技术措施实际上就是对地下水实施"防、堵、疏、排、截"综合治理。地面防治水、留有防水岩柱（矿柱）、井下探放水、降压疏干、注浆堵水等是常用的矿井防治水工程技术方法与措施。

（一）地面防治水

在矿区，一方面地表水可以是地下水的主要补给来源；另一方面地表水可以直接进入生产作业面威胁生产安全。一般来讲，地表水的防治是指在由采矿活动产生的地表塌陷、裂隙和地表裂缝区或由排水引起的岩溶塌陷区、含水层露头及有地表水体（暂时的或永久）的区段，采用工程施工处理方法防止或减少降水和地表水渗（灌）入的工作。地表水在不同的地

理、地质条件下对矿井有着不同的威胁形式与威胁程度，因此对各种地表水害要具体分析，在不同的条件下采用相应的治水方案和措施，才能有效地防治地表水害，保证生产安全。地面防治水通常采用以下措施。

（1）矿区的水土保持与水土治理。这方面工作主要有荒坡的治理，防止水土流失；治理小流域，保持水流通浚；整治泥石流等地质灾害。

（2）对塌陷、裂缝、开裂、裂隙等进行治理，减少地表水或大气降水的深入或灌入。

（3）在矿区构筑由防洪堤、截水沟和排洪道构成的防洪圈。

（4）对流经矿区的河流、沟壑的治理，可根据具体情况，采用改道、裁弯、分流、浚深、拓宽、筑堤、铺地、防渗等措施。

（二）防隔水岩柱留设

防隔水岩柱是矿山开采的重要防水设施之一，其主要作用有二：一是防止地下水、地表水、老空水和断层水等大量溃入井下，引发水患；二是在水文地质条件复杂的矿区与防水闸门联合使用，实现分水平或分采区隔离开采，以便在发生突水时能够控制水势，缓解灾情。防隔水岩柱种类很多，但总的来说可以划分为纵向岩柱和横向岩柱两大类，在水体下是留有典型的纵向岩柱，在断层等附近留设的一般是横向岩柱。

（三）井下探放水

探放水是探水与放水的总称。探水是指在采矿过程中用超前勘探方法，查明采掘工作面顶底板、侧帮和前方等水体的具体空间位置和状况等。在已经查明水体的具体位置、水头等水文地质情况的前提下，为了消除地下水突然涌进坑道的危险，有控制地将水自动放出，进入水仓进行排放，以降低水头压力或减少水体水量，也称为放水。

根据地下水体的特点，可以将井下探放水分为老空水探放、断层水探放、富水层探放等类型。基本工作程序是在充分进行水文地质条件分析的基础上，采用地面井下联合物探、化探水文地质试验和水文地质观测等方法查清采掘面及周边老空水、含水层富水性及地质构造等情况，通过钻探，揭穿含水水体，将地下水释放出来。

井下探放水作业面现场条件复杂，风险性高，要密切判断突水征兆，如果不按照规范进行的话有可能会导致水害的发生。

（四）矿床疏干

为了采矿安全，降低成本，对威胁采矿的各充水水源采取的疏排、控制与隔离等工程措施，统称矿床疏干。矿床疏干会破坏供水水源，恶化环境。因此，矿床疏干措施的制订，必须从经济、技术与社会效应出发，兼顾采矿、供水、环境保护等诸多利益，是一项统筹性工作。矿床疏干首先应从开采布局开始，同时结合水文地质条件合理选择疏干方法。

1. 合理选择开采布局和开采方法

（1）先易后难：一个矿区往往可以布置多个矿井进行开采，而矿区的水文地质条件往往也是有较大变化的，因此应尽量安排水文地质条件简单、涌水量小的矿井先上马，既利于探索和积累防治水经验，为复杂矿井的疏干奠定基础，又可起到预先疏干的作用，避免一开始就背上高成本的负担。

（2）置永久性主干井筒、井底车厂等于安全位置：避免穿过强含水层（带）或可能发生突水的地段。例如焦作中马村煤矿，因井底车场距高压充水层过近，建井 15 年因突水被淹 8年之久，后在冯营演马村矿建井时，吸取经验教训，3 年即建成投产。

（3）联合开采、整体疏干，利于形成统一降落漏斗，不仅加快了疏干速度，还能使多矿井分担单井出水量，降低成本。

（4）多水平开采、加强开采强度：贾汪煤矿的经验表明，一个水平的涌水量与多水平涌水量基本一致。其夏桥井 1961 年最高含水系数达 192.5；而 1973 年，在提高机械化程度基础上，采用多水平开采强度后，含水系数迅速降至 12.89，大大降低了开采成本。

（5）根据水文地质条件选用采矿方法：在大水矿床采用充填法与残柱（安全矿柱）法或间歇式采矿法。后者指上下层错开一定时间（一般为半年）段开采，降低导水裂隙产生的程度。在地表水体下或附近开采时，应准确确定安全开采深度，避免采空区冒落波及上方水体。

2. 选择疏干工程措施

1）间接进水防水工程

间接进水防水工程也称消极防水。例如，采用残柱支撑法等安全采矿方法，构筑防水闸门和密封墙等防水工程，在突水时阻隔地下水大量涌入主干井巷，但这种防水措施是以强大的排水能力为后盾的。以河北王凤煤矿为例，为确保带压开采下三层煤的安全，建造了140m³/min 的排水基地。

2）直接进水的积极疏排、隔水帷幕工程措施

该方法安全性高，但投入也大，常用的方法有三种。

（1）地表疏排。地表疏排包括地表防洪防渗和地面疏干等措施。能够保持地下水水质的原生态，多数情况下不用进行复杂处理，易于利用，因而在地下水较为缺乏的地区将地面疏排作为开采地下水的方式，因此矿山地下水供排结合是一种既能够保证矿山生产安全，也能够充分利用地下水资源的措施。

在地表疏干危及采矿的浅部强含水层：根据含水层的埋藏深度与富水性，选择铺设集水廊道或打疏干深井孔从地表排水，目前深井泵的最大扬程已达 500m。其优点是在井巷掘进前地下水位已被降低，安全性高，与井下疏排相比疏干速度快、成本低。

（2）井下疏排。①用坑道疏排：适用于大水矿床的预先疏干，即用专门的疏干坑道，揭露强含水层，疏截地下水，汇入水仓后由井筒排出地表。疏干井筒一般设在采矿场外，可采用卧泵排水，不需要建大水仓、大泵房，也不怕淹。②坑内放水钻孔疏排：适用于距顶底板较近（小于 15m）、涌水量不是很大的含水层的局部超前疏干，能在较短时间内形成局部疏干漏斗，可对坑道掘进和开采初期实施超前疏干。③隔水帷幕：通过疏排降低地下水位，会引起区域性地下水位大幅度下降，破坏供水水源，岩溶充水矿床还会产生地面岩溶塌陷等灾害。修建隔水帷

幕就是将地下水与矿体、坑道系统隔离，防止地下水进入矿坑，治水效果好，避免发生负面环境影响，保护了水资源。缺点是工程投入大，故适用于地下水量大，矿山服务年限长，具有进水断面狭窄、两端坐落在不透水的岩体上，可就近解决注浆材料的矿区。我国自湖南水口矿开始，在应用帷幕灌浆治理矿山突水方面已取得很多成功经验。例如淄博煤矿，1955～1982 年共完成 19 项注浆工程，成功 18 项，最成功的一项堵水效果达 99.69%以上。

（3）联合疏干法。在实际的采矿活动中，各矿山均根据具体情况综合运用各种疏干方法，称联合疏干法。并根据矿床水文地质条件与充水强度，采用预先疏干或平行疏干，后者是指井巷掘进和采矿过程中，根据预测危险地段进行超前疏干，一般用于水文地质条件不是很复杂的矿区，前者用于大水矿床，但也常常与平行疏干相结合，以获得最佳效果。

3. 供排结合

面对水资源日趋短缺的国情，今后矿床疏干虽仍以保障采矿安全为前提，但必须将矿区所处的水文地质单元纳入水资源管理的轨道，即将矿床排水量作为水资源的组成部分实行统一管理，其地下水的总开采量（疏干量与供水量）不得超过多年平均补给量。所以，当前供排结合的模式越来越被广泛应用。供排结合就是以供代排，在保证供水质量的前提下通过供水的开采减少矿坑涌水量或降低有压水位保证安全生产。主要的供排结合方式有：处理后利用矿坑水的排供结合模式、地表预先疏干的排供结合模式及暗河引流的排供结合模式等。

第四节　矿区主要地下水环境问题

矿区环境地质问题涉及的范围很广，至今尚无统一的认识和缺乏全面论述。在诸多问题中有的属于环境水文地质范畴，有的属于有地下水参与的工程地质范畴。有的环境工程地质问题，产生时虽无地下水参加，但其形成后，则对矿区水文地质条件和矿井水运动有较大的改变。因此，本书仅介绍因采矿而引起的矿区地下水环境问题及其保护措施。

一、矿区供排矛盾问题

采矿本身要求把能进入井巷或威胁井巷的水有效地从采场周围疏干，因而需排出大量的矿井水，使附近地下水位大面积、大幅度下降。而排出的水又多已被污染，不宜应用，结果造成矿区附近包括矿山企业本身淡水资源的供应紧张，使原有地下水环境转化为无水环境，产生供、排水矛盾。排水疏干引起水环境恶化的问题是多方面的。

（一）供水水源减少或枯竭

由于矿床疏干的水位降落漏斗远远超过其开采面积，除疏干范围内的井泉出水量变小甚至枯干外，还可引起地面塌陷、裂缝和向井巷涌泥沙等环境地质问题。湖北松宜煤矿猴子洞井田，在疏干底板黄龙灰岩水时，当井田中心水位降至-30～0m 标高时，疏干降深已达 160～170m，疏干半径达 2～2.5km，东侧已达隔水边界，使得大范围内产生供排水矛盾。这种环境水文地质问题，许多矿区都存在。

（二）改变了水循环环境

开挖井巷或矿坑疏干，可沟通各含水层和不同的补给源，使水循环环境恶化。这可产生两种后果：①可使矿井得到新补给源，在增加矿井涌水量的同时减少当地供水工程的出水量；②减少矿井涌水量的同时减少供水量或使之枯竭。

（三）地表渗透条件的变化

地表渗透条件的变化，改变或破坏了原地表水状况，甚至导致突水事故。松宜煤矿猴子洞井田，矿床开采后使两条河流河床的渗透条件发生迥然不同的变化，水环境各异。南部洛溪河，开采前属常年性河流，开采后在流经栖霞灰岩的 250m 长度内，相继出现 13 个塌洞，河水流失；当流量小于 $0.3m^3/s$ 时，河水全部漏光，使下游成为干河道，干沟等矿井涌水量剧增近 1 倍。北部干沟河，原为间歇性河，河水间歇式补给下伏含水层。开采中，河流受上游携带大量煤粉（泥）的矿井排水补给，煤粉（泥）沉淀充填于河床碎石孔隙中，形成防渗层，河床由漏水转变为不漏水。河水补给量从占总涌水量的 20%～30%，逐渐降至 10%以下，转为常年性河流。

（四）改变含水层的边界条件

改变含水层的边界条件表现在：原为不透水边界可转化成透水边界；自然排泄区可转化为补给区；地下分水岭可外移，增加补给区面积；海水倒灌补给等。这些都可增加矿井涌水量，使水质变坏和减少淡水资源，导致水环境恶化。

二、矿区岩土体破坏问题

地面形态的破坏，有采矿深坑（凹形）和采矿废弃物堆积（凸形）。前者主要指露天采矿场的破坏，次为小窑的破坏；后者包括露天和地下开采中的废弃物，多堆积成"山"。它们的共同特点是，改变了原地面环境，使之成为弃地，还改变了原地的地下水活动规律。地下开采造成岩层和土体破坏的直接恶果，改变了矿区的水文地质条件，产生了许多灾害性的环境地质问题。

（一）矿区地面塌陷、裂缝和沉陷

塌陷、裂缝和沉陷三者虽皆是由地下采矿、疏干排水造成的，但对岩土体的破坏和出现的环境地质问题则不相同。地面塌陷、裂缝和沉陷是岩溶充水矿区产生的主要环境水文地质问题。在岩溶充水矿区，疏干常引起地面突然产生塌陷，有的矿区还伴有地面裂缝。须指出，地面塌陷等不仅形成在矿区，在过量抽取地下水的非矿区，也会大量地形成。据统计，包括非矿区在内，全国有 23 个省（自治区）发现岩溶塌陷坑 800 处以上，塌陷总数超过 3 万个，其中 70%是由人类活动造成的，每年造成的直接经济损失达数亿至十多亿元。

地面裂缝的形成条件与地面塌陷基本相同，但它是以裂缝的形态出现的。大体上有两类：一类分布在矿区地面塌陷坑和沉陷区的边缘地带，多呈弧形、半圆形和同心圆形开裂，与采区边缘大体平行。其宽度一般为几厘米至 1～2m，长度由数米至数十米，有的达百米。另一类是与塌陷或沉陷无关的地面裂缝，如形成在露天矿场边缘或某些构造部位的裂缝，一般为近直线形。

矿区的地面沉陷多产生在大面积用崩落法回采的矿区。顶板崩落和疏干排水，引起采区上部岩体较大范围地向下移动，加上含水层疏干引起松散层压缩，造成矿区地面沉陷，其面积远大于塌陷范围。沉陷区中心地带的地层，基本上可保持其连续性，如武山矿北矿带出现了 1600m×400m 的地面沉陷区。

（二）矿区的山岩开裂及岩石崩塌

山区发生的山岩开裂及岩石崩塌，其成因很复杂，类型也各异。地下水的参与常成为形成因素之一，它形成后又严重地破坏了当地的水文地质条件。这里只介绍与采矿有关的洞掘型山岩开裂，它对矿区环境破坏是严重的。矿区山岩开裂与崩塌，多发生在被开采矿层上部的地层中，主要受剥蚀卸荷作用控制，地形上多为临空高耸的悬崖峭壁、突出山咀和孤峰。它们是在具备适宜地形、上硬下软的岩性、构造（及溶蚀）裂隙发育和有地下水补给等自然条件的地段上，人为开掘井巷的诱导所形成的。在峭壁下开挖，形成大面积采空区，使岩体自然应力平衡受到破坏，卸荷作用促使采空区顶板下沉变形，向上传递，促使岩体向外倾斜，产生拉张力加扭力作用，形成了山岩开裂或局部伴有崩塌和陷落。在鄂西山区的某矿区内，山岩开裂呈上宽下窄状，一般宽 1～2m，最宽者达 10m，深度一般为数十米，最深者可达百余米。其分布与采空区有明显的空间对应关系，其形成时间滞后于开采时间。山岩开裂使岩体倾斜、滑出（崩滑）或塌陷，多为突发性，常埋没矿井。

（三）地面滑坡

国内露天与地下采矿区，都发生过这类环境地质灾害。抚顺西露天矿南帮，曾发生过 57 次滑坡，是个突出的例子。产生原因是地下水将软质凝灰岩层软化成可塑体，导致滑动。滑动面上多见有水，大多发生在雨季或雨季后，它破坏了采场内外的岩体稳定。美国曾有一座 240 多米高的煤矸石堆场发生滑坡，使邻近城区居民死亡 800 余人。

（四）采矿诱发地震

采矿疏干、塌陷、矿山压力和地应力释放，都可诱发矿区地震。一般虽无过大危害，但对矿区环境也会造成破坏。矿山排水或突水引起的浅源地震，在南方岩溶矿区多有发生，且与产生塌陷密切相关。北京门头沟煤矿二槽工作面，1979 年 8 月由于采矿地应力释放，发生里氏 3.81 级的地震，地面震中烈度为 7，是国内记录到最强的一次采矿诱发地震。

三、采矿引起水质恶化问题

矿床的存在和开采，多使矿区附近的地下水与地表水水质恶化，其危害程度不次于前述各种问题。这里仅作如下概述。

（一）矿区（床）地下水和地表水体的污染

矿床内存在的有害人类健康及危害其他生物生存的元素或成分，在自然条件下进入地下水或地表水之中，污染了天然水体。例如，多金属及放射性矿床中所含的有害元素，经自然的氧化或淋滤或溶解作用，进入矿区水体中。这些有害元素，会在矿床周围形成大于矿体分布范围的、高异常含量的水晕。它具有与区域地下水化学成分不同的特点。它们的存在虽可作为找矿标志，但会危及人类健康和恶化环境，有些地方病即源于此。

采矿对水体的污染主要通过：①采矿揭露矿体，使有害元素直接进入矿井水中，造成污染；②采矿使不同成分的水相混合，往往使原来优质水污染，不能饮用；③勘探工程沟通矿体及含水层，造成污染；④废矿渣淋滤水，会成为富含有害物的污染水；⑤采矿附属工厂排放"三废"造成的水质污染；⑥采矿对大气造成污染，酸雨又污染了矿区水体；⑦各种原因导致的微生物污染。这些作用严重地污染了矿井排出水和地下水与地表水，危害了人体健康，恶化了矿区环境，其危害面积远大于矿床分布或开采范围。

（二）采矿改变了地下水循环条件，同样会使水质环境恶化

采矿疏干形成新的地下水降落漏斗，加速了水循环或使原排泄区转变为矿井水的补给区，或直接使污染的地表水倒灌等，都会造成水质恶化。

（三）采矿还能改变水文地球化学环境

随采矿向深部发展，多使揭露的水文地球化学环境发生转化，常常采矿活动使还原环境转化为氧化环境，发生新的物理化学变化，使水质污染，对人体产生不良影响。

（四）热污染

开采深部矿床有可能引导深部高热量（能）至浅部，使浅部地层或井巷空间增温，形成人为热污染。这主要是指某些井巷延深揭露出热水，或在地热异常区采矿，井下温度超过安全规定，使作业环境恶化。

第十二章　地下水人工回灌

第一节　地下水人工回灌概念与作用

借助一定的工程设施将地表水体引渗或注入地下含水层的方法，称为地下水人工回灌，也称为地下水人工补给。作为水资源管理的策略之一，许多国家都开展了大量的地下水人工回灌的研究和工程实践，在称谓上除了地下水人工补给（artificial recharge，AR）外，相同或相近的术语还有含水层补给（aquifer recharge，AR）、含水层储存与回采（aquifer storage and recovery，ASR）、可管理的含水层补给（managed aquifer recharge，MAR）等。

地下水人工回灌通过对地下水资源量和地下水位的人为干预，可以达到不同的水资源管理目的。

（1）补充地下水资源。开展地下水人工回灌的最重要驱动因素之一，就是通过人为干预强化地下水的补给过程，增加地下水资源的储备量，提高地下水资源的可利用量，应对日益严峻的地下水资源短缺及过量开采问题。

（2）调节水资源的时空分布。地下水人工回灌，将丰水期多余的地表水（河水、湖水、雨水等）引渗或注入地下，利用含水层的调节作用，实现地表水和地下水在时间和空间分布上的联合调蓄。

（3）水资源地下储备。相比于地表水库，地下含水层分布广泛、储水空间巨大，水资源可在地下长期存在而不必担心蒸发损失、土地占用等问题，更无淤积和溃坝风险，水质也不易污染。因此，通过地下水人工回灌，将优质地表水资源储存在地下含水层空间，可实现水资源的长期储备。

（4）缓解、控制或修复由地下水过量开采所导致的环境负效应。地下水人工回灌通过增加地下水资源补给量来提高或稳定地下水位，可以在一定程度上控制或修复由地下水过量开采所导致的诸如地面沉降、海水入侵、湿地萎缩、泉水断流等一系列环境负效应。

（5）保持地热水、天然气和石油层的压力。利用地下水人工回灌，可以弥补地热水、天然气和石油等资源大规模开发所产生的储存液（气）体压力降低的问题，保持或增加有效生产能力。

（6）改善水质。通过注入优质水源，改善含水层原生水质，或修复受污染地段的地下水环境；也可利用土层-含水层处理系统，使回灌水源的水质在入渗过程中得以改善。

（7）蓄能。冬储夏采或夏储冬采，改变地下水温度，为工厂提供冷、热源。大规模推广的地源热泵，就充分利用了含水层的蓄能功能。

第二节　地下水人工回灌方法

地下水人工回灌方法可分为直接回灌方法和间接回灌方法两大类。直接回灌方法是指以完成地下水人工回灌为直接目的的方法，它包括地面入渗法和地下灌注法；间接回灌方法主要指各种诱导补给方法，其中以傍河取水诱导地表水入渗、修建地下坝等拦截地下潜流等方法最为典型。本书着重介绍地下水人工回灌的直接方法。

一、地面入渗法

（一）地面入渗法概念及优缺点

地面入渗法，又称浅层回灌法或水扩散法，主要是利用天然的洼地、河床、沟道、较平整的草地或耕地，以及人工的水库、坑塘、沟渠或开挖水池等地面集（输）水工程设施，常年或定期引、蓄地表水，借助地表水和地下水之间的天然水头差，使之自然渗漏补给含水层，以增加含水层中地下水的储量。

地面入渗法的主要优点是：①因地制宜地利用自然条件，工程简单，投资少，收益大；②运行期间容易管理，便于及时清淤，有利于保持较高的渗透率；③可作为景观，或与旅游娱乐产业相结合，美化环境。

地面入渗法的主要缺点是：①某些工程占地面积大，使用上容易受地质、地形条件的限制；②效率低，单位面积的入渗量小，且补给水在干旱地区蒸发损失较大；③控制不当，可产生环境问题，如土地盐渍化、沼泽化或浸没工程建筑基础等。

由于具有设施简单、基建费用低、补给量大、便于管理等显著优点，地面入渗法是目前世界上应用最为广泛的方法，有很多成功的例子。例如，美国的纽约州为增加长岛砂砾石冰碛物含水层中地下水的供水量和阻止海水入侵，在大约 250 km^2 的面积上，建立了近 400 个入渗池（主要汇集雨水），每个入渗池面积为 0.44hm^2，深 9m，使该岛水源地的总生产能力达到 1.66m^3/s。又如，荷兰的阿姆斯特丹滨海沙丘人工补给设施，早在 20 世纪 20 年代就已完成，利用洪水季节淡化的莱茵河水天然入渗或大井注入地下，年回灌量达到 4000 万 m^3，解决了枯水季节的供水问题。再如，我国山东省的桓台县，自 20 世纪 70 年代开始便利用河道、沟渠和坑塘层层拦蓄洪水，使降水入渗量增加了 1 倍，全县年人工补给地下水量可达 9000 万 m^3，地下水位普遍上升 2～3m，保证了旱季地表水断流时的农业用水。

（二）地面入渗法的适用条件

（1）地形平缓，坡度不大。最适宜地形坡度为 0.002～0.040，一般适用于地形平缓的山前冲积扇、冲积河谷和平原的潜水含水层分布区，以及某些台地和岩溶河谷地区。在山区适宜进行地面入渗法补给的地面坡度条件可放宽至 0.01～0.2。

（2）地表土层应具有较好的透水性，如砂土、砾石、卵石、裂隙发育地层等。包气带厚度以 10～20m 为宜。当地表有弱透水层分布时，覆盖含水层的岩层厚度不宜超过 5m，当厚度大于 5m 而不超过 10m 时，可借助人工浅井入渗补给，而大于 10m，则应采用地下灌注法进行补给。

（3）目标含水层应具有较大的孔隙和孔隙度，要有较大的分布面积和一定的厚度。其具体要求应视补给水源充沛程度、补给方式、补给水的用途等具体情况而定。

（4）入渗建筑物与取水建筑物之间应有一定的距离，以保证补给水在含水层中更好地净化。对于砂质岩层，入渗建筑物与取水建筑物间的安全距离可参考表 12-1 确定。

表 12-1　入渗建筑物与取水建筑物间的安全距离

土层名称	有效粒径/mm	距离/m
细砂	0.3	40
中砂	0.5~0.6	60
粗砂	1.5	100

入渗建筑物和取水建筑物之间的距离可以按式（12-1）近似计算

$$L=\frac{vt}{n_0+N/C}\qquad(12\text{-}1)$$

式中，v 为平均渗透速度（m/d）；n_0 为岩石的有效孔隙度（无量纲）；N 为通过实验确定出的岩层最大吸着容量（g/m³）；C 为补给水源中污染物的浓度（g/m³）；t 为运转时间（d）。

（5）地面入渗法应保证回灌的目标含水层足够透水，以保证回灌水的侧向流动，防止形成高水丘影响回灌效果。同时，也要注意消除污染物质的影响，防止污染物质随回灌水扩散而造成污染。

（三）地面入渗法的工程形式

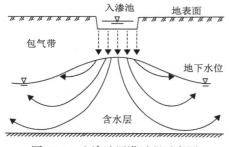

图 12-1　入渗池回灌过程示意图

地面入渗法中最常见的工程形式包括渗透池、渗渠和竖井（坑）。

1. 渗透池

渗透池即入渗池，又称补给池或渗滤池（图12-1），是地面入渗法中最常用的回灌工程形式。入渗池可利用或改造已有的汇水盆地、水库、洼地、池塘等，或在高渗透性土层上人工挖掘修建。

假定入渗池的回灌时间由通过池底面的一维流所决定，且其回灌过程可用达西定律表示

$$Q=K\cdot I\cdot S_A\qquad(12\text{-}2)$$

式中，Q 为灌入土层中的水量（m³/d）；K 为土层的渗透系数（m/d）；S_A 为入渗池底的面积（m²）。

（1）设计入渗系数（K_d）

$$K_d=0.5K\qquad(12\text{-}3)$$

式中，K_d 为设计入渗系数（m/d）；K 为土层的渗透系数（m/d）；0.5 为安全系数，无量纲。

（2）入渗池的最大深度（d_{max}）

$$d_{max} = K_d \cdot T_{max} \qquad\qquad (12\text{-}4)$$

式中，d_{max} 为入渗池的最大深度（m）；T_{max} 为允许入渗的最长时间。

入渗池深度不宜过大，深水产生较大的水头压力，虽能在短期内迅速提高入渗速率，但同时也易于压密堵塞土层，因而深池渗透速率往往比浅池要低，一般情况下，推荐采用的最大水深为 0.6m。

（3）水力梯度（I）

$$I = (h + L)/L \qquad\qquad (12\text{-}5)$$

式中，I 为水力梯度，无量纲，由于 h 趋向于零，即水力梯度为 $I \approx 1$；h 为以入渗面为基准面的水头高度（m）；L 为入渗面到地下水面的距离（m）。

（4）入渗池底的最小面积（$S_{A min}$）

$$S_{A min} = V_w / K_d \cdot T_{max} \qquad\qquad (12\text{-}6)$$

式中，$S_{A min}$ 为入渗池底的最小面积（m²）；V_w 为所要回灌水的体积（m³）。

入渗池应建设必要的回灌水源预处理系统，如预处理池等，以保持其入渗能力，同时，预处理的设备应满足相应的日常检查与维护要求。一般推荐采用的预处理设施是建设于入渗池周围的至少 6m 宽的草地缓冲带或其他植被缓冲带，出于保护植被的考虑，还可以增加篱笆或围墙；为保证入渗池的安全与长期运行，入渗池应设计相应的应急水流出口，如溢洪道等。

2. 渗渠

这种方法是指利用渗透性好的天然冲沟或人工引水渠进行地下水人工回灌，入渗水量首先在沟渠沿线形成水锋，然后自渗渠向两侧扩散。该方法设施简单，形式多样，投资少，入渗补给总量大，适应范围广，特别适合在较大面积上对地下水的人工回灌，尤其在有地表水源及沟渠密度较大的地区，是行之有效的方法。图 12-2（a）为窄深型渗渠；图 12-2（b）为宽浅型渗渠（与箭头垂直的竖线表示渠中的堰或拦水坝，起减小流速、增加滞留时间的作用）；图 12-2（c）为较宽的缓坡渗渠，渠中建有 T 形拦水堰。典型渗渠一般宽 1m，深 0.6～3m，渠中用砂砾石回填。

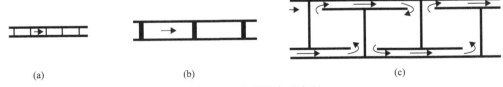

(a)　　　　　　　　　　　　(b)　　　　　　　　　　　　(c)

图 12-2　渗渠形态示意图

对于雨水资源利用，原则上渗渠不适于产流区域大的地区，一般要求其控制的产流区域不应超过 2 万 m²。如为了控制较大产流区域，可设计建造多条渗渠，但应注意考虑其间距问题，间距太大，则回灌不均匀；间距太小，则占地多，投资大。在山前冲积平原，浅部若有渗透性良好的含水层，地下水的扩散速度较大，垂直入渗速度较好，可采用大间距渗渠。

建议渗渠周围种植至少 6m 宽的植被缓冲带，且其接受的入渠径流应为薄层水流，而对于携带悬浮物浓度较高的径流，植被缓冲带宽度应为 15m 以上，以保证水质过滤效果。缓冲带坡度要求其在长度方向上接近 1%，而在宽度方向上接近 0。植被缓冲带应注意日常维护，及时去除杂草，补植裸露地面，保证其防冲刷侵蚀与水质过滤效果。为避免污染，维护过程中，一般不提倡使用肥料。

渗渠运行后，观测井与水质预处理设施的观测包括每季一次的常规观测与每次大暴雨后的非常规监测，当渗透速率与水质得到保证时，常规监测可适当减少。

渗渠主要参数确定的前提条件与入渗池相同，即假设其入渗过程可用达西定律描述，且 K_d、I、$S_{A\min}$ 的确定遵循同样的规则；而渗渠最大深度 $d_{\max}$ 可按式（12-7）确定：

$$d_{\max} = K_d T_{\max}/V_r \qquad (12\text{-}7)$$

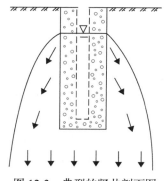

图 12-3　典型的竖井剖面图

式中，$d_{\max}$ 为渗渠的最大深度（m）；K_d 为设计入渗系数（m/d）；$T_{\max}$ 为渗渠的最大允许入渗时间（d）；V_r 为填料的孔隙率。

3. 竖井（坑）

竖井（坑）回灌又称渗滤井（坑）回灌，主要指利用直径大于 2m 的大口井或小于 2m 的其他竖井进行回灌（图 12-3）。这种方法主要适用于含水层埋深较浅的地区，一般为 5～10m，这里的竖井一般挖掘到地下水位以上，挖掘到地下水位以下的竖井则应划归为地下灌注法。

回灌竖井种类多样，可建成圆形、矩形或方形，井内可以安装套管，或填充其他材料。

二、地下灌注法

地下灌注法，主要指管井注入法，又称深层回灌法，是将回灌水源通过钻孔、大口径井或坑道等直接注入含水层中的一种方法。

地下灌注方法的主要优点是：①使用时不受地形条件限制，也不受地面弱透水土层分布和地下水位埋深等条件的限制；②占地面积少，可以向指定的含水层集中回灌，水量浪费少；③回灌工作不受气候变化等因素影响。

地下灌注方法的主要缺点是：①回灌水直接进入含水层，对水质要求较高；②施工要求高，设备多，工程投资大；③管理费用高，管理工作复杂，易发生堵塞问题并导致管井回灌速率下降甚至管井报废。

地下灌注法从注水方式上可分为无压回灌、真空回灌和加压回灌三种类型。

1. 无压回灌

无压回灌又称自流回灌，是指将回灌水引入回灌井中，抬高井内水位，利用井内水位与含水层水位的水头差，渗流补给地下水。在稳定条件下，承压含水层的管井回灌（图 12-4）及潜水含水层的管井回灌（图 12-5）可以分别通过式（12-8）及式（12-9）进行计算。

$$Q_r = \frac{2\pi Kb(h_w - h_0)}{\ln(r_0 / r_w)} \qquad (12\text{-}8)$$

$$Q_r = \frac{\pi K(h_w^2 - h_0^2)}{\ln(r_0 / r_w)} \qquad (12\text{-}9)$$

式中，Q_r 为回灌井的补给速率（m^3/d）；K 为含水层渗透系数（m/d）；h_w 为回灌井中水位高程（m）；h_0 为初始静水位高程（m）；b 为承压含水层厚度（m）；r_w 为注水井管半径（m）；r_0 为注水影响半径（m）。

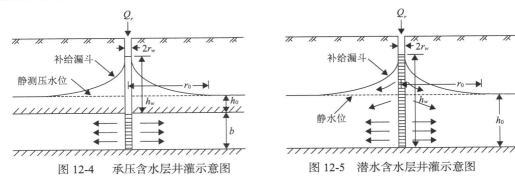

图 12-4　承压含水层井灌示意图　　　　图 12-5　潜水含水层井灌示意图

这种方式要求含水层必须有较好的透水性能，以保证注入水的传导，同时还要求井中回灌的水位与含水层天然水位有较大的水头差，以加速回灌水源的扩散。这种方法投资少，但效率比较低。

2. 真空回灌

真空回灌又称负压回灌，借助密封装置使回灌井泵管内形成真空负压，从而减小回灌水进入泵管的阻力以提高回灌效率。适用于含水层渗透性能相对较好，且地下水位埋深较大（天然水位埋深大于 10m）的地区；对回灌量要求不大的深井也可采用此法。

3. 加压回灌

加压回灌又称正压回灌、有压回灌，主要适用于地下水位相对较高，渗透性相对较差的含水层。采用机械动力设备以增加回灌水的水头压力，使回灌水与静止水位之间产生较大的水头差从而进行回灌。

当含水层的透水性比较稳定，各个回灌井的滤水管过水断面一定，管井结构相似时，回灌量与压力成正比，但压力增加到一定数值时，回灌量就几乎不再增加了。由于压力较大，这种方法要求水井滤网要有较高的强度，当强度一定时，压力过大可能导致井的损坏，因此回灌井的最佳压力必须根据含水层的特点及滤网强度来选择。

地下灌注法的回灌量大小与水文地质条件、管井质量、回灌方法等有关，其中水文地质条件是影响回灌量的主要因素。一般应根据抽水、回灌试验的数据来确定回灌量和回灌方式。

第三节　地下水人工回灌水源及水质要求

一、常　规　水　源

地下水人工回灌最主要的传统（常规）水源是各种地表水体，包括河流、水库、湖泊中的天然水体，也包括引调的外来水源。例如，美国科罗拉多河水就是橙县和亚利桑那地下水人工回灌工程的重要水量来源。

我国北方河流水量的季节效应较强，雨季产生的大量过境水流是进行地下水人工回灌的良好水源。利用地表过境水量进行地下水人工回灌，既可以补充地下水资源，也可对河道水量产生调控效果，减轻河道的行洪压力。

对于深层承压含水层的地下水人工回灌，除地表水体外，也可能会使用当地的市政饮用自来水，其主要目的是保障含水层水质的饮用功能不受影响。

二、非常规水源

由于供水压力大、水质污染或人工回灌成本高等原因，优质地表水（河流、湖泊、水库余水等）作为最传统的常规回灌水源正在失去优势。与此同时，在污水处理、非点源污染控制等强大因素驱动下，非常规水源的地下回灌日益受到重视。可用于地下水人工回灌的非常规水源主要包括两类。

1. 再生水

再生水是指回收水源经适当处理后达到一定水质标准，并可在一定范围内重复利用的水资源。

再生水回用一般可采用"管对管"（pipe to pipe）式短循环和地下回灌长循环方式。短循环是将污水处理后在本系统内部实现闭路循环，或在局部范围内回用，如冷却水的回用等。这种污水回用方式对水质要求相对较低，周期短，能收到立竿见影的效果，所以，推广后受到普遍欢迎。长循环是将经过二级处理的污水再经深度处理后回灌到地下含水层，然后同地下水一起作为新水源被开发利用。这种污水回用方式的循环周期较长，可以提供高质量的回用水乃至饮用水。需要注意的是，出于对人体健康风险方面的考虑，目前我国再生水人工回灌的目的以非饮用回用为主；对于以饮用回用为目的的再生水人工回灌尚未有相关回灌水质标准等方面的立法或执行标准，但在水资源日益紧张的未来，再生水饮用回灌具有重大的潜在需求，是重要的发展方向。

2. 城市雨洪水

快速的城市化进程导致不透水下垫面的规模迅速扩大，雨水因不能入渗地下而形成大量雨洪径流，不但加重了城市排水系统的压力，而且造成水资源的极大浪费。针对城区地下水严重超采与城区雨洪问题突出这一尖锐矛盾，世界各国都十分关注城市雨洪水资源化的问题，我国也将其纳入《国家中长期科学和技术发展规划纲要（2006—2020年）》的优先发展战略。在众多城市雨洪资源化方法中，利用雨洪水进行地下水人工回灌受到格外关注，它兼具节水、防洪、控制径流污染、补充地下水及改善生态环境等多方面的效益，这是其他雨洪水利用方式所不具备的。另外，城市雨洪水的发生几率远远高于流域河道洪水，而且，大面积的不透水面使雨洪水收集具备最为有利的条件，因此，利用城市雨洪水进行地下回灌的研究与实践具有更大的现实意义与可行性。

城市雨洪水含有淋洗大气及冲洗构筑物、地面、垃圾所携带的各种污染物，成分复杂，其水质特征具有较大的地区（或区域）差异性及时间变异性。从下垫面类型来看，屋面雨洪水的水质最好，其次为绿地雨洪水；污染最重的是路面雨洪径流，直接和间接利用均有一定的难度，需要较高程度的预处理。从时间过程来看，对屋面雨水而言，初期雨洪径流水质较差；但路面雨洪径流，则受降水强度和污染源释放等因素影响，水质的时间变化规律较为复杂。

三、回灌水质要求

用于地下水人工回灌的水源，要求符合一定的水质要求。如果原水的水质较差，就必须经过适当的水质处理后才能用于回灌。目前，国内外在地下水人工回灌的水质标准方面尚没有统一规定，但有一些区域性的或者行业性的回灌水质标准，如美国的加利福尼亚州、佛罗里达州及我国的北京、上海等地就提出了专门的地下水人工回灌水质要求。针对再生水的地下非饮用回灌，我国则出台了《城市污水再生利用——地下水回灌水质标准（GB/T 19772—2005）》。

由于回灌水源不同、回灌区域水文地质条件各异，加之回灌用途等的差异，统一的地下水人工回灌水质标准的出台存在较大难度。因地制宜地确定特定条件下的回灌水源水质标准则十分必要，一般应注意以下两个原则：

（1）回灌水源的水质要比原地下水的水质好，最好达到饮用水的质量标准，确保回灌后不会引起地下水的水质恶化；

（2）水源中能够产生不良回灌效应的物质含量应限定在较低的浓度范围内，如可引起井管和过滤器腐蚀的特殊离子或气体，可引起入渗设施或介质严重堵塞的悬浮物及铁、锰等金属离子。

第四节　地下水人工回灌过程中的堵塞问题

地下水人工回灌过程中的堵塞问题，主要指在回灌过程中，入渗介质由物理、化学及生物作用导致的渗透性降低的现象。堵塞直接影响地下水人工回灌工程的效率、运行成本及使用寿命，是地下水人工回灌技术在工程实践领域推广和应用过程中最重要的限制因素之一。

一、堵　塞　类　型

地下水人工回灌堵塞问题与回灌水质、入渗介质的矿物成分及颗粒组成特征等多种因素有关，通常根据引起堵塞的主要物质来源，将其分如下 3 种典型类型。

1. 物理堵塞

物理堵塞可由悬浮物、气体、含水介质颗粒重组等因素造成，其中最为普遍和典型的是悬浮物堵塞，它是注水井和地表回灌系统发生堵塞的最常见情况，其堵塞位置、堵塞速度及堵塞程度主要取决于渗透介质的特征和类型、补给水水质、悬浮物的大小和物理化学性质，以及入渗时间和范围等。气相堵塞是物理堵塞的另一种常见类型，气体可由回灌过程中带入含水层或由含水层中的生物化学作用产生，温度的增高或压力的降低也可导致水中溶解气体的逸出，超饱和的气体常形成"气泡"阻碍水流通过多孔介质的空隙，形成气相堵塞。

2. 化学堵塞

由于回灌水源与地下水之间的水质相容性问题，可能产生导致矿物沉淀的化学反应，并迅速降低介质的渗透性。离子的氧化物或氢氧化物及碳酸盐的沉淀是化学堵塞的主要形式，其影响因素包括回灌水与地下水的化学组成、含水介质矿物成分、控制矿物沉淀的物理条件（温度、压力）等。例如，在地表入渗系统中，藻类光合作用使回灌水 pH 升高，并可导致碳酸钙产生沉淀，造成入渗介质表层的固结和堵塞。

3. 生物堵塞

回灌水中的微生物可能在适宜的条件下迅速繁殖，其生物体或代谢产物附着或堆积在介质颗粒上形成生物膜并导致生物堵塞。根据大量研究的统计，生物堵塞可导致介质渗透性下降 2～3 个数量级。目前，由细菌所引起的生物堵塞过程的研究相对较为集中，其堵塞机理包括四种作用过程：细胞体的累积效应、胞外聚合物的累积效应、气体产物滞留效应及微生物为媒介的沉淀累积效应。生物堵塞的影响因素主要包括回灌水的溶解有机碳浓度（DOC）、温度、有机悬浮物浓度、总氮、总磷。与环境条件有关，生物堵塞最严重的位置在入渗区表层，越向下部堵塞程度越轻，最大影响深度通常不超过 60cm。

物理堵塞、化学堵塞和生物堵塞，只是从堵塞物质来源进行的分类，各类型堵塞之间并无完全截然的界限；实际回灌过程中，通常是多种堵塞同时发生，只是在不同时间段内和不同位置上导致介质渗透性下降的主导堵塞类型有所不同。例如，生物的代谢作用所产生气体可形成严重的物理堵塞；O_2 随注入水进入含水层后可以加速铁的沉淀而导致化学堵塞；CO_2 减少则导致碳酸盐岩的沉淀，而微生物活动则能有效阻止碳酸钙的化学沉淀堵塞等。因此，不同堵塞类型在演化过程中也存在着较为复杂的相互作用。

二、堵塞的预防

地下水人工回灌堵塞的预防应从以下 3 个环节着手。

1. 回灌工程的设计与施工

首先要针对回灌目标地层，设计合适、高效的回灌工程设施。其次要选择合适的施工方法。例如，对于地表回灌系统，建设过程中应着重考虑施工顺序和挖掘方法，在工程开挖过程中应避免重型机械对土层的压密，工程完工后应清除所有累积沉积物；防止工程在投入使用前，雨洪径流携带大量沉积物进入入渗工程而缩短工程寿命；在已开挖的入渗区域应回填过滤层，并在表层铺设土工布、纤维过滤布等过滤编织物，以减少沉积物进入土壤包气带。对于井灌系统，应选择适当的钻进方法、钻进液和成井工艺，避免井周围地层的人为破坏或淤堵。

2. 回灌工艺

管井回灌系统堵塞预防和控制最常用的方法是进行定期或不定期的回扬。每口回灌井的回扬次数和回扬持续时间，主要由含水层岩性、回灌井特征、回灌水源的水质、回灌量大小及所采用的回灌技术方法而定。回扬次数过少，难以控制堵塞发展进程；回扬过于频繁，对增加回灌量并无更大效用，反而会在时间、效率和成本方面造成浪费。关于回扬的持续时间，一般以混浊水出完见到清水为原则。对于管井回灌，还要注意避免在回灌过程中导入大量空气，造成气相堵塞。

对于地表回灌系统，在渗透系数一定的情况下，入渗池回灌水深较大时有利于增加水头差，增大入渗效率；但过大的水深会对池底土层产生一定的压实作用，反而降低入渗效率。同时，对回灌水源进入回灌设施的流速、流量和流态的合理控制也会对堵塞预防有一定的作用。

3. 水质预处理

引起地下水人工回灌介质堵塞的主要原因是回灌水源的水质。导致不同类型堵塞发生的水质因素不同，堵塞预防选取的水质控制指标也不相同。

（1）物理堵塞。为预防悬浮物堵塞的发生，采用地表入渗方式回灌时，一般要求 TSS 控制在 10mg/L 的范围内，或浊度应小于 5NTU。对于气相堵塞的预防，除了在回灌工艺环节避免气体的混入外（针对井灌方法），还应注意保持回灌水水温略高于地下水温度，以防止回灌水中溶解的气体进入含水层后逸出。

（2）化学堵塞。常见的沉淀矿物主要有两类：一类是以钙为代表的碳酸盐沉淀；一类是以铁为代表的氧化物或氢氧化物等。与碳酸盐沉淀相关的离子（或组分）有 Ca^{2+}、Mg^{2+}、HCO_3^-、SO_4^{2-} 及游离 CO_2 等，与氧化物或氢氧化物沉淀相关的是 Fe^{2+}、Fe^{3+}、Mn^{2+}、Al^{3+} 等。这些离子组分的含量直接影响水中相应沉淀矿物的饱和指数，通常其含量越低，饱和指数越小，形成沉淀的几率就越小，从而降低了化学堵塞的风险。

（3）生物堵塞。维持生物生长代谢所必需的物质有营养物质与电子受体。营养物质通常指有机物组分；电子受体对于不同的微生物其种类也不同，例如，硝化细菌代谢所需的电子受体是硝酸盐，大多数异氧微生物代谢的电子受体为溶解氧。因此，可通过降低回灌水中提供的有机物含量、减少其中可利用的电子受体的含量，以及通过消毒灭菌等方式控制微生物的生长。

三、堵塞的治理

就目前的人工回灌实践经验而言，尚无有效方法能够完全避免堵塞的发生和发展。因此，堵塞治理的技术方法也是人工回灌研究的重点之一。

（一）地表回灌系统堵塞的治理方法

1. 水力冲刷

一定压力的水流冲刷，可清洗掉池底表层和砂卵石表层孔隙中的泥质，对回灌池的入渗能力有很大的提高。通常在回灌池入水口位置处堵塞程度较大，在清洗过程中，可按入水的方向进行冲刷。

2. 刮削

回灌池底的清理还可采用机械方式将积聚的细颗粒堵塞层刮削掉并清运出回灌场地，从而增加池底表层的入渗能力。但该种方法耗费较高的人力、物力与时间成本。如果采用机械作业的话，要避免重型机械的碾压造成土壤压密。

3. 翻耕

对于大面积的相对平整的入渗场地，可采用类似的犁地、翻耕方式破坏表面堵塞层，并在翻耕的沟槽内重建高速入渗区域。但由于并未真正清除堵塞物质，翻耕法难以使整体入渗能力恢复到接近初始水平，且翻耕次数越多，效果越差，并不是一种可持续的堵塞处理方式。

4. 生物化学法

在河床底泥层内注入配制的生物化学药剂，致其膨化后上浮于水体表面再进行人工打捞清除。该方法曾在成都府南河河床底泥层的清理中得到实际应用，效果良好。另外，针对化学沉淀造成的表面堵塞，基本上只能通过化学方法清除，但采用该方法应注意次生污染问题的防治及监测。

5. 停灌与轮休

通常可以让回灌池停灌一段时间来恢复部分渗透性，而停灌期的长短则取决于天气条件。通过停灌与轮休，达到以下 3 个目的：其一，无水入渗使回灌池底在自然条件下干裂，从而使入渗池底表层介质裂隙增加，渗透性增加；其二，大气中的氧进入池底介质内部，激发好氧微生物的活性，加快降解介质中沉积的有机物；其三，由于系统停止进水，微生物新陈代谢需要的各种营养物得不到持续的补充，介质中的微生物会逐渐进入内源呼吸期，消耗胞外聚合物或胞内成分，逐渐老化死亡，系统的渗透性得到改善，堵塞问题得到一定缓解。但这类措施的缺点在于需要建造多个平行入渗池，占用大量的土地资源，即会大幅度增加回灌系统的投资费用。

（二）管井回灌系统堵塞的治理方法

1. 洗井

对管井回灌系统的堵塞治理，常以各种洗井方法为主，如气举洗井、真空洗井、高速射流洗井、泡沫洗井、多磷酸盐洗井、水泵抽水洗井、酸化洗井、液态二氧化碳洗井、活塞洗井等。适当洗井方法的选择应以堵塞类型识别为基础。

2. 杀菌剂

冲击氯化（shock chlorination）可用于限制铁细菌和其他微生物的生长，该方法广泛应用于严重微生物堵塞井的修复。高达 500~2000mg/L 的氯化物投入井内后，与水混合后进入井周地层。机械冲刷、搅动、冲击和喷射等机械方法均可使井中氯溶液产生紊流特征，增加其与微生物堵塞物的接触面积。通常冲击氯化方法与酸化洗井方法结合使用，以增强其对堵塞物质的去除能力。应用此种方法应注意废水的安全处理问题。

3. 扩孔

当注水井是无套管和滤水管的开放井孔，且堵塞主要发生在井周几厘米范围内的含水层介质中时，可通过扩孔方法高效地去除堵塞层，并产生一个新的透水井壁。

4. 刮擦

钢丝刷刮擦方法可以破坏和去除套管和滤水管内壁的结壳沉积物，之后可以通过气提、抽水等方式将松散的沉积物从井内移除。

5. 加热

加热往往作为增强化学处理效果的辅助方法。将水从井中抽出后加热并注入井中再循环，增加化学溶液的反应强度。在化学处理不宜施用的情况下，加热方法也可单独作为生物堵塞的有效去除方法。

第五节　地下水人工回灌过程中的水质变化问题

无论是再生水还是雨洪水，非常规水源的地下水人工回灌的核心问题是人体健康风险。即便是针对常规水源，地下水人工回灌在有些国家仍然是十分谨慎的，最大的担心来源于人工回灌可能导致的地下水水质污染。

从总体上说，人工回灌可以通过土壤–含水层处理系统（soil aquifer treatment，SAT），在物理、化学及生物过程影响下改善回灌水质，甚至一些地区开展地下水人工回灌的主要目的就是净化水质，其净化机理主要包括：过滤、吸附、氧化还原、离子交换、生物降解、硝化、反硝化作用及地下水的稀释作用。营养盐、有机物、微生物、金属元素等污染物在地下水人工回灌过程中均有不同程度的改善。但也应注意到，土壤–含水层处理系统对污染物的净化能力也是有限的，回灌水源水质不佳而导致的地下水污染也时有发生。

地下水人工回灌对于含水层水质污染或人体健康风险可能来源于：①回灌水源所携带的有害物质；②含水层矿物与补给水，以及含水层原生地下水之间的水–岩相互作用；③回灌水源水质处理过程的副产物等。

地下水人工回灌导致含水层水质恶化的有害物质主要有如下几类：①病原体，包括细菌、病毒、原生微动物及寄生虫等；②无机物，主要风险组分包括砷、铅、汞、镉、铬（六价）、铁、锰、氟、氰化物、硫化氢等；③营养物质，包括氮、磷、有机碳等；④有机物，包括农药、多环芳烃（PAHs）、内分泌干扰物（EDCs）、个人护理用品等；⑤放射性核素（nuclides），如 U、Tu、K_{40} 等。

地下水人工回灌的水质风险，是由多种类型的有害组分在具有复杂地球化学条件的含水层中，在多种迁移与转化机制的共同影响下发生的，其污染风险的准确评价和预测极具挑战性。

第十三章　同位素技术在地下水研究中的应用

同位素技术是近代核技术的一部分，它与电子计算机和遥感技术并列为近代地质学和水文学研究中的三大新技术，在自然科学、工程、农业、医学等各科学领域内都获得了广泛的应用。

同位素技术应用于地下水研究大致始于 20 世纪 50 年代，初期主要是人工同位素示踪和利用中子、γ 射线源测定含水量、孔隙度及土的密度。随着天然水中碳-14（^{14}C）和氚（tritium，T 或 ^3H）的发现，特别是对微量环境同位素成分测定技术的提高和普及，在水文地质调查研究中，同位素技术研究和应用得到迅速发展，并成为与传统水文地质勘探、试验方法并行的新手段，为解决许多水文地质难题提供了精确的手段。它使水文工作者的思维从水的分子、原子深入原子核内部，将不同气候期、不同纬度带和不同高程区补给的水区别开来，定量评价地下水、地表水运动速度和混合作用，测定地下水年龄，研究地下水与地表水的补排关系，确定水文地质参数，探讨地下水污染、包气带水盐运移示踪，研究气候变化，预报地震、滑坡、矿井涌水等地质灾害，使人们在全球水文循环的宏观上和水质点运动的微观上对天然水系统进行深入研究（费瑾，1993；Clark and Fritz，1997；万军伟等，2003；陈宗宇等，2010）。20 世纪 80 年代以来，我国许多同位素水文地质方面的教材和专著先后出版，大量研究论文和科研成果发表；20 世纪 90 年代加速质谱仪（accelerator mass spectrometry，AMS）测试技术的应用，有力地推动了我国同位素水文学的发展。

第一节　同位素基本知识

同位素指原子核内质子数相同、而中子数不同的同一元素的各种原子变种，它们有相同的原子序数和不同的质量数。

例如，氢元素有 3 种同位素：

氕——其核由 1 个质子组成，原子质量为 1.6726×10^{-24}g；

氘——其核由 1 个质子和 1 个中子组成，原子质量为 3.3439×10^{-24}g；

氚——其核由 1 个质子和 2 个中子组成，原子质量为 4.991×10^{-24}g。

同位素表示方法：$^A_Z X_N$——X 表示元素符号；Z 表示原子序数；N 表示中子数；A 表示原子质量数（A=质子数+中子数），如氧-16 和氧-18 表示成 $^{16}_8O_8$ 和 $^{18}_8O_{10}$，而通常只表示出原子质量数，即 ^{18}O、^{34}S、^2H（D）等。

还需指出，同位素属化学领域的用法；核素则属物理学领域用法，即指具有不同结构的核子。环境同位素（environmental isotopes）在《核技术在水文学中的应用指南》中是指存在于天然环境中，其浓度变化不受人们直接控制的稳定同位素和放射性同位素。环境同位素主要为天然起源的，一部分则来源于核试验和核工业，它们普遍分布于环境中。

水文学中最常用的稳定同位素有：氘（D）、氧-18（^{18}O）、碳-13（^{13}C）、硫-34（^{34}S）

和氮-15（^{15}N）；放射性同位素有：氚（T 或 ^{3}H）和碳-14（^{14}C），其他一些有应用前景的环境同位素在水文学中已经或正在研究中。我国在 ^{36}Cl、^{85}Kr、^{87}Sr、^{3}H、^{3}He、^{32}S 等同位素的应用研究中也取得一定进展。

一、稳定同位素

水的组成 D 和 ^{18}O 是水文学上有着重要价值的稳定重同位素，在由氢和氧组成的 9 种不同同位素组合的水分子中，最有意义的是 $H_2^{16}O$、HDO、$H_2^{17}O$ 和 $H_2^{18}O$ 4 种。据统计每 10^6 个水分子中，平均有 320 个 HDO 分子、420 个 $H_2^{17}O$ 分子和 2000 个 $H_2^{18}O$ 分子，其余为 $H_2^{16}O$。由于这些水分子的质量不同，它们在物理、化学性质和热力学性质上具有微小的差别，使其在蒸发和凝结过程中分馏效应明显，结果是蒸汽相中缺少 D 和 ^{18}O，而液相则相对富集 D 和 ^{18}O。因此，经历不同水循环过程的水体中，氢、氧重同位素含量是不同的，其同位素组成中标记着该水体形成条件的重要信息，所以 D 和 ^{18}O 是示踪水体形成和运动过程的理想示踪剂。

在一个给定地区，大气降水的稳定同位素组成 D 和 ^{18}O 值受温度影响，降水的平均同位素组成与温度呈正相关关系，被称为"温度效应"；随季节变化的特征是，越冷季节其组成越低，称之为"季节效应"；其值随纬度和高度增高而降低称之为"纬度效应"和"高度效应"；由海岸向大陆方向下降称为"大陆效应"；以及同位素组成与当地降水量呈一定相关关系的"降水量效应"等。降水 D 和 ^{18}O 变化的这些规律在水文研究中应用特别广泛。

碳、硫稳定同位素由于经过了与矿物质的大量化学反应，在定量解释时必须结合水系统的地球化学及与之相关资料才能进行。

氮-15（^{15}N）则主要用于水污染过程研究、估测土壤氮的循环转化、识别古水等，尚在发展中。

二、放射性同位素

已知的天然放射性同位素，按其衰变特点和成因可分为：第一类是经过一次衰变就形成稳定子体的单程衰变放射性同位素；第二类是经顺次连续衰变直至生成稳定同位素为止，形成的一组放射性系列称为放射性系，如铀镭系、钍系、锕系和镎系（人造）；第三类即宇宙辐射（宇宙射线与宇宙灰尘）作用于自然物体（包括大气圈组分——N、O、Ar 等）产生的稳定同位素和大量放射性同位素，它们被称为宇源同位素，它们分布于大气圈中，当与大气圈水分混合时，部分随降水降落至地表，组成地表水、土壤水再转成地下径流的成分，参加自然界循环。这些不同成因的同位素中对研究水圈中水运动过程和水文循环有意义的宇源同位素是：^{3}H、^{14}C、^{32}S、^{39}Ar、^{85}Kr 及 ^{7}Be、^{3}He（稳定）、^{10}Be、^{22}Na、^{24}Na、^{28}Mg、^{32}P、^{33}P、^{35}S、^{36}Cl、^{37}Ar 等。

还需指出，宇源成因同位素的产率和分布于地球表面的平衡量是有限的，是"核爆"及局部核工业作用改变了这个平衡量。由于 1952～1963 年不断的大气热核实验，注入大量放射性同位素，改变了天然的平衡量，含量比试验前增加了 1～2 个数量，其中，^{3}H 和 ^{14}C 注入量与自然平衡量相比是巨大的，降水 ^{3}H 量高于常态（5TU – 1TU=1 个氚原子/10^{18} 个氢原子）1000 倍；大气层上部 ^{14}C 比自然态高 100%（Dincer and Davis，1984）。这些同位素在世界范围内的变化（其值北半球高于南半球），它们在环境中的标记性，使人们有可能利用这些经过系统衰变的放射性同位素计时和示踪地下水的运动过程，含水层之间及不同水体之间的水循环。由于 ^{14}C 半衰期较长，为 5730 年，因此，可用天然 ^{14}C 成分的衰变时间来计算古地下水的年龄，最高测年达（4~5）万~7 万年（万军伟等，2003）。其余同位素的应用尚在研究中。

三、人工放射性同位素

人工放射性同位素是人们为了专门目的，通过核反应生产的，在生产和应用过程中都必须注意防护和环境安全。水文地质示踪采用的人工放射性同位素，通常是半衰期较短，能够在短期内减少、放射性强度低，至少不影响区域性正常的水文学研究，更要防止环境的放射性污染。

第二节　环境同位素应用范围及工作方法

一、应　用　范　围

为了正确地选择环境同位素解决水文地质的实际问题，В.И.费尔伦斯基（1968）和陈宗宇等（2010）针对性地提出了解决水文地质问题的同位素一览表（表 13-1），给人们以启示，这对同位素技术应用于水文地质问题研究具有重要的实用意义。

表 13-1　环境同位素研究水文地质问题一览表

研究的水文地质问题	应用的同位素
地下水（降水、沉积、岩浆及变质等）的成因、咸化机制、灌溉水回归等	^{2}H、^{18}O、^{3}H
水-岩反应、不同水体混合、含水层之间的越流补给量	$^{87}S/^{86}S$
识别含水层有、无现代水补给、包气带传输过程	^{3}H
深层水和浅层水在热水中的比例	^{18}O
古温度计	He、Ne、Ar、Kr、Xe、N_2
鉴别淋滤盐水和盐矿同生的盐水	^{2}H、^{3}H
矿物液体包裹体中水的起源	^{2}H、^{18}O
识别污染源	硝酸盐中的 ^{15}N、^{18}O；硫酸盐中的 ^{34}S、^{18}O；磷酸盐中的 ^{18}O；^{37}Cl；^{17}B
查明溶于水中物质的初源	^{3}He、^{13}C、^{34}S、^{87}Sr
含水层与地表水的联系	^{2}H、^{18}O、^{3}H
确定地下水运动速度和方向	^{3}H、^{14}C
评价大气降水补给地下水的强度	^{3}H
深大断层的路径	^{3}H
确定地下水的年龄	^{3}H、^{14}C、^{32}Si、^{3}He、^{85}Kr、$^{3}H\text{-}He$、^{36}Cl、^{10}Be、^{39}Ar、$^{234}U/^{238}U$
采油时控制水油接触面的推进、卸压（源）的状况	^{2}H、^{18}O、^{3}He、^{39}Ar、Rn、^{3}H、^{90}Sr、^{22}Na

据 В.И.费尔伦斯基，1968；陈宗宇等，2010。

表 13-1 中所列均为同位素技术在水文地质工作中的基本应用，随着水文学研究领域的拓

宽、发展和深入，环境同位素技术将随之拓宽、发展和加深。

应该指出，同位素技术作为水文地质研究的手段之一，通过对水中同位素组成的微小变化和定量研究，可以探究地下水的形成、运动及其变化，因此同位素实验点的布置原则和其他水文地质研究手段一样，需按不同任务来开展工作，基本原则是：

（1）了解研究区的地质、水文地质条件与水化学条件，并与其他常规方法相结合。

（2）按研究任务选定测试项目，参照同位素研究水文地质问题一览表；作为测年的样品，必须注意水的埋藏条件要好，无外界交换，尽力使之代表客观年龄。

（3）实验点必须具有典型的代表意义，而且同位素分析手续复杂，分析时间长，成本高，故应以最小的工作量，解决较多的问题，还应同时采集当地的地表水和降水样以供对比。

（4）为了保证同位素分析资料的客观性、准确性，除了选择有资质的实验室外，水文地质研究者本身对各类项目的样品应严格按照取样要求进行。

二、环境同位素取样

与水化学分析取样相同，同位素取样应按设计要求进行，一般准备和注意事项如下。

（1）容器准备。一般采用硬质玻璃瓶和紧塞聚乙烯瓶、聚四氟乙烯瓶，取样前事先洗净备用。取样时需用拟取水样冲洗三次，方可取样。

（2）样品瓶应尽量盛满，取样后立即密封，避免蒸发和防止大气污染。

（3）取样后随即贴好标签，记录完整信息——样品编号、取样点位置、取样类型，即降水、河（湖、库）水、地下水（井、泉、钻孔等）、取样层位[含水层位或河（湖）部位]、深度、水温、气温、分析项目、取样日期、取样单位（人）。

（4）取样后填写送样单，一式两份保留好存根，尽快送实验室分析。

（5）对于不同同位素的取样方法应按实验室的专项要求执行。

第三节　环境同位素应用实例

环境同位素技术目前已经成为水文地质研究中不可缺少的手段之一，主要应用于下列领域。

一、地下水年龄测定

地下水年龄实际是指一个多元地下水系统的时间分布函数，因此称为"地下水平均滞留时间"（groundwater mean residence time，MRT）。

地下水年龄的测定，可以利用稳定同位素的季节变化进行。而更常用的是，利用放射性核素具有衰变速度不依温度、压力或化学组成而改变，给定核素的半衰期是一个常数的特性来测定。一些半衰期长的同位素（如 ^{14}C、^{36}Cl、^{39}Ar、^{81}Kr）可用来测定古地下水年龄；而一些短生命周期的放射性同位素（如 ^{3}H、^{32}Si、^{38}Ar、^{85}Kr、^{222}Rn），以及人工核试验产生的核素（如 ^{3}H、^{14}C、^{36}Cl 和 ^{85}Kr）则标记了现代水的补给。这些同位素测年范围列于表13-2中。

表 13-2　可用来测定地下水年龄的环境同位素

同位素	半衰期/年	来源	测量手段	测年范围/年	质量	局限性
^{85}Kr	10.8（10.76）	反应堆和核电站	低本底β计数仪	1960 年以后（<40）	可与氚对比	繁重的分离过程；计数时间长
^{3}H（T）	10.35（12.43）	宇宙射线、热核实验	低本底β计数仪	1952 年以后	理想示踪剂，普遍适用	模型建立复杂，测年范围小
^{3}H-^{3}He	12.43	宇宙射线、热核试验、反应堆	低本底β计数仪，质谱仪	1952 年以后（100）	直接测定周转时间	需要高精度的质谱仪，地壳内有 ^{3}He 产生
^{32}Si	约 100（140）	宇宙射线热核试验	低本底β计数仪	距今约 1000 年（50～1000）	量微，可填补 ^{3}H、^{39}Ar 和 ^{14}C 测年间断（？）	A_0 未知，取样量过大（10^3），计数时间长
^{39}Ar*	269*主	宇宙射线	低本底β计数仪	50～1500	可与 ^{14}C 对比	取样过大，计数时间长
^{14}C	5370	宇宙射线、热核试验	低本底β计数仪，加速器	3 万～7 万	普遍适用	复杂的化学和同位素系统
^{81}Kr	2.1 万	宇宙射线	特种质谱仪	50 万（5 万～100 万）	没有化学反应，用于古水和极地冰测年	有前景的方法
^{36}Cl	30.6 万	宇宙射线、核试验	加速器质——能谱仪	20 万	很少有化学反应，用于古水测年	A_0 未知，需要加速器
^{234}U-^{238}U	2.5 万	钍系元素的衰变	低本底α计数仪	50 万	可测古水	A_0 未知，变化不定的化学反应

注：①此表引自《核技术在水文学中的应用指南》（李大通和张之淦，1990）；②括号中数据引自万军伟等，2003；③ *引自 Clark and Fritz,1997。

目前较成熟的是 ^{3}H 和 ^{14}C 测年法。

（一）地下水氚年龄的测定

环境同位素氚作为氢的放射性同位素，半衰期为 12.43 年。天然和热核试验产生的氚，迅速被氧化形成氚化水（HTO），成为大气水的组成部分，参与自然界的水循环，从而成为研究现代渗入起源地下水的理想示踪剂。

天然水中氚浓度用 TU（氚单位）表示：1TU=1 个氚原子/10^{18} 个氢原子，1TU=1.183×10^{-4}Bq/mL。

1. 经验法

地下水年龄经验估算法，通常依据地下水是否受到核爆氚的标记，将地下水的形成时间分为核试验前、后两个阶段。由于天然情况下大气降水的氚浓度为 5～10 个 TU，1953 年以前降水入渗形成的地下水至今，按衰变原理氚浓度已经小于 1.0TU，并以此估计地下水的形成时间。Clark 和 Fritz（1997）对其进一步划分。

大陆地区：

小于 0.8TU——1952 年以前补给的；

0.8～4.0TU——1952 年以前补给水与近代补给水的混合；

5～15TU——现代水（小于 5～10 年，即 1952 年后 5～10 年）；

15～30TU——部分为核爆 ^{3}H；

大于 30TU——相当一部分为 20 世纪 60～70 年代补给；

大于 50TU——主要在 20 世纪 60～70 年代补给。

海岸和低纬度地区：

小于 0.8TU——1952 年以前补给；

0.8～2.0TU——1952 年以前补给水与近代补给水的混合；

2～8TU——现代水（小于 5～10 年，即 1952 年后 5～10 年）；

10～20TU——部分核爆 ^{3}H；

大于 20TU——相当一部分为 20 世纪 60 或 70 年代补给。

根据经验可以得出地下水年龄的大致区间。但应用时应准确确定当地补给水的氚含量，特别是最近几年补给水的氚含量，在作定性解释时，应谨慎从事，切勿套用。

2. 同位素数学模型

一般来说，由于弥散作用地下水的年龄为一个多元水流系统的时间分布函数。因此，地下水年龄计算的关键是描述地下水系统的数学物理模型是否合理。常用的地下水系统同位素数学物理模型主要有活塞模型（PFM）、指数模型（EM）、指数–活塞模型（EPM）、弥散模型（DM）与年轻水混入模型。实际应用中，可根据具体研究区内同位素示踪分析，结合地质、水文地质条件选用模型。

当地下水系统中示踪剂信息传输关系符合线性规则时，可将整个系统化为线性的集中参数系统。这种系统的示踪剂信息传输关系可以用卷积公式进行数学描述

$$Q_{out}(t)C_{out}(t) = \int_0^\infty Q_{in}(t-\tau)C_{in}(t-\tau)h(\tau)d\tau \qquad (13\text{-}1)$$

式中，t 为示踪剂输出时间；τ 为水在系统内的滞留时间；$t-\tau$ 为示踪剂输入时间序列；$Q_{out}(t)$ 为系统的输出水量；$Q_{in}(t-\tau)$ 为系统的输入水量；$C_{out}(t)$ 为示踪剂的输出浓度；$C_{in}(t-\tau)$ 为示踪剂的输入浓度；$h(\tau)$ 为示踪剂的系统响应函数或称地下水年龄分配函数。

在稳定流条件下，$Q_{out}=Q_{in}$，则有

$$C_{out}(t) = \int_0^\infty C_{in}(t-\tau)h(\tau)d\tau \qquad (13\text{-}2)$$

考虑放射性同位素在整个系统中的传输过程存在着放射性衰变，故上式可写成

$$C_{out}(t) = \int_0^\infty C_{in}(t-\tau)e^{-\lambda\tau}h(\tau)d\tau \qquad (13\text{-}3)$$

式中，e^λ 为同位素衰变因子；λ 为衰变常数。

3. 大气降水氚浓度的恢复

由式（13-1）～式（13-3）可以看出，作为地下水系统输入信号的历年大气降水氚浓度资料，是氚法测年的基础。为了查明降水氚浓度的时间和空间分布规律，国际原子能机构

（International Atomic Energy Agency，IAEA）在世界各地建立了观测站，而在我国除香港外，广大地区缺少1953年之后20多年的系统观测资料。因此，恢复我国各地区这段时间的降水氚浓度成为一项重要的课题。近年来，我国学者根据IAEA公布的资料在不同地区开展研究。目前应用较多的有：插值法（王瑞久，1984）、相关分析法（关秉钧，1986；连炎清，1987）、双参考曲线法（Scott，1992），以及利用冰川、积雪等保存下来的氚记录等。

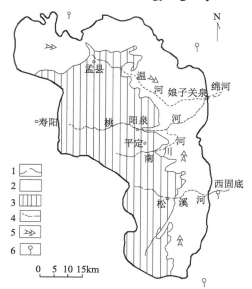

图 13-1 山西娘子关泉水流域示意图

1.娘子关泉水流域边界；2.中奥陶统石灰岩及泥灰岩夹层；3.砂岩及页岩；4.长年河流及季节河流与流向；5.岩溶裂隙水流向；6.娘子关泉及泉域外的主要泉水

4. 应用实例

娘子关位于山西省平定县桃河、温河与绵河的汇流地段。泉域汇水面积为 3500km²，可溶岩裸露面积为 1840km²。奥陶系马家沟灰岩厚约600m，岩溶化十分强烈，富水性很强。研究区地处沁水向斜东北翼，古生代地层由东向西缓缓倾斜，呈单斜构造。下奥陶统白云岩构成地下水径流带的东侧边界（图 13-1）。从水动力条件来看，灰岩地下水位要低于两侧的地层，形成深达100~300m 的区域性水力凹槽，起着区域排水通道的作用。地下水补给途径有二：一是碳酸盐岩山区降水入渗；二是非碳酸盐岩分布区的河水进入碳酸盐岩分布区后的渗漏（王瑞久，1984）。

根据泉群的水化学分析资料，除程家泉以外，无论是矿化度还是化学类型均较一致。这表明，地下水在相同地质环境中的流程相同；地下水在运动过程中进行了充分混合。因而可以运用完全混合模型估算该泉域地下水库中的平均滞留时间。

按完全混合模型，把泉域地下水的补给、径流、排泄过程写成如下形式（图 13-2）。

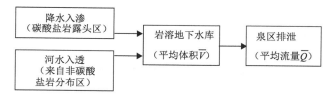

图 13-2 地下水补径排过程框图

对氚量平衡来说，输入氚量为 T_{in}，输出氚量为 T_{out}，并假定岩溶地下水库的氚量和输出量相等，则图 13-2 可简化为如下形式（图 13-3）。

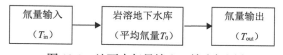

图 13-3 地下水氚量输入、输出框图

按系统理论，图 13-3 中的氚量变化可以处理成一个线性系统，输入氚量可用降水的氚量替代。

1）氚量输入函数

由于我国目前缺乏降水中氚的系统观测数据，只能根据全球降水氚量的分布特征，利用伊尔库茨克、浦项、东京、香港及渥太华等站（以上均为国际原子能机构在国际气象组织协助下建立的长期观测站）的资料，内插出太行山东缘北京—石家庄地带降水氚量的年加权平均值的变化区间。

（1）根据全球降水氚量分布图，北半球降水氚量的对数值和所在纬度呈正比关系（$\log T \propto L$），若用 1969～1976 年伊尔库茨克和香港站资料，按 $T \propto L$ 关系内插石家庄相同纬度位置的值，显然要大于用氚值对数内插的值。因此，把这一组变化区间的上限值编为 A 组。

同时，还可查到北京—石家庄地带降水氚值近似为东京站的 4 倍。因为 1963 年为全球降水氚量最高年份，所以根据 1969～1976 年东京站数据的 4 倍值编为另一组变化区间的上限值，称 B 组。然后，从相同年份的 A、B 两组值中选出一个大值，作为变化区间的上限值（表 13-3）。

（2）浦项站濒临日本海，受到海洋稀释作用的影响。通过 1969～1976 年伊尔库茨克站和浦项站资料，按 $T \propto L$ 关系，为消除海洋影响，在空间上把浦项移到汉城位置作为一端进行内插。这样可以得出大兴安岭东缘地带的氚值，这组值编为北京—石家庄地带降水氚量变化区间的下限值。

表 13-3　1969～1976 年降水量变化区间插值表（TU）

年份	伊尔库茨克	香港	东京	浦项	A	B	上限 max	下限 min
1969	454.8	46.9	68.6	82.8	269.3	274.4	274.4	155.9
1970	464.2	29.4	88.3	63.5	266.5	353.2	353.2	133.4
1971	516.6	24.4	65.2	70.2	292.8	260.0	292.8	148.4
1972	547.2	27.9	32.5	40.8	147.5	130.0	147.5	79.7
1973	173.3	13.2	30.2	31.0	100.5	120.8	120.8	58.9
1974	216.6	17.5	27.0	33.6	126.1	108.0	126.1	68.0
1975	190.9	12.4	23.0	22.6	109.8	92.0	109.8	49.8
1976	148.4	11.7	15.0	18.4	86.4	60.0	86.4	39.8

北半球各观测站的降水氚量观测数据与渥太华站的数据存在相关关系，其中又以氚量年加权平均值的对数值相关关系最好。根据表 13-3 中的上限值和下限值，分别与渥太华站进行相关分析（图 13-4），得到如下关系

$$\log Y_1 = 0.965 \log x - 0.087 \quad r^2 = 0.96 \qquad (13\text{-}4)$$

$$\log Y_2 = 0.943 \log x + 0.271 \quad r^2 = 0.89 \qquad (13\text{-}5)$$

式中，Y_1 和 Y_2 分别为北京—石家庄地带降水氚量最小值和最大值；x 为渥太华站降水氚量值；r^2 为相关系数。

通过式（13-4）和式（13-5），根据渥太华站的 1953～1968 年，1977～1978 年数据，算出相同年份北京—石家庄地带变化区间的上限和下限值。上述变化区间与北京地区近 2 年降水的实测数据相比较是符合的，并且近几年的数据比较接近区间值的下限。但是根据全球降水氚量分布图，1963 年的值又比较接近区间值

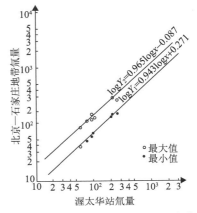

图 13-4　北京—石家庄地带和渥太华站降水氚量（TU）相关曲线图

的上限。所以在缺乏系统资料的情况下，利用变化区间值来进行研究是切合实际的。

（3）把适用范围是北京—石家庄的一条狭长地带的数据应用于娘子关地区，通过当地不同年份降水量的变化来进行校正。根据 1955~1977 年山西阳泉、寿阳、盂县和普阳 4 个气象站的平均年降水量 W_i，按式（13-6）算出校正系数 α_i，

$$\alpha_i = \frac{W_i}{\dfrac{\sum_{1958}^{1977} W_i}{20}} \qquad (13\text{-}6)$$

式中，i 为年份，1958~1977 年。把北京—石家庄地带的 TU 数据乘上同年份的校正系数 α_i，没有校正系数的年份暂以 α_i=1 计，得到娘子关地区各年度降水氚量的输入值 $f_i(t-T)$。

2）氚量输出函数

对于完全混合模型来说，氚的输出函数可用下述公式进行计算

$$C(t) = \int_0^{00} f_i(t-T) f_T(T) \mathrm{e}^{-T/18} \mathrm{d}t \qquad (13\text{-}7)$$

式中，$C(t)$ 为氚量输出函数（TU）；$f_i(t-T)$ 为氚量输入函数（TU）；$\mathrm{e}^{-T/18}$ 为补给与取样之间氚衰变的校正因子；T 为水在系统中的停留时间（a）。

系统响应函数（逗留时间分布）用式（13-8）表示

$$f_i(T) = K\mathrm{e}^{-KT} \qquad (13\text{-}8)$$

式中，$f_i(T)$ 为系统响应函数；这样系统响应函数只用单个参数 K 来描述，而

$$K = \frac{\overline{Q}}{\overline{V}} \qquad (13\text{-}9)$$

式中，$\overline{Q}$ 为泉水排泄的多年平均流量（m³/a）；$\overline{V}$ 为岩溶地下水库平均容积（相当储存量）（m³）；$1/K$ 为相当地下水的平均逗留时间（a）。

在实际应用中，常常假定在不同 K 值条件下，根据氚量输入函数计算并绘制出不同的氚量输出函数，步骤如下。

（1）先把式（13-7）积分形式改写为累加形式：

$$C(t) = \sum_{T=0}^{\infty} f_i(T) f_T \mathrm{e}^{-T/18} \qquad (13\text{-}10)$$

将式（13-8）代入式（13-10），当假定 K 值的条件下计算时，

$$C(t) = K \sum_{T=0}^{\infty} f_i(t-T) \exp\left[-T\left(\frac{1}{18} + K \right) \right] \qquad (13\text{-}11)$$

（2）娘子关地区取样是在 1980 年 7~11 月，所以设 t=1980，则当 T=28 时，（$t-T$）为 1952 年。因为 1952 年前全球大气降水氚量一般不超过 10TU，所以当 $T \geqslant 28$ 时，$f_i(t-T) \leqslant$ 10TU，式（13-11）可改写为

$$C(t) = K \sum\nolimits_{T=0}^{27} f_i(t-T) \exp\left[-T\left(\frac{1}{18}+K\right)\right] + M_K \qquad (13\text{-}12)$$

$$M_k \leqslant 10K \sum\nolimits_{T=28}^{\infty} \exp\left[-T\left(\frac{1}{18}+K\right)\right] \qquad (13\text{-}13)$$

对 M_k 用积分形式求和

$$M_k \leqslant 10K \int_0^{\infty} \exp\left[-T\left(\frac{1}{18}+K\right)\right] \mathrm{d}t$$

当 K 为 0.002~0.2 时，$M_k < 1\mathrm{TU}$，故可忽略不计。式（13-12）简化为

$$C(t) = K \sum\nolimits_{T=0}^{27} f_i(t-T) E(K,T) \qquad (13\text{-}14)$$

$$E(K,T) = \exp\left[-T\left(\frac{1}{18}+K\right)\right] \qquad (13\text{-}15)$$

对 T 从 1 到 27 的 $E(K,T)$ 值可按已知 K 值制成函数表。

（3）按式（13-14）利用北京地区降水氚值、表 13-4 及 $E(K,T)$ 数据，计算不同 K 值条件下的 C（1980 年）值并把数据绘制成图（图 13-5）。

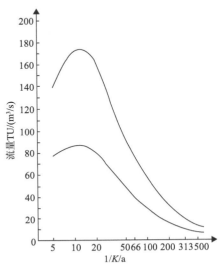

图 13-5 按 1980 年计算的氚量输出曲线

表 13-4 地下水储量计算表

取样日期	地点	氚值（TU）		1/K 读数		流量 $\bar{Q}$ / ($\mathrm{m^3/s}$)	储水体积 $\bar{V}$ /亿 $\mathrm{m^3}$	
		测定值	校正值	min	max		min	max
1980.7.8	地都水文站	30.7	32.54	86	189	10.0	271.2	596.0
1980.7.8	程家泉	59.4	62.78	35	88	0.65	7.2	18.0
	城西泉	24.5	25.89	117	240	1.20	44.3	90.8
	坡底泉	44.6	47.14	53	125	0.94*	15.7	37.1
	五龙泉	19.2	20.29	152	305	2.51*	120.3	241.1
	水濂洞泉	80.6	85.19	15	57	2.40	11.4	43.1
	苇泽关泉	33.5	35.41	77	170	0.96	23.3	51.5
	河坡泉	31.0	32.76	87	190	1.34*	36.8	80.3
	合计					10.0	259.0	561.9
1980.11.11	地都水文站	23.68	25.03	120	245	10.0	378.0	277.6

*坡底泉流量包括石桥泉；五龙泉流量包括石板磨泉；河坡泉流量包括桥墩泉及滚泉等。

3）结果与讨论

因野外取样在 1980 年 7~11 月，而测定在 1981 年第四季度，故测定数据均应按下式进行校正

$$C(t+1) = C(t)\ \mathrm{e}^{-1/18} \qquad (13\text{-}16)$$

式中，当 $C(t+1)$ 为 1981 年测定值时，$C(t)$ 为 1980 年校正值。利用 C（1980 年）值对图 13-5 的曲线，读出 $1/K$ 值，然后按式（13-9）换算出平均储水体积。

同时按各泉群的地下水流程，把岩溶地下水库划分为若干个单元考虑。若符合混合模型，那么总的计算值和各个单元计算值总和（储水体积 $\overline{V}$）应该一致。实际上从表 13-4 中看出是接近的，证实了混合模型是合理的。

因水样都在泉口采取，故不免受如下影响：雨季取样，取样点附近可能不同程度地受到当年降水的污染；枯季取样，由于流量衰减变小，较深层地下水的混入比例相应增大（一般来说，泉水流量变化可以引起氚值的小范围波动），所以 11 月的氚值偏小，故取 7 月氚值数据较妥。另考虑近几年降水氚量趋近变化区间的下限，利用区间下限值的输出曲线更接近实际情况。所以，本区地下水储存量取值 255 亿～270 亿 m³ 较为合适，并估算出地下水平均滞留时间为 85～86 年。

（二）地下水 ^{14}C 年龄

应用 ^{14}C 方法测定含碳物质的年龄最早由 Libby 于 1949 年提出，1957 年 Munnich 首次将 ^{14}C 方法应用于测定地下水的年龄。^{14}C 法测年上限为 5 万～6 万年，最高达 7 万年。

1. ^{14}C 法测定地下水年龄的基本原理

自然界中所有参加碳交换循环的物质都含有 ^{14}C，但是某一含碳物质一旦停止与外界发生交换，如动植物死亡或水中 ^{14}C 以碳酸钙形式沉淀后，与大气和水中的 CO_2 不再发生交换，则有机体和碳酸盐中 ^{14}C 得不到新的补充，其原始的放射性 ^{14}C 只按衰变而减少。即

$$A_{样} = A_0 e^{-\lambda t} \tag{13-17}$$

式中，A_0 为样品的初始 ^{14}C 浓度（pmc 为现代碳百分数，表示为%mod 或 Bq/g）；$A_{样}$ 为停止交换后样品的 ^{14}C 浓度（Bq/g 或%mod）；t 为样品停止交换后所经历的时间，换算成"距今"（B.P）年，即为样品年龄（a）；λ 为 ^{14}C 衰变常数（$\lambda=\ln2/T_{1/2}=\ln2/5730$）。则由式（13-17）得

$$t = \frac{1}{\lambda} \ln \frac{A_0}{A_{样}} = 8267 \ln \frac{A_0}{A_{样}} \tag{13-18}$$

2. ^{14}C 年龄计算式的应用条件

（1）A_0 为已知常数，并在过去 7 万～10 万年内保持恒定，即 A_0 不随时间、空间和物质种类而变化；

（2）含碳样品脱离交换储存库后，其 ^{14}C 放射性按衰变定律减少，这是放射性同位素测年的基础；

（3）对于地下水年龄，则系统是封闭的，无其他放射性碳的补充；

（4）封闭时刻系统的放射性浓度（A_0），应该与同期大气圈中 CO_2 的放射性浓度相同。

上述应用条件，对于地下水中的碳酸盐或重碳酸盐来说只有承压含水层才可能形成封闭

系统，因此，计算地下水的年龄，主要是对承压含水层中的水而言。

3. 地下水 ^{14}C 年龄校正

用 ^{14}C 法测定地下水年龄的首要问题是正确地确定地下水溶解无机碳的初始 ^{14}C 浓度 A_0。根据地下水系统的水文地球化学条件不同，并考虑系统是封闭或是开放而建立了各种物理化学校正模型，其中较常用的统计模型是基于化学平衡的 Tamers 模型、封闭溶解系统同位素混合的 Pearson 模型、开放系统的 Confiantinie 交换校正模型、开放系统化学溶解的 Mook 模型，以及开放系统化学稀释的 Fontes 模型等，应用中根据实际情况进行校正，事实上原始 ^{14}C 含量是很难确定的。实验室测得的年龄值，是未经校正的年龄，称为视年龄（实验室完成），校正年龄则由水文地质人员来完成。

4. 应用实例

例1：研究区位于山西太原地区，面积近 17000km^2，大体划分为四个既有水力联系，又相对独立，而各具补径排条件的地下水系统（图 13-6）。区内主要为碳酸盐岩分布，构造、岩溶均较发育，在新构造隆起区，因侵蚀基准面下切形成浅、中、深循环的主体径流系统，西北部浅循环的岩溶水在汾河河谷泉出露，中深循环的岩溶水在山前断裂带呈泉出露，深循环的岩溶水则侧向补给盆地孔隙水。1983～1986 年，在研究区采取地下水、地表水和大气降水氚值样品 175 个，其中岩溶水 83 个；地下水 ^{14}C 值样品 18 个，其中岩溶水 14 个；地下水 ^{13}C 值样品 47 个，其中岩溶水 21 个（石慧馨等，1988）。

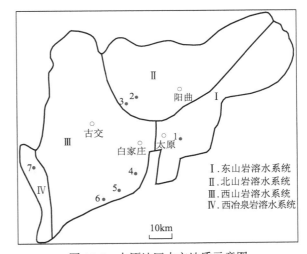

图 13-6　太原地区水文地质示意图
1.观门泉；2.兰村泉；3.下槐泉；4.晋祠泉；5.平泉；6.西梁泉；7.西冶泉

在西山有河流和断层切割、形成地貌和构造"天窗"地区，年轻水局部混入岩溶老水，需先根据氚、氘、^{18}O、S^4S 等多种同位素的测值对岩溶水 ^{14}C 浓度进行年轻水混入校正。为此，先用补给区平衡模式估算 ^{14}C 初始浓度。

当大气 CO_2 的 ^{14}C 浓度为 100pmc 时，与之平衡的补给区地下水中总溶解无机碳（TDIC）的 ^{14}C 浓度为 98pmc。近 20～30 年来，受大气热核试验的影响，大气 CO_2 的 ^{14}C 浓度为 120pmc，与之平衡的补给区地下水中 ^{14}C 浓度为 117.6pmc。岩溶水 ^{14}C 值最高的点在镇城底，其值为 70.52pmc，除以 117.6pmc，得 0.6，换算成现代碳百分数为 60pmc，此值即为估算出的 ^{14}C 初始浓度 C_2。

根据这个 ^{14}C 初始浓度，利用下式求算各水点岩溶老水的 ^{14}C 浓度 C_1。混合水的 ^{14}C 浓度式 $C=xC_1+(1-x)C_2$，式中，x 为岩溶老水混合比，即其体积与混合水体积之比。由此可

得 $C_1 = \dfrac{C - 60(1-x)}{x}$。

计算结果列于表 13-5。

表 13-5 岩溶水 ^{14}C 浓度的年轻水混入校正

点号	采样点	pH	混合水 ^{14}C 值 C/pmc	岩溶水混合比 x 及其确定依据	年轻水混合比 $1-x$	岩溶水 ^{14}C 值 C_1/pmc
1	镇城底	7.4	—	—	—	60
2	TS-3		—	—	—	60
3	古交-2	7.6	—	—	—	60
4	白家庄	—	47	0.69 ^{3}H, ^{2}H, ^{18}O, ^{34}S	0.31	42.9
5	晋祠	7.4	45	0.69 ^{3}H, ^{2}H, ^{18}O, ^{34}S	0.31	40
6	阳曲	—	36.9	0.89 ^{3}H, ^{18}O	0.11	34.0
7	太钢 5	—	56	0.85 ^{3}H, ^{18}O	0.15	55.3
8	TS-5	7.4	39.2	1.00 ^{3}H	0	39.2
9	TS-2（f+s）	7.5	38.51	0.88 ^{3}H, ^{18}O	0.12	35.6
10	TS-1	7.4	39	1.00 ^{3}H	0	39
11	TS-24	7.5	37.2	0.91 ^{18}O	0.09	34.9
12	兰村	—	42	0.89 ^{3}H, ^{18}O	0.11	39.8
13	东矿	7.8	24	1.00 ^{3}H	0	24
14	TS-2（f）	7.6	18	0.92 ^{3}H	0.08	14.3
15	TS-9		9.3	1.00 ^{18}O	0	9.3
16	TS-6	7.2	6.5	0.96 ^{3}H, ^{18}O	0.04	4.3

对岩溶水年龄进行死碳稀释校正有许多模式，这里采用四种模式对岩溶水年龄进行死碳稀释校正。校正结果列于表中 13-6 中。

表 13-6 岩溶水年龄的死碳稀释校正和 ^{14}C 初始浓度变化校正

点号	采样点	^{8}H（TU）	岩溶水 ^{14}C 值 /pmc	δ^{13}C/‰	岩溶水年龄/a					
					补给平衡模式（2）	Tamers 模式（3）	Pearson 模式（4）	Fontes-Garnier 模式（5）	稀释校正后取值	初始浓度校正后取值
1	镇城底	—	60	−7.78	0	−1507	−5204	−10274	现代	现代
2	TS-3	81.3	60	−9.41	0	−1507	−3138	−3611	现代	现代
3	古交-2	73.9	60	−8.94	0	−1507	−3682	−5048	现代	现代
4	白家庄	14.7 17.7	42.9	−9.68	2773	1266	−67	−113	现代	现代
5	晋祠	22.9	40	−9.66	3352	1845	490	258	258	318
6	阳曲	19.6	34.0	−11.5	4695	3188	3622	5517	5517	6117
7	太钢 5	7.9	55.3	−9.99	674	−833	−1837	−1451	现代	60
8	TS-5	4 6.7	39.2	−9.15	3519	2012	84	−856	现代	60
9	TS-2（f+s）	6 5.8	35.6	9.54	4315	2808	1322	1061	1061	1021
10	TS-1	7 1.4	39	−9.8	3561	2054	850	978	978	978
11	TS-24	6 10.1	34.9	−9.81	4479	2972	1779	1921	1921	1881

续表

点号	采样点	δ^1H（TU）	岩溶水^{14}C值/pmc	$\delta^{13}C$/‰	岩溶水年龄/a					
					补给平衡模式（2）	Tamers模式（3）	Pearson模式（4）	Fontes-Garnier模式（5）	稀释校正后取值	初始浓度校正后取值
12	兰村	4.9	39.8	−10.68	3393	1886	1570	2746	2746	2806
13	东矿	7	24	−8.71	7595	6068	3612	1721	1721	1681
14	TS-2（f）	11.0	14.3	−9.83	11855	10348	9176	9346	9346	?
15	TS-9	12.7	9.3	−8.8	15412	13905	11560	9882	9882	?
16	TS-6	11.6	4.3	−11.2	21789	20282	20449	12103	12103	?

表 13-6 中岩溶水年龄计算公式如下：

补给区平衡模式（Fontes）　　$t = 19035 \lg \dfrac{60}{C_1} a$

化学混合模式（Tamers）　　$t = 19035 \lg \dfrac{50}{C_1} a$

同位素混合模式（Pearson）　　$t = 19035 \lg (\dfrac{-5.57 \delta^{18}C - 11.36}{C_1}) a$

同位素混合交换总模式（Fontes-Garnier）　　$t = 19035 \lg (\dfrac{-13.16 \delta^{18}C - 85.07}{C_1}) a$

由表 13-6 可见，同位素混合模式和同位素混合交换总模式算出的岩溶水年龄最小，与其他方法算得的结果最为接近。最后取同位素混合交换总模式所得的年龄。

例 2：河北平原地区为巨厚新生界沉积盆地。陆相沉积最厚 10m，其中第四系为 400～600m。新生界地层在半干旱气候条件下形成滨海型山前自流斜地。由山前向滨海依次为山前冲积扇裙、冲积平原和滨海（或湖积）平原。其地下水形成规律具有一定代表性，为了探讨第四系地下水年龄、水流系统和咸水成因等，沿石家庄—衡水—沧州—渤海湾一线做同位素水文地质剖面。于 1985 年 4～5 月内取同位素样 62 件，其中地表水 1 件，其余为地下水样。全部水样做 D 和 ^{18}O 分析；32 件做 T 分析；4 件做 ^{13}C 和 ^{14}C 测定（张之淦等，1987）。

地下水年龄采用 T 法和 ^{14}C 法计算。根据实验分析结果对地下水 ^{14}C 年龄用 Pearson 法（1967 年）、IAEA 法（1980 年）、Fantes-Garnier 法（1979 年）等三种模型进行校正，相应求出三组初始 ^{14}C 浓度（A_0）和地下水年龄列于表 13-7 中。因缺少实测区域数据，计算土壤中 CO_2 及碳酸盐矿物 $\delta^{13}C$ 值均采用常用值，即分别为−25‰和 0‰。应用不同模型求出的年龄相差不超过 3000～6000 年。

表 13-7　地下水年龄计算表

编号	$\delta^{13}C$/‰	$A^{14}C$/pmc	T/Tu	Pearson 法		IAEA 法		Fantes-Garnier 法	
				A_0/pmc	年龄/1000a	A_0	年龄/1000a	A_0	年龄/1000a
NC-4	−9.56	93.5	73.4	38.2	核爆后	91.8	核爆后	34.7	核爆后
NC-18	−9.22	67.5	1.5	36.9	现代	73.0	<0.1	34.5	现代
NC-19	−12.18	7.5	0.5	4837	15.5	97.4	18.8	60.7	17.3
NC-38	−9.53	6.4	0.1	38.1	14.8	76.2	18.1	38.9	15.0
NC-40	−6.38	40.8	1.5	25.5	现代	51.0	<0.2	13.1	现代
NC-50	−10.37	4.5	0.7	41.5	18.4	83.0	21.7	30.0	15.7
NC-51	−8.38	52.2	0	33.5	现代	67.0	<0.2	23.2	现代
NC-54	−9.05	62.2	0.5	36.2	现代	72.4	<0.2	28.7	现代
NC-60	−8.99	16.1	0.2	36.0	6.6	71.9	10.0	32.7	5.9

二、研究地下水的起源和形成

由于氢氧元素质量小，同位素相对质量差值大，其重同位素所构成的水（D_2O、$H_2^{18}O$），蒸汽张力比轻同位素分子小，则蒸发、凝结等过程中，同位素分馏作用使重同位素在液相中富集，气相中贫化。因而它们在不同成因的水体中，由自己特征性的同位素组成（张人权等，1983）。

自然界物质中两种同位素的浓度变化，可以通过质谱仪测得同位素比值，并用 δ 值来表示

$$\delta_{样} = \frac{(R_{样} - R_{标})}{R_{标}} \times 1000‰ \tag{13-19}$$

式中，$R_{样}$ 为样品的同位素比值，如 $\left(D/H\right)_{样}$ 或 $\left(^{18}O/_{16}O\right)_{样}$；$R_{样}$ 为标样的同位素比值，如 $\left(D/H\right)_{样}$ 或 $\left(^{18}O/_{16}O\right)_{样}$；$\delta$ 为以千分偏差（‰）表示样品的相对于标准比值的偏离度。

D 和 ^{18}O 的通用标准为 SMOW（standard mean ocean water，标准平均海水），这是一种假设的水，其氢氧同位素的比值接近于大洋水。1976 年国际原子能机构确定了另一种标准水——维也纳 SMOW，即 V-SMOW，代替原来的 SMOW。

海洋水的 δD 及 $\delta^{18}O$ 值趋近于零，则由海水补给的海相沉积层中地下水的 δ 值也趋近于零。相对于海水，降水及地表水的 δ 值为负，故入渗起源的地下水的 δ 值也为负值。据此，测定地下水的 δ 值，有助于确定地下水起源（陆成水、海成水、入渗水、埋藏水）。

研究地下水成因和不同水体循环关系的另一重要依据是，天然水的 D 和 ^{18}O 值遵循总的相关关系为 $\delta D = a\delta^{18}O + b$。

最早发现这一规律的是 Craig（1961），其将北美大陆大气降水的关系方程总结为

$$\delta D = 8\delta^{18}O + 10 \tag{13-20}$$

这个方程称为全球降水方程，又称为 Craig 方程，此后全球观测站资料测得的方程都非常接近 Craig 降水方程。降水方程所表示的 δD-$\delta^{18}O$ 关系即全球降水线。除全球降水线外，不同地区都有反映各自地区规律的地区降水线。通常蒸发作用不明显的水样及地区降水线均落在全球降水线上，而经历明显蒸发的水样或地区降水线将偏离全球降水线，落在降水线右下方或构成蒸发线，偏离程度与地区温度相关。

在 δD-$\delta^{18}O$ 关系图 13-7 中，AB 线为全球平均雨水线，蒸发作用不明显的水样将落在这条直线上。而经历明显蒸发的水样偏离雨水线，落在蒸发线 CD 上，其斜率通常为 4～6。斜率大小反映蒸发强度大小。斜率越小，偏离降水线越远，

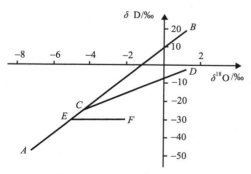

图 13-7　δD-$\delta^{18}O$ 关系图

直线 AB 为全球雨水线；直线 CD 为典型的蒸发线；直线 EF 为地热系统中热水同位素组成的变化；据李大通等，1990

反映蒸发作用越强烈。该线与雨水线 AB 的交点 C 代表蒸发前的稳定同位素组成。地热系统的热水样将落在 EF 线上，其氧 ^{18}O 值变化时，D 变化不明显。随温度增高水点将向 ^{18}O 增高方

向位移,这种现象称为"^{18}O 位移"(即以降水线为起点向 ^{18}O 增加方向平移的现象)。反之在温度低、寒冷季节,远离蒸汽源的内陆,海拔高程高或高纬度区的大气降水的同位素组成,一般落在降水线的左下方。利用这些规律即可判断含水层之间及含水层与大气降水和地表水的联系程度,确定水交替强度等。

除了稳定的环境同位素外,放射性环境同位素也可以帮助人们判断地下水的形成条件。从地下水的主要补给区到主要排泄区,水的年龄应当是逐渐变老的。因此,绘出同位素年龄等值线,便可确定补给区、区域地下水径流方向。对于承压含水层,可以根据补给区到排泄区的距离及相应的同位素年龄,估算含水层补给速率。

20 世纪 60 年代以来,国内外对于上述问题,已有大量研究论文相继发表,这里仅以不同方面的个例提供了解和参考。

(一)地下水起源

刘丹等(1997)在应用环境同位素研究塔里木河下游浅层地下水的起源时,将地下水样和河水样的同位素数据,用回归分析获得 δD- δ^{18}O 关系方程为

$$\delta D = 4.7\delta^{18}O + 22.8 \qquad (r=0.984) \qquad (13\text{-}21)$$

由图 13-8 可见,塔里木河水与区内浅层地下水的 δD 和 δ^{18}O 值皆偏离克雷格大气降水线而位于其右下方。由式(13-21)定义的河水及地下水与克雷格线相交于一点:δD= −70.5‰ δ^{18}O= −10.5‰。该点近似代表了塔里木河水的初始同位素组成。此外,图 13-8 还显示,尽管河水与地下水均位于斜率为 4.7 的蒸发线上,但它们明显可分为两组。更富重同位素的点(Ⅰ组)位于蒸发线的上方,它们主要由地下水样组成;而相对贫重同位素的点(Ⅱ组),大多由河水样组成,处于蒸发线的左下方。由于特定斜率的蒸发线代表来源相同的水样的氢氧同位素组成特征,而同一蒸发线上不同部位的水样则反映了它们遭受的不平衡蒸发程度的差异。因此,上述情形表明,区内浅层地下水与河水同样起源于山区大气降水,但浅层地下水由河水直接转化而来。因此,在其转化过程及其后的径流过程中,又再度经受蒸发,使地下水的重同位素进一步富集,从而有别于其补给水源——河水。

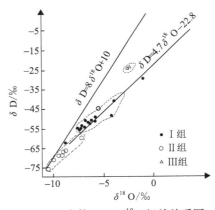

图 13-8 水体 δD- δ^{18}O 相关关系图

(二)地下热水的成因

沈敏子(1993)在研究腾冲热水成因时,根据 δD- δ^{18}O 关系(图 13-9),在所测 69 个热水点中,95%的点的 δD 值接近于或低于降水值,而 70%的点的 δ^{18}O 值高于降水值,表现为正向的氧同位素漂移,最大漂移值达 4.2‰,表明腾冲热水既是大气成因的,又是变化了的大气水。

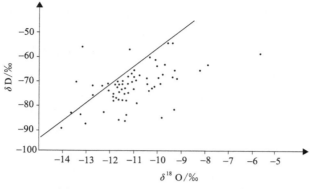

图 13-9　腾冲地下热水的 δD 和 $\delta^{18}O$

大量地下热水同位素组成研究发现，绝大部分热水起源于大气降水，特征是热水的 δD 值往往与当地降水相近，而 $\delta^{18}O$ 则较高，原因在于岩石中 ^{18}O 含量远远超过降水，地下水在岩石中循环中同位素交换作用使 $\delta^{18}O$ 增加。其循环深度越大，温度、压力越高，$\delta^{18}O$ 值越高，因此根据 $\delta^{18}O$ 也可以判断地下热水循环深度。

（三）古地下水的判断

温度和降水方式的变化是气候变化的基础（Clark and Fritz，1997）。如果大气降水与地下水中同位素具有良好的相关性，则气候的变化将记录在化石和古地下水中。在中纬度地区，如欧洲不同地区，晚更新世期古地下水的补给受冰川和多年冻土分布的影响，古地下水的 D 值相对于现代降水呈现低值，同位素组成沿全球降水线向负值方向移动（图 13-10），这些地下水中常含有冰川融雪水的低 δ 值（Desaulnises et al.，1981；Remenda et al.，1994）。间冰段或间冰期地表没有冰雪覆盖，古地下水很少获得冰川融雪水补给，因而同位素在其中富集（Hendry and Schwartg，1988）。

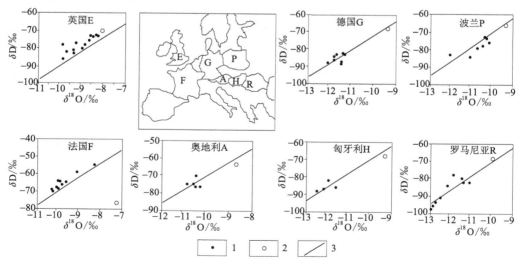

图 13-10　欧洲更新世地下水 $\delta^{18}O$-δD 组成与现代地区雨水的平均值和全球雨水线（GMWL）的对比
（Rozanski，1985）
1.老水；2.现代补给水；3.全球雨水线（GMWL）

干旱地区的古气候效应通过降水线移动来体现。原始蒸发中温度变化影响 D 盈余值。在干旱地区（如地中海东部和北非），现代雨水线的明显特点是 D 盈余值为 15‰～30‰，然而这些地区过去的气候一般都比较潮湿。例如，非洲北部和东部存在高湖泊，以及阿曼和沙特阿拉伯 Empty Quarter 沙丘中发现的湖相沉积都反映了早更新世潮湿的气候条件。在大气雨水线接近全球雨水线条件下，潮湿气候条件的地下水趋于或低于 GMWL 线（全球雨水线）。区内自流盆地的地下水通过 ^{14}C 方法确定为古地下水。与现代水相比，这种古地下水也呈现 ^{18}O 和 D 的低值。地下水中古气候的变化，最重要的是通过化石表现出来，它们不参与水流系统的补给。这些古地下水资源是有限的，且正在被开采。

但对于某些沉积盆地，地下水埋藏较深，与大气降水和地表水的水力联系依赖于沿岩层的缓慢渗透或越流；水交替滞缓；同位素组成取决于形成时水的同位素成分及岩石同位素组成。通常新渗入的水重同位素是贫的，古水中则富集重同位素。但 D 随深度稍有增加，一般变化不大，只在有海水入侵时才有所增加。这些特点均可作为成因的标志。

（四）污染源的确定

根据不同来源的化学组成同位素比值的差异可以确定污染源。例如，根据水中 $^{15}N/^{14}N$ 可判断硝酸盐的来源。Kreitler 等（1975）对纽约州长岛地区地下水中硝酸盐 $^{15}N/^{14}N$ 的研究得出，长岛农业区内，上部冰川含水层水中硝酸盐的 $\delta^{15}N$ 值普遍比长岛西部城市地区轻得多。这反映出硝酸盐的来源在农业区以肥料氮或未施肥的作物氮为主，而在市区变为以动物废物氮为主；在 Nassau 和 Suffolk 县境内 Magothy 含水层中 $\delta^{15}N$ 值以农业与一些动物废物为主要来源；Magothy 含水层中地下水比上部冰川含水层地下水更老，这就表明那里的农业实际上还是一种老的土地利用方式，其 $\delta^{15}N$ 值比 Nassau 县覆盖有冰川含水层的水更轻，但是比 Suffolk 县的上部冰川含水层的水更重。

田春声（1992）利用 $\delta^{15}N$ 研究关中盆地地下水氮污染源获得，西安市郊河流冲积层中 $\delta^{15}N$ 值为 4.358‰～5.048‰，NO_3^- 含量为 93～175ppm[①]，反映出地下水遭受污染，硝酸盐主要来源于无机化肥和城市污染；黄土台塬区是陕西重要的粮食产区，地下水中 $\delta^{15}N$ 值为 5.958‰～8.058‰，NO_3^- 含量为 136～300ppm，其硝酸主要来源是施用大量化肥和有机肥，加之黄土地区地下水径流条件差，长期灌溉引起地下水位抬升，地下水污染严重，许多地区形成肥水；在汾渭地堑中心部位卤泊滩地区，沉积了巨厚的湖沼相沉积物，地势低洼，地下水径流条件差，地表形成大片盐渍化，土壤有机物长期矿化导致地下水 NO_3^--$\delta^{15}N$ 富集，$\delta^{15}N$ 值达到+10‰以上，NO_3^- 含量为 95～260ppm。

（五）确定地下水补给源高程

水文地质研究中，如果确定某地区的地下水补给源为大气降水，可根据同位素高度效应（即大气降水的 δD 和 $\delta^{18}O$ 随地形高程增加而降低）确定含水层的同位素入渗高度，即补给区（带）的高度（王恒纯，1991）。

---

① ppm 表示 10^{-6}。

$$H = \frac{\delta_S - \delta_p}{K} + h \qquad (13\text{-}22)$$

式中，H 为同位素入渗高度（m）；h 为取样点（井、泉）标高（m）；δ_S 为地下水（泉水）的 $\delta^{18}O$（或 δD）值；δ_p 为取样点附近大气降水的 $\delta^{18}O$（或 δD）值；K 为大气降水 $\delta^{18}O$（或 δD）值的高度梯度（$\delta/100m$）。

式（13-22）中高度梯度（K）是关键的参数。对于任一地区，高度梯度是同位素气温变化率和气温高度梯度的函数，因此高度梯度随气温高度梯度不同差异较大。其值的获得方法是，在预想的补给区上、下游设观测点，观测降水量（用雨量计收集雨水，测 $\delta^{18}O$ 或 δD）和气温，至少观测一年，以月平均统计，用相关法统计出 $\delta^{18}O$（δD）与温度的相关方程，如法国他农地区 $\delta^{18}O\text{-}t$ 关系式为 $\delta^{18}O=0.4t-13.5$，表示了同位素成分随温度变化为 0.4‰，并同时由温度观测和测站高程，求出温度梯度为 $-0.8℃/100m$，从而计算获得同位素高度梯度（K），即

$$K=0.4 \times (-0.8)=0.32‰/100m$$

其余参数 δ_S、δ_p 为实测，取样点一旦确定高程就已知。以上参数代入方程，可求出补给高程，再结合具体地质、水文地质条件分析，正确判断出补给区（带）的位置和范围。

（六）补给百分量的确定

山西晋南延河泉域隐伏区内岩溶地下水是接受山区浅层地下水与沁河河水为代表的地表水补给形成的，因此，浅层地下水及河水补给区内主要泉或区带，可通过其中同位素组成计算出来（胡宽瑢等，1991）。

1. 基本计算式

设浅层地下水的同位素丰度为 N_2，岩溶地下水丰度 N_1 按 $(1-x)/x$ 的比例混合而成，根据简单混合原则，若假定浅层水的比例为 xN_2，则岩溶老水所占比例为 $N_1(1-x)$，因此，

$$N = N_1(1-x) + N_2 x \qquad (13\text{-}23)$$

则

$$x = \frac{N - N_1}{N_2 - N_1}$$

式中，x 为浅层水与岩溶老水混合比例；N_1 为浅层水同位素 $\delta D\text{-}\delta^{18}O$ 关系线与雨水线交点的 δD、$\delta^{18}O$；N_2 为浅层水同位素 δD、$\delta^{18}O$ 值；N 为计算点的同位素 δD、$\delta^{18}O$ 值。

2. 山西延河泉的补给百分量计算

（1）由图 13-11 可知，补给区浅层水线与雨水线交点：$\delta D=-69‰$，$\delta^{18}O=-10.3‰$。

（2）河水与西部径流区地下水混合线与雨水线交点：$\delta D=-81‰$，$\delta^{18}O=-11.8‰$。

（3）混合比例计算。

a. 补给区浅层地下水补给所占比例。

补给区同位素平均值：$N_2 = \delta^{18}O = -9.25‰$，　　$\delta D = -61.5‰$。

与雨水线交点（图 13-11 中 A 点）的同位素：$N_1 = \delta^{18}O = -10.3‰$，　$\delta D = -69‰$。

延河泉的同位素值：$N_1 = \delta^{18}O = -9.61‰$，　　$\delta D = -68.1‰$，

则

$$x_1 = \frac{N - N_1}{N_2 - N_1} = \frac{-9.61 - (-10.3)}{-9.25 - (-10.3)} = 65.71\%$$

$$x_2 = \frac{N - N_1}{N_2 - N_1} = \frac{-68.1 - (-69.0)}{-61.5 - (-69.0)} = 12.00\%$$

$$x = \frac{x_1 + x_2}{2} = 38.86\%$$

由此获得非补给区浅层地下水补给所占比例为 61.14%。

b. 由地表水（非浅层水）补给所占比例。

地表水补给同位素平均值：$N_2 = \delta^{18}O = -8.75‰$，　$\delta D = -69.23‰$。

与雨水线交点（图 13-11 中 B 点）的同位素：$N_1 = \delta^{18}O = -11.80‰$，　$\delta D = -81.00‰$。

延河泉的同位素值：$N_1 = \delta^{18}O = -9.61‰$，　　$\delta D = -68.1‰$，

则

$$x_1 = \frac{N - N_1}{N_2 - N_1} = \frac{-9.61 - (-11.8)}{-8.75 - (-11.8)} = 71.80\%$$

$$x_2 = \frac{N - N_1}{N_2 - N_1} = \frac{-68.1 - (-81.0)}{-69.23 - (-81.0)} = 109.60\%$$

显然计算不合理，故舍去 x_2，按 x_1 计算的地表水占 71.80%，则补给区浅层地下水所占比例为 28.20%。

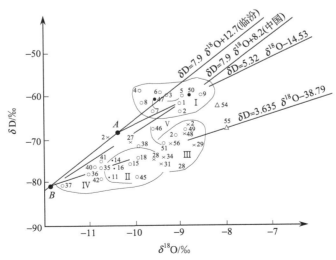

图 13-11　山西晋南延河泉域 δD-$\delta^{18}O$ 关系图

I.补给区；Ⅱ、Ⅲ.径流区；Ⅳ.深埋区；Ⅴ.排泄区

c. 延河泉地表、地下水补给所占比例。

补给区浅层地下水所占比例：x_1=（38.86+28.2）/2=33.53%。

地表水补给所占比例：x_2=（61.14+71.80）/2=66.47%。

计算结果表明，延河泉水获得地表水的补给量大于补给区浅层地下水的补给量，结果与延河泉水动态特征相吻合。

同样方法计算出径流区地下水受补给区浅层地下水补给比例为 x_1=53.09%；地表水补给所占比例为 x_2=46.91%，可见二者补给量相近。

（七）利用氚确定地表水与地下水及不同含水层之间的水力联系——以常州市地下水研究为例

1. 方法的基础

氚在水文学研究中是应用广泛的一种放射性同位素。氚同位素是大气层中宇宙射线作用于大气组分产生的。天然氚主要以氚化水分子（HTO）形式参加自然界水循环，1954年之后核爆和热核试验产生大量的氚，使得自然界的氚量大大增加，其中部分渗入地下含水层，按放射性衰变规律衰减。一般认为氚含量小于 2～5TU 的地下水是 1954 年前形成的或 1954 年前补给的。另外，一般河流中氚含量相当于大气降水氚含量的平均值，因此，当降水和地表水作为补给源补给地下水时，就使地下水中氚含量在垂直和水平方向上都具有显著差异。根据同一含水层水中氚含量的变化，便可以研究地下水水平方向上的补给条件和补给源。利用垂直剖面上氚含量变化，便可以研究大气降水或地表水的入渗过程，上、下含水层的水力联系。

2. 应用实例

常州市位于长江三角洲顶部，区内地形平坦，河流纵横，北部濒临长江，离市区最近距离 20km（庞炳乾，1987）。主要含水层（图 13-12）有：

潜水含水层——Q_4 河湖冲积相，灰黄、淡灰色砂黏土为主，一般埋深 10m，局部与第一承压含水层无明显界线，水位埋深 1～3m，受降水和地表水直接补给，采水量为 9000m³/d。

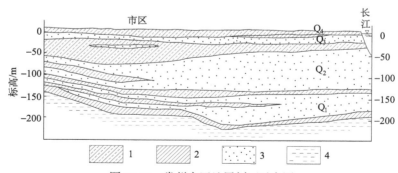

图 13-12　常州市区地层剖面示意图
1.亚黏土；2.黏土；3.砂层；4.泥岩

Ⅰ承压含水层——Q_3 河流~三角洲相，灰、灰黄色粉、细粉砂层，顶板埋深 9～25m，层厚 10～30m，局部与潜水相通，水位埋深 2～4m，开采量为 1.5 万 m³/d。

Ⅱ承压含水层——Q_2 三角洲相，灰白、灰黄色中、细砂层，底部有砂砾石层，呈多次韵律变化，埋藏于地下 70～120m，层厚 25～80m，上部为砂黏土覆盖，为全区深井的主要开采层，采水量为 30 万 m³/d 左右。

Ⅲ承压含水层——Q_1 三角洲相，灰白色粗砂，砾石层厚 10～20m，由 2～3 个单层组成，分布不稳定，与Ⅱ层为黏土所隔，少量深井揭露至此层，降落漏斗远比Ⅱ层开采漏斗小。

由图 13-12 可知，Ⅱ、Ⅲ含水层由南到北厚度增大，埋深变浅，到长江河床已深切到 -50m 左右，到达第Ⅱ承压含水层，此层地下水主要是江水补给，其次为邻层的越流及本层的弹性释放。

3. 同位素采样

根据本区的水文地质条件，分别在各含水层布置同位素采样点，研究垂直剖面的变化和上、下含水层的水力联系；在同一含水层沿流向或由补给源—排泄区取样，确定补给、径流、排泄条件；布置对照样品、降水或地表水体。

采样点分布与测试结果如图 13-13 所示：江水——氚$_1$；第Ⅰ承压含水层——氚$_7$、氚$_8$；第Ⅱ承压含水层——氚$_2$、氚$_3$、氚$_4$、氚$_5$、氚$_6$；第Ⅲ承压含水层——氚$_9$、氚$_{10}$。

4. 各层水的形成分析

江水为 48.7TU，相当于目前大气降水的氚含量。

第Ⅰ承压含水层水中氚$_7$含量为 23.0TU，相当于降水的 1/2，说明该层水主要由降水入渗形成，其中部分水可能形成近 12 年内。氚$_8$点含量高，可能与附近地表水有直接联系。

第Ⅱ承压含水层水中氚含量平均为 5.5TU，可以认为形成早于Ⅰ含水层地下水，大致形成于 1954 年前后，或受当时降水的补给。

第Ⅲ承压含水层水中氚含量<2TU，由图 13-14 和图 13-15 可知，该层地下水形成时期最老，至少近半个世纪（1987 年之前）没有近代降水补给。

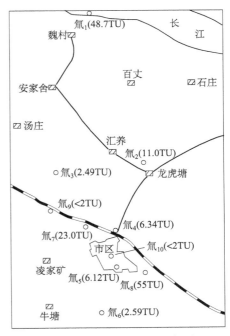

图 13-13　取样点位置示意图

在垂直剖面上，Ⅱ、Ⅲ层之间有较好的隔水层，且第Ⅲ层水中氚含量表明无江水补给，但第Ⅱ层水在大量抽水情况下，第Ⅲ层可能越流补给第Ⅱ层。

就同一含水层而言，氚在水平方向上，由近江的氚$_2$至远离长江的氚$_6$，氚含量降低，变化明显，表明近江处，江水与第Ⅱ层水直接联系，接受江水的补给。

以上述分析为基础，根据长江至市区最近距离 20km 和图 13-13 中市区附近点氚$_4$含量 6.34TU，由氚含量与衰减时间关系曲线（图 13-14）查得，江水通过 20km 的渗透途径，大约需要 35a 才能到达市中心，并由此估算出江水对第Ⅱ层地下水水平方向上的补给速度为 570m/a（即 1.6m/d）。

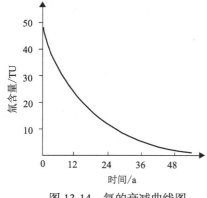

图 13-14　氚的衰减曲线图

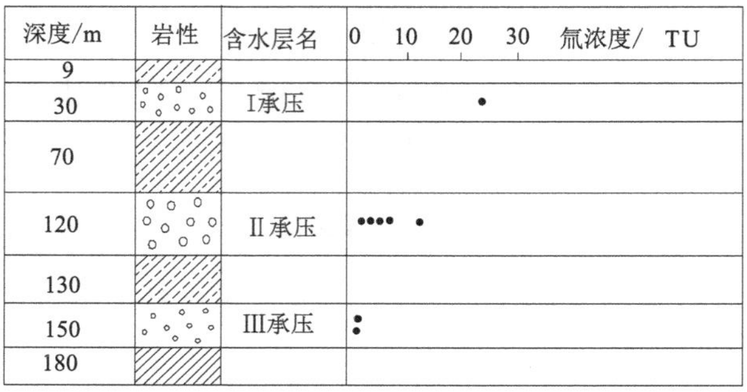

深度/m	岩性	含水层名	0　10　20　30　氚浓度/ TU
9			
30		Ⅰ承压	・
70			
120		Ⅱ承压	・・・・　・
130			
150		Ⅲ承压	・
180			

图 13-15　不同深含水层中氚含量

还根据勘探查明江水与第Ⅱ承压含水层有水力联系的平均宽度为 1786m，平均厚度为 52.5m，即可求出江水对第Ⅱ层承压水的补给量，按照公式

$$Q = W \times V = 1786 \times 1.6 \approx 15 \ 万 \ m^3/d$$

已知第Ⅱ层开采量为 30 万 m^3/d，可知江水补给第Ⅱ含水层的量仅为开采量的 1/2，故必须控制开采量。同时为水资源评价及合理开发地下水源提供了资料，为了正确评价还需查清其他条件，如漏斗内的大气降水和第Ⅲ层承压水的顶托补给量。

以上实例可知，氚为现代水循环研究提供了有效的手段，然而应该注意，禁止大气热核试验之后，环境中氚含量逐渐趋向自然平衡浓度，然而核辐射和核工业使氚的来源变得复杂，所以应用中要加强研究。

三、示踪研究地下水运动及水文地质过程的机理

作为示踪剂，放射性同位素有很大优越性。大部分化学性质稳定，不会生成易沉淀的化合物，不会被岩土吸附；最重要的是其检测灵敏度非常高，极小的剂量就可以获得满意的示踪效果。水文地质示踪常用的人工放射性同位素有 ^3H、^{51}Cr、^{60}Co、^{82}Br、^{131}I、^{137}Cs 等。国内外都成功地利用放射性同位素进行了示踪试验，以确定岩溶通道的分布与连通情况，测定了地下水流速，还通过示踪试验确定了含水层之间及含水层与地表水体之间的水力联系，确定了矿坑涌水的来源，研究了坝下及绕坝渗漏情况等。

利用人工或环境放射性同位素示踪剂，还可以进行各种室内或野外试验，研究水文地质过程的机理。例如，研究降水入渗过程，研究土面蒸发与叶面蒸发，研究弥散机制，追踪放射性污染物的运移等。国内相关单位也在上述方面作了许多有益的探索，并取得一定成果。

四、测定水文地质参数

将人工放射性同位素投入井中，示踪地下水的流动，可以用一个井（单井法）求得地下水流向、渗透流速及渗透系数；用几个井（多井法）还可以求得孔隙度、导水系数、实际流速等。

利用人工放射源可测定岩土（石）的密度，利用人工中子源可测定岩土（石）含水量，测量岩土的天然放射性可以判断松散土的岩性及基岩的裂隙发育情况等。

第十四章　环境水文地质

第一节　地下水污染

一、地下水污染及相关概念

1. 地下水污染概述

由于城市生活垃圾和工业"三废"等的不合理处置，农业生产中农药、化肥的大量使用，地下水污染状况日趋严重。长期对地下水的监测及 1999 年以来对京津地区、长江三角洲地区、珠江三角洲地区、淮河流域平原区地下水污染调查评价试点工作的结果表明，我国地下水污染范围日益扩大，水质整体下降，"三致"（致癌、致畸、致突变）微量有机污染物和国际关注的持久性有机污染物（POPs），也在一些地区的地下水中检出。我国已普遍开展了地下水污染调查评价工作。

2. 地下水污染的概念

地下水污染是指在人类活动影响下，地下水水质向着恶化方向发展。地下水污染基本来自于地下水污染源，地下水污染源是指在人类活动影响下，能够引起地下水污染的污染物来源或活动场所。地下水是否易被污染一方面取决于污染物的特征、组分和浓度；另一方面与地下水防污性能有密切的关系，地下水防污性能指在一定的地质与水文地质条件下，地下水抵御污染的能力。污染物泄漏到土壤或地下水中的区域称为污染源区。

二、地下水污染产生原因

我国地下水环境污染严重。工业和生活污水排放量增加，以及受农药、化肥的影响，我国地下水污染问题日益突出。地下水污染严重地区主要分布在城镇周围、排污河道两侧、地表污染水体分布区及引污农灌区等。地下水环境污染呈现出由点向面、由城市向农村扩展的趋势。全国约有一半城市地下水污染较严重，因污染造成的缺水城市和地区日益增多。

地下水污染的影响因素有 3 个方面，即污染物的来源、污染物进入含水层的方式、水动力和水化学条件。

1. 引起地下水污染的物质来源

地下水的污染过程有直接污染和间接污染两种情况。直接污染指工业废水、生活污水及土壤中的化肥、农药残液，直接通过包气带进入含水层。直接污染对地下水的危害最大。间接污染指污染物质首先进入大气或地表水体而后进入含水层。例如，工业城市附近含硫量较高，煤炭的大量燃烧，使大气中二氧化硫含量（或氮氧化物）骤增，雨滴吸收了这些气体便转化为硫酸和硝酸，形成"酸雨"。酸雨的入渗一方面直接使地下水酸化；另一方面酸化的水又可增强对岩石中金属或金属矿物的溶解能力，使地下水中的金属元素含量大大增加。工业废水和生活污水不经过处理而排入地表水体，造成地下水污染。特别是那些以河水入渗补给作为主要来源的傍河水源地、季节性河流的河谷、山前冲积扇和地下暗河水源地，河水污染而导致的地下水源污染的问题更严重。

2. 污染物进入含水层的方式

污染物通常以 3 种方式进入含水层。

第一种方式，在含水层开采的降落漏斗范围内，污染物通过含水层上部的透水岩层，直接渗入含水层。由于污染物进入含水层的途径很短，故常常使地下水体遭受迅速而重度的污染。在相同污染源的情况下，地下水体遭受污染的程度，主要取决于地表到含水层之间岩层的渗透特性、岩土颗粒对污染物的吸附和净化能力，也取决于含水层的埋藏深度。因此，一般来说，承压水较潜水有较好的防污染能力，潜水含水层的包气带内如有黏性土层分布也会起到一定的防污作用。根据试验和调查，土壤或黏土层对许多工业污染物（如酚、氰、六价铬、铅、铬、砷等），都有较强的净化能力。但是，包气带土壤层对污染物的吸附容量和过滤作用是有限的，不可能把地下水的防污措施完全寄托在土壤层的天然净化上。

第二种方式，污染物从含水层的其他地段进入开采地段。例如，各种天然的劣质水体（如海水、大陆高矿化水）、已污染的地表水体或污水体通过它们与含水层的接触带（特别是补给区），渗入含水层，然后再转移到开采地段。当其污染源位于水源地的上游时，对水源地的污染威胁最大，有时两者虽相距甚远，但地下水体也难免被污染；当其污染源位于水源地下游时，一般只有当开采水位降落漏斗扩展到劣质水体时，水源地才会遭到污染。

第三种方式，污染物借助天然或人为的某些集中通道进入含水层。天然造成的集中通道，主要是指与污染源相沟通的各种导水断层（包括地震或地面沉降产生的地裂缝）和喀斯特通道（包括灰岩含水层及其部分隔水顶板缺失所形成的天窗）。在天然条件下，这些通道大多数是裂隙水或岩溶水的排泄途径，但在开采条件下，当裂隙和灰岩含水层水头压力低于外围污水体的水头压力时，则成为污染物进入含水层的通道。这种通道一般多呈点状或线状分布，但是它可使埋深很大的承压水体也遭受污染。

人为作用造成的集中污染通道包括以下几种情况：因开挖地下工程，破坏了含水层顶板岩层的防污作用，地下工程成为劣质水进入含水层的通道；水井设计、施工上的缺陷（如施工止水不合要求），造成上部污水体沿井管与孔壁间隙流入开采含水层；有时则是废井未加处理或回填不实，成为地表污水下渗通道；某些多年失修的水井，由于井管腐蚀损坏或地震，井管破裂，也可造成上部污水入侵开采含水层。此外，在某些情况下，井管或输水金属管道的腐蚀、混凝土水管的溶蚀，也可污染水质，此时管道本身即为污染源。

3. 地下水水质恶化的水动力和水化学条件

如果说污染源和污染通道的存在是地下水水质可能被污染的必备条件，那么在开采条件下所出现的水动力、水化学作用则常常是地下水水质恶化的直接起因。

水动力作用：凡污水体入侵开采含水层，均要求有一定的水动力条件。其一是开采含水层和污水体之间必须存在某种直接或间接的水力联系；其二是在开采地下水时，形成了有利于污水体向开采层运移的水动力条件。有利于污水体向开采层运动的水动力条件，一般是指抽水（或污水灌注）在开采含水层中形成相对于污水体的负压区，或者开采层中的水位降落漏斗直接扩展到了污水体，从而促使污水直接或间接地渗入，并污染开采含水层。

水化学作用：大量开采地下水，不仅引起含水层水动力条件的变化，同时也会改变含水层的水文地球化学条件，出现某些新的水文地球化学作用，这也是某些地区地下水水质恶化的重要原因。

三、地下水污染调查

（一）地下水污染调查的目的与任务

查明我国区域地下水水质和污染状况，为地下水资源保护及污染防治提供科学依据，为保障国家供水安全、粮食安全和生态安全提供基础资料。

在查明区域水文地质条件和污染源分布的基础上，系统调查我国主要地下水开发区和具有开发前景地区的地下水水质与污染状况；进行地下水质量、地下水污染、地下水防污性能评价，制订地下水污染防治区划；建立地下水污染调查评价信息系统。

（二）地下水污染调查的基本要求

1. 调查范围及评价对象

地下水污染调查评价区应根据国民经济建设的战略布局和需要，结合地区水文地质条件与研究程度确定，优先考虑地下水污染形势严重的地区，调查层位以潜水含水层和用于供水目的承压含水层为主。调查评价对象为地下水水质和污染状况，突出地下水有机污染调查评价。

2. 调查分类及精度

调查分为区域调查和重点区调查。区域调查主要是调查评价区域地下水质量和污染的总体状况，其调查精度为1：25万。重点区调查主要部署在重要城市和城市密集区、地下水集中开发利用区、重要污染源分布区等，调查评价区内的地下水质量和污染状况、影响因素和污染途径、变化趋势等，其调查精度为1：5万。

3. 调查评价阶段

地下水污染调查评价主要分三个阶段，即基础调查阶段、采样测试阶段和评价区划阶段，地下水污染调查评价应按照上述阶段先后开展调查评价工作。

基础调查阶段：基本查明区域水文地质条件、水点类型与分布、污染源和土地利用状况，为制订地下水质量和污染采样计划提供依据。

采样测试阶段：制订地下水质量和污染采样计划，核查采样点、规范采样与测试。

评价区划阶段：评价地下水质量和污染状况，编制地下水污染防治区划。

（三）设计编写与审批

1. 设计编写准备

资料收集：收集调查区大气、土壤、地表水、地下水监测资料，地形地貌、地质、水文地质等综合性或专项的调查研究报告、专著、论文及图表，野外实验和室内实验测试资料，中间性综合分析研究成果，土地利用、经济社会发展及与污染源有关的调查统计资料等。

综合分析：根据调查项目的目的、任务与要求，整理、汇编各类资料，对各类量化数据进行统计，编制专项和综合图表，建立相关资料数据库。综合分析调查区地质、水文地质资料，系统了解区域地下水资源形成、分布与开发利用情况。编录污染源信息，了解重要污染源类型及其分布情况。分析地表水、地下水质量分布及污染情况。掌握研究程度，编制工作程度图。提出存在问题，草拟工作方案，明确工作重点。

野外踏勘：应根据工作程度，结合调查区水文地质条件、地下水开发利用状况、主要污染源分布情况及下一步工作重点，制订踏勘工作计划。踏勘应选择典型路线，核实重要污染源（区）、井（泉）点及土地利用等方面的情况，选择重点调查区等。编写野外踏勘小结，包括踏勘计划，踏勘路线，踏勘记录、照片、录像等资料，解决的主要问题等。

预研究：应在充分研究以往资料和野外踏勘工作的基础上，初步确定分析指标，明确调查区拟解决的关键问题及相应专题设置。具体应做好：①多渠道深入了解社会需求，明确服务对象、工作目标与重点，拟定工作部署方案。②根据污染源类型及其分布、土地利用分区、地下水水源地分布、地表水与地下水相互关系，有针对性地选择典型污染区采集代表性水样进行分析测试，确定地下水污染调查主要分析指标。

在预研究的基础上，初步确定地下水污染调查研究工作方案。

2. 设计书编写

编写设计书应按照接受任务、收集资料、现场踏勘、开展预研究、确定工作方案的程序进行。设计书编写依据：项目任务书、工作区地质、水文地质条件、存在的主要问题与以往研究程度、有关标准、规范、技术要求和经费预算标准。设计书内容应系统、完整，重点突出，文字精炼，经费预算合理，附图、附表齐全。设计书应在充分做好设计编写准备工作的基础上进行，达到工作布置合理、技术方法先进、经费预算正确、组织管理和质量保证措施有效可行。

设计书内容包括：前言、自然地理及经济社会发展、区域地质与水文地质概况、以往工作程度、工作部署、工作内容与技术要求、组织管理和保证措施、预期成果及经费预算等。

3. 设计书的审查与审批

设计书审查由任务下达单位组织进行，也可由任务下达单位委托有关部门或单位组织。通过审查的设计书，由任务下达单位审批后组织实施。

（四）地下水污染基础调查

基础调查：主要包括土地利用调查、污染源调查和水文地质调查。重点调查人类活动对地下水质量影响。

土地利用调查：按照国家土地利用分类，结合调查区土地利用特点，调查土地利用现状及其变化情况，包括城市、农用地、林地、工矿用地、草地等现状及变化。

污染源调查：在土地利用状况调查的基础上，以收集、整理调查区污染源资料为主，对重要污染源或重要潜在污染源应进行补充野外调查。调查污染源的类型、空间分布特征。

工业污染源：调查污染排放企业的名称、位置，污水、废渣（尾矿）排放量、排放方式、规模、途径和排放口位置，污染物种类、数量、成分及危害，以及重要污染企业废弃场地、废弃井、油品和溶剂等地下储存设施等。

生活污染源：调查垃圾场的分布、规模、垃圾处理方式与效果、淋滤液产生量及主要污染组分、存放场地的地质结构情况等；生活污水产生量、处理与排放方式、主要污染物及其浓度和危害等。

农业污染源：调查土地利用历史与现状；农田施用化肥和农药的品种、数量、方式、时间等；污灌区范围、灌溉污水主要污染物及浓度、污灌次数和污灌量；养殖场及规模，乡镇企业污染源情况等。

地表污染水体调查：污染水体的分布、规模、利用情况及水质状况等。

海（咸）水入侵：调查海水入侵的地质环境背景，咸、淡水含水层特征、地下水水质咸化程度（Cl^-、Br^-和矿化度等），海水入侵影响因素、入侵途径等。

水文地质调查：以已有调查研究成果为基础，基本查明重点地区包气带岩性、厚度及其区域分布；重点查明区域地下水补给、径流和排泄条件变化及影响变化的自然因素及贡献，建立完善的地下水系统结构模式或模型；查清重要的人类活动（如土地利用、水资源开发等）情况，重点是地下水开发利用状况、集中开采水源地分布及其开采量等。

（五）地下水污染调查方法

1. 遥感技术

在区域调查中，宜选用 TM/ETM 卫星遥感图像，用于区分地貌类型、地质构造、水体、地下水溢出带、土地利用变化等。在重点区调查中，宜选用彩色红外片、紫外或红外扫描航空遥感片和 TM/SPOT 卫星遥感图像，主要用于识别点、线、面污染源，如管线泄漏污染调查、城市垃圾和工业固体废物的堆放及规模、城市建设发展变化和工业布局等的调查。

2. 地球物理勘探

在重点区调查和专题研究中，地球物理勘探用于调查人类活动频繁区域的地质、水文地质条件和地下水污染空间分布特征调查。在重点调查区采用水文测井方法，配合钻探取样划分地层，评价水文地质条件，为取得有关参数提供依据。在地面调查难以判断而又需要解决问题的地段，钻探困难或仅需初步探测的地段，可以采用地面物探方法。

3. 水文地质钻探

主要用于重点区调查和专题研究。钻孔设置要求目的明确，尽量一孔多用，如水样和/或岩（土）样采取、试验等，项目结束后应留作监测孔。

4. 环境同位素与示踪技术

应重点应用氢、氧稳定同位素分析地下水形成过程，用 ^3H 、 ^{14}C 、CFC 测定地下水年龄，用 O、C、S、N 等稳定同位素识别污染源，并研究污染物迁移转化过程，分析地下水和地表水之间的水力联系等。采用 Cl^- 、 Br^- 、 I^- 等离子化合物， ^{131}I 、 ^{79}Br 、 ^{81}Br 、 ^{60}Co 等放射性示踪剂，荧光素、甲基盐、苯胺盐等有机染料，磷氟化合物及微量元素等开展示踪试验，获取弥散系数等参数。

（六）地下水污染动态监测

区域地下水污染监测点应在地下水系统的补给、径流、排泄区、边界线、主要地下水开采区（层）、主要环境地质问题发生区等不同地区或部位分别布设。监测点数宜控制在地下水污染采样点总数的 5%～20%。重点区地下水污染监测点应在区域地下水污染监测网点基础上加密布设，重点监测地下水污染严重区、大中型地下水水源地保护区、重要农业区等地段。监测点数应根据地下水污染程度、污染范围和污染物种类等具体确定。特殊地下水污染组分监测点布设根据需要确定。

区域地下水污染监测点采样频率，一般每年平水期采样一次。重点区地下水污染监测点采样频率，一般每年丰、枯水期各采样一次。特殊地下水污染组分监测，一般每季度或每月采样一次。

区域地下水污染监测项目根据地下水污染调查结果确定。重点区地下水污染监测项目，除应包括地下水污染调查确定的污染指标外，还应根据情况对可能污染的指标进行监测。特殊地下水污染组分的监测，应根据实际情况确定。

第二节　地　质　灾　害

一、海　水　入　侵

（一）海水入侵概念及原因

1. 海水入侵概念

海水入侵（海水倒灌）是指海滨地区过量抽取地下水导致海水（或地下咸水）和地下淡水的天然平衡条件被破坏，从而引起海水向大陆含水层推移的一种有害水文地质作用，也就是由陆地地下淡水水位下降而引起的海水直接侵染淡水层的自然现象。有时风暴潮或大涌潮覆盖陆域，也称为海水入侵。

海水入侵灾害是指自然或人为原因，海滨地区水动力条件发生变化，使海滨地区含水层中淡水与海水之间的平衡状态遭到破坏，导致海水或与海水有水力联系的高矿化地下咸水沿含水层向陆地方向扩侵，影响入侵带内人、畜生活和工、农业生产就地用水，使淡水资源遇到破坏的现象或过程。

滨海含水层在海岸线处与海水接触，在自然状态下，地下水补给海洋。在很多临近海洋的地区，随着对地下水需求量的日益增多，滨海含水层已成为重要的水源。地下水的开采，使得地下水对海洋的补给量日趋减少。当滨海含水层的抽水量超过补给量时，海岸附近地下水位下降，海水进入滨海含水层，并逐步向内陆推进，直至达到新的平衡为止。海水入侵对社会经济、环境和人民生活都能产生重大影响，已引起人们广泛关注。

2. 海水入侵产生及原因

早在 1855 年就有关于伦敦海水入侵问题的报道，德国、荷兰和日本等国也都有类似的报道。20 世纪 70 年代以来，我国也出现了零星的海水入侵，进入 80 年代中期，入侵范围逐渐扩大，情况日益严重。目前，比较严重的地区有河北秦皇岛、辽宁大连、山东莱州、浙江宁波等地。

造成海水入侵的主要原因是过量开采地下水。当淡水的开采量超过其补给量时，截断了原先向海洋排泄的淡水流，降低了海岸附近的地下水位，导致咸水体向陆地推进，直至达到新的平衡。因而，海水入侵与抽水量大小、抽水井的分布及地下水开采利用方式密切相关。用水量偏大、地下水补给量偏小将造成地下水位大幅度下降，出现大面积地下水位低于海平面的负值区，海水入侵则沿着负值区发展。海水入侵的分布与强抽水中心的位置有关，咸淡水界面沿海岸线逐渐向抽水中心移动，入侵带宽度逐渐增大，直至抽水中心为止。例如，强抽水中心向陆地方向移动，海水入侵将继续向前推进，直至形成新的平衡。海水入侵方式，依据咸淡水接触关系的几何形态主要有面状入侵体、带状入侵体、管状入侵体、舌状入侵体和锥状入侵体等。

在第四系松散沉积的透水性比较均匀的含水层中，海水入侵可呈"面状"推进。沿古河道岩层导水性好，是海水入侵的有利途径，形成沿古河道深入的"带状"入侵。在基岩区的断裂带和岩溶发育带，海水入侵可呈"管状"入侵。咸淡水界面的形状与抽水井的分布和管理运用方式有关。在抽水量大、流量相对稳定的抽水井的集中地段，咸淡水面较清晰陡峻；在抽水井分散、单井抽水量小、抽水相对不稳定的地段，咸淡水界面平缓，不够清晰。咸淡水面较清晰陡峻的情况多出现在工业用水集中区和供水水源地的附近，咸淡水界面平缓情况多出现在农业用水区。在上述类似地区，限制地下水开采是控制海水入侵的基本途径。

海水入侵发生除了人为因素影响之外，特定的自然环境引发也不能忽视。经调查分析，通常发生海水入侵的原因有下列几种：人为因素、气候因素、地质因素、地理环境因素。

人为因素包括超采地下水、上游蓄水、盐田扩建、陆地海产养殖等。而地质条件决定了海水入侵的方式、类型和发生强度。其内容包括地层结构、构造发育程度、地质历史事件影响等。

气候因素，如干旱、风暴潮等。此外，还有地理环境因素的影响。自然灾害的类型及强度与其所处地理环境相关，即使同一类型的自然灾害，由于地理环境差异的影响，其强度也有很大差异，如河流短坡降大、滨海低地面积大的地区容易发生海水入侵等。

（二）海水入侵勘察

海水入侵勘察目的是通过对海水入侵状况、发展趋势和海水入侵对环境的影响等进行勘察和观测，认识海水入侵灾害及其形成规律，为海水入侵的防治提供基础地质资料。

勘察工作应遵循的一般原则是：海水入侵具有隐蔽性，且影响海水入侵的因素很多，单一的勘察方法研究海水入侵一般难以奏效，因此必须用综合方法；以先进理论为指导，以地质调查研究为基础，不断提高海水入侵的研究程度和质量；充分合理地利用区内已有的资料。

勘察内容包括海水入侵灾情，海水入侵的环境背景、形成条件和影响因素，海水入侵特征、成因和规律，海水入侵的发展及其危害性预测，海水入侵的防治对策。

1. 区域环境地质条件和水环境特征勘察

（1）区域地质条件勘察。主要包括地层岩性、地质构造和地貌特征、海湾与近岸沉积、第四系松散沉积物和地理环境演变调查。查清地层、构造的分布和性质；查明工作区地貌类型、海岸地貌和地面高程；查清海湾特征、近岸沉积岩性和沉积构造；查清地层岩性特征、成因类型、沉积结构与分布规律；查清气候变迁阶段、海陆变迁历史，海进、海退时期及古河道发育情况。

（2）区域水文地质条件调查。主要包括含水层的岩性、结构、厚度和富水性。查清含水层的岩性和结构，含水层厚度、含水层透水性及渗透系数；隔水层岩性、结构与厚度、地下水类型，补给、径流和排泄条件；地下水位、水质和水温特征；查清卤水分布特征、浓度和成因类型；地下水补给量调查，查明地下淡水补给条件的变化情况，尤其是补给量的减少和减少原因。进行勘察区水资源供需平衡分析和水资源综合评价。

2. 海水入侵灾害形成条件和影响因素调查

海水入侵灾害形成条件和影响因素调查主要包括：地下水位降落漏斗调查、地下水开采量调查、气候、水利工程、陆地地下水水化学特征、水质污染情况、海水养殖业对水质的影响。

3. 海水入侵规模、特点、类型、成因和程度的勘察要求

海水入侵范围：一般采用边界条件分析、水化学分析、钻探和物探资料分析等手段，查明海水入侵范围和面积、纵向伸入内陆推进速度、氯离子含量及其变化。

海水入侵的方式：海水入侵范围比较大时可用地层电性特征分析技术查明海水入侵方式。咸淡水接触关系的几何形态主要有面状入侵体、带状入侵体、管状入侵体体和锥状入侵体等。

海水入侵成因：查明是人为原因，还是自然原因（地质原因、气候原因或地理环境因素），或其复合作用所形成。

海水入侵通道：海水入侵通道，是指海水沿松散、破碎地层入侵淡水含水层的海水浓度最大的区带。依据 Cl^- 含量和视电阻率数值变化，查明通道位置、通道数量、埋深和宽度。

海水入侵程度：分析计算海水入侵的程度。

4. 海水入侵灾害的灾情调查

危害对象主要为人身健康、生态环境与水环境和工农业等国民经济情况三个方面。人身健康主要查明是否有新地方病或原有地方病人数较明显增加，增加原因是否与水质有关。生态环境和水环境主要查明高大乔木、灌木、植物群落退化情况，查明泉水、矿泉水源地情况。工农业等国民经济情况主要查明农作物减产情况，耕地退化情况；查明供水井报废数量及原因；查明工业企业新开辟水源地情况，工业设备寿命缩短情况及原因。

危害区域：查明灾害影响的范围，按不同程度可适当分区。

海水入侵灾害的损失评估：在全面调查统计资料的基础上，采用现实成本逐项核算或其他办法确定直接经济损失对社会的影响及对周围环境的影响从而进行评估。

5. 海水入侵勘察技术方法

遥感解译：主要用于海水入侵对较大范围环境影响的勘察和观测，如海水入侵所造成的危害、某些社会经济状况等。

区域水文地质、工程地质测绘：主要任务是查明海水入侵地区的地貌、地层岩性、地质构造、水文地质特征和类型，以及矿产（卤水）资源；咸淡水层的空间分布范围，天然或开采条件下的补、径、排转化关系；海水入侵范围、特点及其危害。

地球物理勘探：圈定海水入侵空间分布界线，确定海水入侵通道，观测咸淡水界面运移规律、入侵区域地下水中 Cl^- 浓度的变化趋势。

钻探：查明海水入侵体的空间分布及其空间变化规律，查明卤水体的空间分布形态，查明地下水 Cl^- 浓度沿水平方向和垂直方向的变化规律，查明海水入侵通道的位置及延伸情况，各含水层分层采样进行水质分析。

室内测试：水质分析的主要任务是划分地下水化学类型，研究区域地球化学；研究区域 Cl^- 含量、矿化度的特征；查明地下水污染物质成分和含量、污染源、污染途径和污染范围；研究地方病与海水入侵的关系；研究生态环境变化与海水入侵的关系。

野外测试：实测海水入侵地区不同地点的水温和水的含盐度；为查明地下水开采与海水入侵的关系，可在抽水过程中定时测定 Cl^- 含量的变化；工厂、城镇、农灌区及其下游地下水已受污染或可能受到污染的地区，应分析与工厂排污和使用农药、化肥有关的有毒物质和组分，同时，对有机污染的综合指标进行分析，并在同一孔中进行取样分析，以了解污染发展趋势。

同位素分析：鉴别地下水变咸的成因。

6. 动态监测

动态监测主要用于海水入侵勘察阶段的观测及治理后的效果观测，目的是揭示海水入侵的发展规律，查明地下水位和水质的时空变化规律，包括地下水位动态的年际变化，地下水位变化相关分析，地下水位与开采量、降水量和蒸发量的关系，地下水质的时、空变化，地下水位动态与海水入侵相关规律分析。根据统计数据，分析地下水位负值区与海水入侵面积之间的关系。

（三）海水入侵的灾情评估

海水的密度为 $1.025g/cm^3$，淡水的密度为 $1g/cm^3$。所以，含水层中的淡水经常"飘浮"在

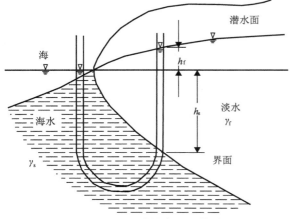

海水之上。海水和淡水是可以相混溶的，两者之间存在一个盐分浓度变化的过渡带。过渡带的地下水矿化度为 $3.5\sim1.0g/L$。

20 世纪末 21 世纪初，Ghyben 和 Hemberg 分别进行了欧洲滨海含水层内界面的研究，其目的在于确定界面的形状和位置与滨海区地下水各均衡要素之间的关系。对于相对静止的海水来说，淡水区可认为是按静水压强分布的，也可以用动力平衡代替静力平衡，但这时要假设水流运动是稳定的，在淡水区内水为水平运动（图 14-1）。

图 14-1　Ghyben-Henberg 咸淡水界面模型（Bear，1979）

在海平面以下深度为 h_s 的咸淡水界面上，有

$$\gamma_s h_s = \gamma_f (h_s + h_f) \tag{14-1}$$

式中，γ_s 和 γ_f 为咸水和淡水的容重；h_s 和 h_f 为在距海岸某处海平面至咸淡水界面的深度和海平面以上淡水的厚度。

将上式移项得

$$\begin{cases} h_s = \dfrac{\gamma_f}{\gamma_s - \gamma_f} h_f \\ \delta = \dfrac{\gamma_f}{\gamma_s - \gamma_f} \end{cases} \tag{14-2}$$

式（14-2）被称为 Ghyben-Henberg 关系式。

上述的咸淡水界面是指海岸地带，海水与淡地下水密度不同，因而在重力分异作用下，于两种水体之间形成一个下咸上淡、倾向大陆方向的明显水质分界面；而在大陆内部，其分界面则近水平分布，呈上淡下咸或淡咸相间状态。

在海水入侵活动评价中，采用有限单元法，建立水动力弥散型水质模型，模拟评价区地下水动力渗流场和盐分浓度场的动态变化过程，反映不同地下水介质条件下，地下水压力（水位）与地下水咸化标志成分（氯离子含量、矿化度、Na/Cl 等）的变化关系，依此确定不同条件下海水入侵发展速率，预测海水入侵规模（表 14-1）。根据水体中化学指标的含量不同，可以进行海水入侵程度的等级划分（表 14-2）。

表 14-1　海水入侵灾变等级划分表

种类	指标	特大型	大型	中型	小型
海水入侵	海水入侵范围/km²	>500	500~100	100~10	<10

据张梁等，1998。

表 14-2　海水入侵的化学指标分级

分级指标	I	II	III
氯离子/（mg/L）	<250	250~1000	>1000
溴离子/（mg/L）	<0.55	0.55~3.1	>3.1
矿化度/（mg/L）	<1.0	1.0~3.0	>3.0
入侵程度	无入侵	轻度入侵	严重入侵

据刘传正，2000。

（四）海水入侵的预防措施

海水入侵最根本的原因是地下水的过量开采，破坏了地下水的平衡，从而使含水层中淡水水位低于海水水位。因而，控制和防止海水入侵最简单的手段是减少地下水开采量，使含水层水位不再继续下降。有海水入侵危害的地区，应大力发展节水型经济，大力推广节水农业和工业节水新技术，确保地下水开采量小于含水量的补给量。对于已被海水入侵的含水层，通过布置补给坑塘和回灌井的方法进行人工回灌，增大地下水的补给量。有条件的地区，应因地制宜地建造水利工程，拦蓄和利用地下径流和地表径流，充分利用流入海洋的洪水，扩大水资源的调蓄利用率。可在靠海岸处，平行于海岸线方向打一排回灌井，形成一条测压水位高于海平面的压力脊。这样，含水层中的水将不断由压力脊向海水的方向流动，防止海水入侵。此外，也可在靠近并平行于海岸处设置抽水排井，形成一条较深的水位低槽，就像一条排水沟，防止海水进一步入侵。上述方法是通过水资源的平衡和控制地下水位的措施来防止海水入侵的，此外，也可以通过改变含水层透水性的方法解决这个问题，如沿岸建立地下水隔水墙，以阻止海水通过。

防治海水入侵必须立足于综合整治方案，即按区域地质、水文气候和生态环境脆弱现状，设计综合治理规划并付之实施。

二、岩溶塌陷的灾情评估及防治措施

（一）岩溶塌陷的概念及产生原因

岩溶地面塌陷是指覆盖在溶蚀洞穴之上的松散土体，在外动力或人为因素作用下产生的突发性地面变形破坏，其结果多形成圆锥形塌陷坑。

岩溶地面塌陷是地面变形破坏的主要类型，多发生于碳酸盐岩、钙质碎屑岩和盐岩等可溶性岩石分布地区。塌陷活动除降水、洪水、干旱、地震等自然因素外，往往还与抽水、排水、蓄水和其他工程活动等人为因素密切相关，而后者往往规模大、突发性强，危害也就大。

1. 可溶岩及岩溶发育程度

可溶岩是岩溶地面塌陷形成的物质基础，而岩溶洞穴的存在则为地面塌陷提供了必要的空间条件。大量塌陷事件表明，塌陷主要发生在覆盖型岩溶和裸露型岩溶分布区，部分发育在埋藏型岩溶分布区。

溶穴的发育和分布受岩溶发育条件的制约，一般主要沿构造断裂破碎带、褶皱轴部张裂隙发育带、质纯层厚的可溶岩分布地段与非可溶岩接触地带分布。岩溶的发育程度和岩溶洞穴的开启程度，是决定岩溶地面塌陷的直接因素，可溶岩洞穴和裂隙一方面造成岩体结构的不完整，形成局部的不稳定；另一方面为容纳陷落物质和地下水的强烈运动提供了充分的空间条件。一般情况下，岩溶越发育，溶穴的开启性越好，洞穴的规模越大，则岩溶地面塌陷也越严重。

2. 覆盖层厚度、结构和性质

松散破碎的盖层是塌陷体的主要组成部分，由基岩构造成的塌陷体在重力作用下沿溶洞、管道顶板陷落而成的塌陷为基岩塌陷。塌陷体物质主要为第四系松散沉积物，所形成的塌陷叫土层塌陷。据南方 10 省区统计，土层塌陷占塌陷总数的 96.7%。

3. 地下水运动

地下水运动是塌陷产生的动力条件——主要动力。地下水的流动及其水动力条件的改变是岩溶塌陷形成的最重要动力因素，地下水径流集中和强烈的地带，最易产生塌陷。地下水位急剧变化带是塌陷产生的敏感区，水动力条件的改变是产生塌陷的主要触发因素。水动力条件发生急剧变化的原因主要有降水、水库蓄水、井下充水、灌溉渗漏、严重干旱、矿井排水、强烈抽水等。

此外，地震、附加荷载、人为排放的酸碱废液对可溶岩的强烈溶蚀等均可诱发岩溶地面塌陷。

（二）岩溶塌陷勘察及预报

1. 勘察区岩溶环境调查研究

调查研究方法主要是综合分析已有各种资料，必要时进行补充路线调查。调查研究范围以达到上述目的为原则，一般应包括一个完整的水文地质单元。调查研究的主要内容有：地形地貌调查，重点调查岩溶地貌形态的成因类型和形态组合类型及其分布；气象、水文调查与资料收集，主要包括降水特征、地表汇流面积，径流特征，河、湖及其他地表水体的流量和水位动态等；地质调查，包括地层调查、构造调查和新构造运动与地震调查；岩溶发育特征调查，调查研究岩溶地下水的类型及其特征，调查研究各岩溶含水层组的层位、岩性、含水介质类型、富水性及水化学特征，其埋藏和分布条件，其相互间的水力联系及与第四系孔隙水和地表水体的关系，分析研究岩溶水文地质结构的类型及特征，调查研究岩溶泉和地下河的发育与分布特征。

2. 岩溶塌陷监测

岩溶塌陷研究中，要监测地面、建筑物的变形和井泉或水库水量、水位变化，地下洞穴发展动态，及时发现塌陷前兆现象，这对预防、减轻塌陷灾害损失非常重要。

在具备地面塌陷的 3 个基本条件（即塌陷动力、塌陷物质、储运条件）与岩溶低洼地形地区，于抽排地下水的井孔附近，对地面变形（开裂、沉降）进行监测。注意收集或及时发现具塌陷前兆的异常现象，如出现建筑物开裂或作响等异常现象。监视井泉等地下水位降深是否超过设计允许值。另外，可以在井孔内安装伸缩性水准仪、中子探针计数器、钻孔深部应变仪及其他常规测量仪器等监测地下变形异常。塌陷时地表会发生变形，地球物理场也会发生一定的变化，利用这种特性，进行岩溶塌陷监测；也可以监测重力的变化，将重力变化的信号转换为音响的报警装置进行报警。

（三）岩溶塌陷的灾情评估

1. 岩溶塌陷等级划分

岩溶塌陷应查明：塌陷的位置、范围及面积；塌陷量；塌陷区的环境水文地质条件；塌陷原因及发展趋势。依据塌陷面积进行等级划分（表 14-3）。

表 14-3　岩溶塌陷灾变等级划分表

指标	特大型	大型	中型	小型
岩溶塌陷面积/km²	>20	20～10	10～1.0	<1.0
采空塌陷面积/km²	>5	5～1.0	1.0～0.1	<0.1

据张梁等，1998。

2. 岩溶塌陷的灾情预测

地面塌陷在时间上具有突发性，空间上具有隐蔽性，其预报为当前的前沿课题。可用于岩溶地面塌陷的探测方法和仪器有地质雷达（探溶洞）、浅层地震、电磁波、声波透视（CT）等。近年来，用 GIS 技术中的空间数据管理、分析处理和建模技术对潜在塌陷危险性进行预测，效果良好。

目前国内岩溶塌陷灾情评估的方法，主要采用经验公式法、多元统计分析法，也可根据岩溶类型、岩溶发育程度、覆盖层厚度和覆盖层结构，进行岩溶塌陷活动程度判定（表 14-4）。

表 14-4　岩溶塌陷活动程度判定表

塌陷活动可能性		岩溶类型	岩溶发育程度	覆盖层厚度/m	覆盖层结构
会形成塌陷	特别容易形成	裸露型岩溶和覆盖型岩溶	特别发育：地表岩溶密度大于 10 个/km²，钻孔岩溶率大于 10%	<10	结构均匀，且土洞特别发育的非均质土
	较容易形成		较发育：地表岩溶密度大于 5～10 个/km²，钻孔岩溶率大于 5%～10%	10～30	结构不均，土洞比较发育的非均质土
	不容易形成		不发育：地表岩溶密度大于 1～5 个/km²，钻孔岩溶率大于 1%～5%	30～80	结构不太均匀，土洞不发育的土
	不会形成塌陷	埋藏型岩溶	极不发育：地表岩溶密度<1 个/km²，钻孔岩溶率小于 1%	>80	厚度较大，结构均一的黏性土

据张梁等，1998。

（四）岩溶塌陷的防治措施

我国对岩溶塌陷的防治工作开始于 20 世纪 60 年代，目前已有一套比较完整和成熟的方法。防治的关键是在掌握矿区和区域塌陷规律的前提下，对塌陷做出科学的评价和预测，即采取早期预测、预防为主，治理为辅、防治相结合的办法。

塌陷前的预防措施主要有：合理安排厂矿企业建设总体布局；河流改道引流，避开塌陷区；修筑特厚防洪堤；控制地下水位下降速度和防止突然涌水，以减少塌陷的发生；建造防渗帷幕，避免或减少预测塌陷区的地下水位下降，防止产生地面塌陷；建立地面塌陷监测网。

塌陷后的治理措施主要有：塌洞回填；河流局部改道与河槽防渗；综合治理。

一般来说，岩溶塌陷的防治措施包括控水措施、工程加固措施和非工程性的防治措施。

三、地面沉降的灾情评估及防治措施

（一）地面沉降的概念及产生原因

地面沉降是指在自然因素或人为因素影响下发生的幅度较大、速率较大的地表高程垂直下降的现象。地面沉降，又称地面下沉或地陷，是指某一区域内由开采地下水或其他地下流体所导致的地表浅部松散沉积物压实或压密从而引起的地面标高下降的现象。

地面沉降主要发生于大型沉积盆地和沿海平原地区的工业发达城市及油气田开采区。其特点是涉及范围广，下沉速率缓慢，往往不易被察觉；在城市内过量开采地下水引起的地面沉降，其波及的面积大；地面沉降具有不可逆特性，就是用人工回灌办法，也难使地面沉降的地面回复到原来的标高。因此，地面沉降对于建筑物、城市建设和农田水利设施危害极大。

经过对地面沉降的长期观测和研究，对其发生的主要原因已取得比较一致的看法。地面沉降的原因颇多，有地质构造、气候等自然因素，也有人为原因。人类工程活动是主要原因之一，人类工程活动既可导致地面沉降，又可加剧地面沉降，其主要表现在以下几方面。

（1）大量抽取液体资源（地下水、石油等）、地下气体（天然气、沼气等）是造成大幅度、急剧地面沉降的最主要原因；

（2）采掘地下团体矿藏（沉积型煤矿、铁矿等）形成的大范围采空区及地下工程（隧道、防空洞、地下铁道等）是导致地面下沉变形的原因之一；

（3）地面上的人为振动作用（大型机械、机动车辆及爆破等引起的地面振动）在一定条件下也可引起土体的压密变形；

（4）重大建筑物、蓄水工程（如水库）对地基施加的静荷载，使地基土体发生压密下沉变形；

（5）在建筑工程中对地基处理不当，即地基勘探不周。

就地层结构而言，透水性差的隔水层（黏土层）与透水性好的含水层（砂质土层、砂层、砂砾层）互层结构易于发生地面沉降，即在含水性较好的砂层、砂砾层内抽排地下水时，隔水层中的孔隙水向含水层流动就会引起地面沉降。根据土的固结理论可知，含水层上覆荷载的总应力 P 应由含水层中水体和土体颗粒共同承受。其中，由水体所承受的孔隙压力 P_w 并不能引起土层压密，称之为中性压力。由土体承受的部分压力直接作用于含水层固体骨架之上，可直接造成土层压密，称之为有效压力 P_s。水压力 P_w 和有效压力 P_s 共同承担上覆荷载，即 $P=P_w+P_s$。从孔隙承压含水层中抽吸地下水，引起含水层中地下水位下降，水压降低，但不会引起外部荷载的变化，这将导致有效应力的增加。

从成因上看，我国地面沉降绝大多数是地下水超量开采所致，地域分布具有明显的地带性（松散岩层区）。

（1）大型河流三角洲及沿海平原区（长江、黄河、海河、辽河下游平原及河口三角洲地区）；

（2）小型河流三角洲区（东南沿海地区）；

（3）山前冲洪积扇及倾斜平原区（北京、保定、邯郸、郑州、安阳等）；

（4）山间盆地和河谷地区（渭河盆地、汾河谷地）。

（二）地面沉降调查与监测

地面沉降勘察有两种情况：一是勘察地区已发生了的地面沉降；二是勘察地区有可能发生的地面沉降。两种情况的勘察内容是有区别的，对于前者，主要是调查地面沉降的原因，预测地面沉降的发展趋势，并提出控制和治理方案；对于后者，主要应预测地面沉降的可能性和估算沉降量。

地面沉降原因的调查内容包括 3 个方面，即场地工程地质条件、场地地下水埋藏条件和地下水变化动态。

国内外地面沉降的实例表明，发生地面沉降地区的共同特点是它们都位于厚度较大的松散堆积物，主要是第四系堆积物之上。沉降的部位几乎无例外地都在较细的砂土和黏性土互层之上。当含水层上的黏性土厚度较大，性质松软时，更易造成较大沉降。

从岩土工程角度研究地面沉降，应着重研究地表下一定深度内压缩层的变形机理及其过程。国内外已有研究成果表明，地面沉降机制与产生沉降的土层的地质成因、固结历史、固结状态、孔隙水的赋存形式及其释水机理等有密切关系。

抽吸地下水引起水位或水压下降，使上覆土层有效自重压力增加，所产生的附加荷载使土层固结，是产生地面沉降的主要原因。因此，对场地地下水埋藏条件和历年来地下水变化动态进行调查分析，对于研究地面沉降来说是至关重要的。

地面沉降现状调查内容主要包括下列 3 个方面：地面沉降量的观测；地下水的观测；对地面沉降范围内已有建筑物的调查。

对已发生地面沉降的地区，控制地面沉降的基本措施是进行地下水资源管理，我国上海地区首先进行了各种措施的试验研究，先后采取了压缩用水量、人工补给地下水和调整地下水开采层次等综合措施。

可能发生地面沉降的地区，一般是指具有产生地面沉降的地质环境模式，如冲积平原、三角洲平原、断陷盆地等；具有产生地面沉降的地质结构，即第四系松散堆积层厚度很大；据已有地面测量和建筑物观测资料，随着地下水的进一步开采，有发生地面沉降的趋势的地区则为可能发生地面沉降的地区。

对可能发生地面沉降的地区，主要是预测地面沉降的发展趋势，即预测地面沉降量和沉降过程。国内外有不少资料对地面沉降提供了多种计算方法，归纳起来大致有理论计算方法、半理论半经验方法和经验方法三种。由于地面沉降区地质条件和各种边界条件的复杂性，采用半理论半经验方法或经验方法，经实践证明是较简单实用的计算方法。

（三）地面沉降的灾情评估

1. 地面沉降等级划分

地面沉降调查应查明：沉降的位置、范围及面积；沉降量；沉降区的环境水文地质条件；沉降原因及发展趋势。依据地面沉降面积、累计沉降量进行等级划分（表 14-5）。

表 14-5　地面沉降灾变等级划分表

指标	特大型	大型	中型	小型
沉降面积/km²	>500	500～100	100～10	<10
累计沉降量/m	>2.0	2～1	1.0～0.5	<0.5

引自张梁等，1998。

2. 地面沉降的灾情评估

地面沉降的危害是多方面的，包括：①损失地面标高，造成雨季地表积水，防洪能力下降；②沿海城市低地面积扩大，海堤高度下降，海水倒灌；③海港建筑物破坏，装卸能力降低；④地面运输线、地下管线扭曲断裂；⑤城市建筑物基础下沉脱空开裂；⑥桥梁净空减小，影响通航；⑦深井井管上升，井台破坏，供水排水系统失效；⑧农田低洼地区洪涝积水，农作物减产。

地面沉降的预测评价可采用统计模型、土水模型、生命旋回模型等。

统计模型：大量开采地下水引起地下水位持续下降，进而引起隔水层失水固结是地面沉降的根本原因，通过统计方法建立开采量 Q（或含水层水位 h）与地面沉降量 s（mm）之间的统计关系。该方法简单明了，但其弱点为带有人为性，难于了解沉降机制。

土水模型：包括水位预测模型、土力学模型两部分，可利用相关法、解析法和数值法等进行地下水位预测分析。土力学模型包括含水层弹性计算模型、黏性土层最终沉降量模型、太沙基固结模型、流变固结模型、比奥（Biot）固结理论模型、弹塑性固结模型、回归计算模型及半理论半经验模型（如单位变形量法等）和最优化计算方法等。

生命旋回模型：该模型直接由沉降量与时间的相关关系构成，如泊松旋回模型、Verhulst 生物模型和灰色预测模型等（刘毅等，1998）。

地面沉降预测中有代表性的成果有美国 D.C.HolmA Leak 的 COMPAC 软件，包括沉降预测模型、水位模型、优化调节模型、反馈计算模型。

（四）地面沉降的防治措施

大量实践表明，限制地下水开采或向含水层人工注水，可以控制或减缓地面沉降，表明地表沉降具有可控制性。地面沉降的控制与防治措施有：

（1）加强宣传，增强防灾意识。不断提高全民的防灾减灾意识，依法严格管理地下水资源，要合理开发利用地下水资源。

（2）限制或减少地下水开采量。可以地表水代替地下水资源；实行一水多用，充分综合利用地下水。

（3）采用地表水人工补给地下水。上海自 1966 年采用了"冬灌夏用"为辅，大量人工补给地下水后，水位大幅度回升，常年沉降转为"冬升夏沉"。

（4）调整地下水开采层次。地面沉降的主要原因是地下水的集中开采（开采时间集中、地区集中、层次集中），因此适当调整地下水的开采层和合理支配开采时间，可以有效地控制地面沉降。

第十五章 工程水文地质

第一节 水利水电工程水文地质

一、水库区水文地质

（一）勘察内容及方法

水库区勘察的目的与任务是查明水库区水文地质条件，为工程设计提供依据；分析评价水库渗漏、浸没等有关的水文地质问题。

1. 水库渗漏、浸没勘察的基本内容

（1）地形地貌条件调查：重点是单薄地形分水岭、河间地块、古河道等及临近库岸的农（林）作物区、建筑物区。

（2）地层岩性特征调查：隔水层、透（含）水层的空间分布及渗透性；地质构造发育特征、渗透性及其与水库的关系。

（3）水文地质条件调查：地下水的类型及其补给、径流、排泄条件，地下水位及其动态变化，地下分水岭位置及高程；可能产生严重渗漏地段的位置及其渗漏条件。

（4）水库渗漏调查，进行水库渗漏量估算，对水库渗漏问题进行评价。

（5）水库浸没调查：调查、实验和分析土的毛管水最大上升高度、给水度、渗透系数，产生浸没的地下水临界深度和植物根系深度，对黄土类土还应注意研究其湿陷性；对城镇居民区和大型建筑物应了解其基础砌置深度及地下水壅高对地基土承载力的影响，预测浸没对该地段房屋等建筑物的影响及环境地质变化情况；水库蓄水后库尾淤高情况及引起的水文地质条件改变情况；对水库蓄水后引起的地下水位壅高值进行分析计算；对水库周边可能发生的浸没地段、范围及类型进行预测和评价。

2. 水库渗漏、浸没勘察方法

水库渗漏、浸没勘察方法应包括水文地质测绘、物探、勘探、试验、地下水动态长期观测等。水文地质勘探方法可采用钻探、坑、槽、井探等探测技术。勘探方法要与勘察区地形地质条件相适应，以查明地下水类型、地下水位、水文地质单元的边界条件和参数为原则；勘探线的布置应垂直于地下分水岭或平行于地下水流向，勘探剖面应实测，勘探点布置应同时考虑地下水动态观测的成网需求；渗漏地段勘探剖面的间距一般为 2～5km，水文地质条件复杂地段为 0.2～1km。每条勘探剖面应布置不少于 3 个坑孔，钻孔深度一般应钻至可靠的相对隔水层或地下水枯水位或当地最低侵蚀基准面以下不少于 5m;浸没地段勘探剖面间距农田地区宜为 500～2000m 城镇地区宜为 200～500m。剖面上坑孔间距宜为 300～500m，岩相变化大、地下水坡降陡时，孔距可为 50～200m。试坑应挖到地下水位，钻孔深度应进入相对隔水层。浸没区所在的地貌单元不应少于两个控制钻孔，第一个控制孔应布置在靠近正常蓄水位的边线附近；勘探剖面之间可采用物探技术了解地下水位、相对隔水层或基岩埋深的变化情况。

（二）水库渗漏计算

水库不存在向邻谷渗漏问题具备的条件包括：非悬托式河流的邻谷河水位高于水库正常蓄水位；水库周边有连续、稳定、可靠的相对隔水层分布，构造封闭条件良好，且分布高程高于水库正常蓄水位；水库与邻谷之间存在地下水分水岭且高于水库正常蓄水位；或地下水分水岭虽低于正常蓄水位，但河间分水岭宽厚，经估算水库壅水后的地下水分水岭高于水库正常蓄水位。

当水库正常蓄水高于邻谷河水位，河间地块无地下水分水岭或地下水分水岭低于正常蓄水位，且正常蓄水位以下有通向库外的中等以上透水层；或当河水补给地下水，河流上下游流量出现反常情况，有明显的河水漏失现象时，可判定为存在水库渗漏问题。

水库渗漏量估算可采用解析法和数值模拟法，解析法的估算公式可参考有关规范和水文地质手册进行选择；数值模拟法应采用经鉴定的计算程序或软件。

可根据含水层类型选择相应的计算公式进行渗漏量的计算，一般可采用均质松散的渗漏计算公式。渗透系数的取得主要依靠现场钻孔（井）抽水试验、压水试验、注水试验及动态观测分析。由于测试手段和对比计算方法的不同，结果往往相差较大，应对参数进行分析选取。

具体进行水库渗漏问题的评价时，应根据水文地质勘察资料作出水库是否存在渗漏的定性评价结论；应根据库区渗漏量估算结果，作出库区渗漏严重程度的定量评价结论。当渗漏量小于河流多年平均流量的 3%时，为轻微渗漏；渗漏量在 3%～10%时，为中等渗漏；渗漏量大于 10%时，为严重渗漏。

（三）水库浸没评价

水库浸没评价应依据当地浸没临界值与潜水回水位埋深之间的关系确定。当预测的潜水回水位埋深值小于浸没的临界地下水位埋深时，该地区即应判定为浸没区。

水库易浸没地区包括：平原型水库的坝下游、顺河坝或围堤的外（背水）侧，特别是地面高程低于河床的库岸地段；山区水库宽谷地带库水位附近的松散堆积层，且有建筑物和农作物的分布区域；地下水位埋藏较浅，地表水或地下水排泄不畅；封闭、半封闭洼地或沼泽的边缘地带。

地下水壅高计算可采用解析法和数值模拟法。浸没区地层上部为透水性微弱的黏性土层，下部为透水性良好的砂砾石层时，宜结合水动力学原理进行计算。

计算中参数的选取非常重要，含水层厚度大，相对隔水层埋藏很深时，可按地下水壅高值的影响程度取有效厚度；壅水前的天然地下水位宜取枯水期或平水期水位作为原始水位；最终浸没范围预测时，地下水稳定壅水计算的起始水位应取正常蓄水位，水库库尾地区还必须考虑水位超高值；渗透系数的选取应符合有关规范的规定；数值模拟法所需的有关参数宜根据试验和地下水动态观测成果综合选取。

　　库岸区（阶地区）地下水与河库水之间通常有密切的水力联系。河库水位的变化，将会影响地下水位的变化。地下水位壅高计算是水利工程中库区浸没的重要工作之一，常用的解析法主要有以下几种。

1. 无入渗时均质岩层中的水位壅高

（1）隔水底板水平，河岸陡直，计算公式如下

$$h = \sqrt{h_2^2 - h_1^2 + H^2} \tag{15-1}$$

（2）隔水底板水平，河谷平缓开阔，计算公式如下

$$h = \sqrt{\frac{L'}{L}(h_2^2 - h_1^2) + H^2} \tag{15-2}$$

（3）隔水底板倾斜，按巴甫洛夫公式计算，如下
正坡（倾向河床）时，

$$h = \sqrt{\frac{z^2}{4} + H^2 + h_2^2 - h_1^2 + z(h_2 + h_1 - H)} - \frac{z}{2} \tag{15-3}$$

反坡时，

$$h = \sqrt{\frac{z^2}{4} + H^2 + h_2^2 - h_1^2 - z(h_2 + h_1 - H)} + \frac{z}{2} \tag{15-4}$$

式中，L、L' 为计算断面距初始水边（h_1）、壅高后水边（H）的水平距离（m）；h_1、H 为自隔水底板算起的河库初始水位、壅高后水位（m）；h_2、h 为自隔水底板算起的计算断面初始地下水位、壅高后地下水位（m）；z 为河库底部隔水底板与计算断面处的底板之差（m）。

2. 无入渗时非均质岩层中的水位壅高

（1）双层结构水平岩层，下部为 K_1 含水层，上部为 K_2 含水层，采用卡明斯基公式

$$2K_1 M(h_2 - h_1) + K_2(h_2^2 - h_1^2) = 2K_1 M(h - H) + K_2(h^2 - H^2) \tag{15-5}$$

式中，h_1、H 为河库初始水位、壅高后水位（自 K_1 顶板算起）（m）；h、h_2 为距河库水边为 L 处初始壅高前、壅高后地下水位（自 K_1 顶板算起）（m）；K_1、K_2 为下部含水层、上部含水层渗透系数（m/d）；M 为下部含水层厚度（m）。

　　（2）隔水底板水平，构造复杂的非均质岩层

$$(K_1 h_1 + K_2 h_2)(h_2 - h_1) = (K_1' H + K_2' h)(h - H) \tag{15-6}$$

式中，h_1、H 为河库初始水位、壅高后水位（m）；h、h_2 为距河库水边为 L 处初始壅高前、

壅高后地下水位（m）；K_1、K'_1为壅高前、壅高后江河底部岩层的平均渗透系数（m/d）；K_2、K'_2为壅高前、壅高后计算断面岩层的平均渗透系数（m/d）。

（3）非均质岩层，隔水底板倾斜时，按斯卡巴拉诺维奇公式计算

正坡（倾向河床）时，

$$h = \sqrt{\left(H - \frac{z}{2}\right)^2 + \frac{K}{K'}l'I(h_1 + h_2)} - \frac{z}{2} \tag{15-7}$$

反坡时，

$$h = \sqrt{\left(H - \frac{z}{2}\right)^2 + \frac{K}{K'}l'I(h_1 + h_2)} + \frac{z}{2} \tag{15-8}$$

式中，h_1、H为河库初始水位、壅高后水位，自隔水底板算起（m）；h_2、h为计算断面初始地下水位、壅高后地下水位，自隔水底板算起（m）；z为河库底部隔水底板与计算断面处的底板之差（m）；K、K'为壅高前、壅高后河库底部与计算断面间岩层的平均渗透系数，采用加权平均渗透系数（m/d）；l'为计算断面到水边的距离（m）；I为壅高前计算断面与起始断面间的水力坡度。

浸没的临界地下水位埋深，应根据地区具体水文地质条件、农业科研单位的田间实验观测资料和当地生产实践经验确定，也可按下式计算求得

$$H_{cr} = H_k + \Delta H \tag{15-9}$$

式中，H_{cr}为浸没的临界地下水位埋深(m)；H_k为地下水位以上土壤毛管水上升带的高度(m)；ΔH为安全超高值，农业区该值即根系层的厚度；城镇和居民区，该值取决于建筑物荷载基础型式和砌置深度（m）。

根据水位壅高后的水位埋深和临界地下水位埋深的对比，即可判定水库是否会发生浸没问题。

二、坝（闸）址区水文地质

（一）勘察目的与内容

勘察目的与任务是：查明坝（闸）址区水文地质条件，划分坝（闸）址区岩土体渗透结构类型，进行岩土体渗透性分区；分析评价坝（闸）址区可能存在的坝基及绕坝渗漏、渗透变形、坝基基坑涌水等主要水文地质问题，为水工建筑物和防渗、排水工程设计提供有关水文地质资料及建议。

勘察内容主要包括：各透（含）水层和相对隔水层的岩性、厚度、渗透性及其空间分布规律，古河道的分布规律及其渗透性；褶皱、断层、软弱夹层、裂隙和岩体风化卸荷带的分布规律及其渗透性，尤其是集中渗漏带的分布特征及其与地表水的连通条件；地下水补给、径流、排泄关系，各含水层地下水位及其动态变化规律，地表水和地下水的水力联系；地表

水和地下水的化学特性，环境水对混凝土的腐蚀性评价；水文地质边界条件，岩土体渗透结构类型，岩土体渗透性分区；重大工程坝基、坝肩岩体的各向异性渗透特征及其在高水头下的渗透性；对坝基及绕坝渗漏、渗透变形、坝基基坑涌水等水文地质问题进行分析评价，提出相应的工程处理建议；进行坝（闸）址区水文地质观测、施工期水文地质巡视及分析预报，提出对有关问题的处理建议。

（二）主要勘察方法

勘察方法主要包括水文地质测绘、水文地质物探、水文地质钻探、水文地质试验、水文地质观测与巡视等。水文地质钻探应结合坝（闸）址区工程地质钻探进行，勘探剖面线应根据坝（闸）址区具体水文地质条件并结合渗控工程设计方案布置；专门性勘探钻孔的数量、间距及深度可根据具体需要确定；钻探过程中应注意观测和记录冲洗液消耗量、含水层初见及稳定水位、承压含水层自流钻孔涌水量及稳定水位、水温等内容和钻进中出现的掉钻、孔壁坍塌、缩径、涌砂等现象。

水文地质试验应按下述要求进行：对坝基第四系覆盖层中的主要含水层宜进行抽水试验，各主要含水层的抽水试验不应少于 3 组，其中对水文地质条件复杂的工程区各主要含水层宜布置至少 1 组多孔抽水试验。当含水层透水性较小不适于进行抽水试验时，也可进行钻孔注水试验；坝基、坝肩及防渗帷幕线上的基岩钻孔应进行压水试验或注水试验，其他部位的钻孔可根据需要确定；坝高大于 200m 时，宜进行高压压水试验；当需要评价岩体各向异性渗透性时，宜进行定向压水试验；对强透水的大断层破碎带、裂隙密集带等集中渗漏带应视具体情况进行抽水试验或压水、注水试验，必要时也可进行连通试验。

（三）水文地质问题分析

1. 坝基及绕坝渗漏问题

应根据地形地貌条件、库水与河谷两岸地下水的补排关系、坝基与坝肩岩土层渗透性及其分布组合特征、地质构造发育及分布特征等，对坝基及绕坝渗漏问题进行综合判定。

符合下列情况之一的坝（闸）址区，可判为存在较严重的坝基或绕坝渗漏问题：坝基或坝肩分布有强透水岩土层，且透水层未被相对隔水层阻隔；坝基或坝肩分布有沟通上下游的断层破碎带、裂隙密集带、层间剪切破碎带、风化卸荷带、古河道等集中渗漏通道；坝肩山体单薄，无地下水分水岭或地下水分水岭低于水库正常蓄水位，且无封闭条件良好的相对隔水层存在。

坝基及绕坝渗漏量的估算应符合以下原则：应在分析坝基及坝肩水文地质条件的基础上，正确判定渗漏形式，划分岩土体渗透结构类型，确定各水文地质分区、分段渗透参数及计算边界条件；坝基及绕坝渗漏量的估算可视具体条件，采用地下水动力学法或数值模拟法进行。

2. 坝基基坑涌水问题

坝基基坑涌水问题评价应在综合分析基坑水文地质条件及其补给条件的基础上进行，主要内容包括：各含水层及相对隔水层性质、厚度、分布特征，地下水位及其动态变化，含水层渗透性及其补给条件等；基坑规模、位置、底部高程、设计水位降深、挡水建筑物抗渗特点、拟采用的防渗措施等；基坑上下游水位及其动态变化，坝基基坑涌水量估算可视具体条件采用地下水动力学法或数值模型法进行。

3. 坝基土渗透变形问题

坝基土渗透变形问题评价应在查明坝基透（含）水层和相对隔水层的岩性、颗粒组成、厚度变化和空间分布，断层、破碎带的分布、规模、产状、性状及岩土渗透性等情况的基础上进行。

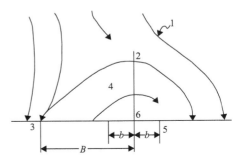

图 15-1　绕坝渗漏示意图
1.天然水流线；2.坝轴线；3.水库；4.绕渗带；5.下游；6.坝

（四）坝址渗漏量计算

坝址渗漏，按其发生部位可分为坝基渗漏和绕坝渗漏。绕坝渗漏也称坝肩渗漏，指绕道两岸坝肩岩体向下游的渗漏（图 15-1）。

1. 坝肩渗漏量计算

坝肩渗漏可以采用如下公式计算。
潜水，均一渗漏，水平隔水层

$$Q = 0.366KH(H_t + h_t)\lg\frac{B}{r_0} \tag{15-10}$$

承压水，均一渗漏，水平隔水层

$$Q = 0.732KHM\lg\frac{B}{r_0} \tag{15-11}$$

$$Q_i = b_iKM\frac{H}{l_i} \tag{15-12}$$

承压水近似，渗漏段长度不详

$$Q = 2KHM \tag{15-13}$$

式中，Q 为渗漏量（m³/d）；K 为含水层的渗透系数（m/d）；M 为承压含水层的厚度（m）；H 为潜水含水层的水位（m）；B 为绕渗带的长度（m）；r_0 为坝肩绕渗半径（m）；H_t、h_t 为上游、下游的水位（m）；b_i 为渗漏段宽度（m）；l_i 为渗透路径长度（m）。

2. 坝基渗漏量计算

坝基渗漏指通过坝基岩土体向下游的渗漏（图 15-2）。坝基渗漏对工程可能产生的不利

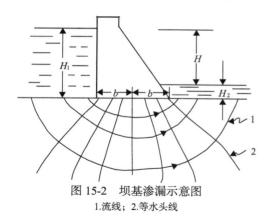

图 15-2　坝基渗漏示意图
1.流线；2.等水头线

影响主要有：因渗漏造成水库的水量损失；因渗透水流的潜蚀作用而影响坝基、岸坡岩体或覆盖层的稳定；因渗透压力而影响坝体或坝后建筑物的稳定。

坝基中存在渗漏通道是产生渗漏的首要条件。一般来说，经过开挖处理，除大断层破碎带外，坝基、坝肩的裂隙渗漏量过大，能影响工程状况使坝基岩体性质恶化、失稳。

坝基渗漏量可采用如下公式进行计算。

单一含水层，水平厚度不大

$$q = KM \frac{H}{2b + M_1} \tag{15-14}$$

双层含水层，$K_1/K_2 < \dfrac{1}{10}$，$M_1 < M_2$

$$q = \frac{H}{\dfrac{2b}{K_2 M_2} + 2\sqrt{\dfrac{M_1}{K_1 K_2 M_2}}} \tag{15-15}$$

多层含水层，各层 K 值相差小于 10 倍

$$q = K_{cp} M_1 \frac{H}{2b + M_1}$$

$$K_{cp} = \sqrt{K_1 K_v}, \quad 2b' = \frac{2b}{\sqrt{\dfrac{K_1}{K_v}}} \tag{15-16}$$

裂隙较大，地下水呈紊流时

$$q = KM \sqrt{\frac{H}{2b + M}} \tag{15-17}$$

式中，q 为单宽渗漏量[m³/（d·m）]；K 为含水层的渗透系数（m/d）；K_{cp}、K_v 为含水层平均、垂直渗透系数（m/d）；M 为含水层的厚度（m）；b 为坝基宽度之半（m）；H_1、H_2 为大坝上、下游水头（水深）（m）；H 为大坝上、下游水头差，$H = H_1 - H_2$（m）。

水库渗漏量一般不宜超过上游来水量的 5%。

三、堤防工程水文地质

（一）勘察目的与内容

勘察目的与任务是查明工程场区的水文地质条件，为堤防工程设计提供水文地质资料；

对可能产生的水文地质问题做出评价，提出预防及处理的地质建议。

勘察内容包括：堤基地质结构，地层岩性，岩土体透水性，基岩区断层破碎带、裂隙密集带的发育特征，堤基相对隔水层和透水层的埋深、厚度、特性及其与地表水的水力联系；堤线附近埋藏的古河道、古冲沟、渊、潭、塘等的分布与性状特征，堤基土洞、岩溶洞穴的分布、规模及充填情况，分析其对堤基渗漏、稳定的影响；已建堤防自建成以来所产生的渗漏、渗透稳定等情况；地下水补给、径流、排泄条件，各含水层地下水位及其动态变化规律，井、泉分布及水位、流量变化规律，地下水、地表水化学特性及其对混凝土的腐蚀性；对堤基渗漏、渗透稳定等问题进行分析评价，提出工程处理建议。对采用垂直防渗的堤段应预测其对环境水文地质条件的影响。

（二）勘察方法

水文地质测绘应符合下列规定：水文地质测绘的比例尺应符合规范的有关规定；水文地质测绘范围应以能满足水文地质评价为原则，一般情况下以堤内 500～1000m、堤外 500m 为宜。对水文地质条件复杂且可能影响水文地质评价的地段及控导、护岸等距堤防一定距离的工程地段，应适当扩大测绘范围。

水文地质物探应根据工程区水文地质条件和探测的目的选择合适的方法进行，并应符合规范的规定。

水文地质勘探应结合堤防区工程地质勘探进行，每一水文地质单元均应有勘探剖面控制；水文地质勘探方法应与测试内容、试验项目相适应；所有勘探点均应量测初见水位、终孔稳定水位。必要时，进行分层止水后观测稳定水位。

水文地质试验应根据具体的水文地质条件确定采用室内试验及抽水试验、注水试验、压水试验等适宜的原位试验方法；主要透水层室内渗透性试验组数不宜少于 6 组，原位试验组数不宜少于 3 组；必要时可提出建立地下水长期观测系统的建议。

（三）水文地质问题评价

堤基土渗透变形问题评价应包括堤基土渗透变形类型，提出渗透变形允许水力比降。堤基渗漏问题评价应在分析堤基水文地质条件的基础上，正确判定渗漏型式、层位、范围，合理确定计算边界条件；堤基渗漏量的估算可视具体条件采用地下水动力学法或数值模拟法进行。

四、灌区工程水文地质

（一）勘察目的与内容

勘察目的与任务：查明灌区水文地质条件；对灌区地下水资源进行计算与评价；查明灌区土壤盐渍化、沼泽化现状，分析农业开发对地下水环境所产生的影响，提出防治土壤盐渍化、次生沼泽化的建议。

勘察内容：水文、气象、农田水利及水资源利用状况；区域水文地质条件及地下水资源量；

灌区地形、地貌、地层岩性、地质构造和水文地质条件；主要含水层补给量、储存量和可开采量；根据灌区的发展与规划情况，分析预测潜水位变化趋势；土壤盐渍化的类型、程度及其分布特征；地下水与土壤的水盐动态平衡；分析确定土壤盐渍化的潜水临界深度和地下排水模数；提出地下水开发方式，以及防治土壤盐渍化、次生沼泽化等土壤改良措施的建议。

（二）勘察方法

灌区水文地质勘察应根据水文地质条件复杂程度分类进行。灌区水文地质条件复杂程度可划分以下三类。

简单：地下水含水层（组）层次少，分布稳定，地下水补给、径流、排泄条件简单，含水层条件清楚，潜水埋藏较深，水化学类型单一，水质较好，土壤无盐渍化。

中等：地下水含水层（组）层次较少，分布较稳定，地下水补给、径流、排泄条件较简单，含水层边界条件较清楚，潜水埋藏较浅，水化学类型较复杂，部分地区有土壤盐渍化现象。

复杂：含水层属多层结构，分布不稳定，地下水补给、径流、排泄条件与边界条件复杂，潜水埋藏浅，水化学类型复杂，土壤盐渍化现象普遍。

收集灌区水文、气象、水文地质、水利工程现状、土地开发利用现状及水资源开发利用现状资料。

水文地质测绘范围应根据灌区面积和所处水文地质单元确定，水文地质测绘可与水文地质遥感解译结合进行，主要包括下列内容：地貌的形态、成因类型和新构造运动特征；地层的成因类型、产状、厚度及分布范围，不同地层的透水性、富水性及其变化规律；地质构造类型、规模、等级和不同构造部位的富水性；区内地表水系水体的特征，天然排泄与蓄水条件，地表水与地下水的补排关系；水井的类型、结构、水量、水位、水质、开采量及其动态变化；泉水的水质、水量、出露条件、成因类型、补给来源和动态变化；盐渍土的类型、程度、成因发展过程与分布规律及其与自然和人为因素的关系；包气带地层的水理性质、渗透性、毛管水上升高度、给水度、土壤盐渍化的潜水临界深度；了解地下水水化学成分的变化规律，了解地下水污染的来源和危害程度，划分地下水的水化学类型。

水文地质物探方法的选择应根据水文地质条件、探测目的、物性特征等，按有关规范的规定执行。物探工作点线应沿地质、水文地质条件变化最大的方向布置，并宜与水文地质勘探线一致。对于复杂问题和重点水文地质勘察地段，宜采用综合物探方法。

水文地质勘探方法应符合下列规定：每个地貌单元应有坑、孔控制，勘探点、线、网相结合，并应结合地下水和土壤水水盐动态均衡长期观测的需要；地下水资源勘察的钻孔以深孔为主，其布置宜在水文地质测绘和物探工作的基础上进行，孔深应能够确定主要含水层的埋深、厚度，并考虑深层承压水的越流补给条件；土壤改良勘察以浅孔为主，孔深应达到潜水位以下 5～10m。

水文地质试验中的抽水试验：包括民井简易抽水试验和勘探孔抽水试验。民井简易抽水试验以稳定流抽水试验为主；勘探孔抽水试验以带观测孔的抽水试验为主。必要时，还可进行干扰抽水试验或开采性抽水试验。

试坑注水试验应在不同地貌与水文地质单元中，选择代表性岩性地段或综合岩性段进行，测定包气带地层在天然状态下的垂直渗透系数，注水试验注水稳定后，应延续 2～4h 方可结束试验。

对地表水和地下水进行水质简分析和专项分析，试验应符合《地下水质量标准》（GB/T14848—93）、《农田灌溉水质标准》（GB5084—2005）、《地表水环境质量标准》（GB3838—2002）和《生活饮用水卫生标准》（GB5749—2006）的有关规定。

土样试验包括颗分、密度、天然含水量、毛管水上升高度试验、土壤化学成分简分析和易溶盐含量试验。土壤易溶盐含量试验应垂直分层取样，取样深度宜分别为：0~0.3m、0.3~0.5m、0.5~1.0m、1.0~1.5m、1.5~2.0m、2.0m 至地下水位。

根据需要还可进行咸水利用改造试验、盐渍化土壤改良试验等专门性试验。

对地下水和土壤的水盐动态进行观测，动态观测应符合下列规定：观测点应包括勘探坑、孔、井、泉等地下水露头和地表水体；观测线应结合潜水面的形态和主要水文地质问题布置，应与地下水流向一致；观测网应在观测点、线的基础上，根据地形、地貌、水文地质条件和土壤盐渍化特征，结合灌区现状和发展规划布置；地下水和土壤水盐动态观测项目应包括水位、水温、水量、水化学成分、土壤含盐量；观测频次可为 2~3 次/月，观测时间不宜少于一个水文年。

（三）土壤盐渍化评价

土壤盐渍化评价应符合《水利水电工程地质勘察规范》（GB50287—99）的有关规定。盐渍化类型划分可以根据土壤阴离子毫摩尔比值划分，也可以根据土壤含盐量划分，还可对干旱荒漠地区耐盐性较强作物生长区土壤盐渍化程度进行分级。

五、渠道工程水文地质

（一）勘察目的与内容

勘察目的与任务：查明渠道沿线的水文地质条件；分析和评价渠道渗漏、浸没等水文地质问题，提出预防及处理建议。

主要勘察内容：渠道沿线地形、地貌，地层岩性，岩土体的渗透性，可溶岩地区喀斯特赋水特征；傍山渠道沿线岩土体、构造赋水特征及对边坡稳定的不利影响；渠道沿线地下水类型、地下水位及其动态变化、地下水与地表水水力联系，环境水对混凝土腐蚀性；对渠道渗漏、渗漏引起的浸没及盐渍化、渠道开挖涌水等问题进行分析评价，预测渠道运行期间两侧水文地质条件的变化及其对工程和环境的影响。

（二）勘察方法

渠道水文地质测绘的范围以渠道为中心线向两侧延展，测绘范围包括渠道两侧宽度各200~500m；对可能渗漏、浸没的地段，可适当扩大测绘范围。

水文地质物探方法选择应按相应规范的规定进行。

水文地质勘探应结合工程地质勘察在可能出现渗漏、浸没、涌水的渠道段布置纵横勘探剖面，且靠近渠道边缘应有钻孔控制；钻孔深度应达到渠底以下 5～10m 或地下水位以下 5～10m，控制性钻孔深度宜达到相对隔水层；钻探中应观测初见水位和静止水位。

渠道水文地质试验宜采用现场试验与室内试验相结合的方式进行。室内试验内容应主要包括岩土的渗透系数、饱和度、土的毛管水上升高度、土壤含盐量和水化学成分等。主要岩土层试验组数累计应不少于 5 组。对与渠道相关的主要含水层宜进行抽水试验。对位于地下水水位以上的透水层或透水性较小的含水层，可视具体情况进行钻孔注水试验或渗水试验，必要时可布置地下水长期观测工作。

（三）主要水文地质问题评价

如果渠基为相对不透水岩土层，或周围地下水位高于渠道设计水位，可判定为渠道不存在渗漏问题。如果渠基为透水层，或渠道设计水位高于地下水位，可判定渠道存在渗漏问题。渠道渗漏量计算可采用类比法和计算法。

渠道两侧地下水位壅高计算及渠道浸没问题评价，可参考水库区的计算及评价方法。

渠道开挖涌水问题评价应在综合分析渠道水文地质条件及其地下水补给条件的基础上进行，主要内容包括：各含水层性质、厚度、分布特征，地下水位及其动态变化，含水层渗透性及其补给条件等；渠道规模、渠底板高程、渠道开挖方式等；渠道开挖涌水量估算可视具体条件采用地下水动力学法或数值模型法进行。

第二节　农业排灌工程水文地质

一、农业水文地质调查

（一）农田供水水文地质调查基本任务

基本任务是在查明调查区主要含水层水文地质条件与评价地下水资源的基础上，提出合理开采地下水的意见，作为制订地下水资源开采利用规划与设计的依据。

农业水文地质勘察，一般划分为普查、详查、勘探、开采试验等阶段。

（二）主要调查内容

1. 资料收集

气象：气温、多年降水量、水面蒸发量等。

水文：区内主要河流、湖泊等水系形态，多年平均径流量等。

地质-地貌：区域地质资料、相应比例尺的地质——地貌图、地质构造图等。

水文地质：已有的钻孔与机井资料，抽水试验资料等。

农业：耕地面积、作物种类及产量、土壤特征等。

农田水利建设：水利设施类型、数量、输水（排水）能力；水井类型、数量、提水设备、开采量；灌溉量、灌溉比例、灌溉定额及灌溉方式等。

2. 遥感解译

在开展水文地质调查之前，应先进行遥感水文地质解译。解译内容主要包括：地貌、地层岩性、水点、地表水体、土壤、植被、地面蒸发量、地质构造、水文地质特征等。遥感图像室内水文地质解译成果的野外验证工作，可与水文地质调查同时进行。

3. 地质-水文地质调查

（1）水文地质调查。针对农业现状的调查，包括土地类型、可耕地数量、种植结构、产量、需水量等。针对农田水利建设现状的调查，包括水利工程类型、规模、蓄水与排水能力、实际引水量、灌溉面积、灌溉能力；水井类型、数量、提水设备及采水量、灌溉面积、灌溉定额及节水灌溉方法等。

（2）地质-地貌调查。选择典型剖面进行实测，建立工作区地层——岩性剖面；以地层层序为基础，以岩性综合体为单元，填制地质图；验证和追索构造，确定其性质；在第四系广泛分布的地区，应查明不同成因类型堆积物的分布特征及其接触关系。调查不同地貌成因类型与形态类型分布特征：在山麓边缘地区应着重查明山口地貌特征；在山前平原地区应注意查明冲洪积扇分期与分布特征；在冲积平原地区应查明扇前洼地、湖泊及古（故）河道分布情况；在滨海平原地区应重点了解海岸地貌和海岸带变迁特征。

（3）水点调查。水点调查是水文地质调查的重点。掌握调查区内不同类型与深度地下水集水建筑物（如管井、水井、坎儿井等）的地层岩性剖面、井结构、水位、提水设备、水量、水质、用途等方面的情况；观测泉水的出露条件、岩层产状、流量、水温、水质，了解泉的动态变化与用途，研究泉的成因类型；查明河流、湖泊、洼地、池塘、水库等地表水体的分布特征及其与地下水的补给、排泄关系。枯水期与丰水期进行统一的水位测量。

（4）野外水文地质试验。可进行简易抽水试验、渗水试验和水文地质参数试验。利用抽水试验法，特别是带观测孔的单孔稳定流抽水试验和非稳定流抽水试验，求取含水层渗透系数、导水系数、潜水水位变动带给水度、承压水储水（释水）系数、越流系数等。选择代表性地段进行灌溉水回渗试验，求取灌水入渗系数。选择典型地段进行降水入渗试验，求取年降水入渗系数及次降水入渗系数。通过对降水前后、抽水前后、灌水前后包气带土层含水率的测定，求取地下水位变动带的给水度。观测地下水位变幅，根据水位变幅和引起水位变化的主导因素，推求含水层给水度、降水入渗系数或降水对地下水的补给量、潜水蒸发系数或潜水蒸发量、河渠单侧单宽补给量或排泄量。

在重要的农业区，可选择典型地段开展"四水"（大气降水、地表水、地下水、土壤水）转化试验，求取有作物与无作物条件下的转化量，为综合利用水资源提供依据。

（三）土壤改良水文地质调查

1. 沼泽地类型及盐碱土的判别

1）沼泽地类型

沼泽地按植物类型可划分为：木本沼泽、草本沼泽和苔藓沼泽（高位沼泽）。我国的沼泽主要分布在东北三江平原和青藏高原等地。

沼泽地按土壤类型可分为：泥炭沼泽和潜育沼泽两大类。沼泽地按土壤中水的来源可以分为：低位沼泽，由地表水或地下水补给，含有矿物质，又称富营养沼泽；高位沼泽，由雨水补给而营养贫乏，又称寡营养沼泽；中位沼泽，由雨水与地表水混合补给，又称中营养沼泽。

2）盐土的判别

由于不同区域土壤含盐量差别很大，因此在盐成土的判别上，按照区域特点的不同，对干旱地区和非干旱地区的盐土规定了不同的含盐要求。具体要求如下。

盐积层为在冷水中溶解度大于石膏的易溶性盐类富集的土层。需要具备两个条件：其一是厚度至少为15cm。其二是含盐量，在干旱土或干旱地区大于20g/kg，或1∶1土水比浸提液的电导率（EC）≥30dS／m；其他地区盐土中大于10 g/kg，或1∶1土水比浸提液的电导率（EC）≥15dS／m；含盐量（g/kg）与厚度（cm）乘积≥600，或电导率（dS／m）与厚度（cm）的乘积≥900。

3）碱土的判别

碱土是一类特殊的盐土，其本质特征是土壤吸附的钠离子比例超过一定的阈值。碱化过程可以发生在土壤的积盐过程，也可以发生在土壤脱盐过程，或土壤的积盐和脱盐反复过程中。

表示交换性钠比例的钠吸附比（SAR）是判别碱土的重要指标，表示为土壤饱和浸提液中钠离子与钙、镁离子的相对比例

$$SAR = [Na^+]/\{[Ca^{2+}] + [Mg^{2+}]\}^{0.5} \tag{15-18}$$

式中，$[Na^+]$、$[Ca^{2+}]$、$[Mg^{2+}]$分别为土壤中Na、Ca、Mg的摩尔浓度（mmol/L）。

一般认为，当SAR大于13时，土壤具有"钠质特性"，但不同的国家和研究者提供的标准不同。

其他指标，如交换性钠饱和度（EPS）、电导率（EC）和pH，都可以用来作为碱化的标准，并且它们与SAR都存在一定的相关关系。

2. 土壤盐渍化

土壤盐渍化包括盐化和碱化。

土壤盐化是指可溶盐类在土壤中的累积，特别是在土壤表层累积的过程。碱化是指土壤胶体被钠离子饱和的过程，也常称为钠质化过程。盐渍土盐分积累的主要特征见表15-1。

表 15-1　盐渍土盐分积累的主要特性

引起盐化和碱化的电解质／离子类型	盐渍土的类型	形成环境	引起退化的主要负面性质	改良方法
氯化钠和硫酸钠（极端条件下）、硝酸钠	盐土	干旱和半干旱	土壤溶液的高渗透性（毒害作用）	移去多余盐分（洗盐）
引起碱性水解的钠离子	碱土	半干旱、半湿润、湿润	高pH、影响土壤物理性质	化学改良降低pH
镁离子	镁质盐、镁质碱土	半干旱、半湿润	毒害效果、高渗透压	化学改良、洗盐
钙离子（如硫酸钙）	石膏盐土	半干旱、干旱	pH较高、毒害效果	化学改良
亚铁和铝离子（酸性硫酸盐）	酸性硫酸盐土	海岸、潟湖地区，黏质含硫沉积物	强酸性毒害作用	施用石灰

3. 土壤改良水文地质调查基本任务

在查明包气带与潜水水文地质条件的基础上，提出防治土壤盐渍化、沼泽化及土地沙化的意见，作为制订土壤改良规划与设计的水文地质依据。

4. 土壤改良水文地质主要调查内容

（1）在已经发生土壤盐渍化的地区，要重点进行盐渍化土壤调查。应在收集已有土壤分布图的基础上查明：0～2m 深度内土体的岩性和土盐分布特征；0～20cm、20～40cm（或 50cm）土壤的性质及盐分特征；潜水位埋深和潜水水化学特征；盐渍化土壤分布区的作物生长情况；典型地区的地下水临界深度等。

（2）已形成沼泽和产生土壤沼泽化的地区，应根据地貌与地下水位埋藏条件对可能发生沼泽化的地区进一步调查地质-地貌条件，论证沼泽与沼泽化土壤形成的自然地理因素；查明潜层地层岩性结构，尤其是淤泥与泥炭层分布状况。详细调查沼泽与沼泽化土壤分布区及其周边地下水埋藏深度和地下水水化学特征。调查沼泽与沼泽化土壤分布区的植被及作物生长情况。

（3）土地沙化与沙漠化的地区。调查研究地形地貌对土地沙（漠）化的影响。查明表层土壤的岩性与结构特征；了解土地沙（漠）化的发展过程；调查土地沙（漠）化对农业的影响，主要调查土地沙（漠）化对农田水利设施、农田、牧场等的影响，调查损失、破坏程度、发展历史及发展趋势。

大多数盐渍土是自然地质、水文和土壤过程作用的结果，即原生盐渍化过程。但是，人为活动从一开始就影响着这些自然过程，导致了大量盐渍土的产生和严重的土地退化，即次生盐渍化作用。在不合理的灌溉、排水不良、农业技术的落后和盐分可以有净积累的条件下，产生土壤次生盐渍化。其中，不合理的灌溉是次生盐渍化的主要原因。灌溉水无论来自地表还是地下，都有一定的矿化度，或多或少地含有可溶盐。

二、盐碱化的调查防治与评估

（一）盐碱化的概念及成因

1. 盐碱化的概念

土壤盐渍化（土壤盐碱化）是指盐分不断向土壤表层聚积形成盐渍土的自然地质过程。盐渍土是在一定的气候、地形、土地、水文地质等自然条件下形成的。人类活动、历史上的洪、涝、旱灾害，河道变迁，以及土地利用、农业、水利技术措施等，又对土壤盐渍化的发生、发展产生重大影响。

一般将土壤层 0.2 m 厚度内可溶盐含量大于 0.1%的土壤称为盐渍土。土壤盐渍化分盐化与碱化两种类型，故又称为土壤盐碱化。当土壤表层中的中性盐含量超过 0.2%时，称为盐化土（盐土）；以碳酸盐为主的盐渍土，土中代换性钠含量大，通常称为碱化土（碱土）。土壤盐渍化主要发生在干旱与半干旱地区。

若是排水条件不好或缺乏适当的排水措施，灌溉管理不当，过量引水，灌溉水的渗漏引起地下水位升高和强烈蒸发，就可能导致土壤盐渍化。因灌溉管理不当（人为原因）而产生的土壤盐渍化，称为次生盐演化。由于人为影响产生的生盐渍土称为次生盐渍土。

2. 盐碱化的产生原因

土壤盐碱化形成的因素很多，包括自然因素和人为因素。自然因素包括气候、地质、地貌、水文及水文地质等。气候因素是形成土壤盐碱化的根本因素，如果没有强烈的蒸发作用，土壤表层就不会强烈积盐。地貌因素特别是盆地、洼地等低洼地形有利于水、盐的汇集。地质因素主要反映在土壤母质上。人为因素表现为人类改造自然和适应自然的各种活动。盐渍土形成的主要原因是气候干旱、土壤排水不畅、地下水位高、矿化度大等，以及地形、母质、植被等自然条件的综合影响。

1）气候

受季风气候影响，我国四季明显，导致盐碱地区土壤盐分状况的季节性变化，夏季降水集中，土壤产生季节性脱盐，而春秋干旱季节，蒸发大于降水，又以土壤积盐为主。气候干旱、排水不畅和地下水位过高，使盐分积聚土壤表层的数量多于向下淋洗的数量，结果导致盐渍土形成，这是土壤积盐的重要原因。

2）地下水位浅、矿化度高

盐渍土中的盐分，是通过水分的运动且主要是由地下水运动带来的，因此在干旱地区，地下水位的深浅和地下水矿化度的大小，直接影响着土壤的盐渍化程度。

地下水位埋藏越浅，地下水越容易通过土壤毛管上升至地表，蒸发散失的水量越多，留给表土的盐分就越多，尤其是当地下水矿化度大时，土壤积盐更为严重。

在干旱季节，不致于引起表层土壤积盐的最浅地下水埋藏深度，称为地下水临界深度。临界深度一般为 3m 左右，但并非一个常数，是因具体条件不同而异的，其影响因素主要有气候、土壤、地下水矿化度和人为措施，一般地说，气候越干旱，蒸发量和降水量比率、地下水矿化度越高，临界深度就越大。

土壤对临界深度的影响，主要取决于土壤的毛管性能、毛管水的上升高度及速度。毛管水上升高度大，上升速度快的土壤，一般都易于盐化。土壤结构状况也影响着水盐运衍，土壤的团粒结构，特别是表层土壤具有良好的团粒结构时，能有效地阻碍水盐上升至地表，临界深度可以较小。

地下水位埋深与地表积盐关系密切。地下水位埋深大于临界深度时，地下水位低，地下水沿毛管上升不到地表，不积盐，土壤无盐碱化。地下水位高时，地下水沿毛管上升至表土层，表层开始积盐。地下水位很高（小于临界深度）时，地下水沿毛管大量上升至地表，表层强烈积盐。

3）地形

地形起伏影响地面和地下径流，土壤中的盐分也随之发生分移，例如，在华北平原、山麓平原坡度较陡，自然排水通畅，土壤不发生盐碱化。冲积平原的缓岗，地形较高，一般没有盐碱化威胁；冲积平原的微斜平地，排水不畅，土壤容易发生盐碱化，但程度较轻；而洼地及其边缘的坡地或微倾斜平地，则分布较多盐渍土。在滨海平原，排水条件更差，又受海潮影响，盐分聚积程度更重。总之，盐分随地面、地下径流由高处向低处汇集，积盐状况也由高处到低处逐渐加重，从小地形看，在低平地区的局部高起处，由于蒸发快，盐分可由低处移到高处，积盐较重。地形还影响盐分的分移，由于各种盐分的溶解度不同，溶解度大的盐分可被径流携带较远，而溶解度小的则携带较近，所以，由山麓平原、冲积平原到滨海平原，土壤和地下水的盐分一般由重碳酸盐、硫酸盐逐渐过渡至氯化物。

4）母质

母质对盐渍土形成上的影响：一是母质本身含盐，含盐的母质有的是在某个地质历史时期聚积下来的盐分，形成古盐土、含盐地层、盐岩或盐层，在极端干旱的条件下盐分得以残留下来成为目前的残积盐土；二是含盐母质为滨海或盐湖的新沉积物，由于其出露成为陆地，而使土壤含盐。

5）生物

有些盐碱地植物的耐盐力很强，能在土壤溶液渗透压很高的土地上生长，这些植物根系深长，能从深层土壤或地下水吸取大量的水溶性盐类，植物内积聚的盐分可达植物干重的20%~30%，甚至高达40%~50%，植物死亡后就把盐分留在土层中，致使土壤盐渍化加强。此外，还有新疆盐渍土上生长的红柳和胡杨木类的植物，其能够把进入枯株体内的盐分分泌出来，增加了土壤中的盐分。

由上述原生盐渍土形成机理可以看出，除气候条件外，决定土壤积盐大于脱盐的水盐运动条件是土壤盐渍化得以发生的关键。

3. 次生盐碱化的产生原因

在干旱、半干旱地区，若水资源开发利用创造了与原生盐渍土形成的相同条件，就会出现土壤次生盐渍化。某些地区利用咸水进行灌溉，也可造成土壤盐渍化。

土壤次生盐渍化属于现代积盐过程，它的形成有几个必要条件：①地下水水位过高，高过临界深度以上；②地下水中含有较多的可溶性盐类；③土壤性质不良（首先是土壤缺乏结构）；④气候干旱、土壤蒸发强度大等。

综上可知，土壤次生盐演化与地下水有着密切的关系。地下水位高过临界深度，毛管水的向上运动和土壤的强烈蒸发，使土壤水中的盐分逐渐在土壤表层积累。地下水离地面越近，则毛管水向上流动的速率越大，经由土壤的水分通量越大，大气蒸发力越强，聚集在土壤表层的盐类也越多。土壤水中盐分的来源，是地下水带来或是下层土壤所含盐类溶解的结果。

（二）盐碱化的调查

在野外调查研究中，选用质量高的地理基础要素完备的底图，可以提高调查工作成果质量。

目前，供野外应用的图类大致有3种：地形图、航片图和影像图。

地形图是绘制土壤图的底图，也是编制其他图幅的基础图，因此在工作中选用符合要求的地形图及其相应的比例尺，是极其重要的。地形图上城镇、乡、村房屋、道路、河流、湖泊、水库、林带等地物，以及等高线定量表示的地形起伏状况和高程。

航片图应用于野外调查日益广泛，是由于航片图相当详细地反映了摄影地区各种地物景象的形状，尤其是具有丰富的地貌与植被轮廓和耕地图形、灌排渠系，甚至盐斑的形状大小等准确的图像。以航片判读分析为基础，并与地面勘察相结合，对盐渍环境土壤调查，不仅可以节省地面调查的时间，还可以提高工作的质量。在利用航片判读时，可运用地貌条件、水文地质条件、植被与土壤互相依存的关系，运用彩色及红外等不同摄影材料的土壤影像对比分析法，区分出各种土壤类型。

通常认为，利用航片和卫片鉴别以下地面特征特别有用，如干旱地区的地貌和河流的演化，泛滥冲积平原地貌、沙丘地貌、地表排水形式和系统、土地利用形式和土地利用范围、天然植被的主要类型、湖泊水体、盐谈化土壤的地表特征等。尤其是应用不同时期重复航片摄影，研究土壤盐渍化的演化过程，以提供宝贵的研究资料。

利用航片进行盐渍土壤调查制图，以选用 1∶5 万～ 1∶10 万的比例尺较好。应该注意，在调查过程中应用航片判读，是一项技术性很强的工作，需要有丰富的经验及对环境因素相互间的关系有广泛的了解。即使由有经验的专家来判读航片图像，也要有足够的外业工作来进行检查校正。

影像图由航空像片或卫片经纠正、镶嵌而成像片平面图。在像片平面图上，加绘线划符号和注记而成影像图。其优点是地理景观全貌的缩影，地理信息齐全，形态真实，位置准确，摄影时在自然淘汰法则的影响下，主次分明。它还具有比普通线划地图内容完备、直观性强、立体效应好等优点。

在盐渍环境土壤调查工作中，研究水文地质条件与土壤盐渍化的关系，是调查内容的重要组成部分。主要包括研究地下水的化学成分、矿化度、埋藏深度及其在自然和人为因素的影响下，在空间和时间上所发生的变化。大量事实证明，在我国干旱、半干旱地区，地下水中的化学成分、含盐浓度是土壤盐渍化的重要盐分来源。现代土壤盐渍化的发生原因，普遍与地下水位高有直接的联系。发展强概农业和防治土壤盐渍化，必须查明区域的水文地质条件：一方面掌握是否有可能利用地下水作为灌溉水源；另一方面根据所掌握的水文地质条件，预测发展灌溉以后，水文地质状况可能发生的变化，以及能否引起土壤盐渍化的问题，从而制订相应的改善水文地质条件的措施。

野外工作时，必须注意搜集有关地下水和影响地下水的地表水资料，并加以分析研究，盐渍化土壤调查的主要对象以最表层潜水为主。一般要求掌握的主要内容有：

（1）地下水埋深（地下水位），包括旱季的、雨季的或者灌溉前和灌溉后的动态变化；

（2）地下水矿化度和化学性质类型；

（3）地下水状况的分布规律；

（4）地下水的补给和排泄条件。

完成这些工作也为编制地下水的有关图幅准备基础资料，为阐明土壤盐渍化与地下水的关系，为土壤改良分区、综合治理提供基本的地下水资料。

在盐渍化土壤调查中，根据剖面的作用，大致可分为以下几种。

主要剖面：布置在代表面积大的土壤类型上，或者即使面积不大，但土壤类型是最为典型的，也应布置主要剖面，故又称为典型剖面。研究主要剖面的目的在于全面地研究土壤和母质，了解土壤的发育程度和演变过程，以及理化性质，从而评价土壤改良的难易。在平原地区，挖掘主要剖面，应该挖到地下水，同时采集土样、水样（样品），并测量水位。将土水结合起来研究，是研究盐渍土成因不可缺少的手段。

对照剖面：研究目的是对照主要剖面中最重要性质的稳定性或变化的程度及确定土壤分布的边界。对照剖面的挖掘深度，可比主要剖面浅些，但必须能够看到与主要剖面中最主要的土壤特征的程度。

在盐渍环境土壤调查研究中，采集一定数量的样品，目的是通过化学分析的方法了解盐分的组成、含量和分布特点，因为它是制图分类的基本数据。同时，也为评价土壤资源、质量和确定采取相应的改良措施提供依据。

（三）盐碱化的评估

1. 盐碱化的等级划分

根据盐碱化的类型、土壤含盐量、盐渍化土地所占面积比（%）、不易排水区地下潜水位埋深（m）和土地生物产量下降率（%）等指标进行等级划分（表 15-2）。

表 15-2　盐渍化分类分级及其参考指征表

分级		土壤含盐量/%		盐渍化土地所占面积比/%	不易排水区地下潜水位埋深/m	土地生物产量下降率/%
等级	名称	半干旱、半湿润区	干旱区			
终极	盐土	>1.5	>2.0	>50	—	—
Ⅲ	重度盐渍化	1.0~1.5	1.5~2.0	30~50	0.5~1.0	>50
Ⅱ	中度盐渍化	0.5~1.0	1.0~1.5	10~30	1.0~1.5	20~50
Ⅰ	轻度盐渍化	0.2~0.5	0.5~1.0	<10	1.5~2.0	<20
0	非盐渍化	<0.2	<0.5	—	>2.0	—

据王岷等，2002。

2. 盐碱化的一般判断

研究表明，地下水位或埋深是衡量土壤次生盐渍化发生的主要指标。

判别盐渍化发生区域和盐渍化程度的依据主要是地下水埋深和土壤状况。一般而言，地下水埋深小于 1 m 为重度盐渍化区，埋深 1~2m 为中度盐渍化区，埋深 2~3m 为轻度盐渍化可能发生的区域，再结合土壤状况划分潜在盐渍化区域。

3. 盐碱化预测模型

断面预测法：输水渠道对两侧地下水的影响多采用断面预测方法，即对一定长度的输水渠道，选取几个典型断面进行一维预测，利用预测结果来推断整个研究区的基本情况。

盐分平衡计算：根据土壤盐分的变化情况，进行盐碱化程度的趋势分析。盐分平衡计算，可利用下列盐分平衡方程式

$$\Delta S = S_e - S_b = S_g - S_d + S_i - S_v + S_p + S_f \tag{15-19}$$

式中，ΔS 为平衡层中，盐分储量的变化；S_b 为平衡开始期盐分总储量；S_e 为平衡末期盐分总储量；S_g 为由地下水补给加入的盐分；S_d 为由排水及地下水携走的盐分；S_i 为随灌溉水加入的盐分；S_v 为随收获物据走的盐分；S_p 为随降水加入的盐分；S_f 为随肥料进入的盐分。

关于盐分平衡结果表示方法，柯夫达以 1 m²、深达地下水或 1~5 m 深度的柱状土体内含盐量表示，单位为 kg/m² 或 t/hm²。

系统模拟预测法：根据实际情况，建立数学模型，采用相应方法求解，可以进行预测。

土壤次生盐渍化的预测也可以采用上述方法。

（四）盐碱化的防治措施

盐渍土防治与改良的主要措施，归纳起来大致是 4 个方面。

1. 水利改良措施

水利改良措施主要包括排水、灌溉洗盐、引洪放淤，其中排水是一项根本性的措施，应结合各地不同自然条件和地形部位的特点，建立切实可行的排灌系统，有利于灌溉，使土壤中盐分溶解于水中，通过在土壤中渗透，自上而下地把表土层中的可溶性盐碱洗出去，然后由排水沟排出。放淤是把含有泥沙的水通过渠系引入事先筑好的畦埂和进、退水口建筑物的地块，用减缓水流的办法使泥沙沉降下来，淤地造田，增加新的淡土层，使地下水位相对降低，抑制土壤返盐，且含丰富的养分，有别于作物的生育。

2. 农业技术改良措施

农业技术改良措施主要包括种稻、平整土地、耕作客土、施肥等。有人说"叫地生放，无沟种稻"，因为种稻的田间要经常保持水层，这样就能使土壤中的盐分不断遭到淋洗，随着种稻年限的延长，土壤脱盐程度不断增加，据黄淮各地经验，即使含盐量达 0.6%～1.0% 的盐碱土，种植水稻 2 年以后，1m 土层中的盐分也可降低到 0.1%～0.3%。同时，结合平整土地、合理耕作、增施有机肥料等措施，加速土壤淋盐，防止表土返盐。

3. 生物土壤改良措施

生物土壤改良措施主要是植树造林、种植牧草、绿肥等，植树造林对改良盐土有良好的作用，林带可以改善农田小气候，降低风速，增加空气温度，从而减少地表蒸发，抑制返盐。林木根系不断自土壤深层吸收水分复消耗于叶面的蒸腾作用，据测定，五六年生的柳树，每年每亩的蒸腾量可达 $1360m^3$，此林带就像竖排水作用的抽水井那样进行生物排水，可以显著降低地下水位。

绿肥牧草种植，具有培肥改土的作用，尤其是它们都有茂密的茎叶覆盖地面，可减弱地面水分蒸发，抑制土壤返盐。据新疆地区测定，种植紫花苜蓿 3 年，地下水位下降 0.9m，土壤脱盐率也大大提高。

4. 化学改良措施

施用石膏及采取其他化学改良物对于盐碱化防治可收到较好效果。例如，碱化土壤或碱土中含有大量苏打及代换性钠，致使土壤分散，呈强碱性，引起土壤物理性状不良，改良这类土壤除了消除多余的盐分外，主要应降低和消除土壤胶体过多的代换性钠和强碱性，国外多有施用大量的石膏、硫酸亚铁（黑矾）、硫酸、硫磺等现象，可收到降低土壤碱性、协调和改善土壤理化性状的功效；我国盐碱土地区也曾以石膏为主的改良剂进行了试验，石膏在土壤中的化学反应如下

$$Na_2CO_3+CaSO_4 \longrightarrow CaCO_3\downarrow+Na_2SO_4$$

$$2NaHCO_3+CaSO_4 \longrightarrow Ca（HCO_3）_2+Na_2SO_4$$

$$土壤\ 2Na^+ + CaSO_4 \longrightarrow 土壤\ Ca^{2+} + Na_2SO_4$$

　　由上面反应可以看出土壤中游离 Na_2CO_3 和 $NaHCO_3$ 与石膏作用产生了 $CaCO_3$ 沉淀、$Ca（HCO_3）_2$ 和中性盐 Na_2SO_4；土壤的吸附性 $2Na^+$ 被 Ca^{2+} 取代也形成了 $CaSO_4$，而 Na_2SO_4 又易于淋洗，从而消除了游离碱和代换性钠，降低了碱度，改善了物理性质。河南、江苏等省在碱地上的试验，吉林省在苏打盐土上的试验，化学措施对稻、棉、大豆、玉米等作物均有不同的增产功效。

第十六章　深部与能源水文地质问题

环境与能源已经成为 21 世纪经济社会可持续发展的两大关键要素。一方面经济社会的高速发展，持续推动着能源需求不断增长；另一方面能源和资源的高消耗引起的环境问题也成为当前关注的热点。作为交叉学科的水文地质学在这一时代背景特征下，其研究领域、空间范围都在不断地变化和拓展。研究的空间范围从地壳浅表向深部拓展；研究的对象从传统的以饱和地下水为主要研究对象，逐渐向油、气、水多相共存变饱和度情况拓展；研究环境条件从常规的温度压力条件向非常规环境条件（高温高压、低温高压、常温高压）拓展；研究范围从传统的陆域向海域空间拓展。水文地质学研究多方位拓展是 20 世纪以来自然科学与技术发展的必然结果，也是经济社会发展对科学研究标准不断提高的要求。

第一节　深部与能源水文地质问题

深部能源（油气、天然气水合物、深部地热）与资源开发过程，大多涉及地下水的参与和作用，深部与能源水文地质问题已经成为当前水文地质研究的一个重要组成部分。深部资源与能源开发过程中的水文地质作用的发生机理、发生过程、作用结果等基本理论的研究及应用，将逐渐促成新的水文地质学分支——深部与能源水文地质学的形成，其形成将对天然气水合物、地热能等清洁能源的开发，以及二氧化碳地质储存、核废料地质处置、污水地质处置等减缓能源与资源利用引发的环境负效应问题提供更加科学有效的理论基础。

一、油气资源开发中的水文地质问题

油气资源作为经济社会发展所需的常规能源，在推动社会进步和文明发展过程中做出了巨大贡献。已有勘探实践证明，在沉积岩、岩浆岩和变质岩中都有油气田，但 99%以上的储量集中于沉积岩中，其中又以砂岩和碳酸盐岩储集层为主。无论存在于何种类型储集岩体中的油气藏，储集岩体空隙空间的大小、空隙形成、演化与分布特征，决定着油气藏的储量和运聚特征，同时也影响着油气藏的开采价值和开采难易程度。

储集岩体空隙空间形成过程十分复杂，主要的影响因素是沉积环境、沉积物组成、成岩作用、热力学条件、地下水化学作用、地质构造运动等。地下水几乎参与了储集岩体形成及空隙空间形成和演化的整个作用过程，地下水的物理和化学作用是研究油气成藏、运移演化、聚集特征等科学问题的一个基础和关键问题。目前，世界上大部分主力油气田生产高峰期已过，相当一部分油田进入了中、高含水期，开采过程中的采收流体是油气水三相混合的多相流体。另外，在油田采收的中后期，注水提高采收率已经成为提高采收率的一项普遍应用的技术，在此过程中的地下水作用问题研究更是不可缺失。

同时，油气藏开发在某种程度上将影响开采区域上覆地下水的流动和演化，油气藏区的水文地质问题不仅关系油藏本身，也关系一定区域的地下水资源的量和质的演化。

二、天然气水合物开发中的水文地质问题

天然气水合物，是由水和天然气在低温高压条件下形成的类似冰状固体化合物，因其外貌似冰雪，点火即燃，又称为"可燃冰"。深海和永久冻土带等低温高压环境的地质体是适合水合物形成和赋存的场所（Sloan and Koh，2008）。因此，其产出区一类是在水深 300～3000m 的海底以下 0～1500m 的沉积物中；另一类是陆上冻土区，尤其是南极和北极冻土区。

已有研究显示，天然气水合物是一种规模巨大的新型潜在能源，其资源量是全球煤炭、石油、天然气等常规化石能源总和的 2 倍（Milkov，2004；Kvenvolden，2011； Klauda and Sandler，2005），其中的 15%能实现商业性生产，也可满足人类使用 200 年，被认为是近几十年来所发现的最重要的一种新型清洁和后续能源（张新军，2008；沈海超，2009）。美国、俄罗斯、日本、加拿大、德国、印度、中国等均已开展了有关天然气水合物形成机理、赋存特征和开采方法的研究（Moridis et al.，2009；2011）。

我国政府近年来逐渐重视天然气水合物新能源的调查和研究，从 1999 年开始，有计划地推进陆域和海域天然气水合物成矿调查，先后在南海北部神狐海域、珠江口盆地东部海域和青海祁连山冻土区发现天然气水合物，于 2011 年在祁连山成功试采。

天然气水合物的形成和分解是一个非常复杂的过程，涉及水、气多相流体流动、传热、力学应变等，研究低温高压条件下天然气水合物形成和分解过程中渗流机理和技术方法，不仅有利于研究天然气形成时的聚集、成藏机理，也可为水合物开采技术改进提供了理论技术支撑。该方面的研究在国内开展时间很短，仍有大量的科学问题和工程技术问题需要深入研究和解决。

三、深部地热资源开发中的水文地质问题

地热资源作为可再生清洁能源，主要分为水热型和干热岩型，以前世界上主要开采和利用的是水热型地热，其资源量仅占已探明地热资源的 10%左右，而赋存于地壳中 3～10km 深处干热岩所蕴含的热量，保守估计相当于全球所有石油、天然气和煤炭所蕴藏能量的 30 倍。美国、英国、法国、德国、瑞士、日本、澳大利亚等发达国家的干热岩研究及开发已有 30 多年的历史。我国在这方面开发利用的关键技术方面刚刚起步，需要开展大量的科学研究和技术研发。我国政府近年来已经开始关注并重视干热岩的研究和调查工作，科学研究和调查工作正在稳步推进。

据国际能源机构预测，矿物燃料中的石油资源将在 30～40 年内枯竭，天然气资源按储采比只能使用约 60 年，即使储量丰富的煤炭资源也只能维持使用 200～300 年（马经国，1992）。我国能源状况同样面临着严峻的挑战，人均能源资源拥有量不足，能源结构以煤炭、石油等化石能源为主，其中煤炭消耗占能源总消耗的 60%以上。化石能源消耗同时，导致了 CO_2 等温室气体的大量排放，引起全球气候变暖，进而引发自然灾害。因此，寻找替代化石能源的清洁可再生能源受到世界各国的高度重视。

地热能由于其清洁可再生性和空间分布的广泛性，已经成为位列水力、生物质能之后的世界第三大可再生能源。自 20 世纪 70 年代以来，我国的地热资源开发与利用取得长足发展。从全国浅层地热能和地热资源管理工作会议上获悉：2008 年地热资源利用使全国减排 CO_2

2500 万 t，相当于 860 多万辆汽车尾气的排放量。我国现有地热开发从业人员 7.1 万人，年创经济效益 70.92 亿元。但是，以往的地热开采一般在 1000m 以内，以浅层地热开发为主。浅层地热的大量开采在一些地区造成了地下水位大幅度下降、地面沉降等后果，同时浅层地热的温度、水量等难以满足高附加值的相关领域，如发电、工业加工、农副业加工等的需要。这使得对强化深层地热系统（enhanced geothermal systems，EGS，即干热岩）的研究及工程应用成为今后我国地热资源开发的主导方向。

我国幅员辽阔，地热资源丰富，全世界地热能为 1.4 亿 EJ/a，我国地热资源潜力为 0.11 亿 EJ/a，占全球的 7.9%（王瑞凤，2002）。中国有极丰富的深层地热资源，根据板块构造理论，中国西南部受印度洋板块的挤压作用，东南部受菲律宾板块的挤压作用，东部受太平洋板块的挤压作用，地质活动强烈。这些地区有很高的地热梯度，如西藏羊八井地区、云南腾冲地区、海南琼北地区、台湾及东南沿海地区、长白山天池等地有极丰富的高温岩体地热资源，以及很优越的开发条件。

深部地层往往具有低渗透率和低孔隙度，从中提取地热能难度很大。增强型地热系统（EGS）是一种从低渗透率和低孔隙度的深部岩层中提取热量从而获取大量热能的一种工程。干热岩热能的开发，需要首先在致密的干热岩内采用钻井工程压裂技术形成热交换系统，然后采用水或其他介质（如 CO_2）为循环工质，将深部岩体中的热能提取出来用以发电。虽然，近年来有学者提出用 CO_2 作为循环工质提取热量，但其仍处于研究探索阶段，在今后相当长一段时间内，以热焓值大的水作为循环工质仍将是主要的热提取形式。在深部的热交换系统中，由于压力大、温度高（一般高于 200℃），水在系统运移过程中相态会发生变化，深部地热能源的热量交换和提取过程，是一个水-岩-气-热-力耦合互馈的复杂的系统过程，科学评价和预测系统的温度、压力、流动等各要素的时空演化，需要开展大量的理论研究和科学实验工作。

四、CO_2 地质储存与资源化利用过程的水文地质问题

（一）CO_2 地质储存中的水文地质问题

CO_2 地质储存（CO_2 geological storage，CGS），即将固定点源（多为发电厂等工业点源）所产生的 CO_2 收集液化后，长期储存于相对封闭的深部地质构造中，从而减缓 CO_2 排放。在大多数 CO_2 的地质储存方案中，为了尽可能多地将 CO_2 储存到储层中，大多选择深度超过 800m 的储层，这样的储层环境，地层压力一般都超过 7.3MPa，温度超过 31.1℃，CO_2 在这样的环境下以超临界形式（密度接近于液体，流动性接近于气体）存在。此深度的地层地下水大多具有较高的盐分，常常为咸水（图 16-1）。

已有研究显示，适合 CO_2 地质储存的地层主要有枯竭的油气层、不适宜开采的煤层和深部咸水层三种类型。

油气层是一种含油气的孔隙岩层，是圈闭的地质体，从深度和环境条件看，是理想的 CO_2 储存场所，CO_2 可以像油气一样被封闭在油气层中。另外，在油田开采过程中进行 CO_2 储存，可以提高油气采取率，是石油生产单位愿意从事的一项有意义的"副业"。

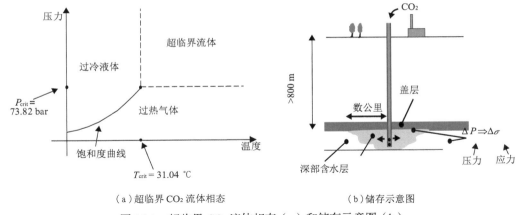

（a）超临界 CO_2 流体相态　　　　　　（b）储存示意图

图 16-1　超临界 CO_2 流体相态（a）和储存示意图（b）

不适宜开采的深部煤层是指那些埋藏较深、不具开采价值的煤层，CO_2 注入后可置换煤中吸附的甲烷，从而带来额外的能源效益。

深达 1000m 以下的深部咸水层具有储存 CO_2 的压力、温度条件。尽管不具有油气层含有圈闭的边界条件，但深部咸水层分布广泛，储存空间巨大，可储存上千年排放的 CO_2，已经成为世界公认最有储存潜力的储层系统。

欧美等发达国家已经开展了 CO_2 地质储存的大量研究，并在工程实践中得到广泛应用，CO_2 地质储存的一些关键技术，如储存场地的综合调查技术、场地筛选技术、储存潜力的评价技术、CO_2 注入技术（如注入与防堵技术、注入井防腐技术）、CO_2 地质储存的多相反应过程模拟技术、CO_2 储存库监测和示踪技术（追踪 CO_2 迁移的高分辨率测绘技术、应变和微震监测技术、监测气体泄露和地表应变的遥感技术）、CO_2 逃逸封堵技术、CO_2 地质储存的环境影响评价技术和风险安全评估技术等逐渐成熟，并在众多工程实践中得到成功应用。

（二）CO_2 地质储存与资源化利用过程的水文地质问题

尽管 CO_2 地质储存对削减 CO_2 排放具有明显的效果，但目前的实际工程和研究均表明 CO_2 地质储存费用昂贵。因此，国际上十分重视 CO_2 地质储存过程中潜在能源的资源化利用，将 CO_2 地质储存与资源化结合起来，使注入的 CO_2 能够产生经济效益，从而达到 CO_2 地质资源化和储存的双重目的。例如，目前在石油的回采上将 CO_2 注入油气层中，可明显提高石油的回采水平，同时也储存了部分 CO_2。深部卤水赋存众多稀有矿产资源（如钾盐等），开采难度大，注入超临界 CO_2 可以驱动卤水的开采。将 CO_2 储存于油页岩中，可提高页岩气产量并有可能降低存储成本。另外，储存 CO_2 与天然气水合物开发的"互利"研究，也是今后极具挑战的研究课题。初步的实验和理论研究表明，CO_2 地质储存与深部增强地热的开发利用具有广阔的应用前景（Pruess，2006；Xu et al.，2008）

在 CO_2 地质处置过程中，大规模 CO_2 注入深层地质构造中将会引起一系列水-热-气-热-力和地球化学的耦合过程，计算机模拟是目前研究 CO_2 在深部地层中物理化学活动的有效工具，它可以弥补实验室和野外试验在空间和时间尺度上的缺陷。近几年，国外在这方面已取得了一些进展（Knauss et al.，2005；White et al.，2005；Xu et al.，2005，2006）。其中，非等温多相流动和地球化学反应运移模拟模型 TOUGHREACT 在国际上（美国、欧洲、澳大利亚、日本和中国）已被广泛使用。

第二节　深部与能源水文地质问题的基本理论和技术方法

一、深部与能源水文地质问题的特点

一般来说，深部与能源水文地质所处环境具有如下特点：

（1）与地壳浅表相比，具有较高的温度和压力，温度、压力在较大区间变化；

（2）地层系统中的流体可能为多相（水相、非水相、气体、超临界流体）共存形式；

（3）整个系统是水-岩-气-热-力相互作用的温度场-流场-化学场-应力场（THCM）多场耦合相互作用的复杂系统；

（4）水不仅是系统的重要组成部分，还是系统中各种作用的传递者和参与者，溶质运移、热传递、应力场、动力场、水化学场的演化紧密相关。

二、研究深部与能源水文地质问题的基础理论

（一）温度场-流场-化学场-应力场（THCM）多场耦合理论基础

基于深部环境的特点，研究其相关水文地质问题的理论有水-热理论、水-盐理论、多相流理论、水-岩作用水文地球化学理论、流固耦合理论等。流体动力学、热对流传导、地球化学和岩石力学是这些理论的基础。在以上的理论基础上，近年来发展起来具有代表性的为非等温变饱和度多相流反应性溶质运移理论，该理论很好地考虑了系统温度变化、多相共存、各个相态物质饱和度变化，同时还考虑了系统中的水与环境介质的水文地球化学反应和相互作用过程。随着研究的深入，近年来，将流体力学理论和岩石力学理论耦合到上述的理论体系，形成了可以分析系统水-岩-气-热-力相互作用的温度场-流场-化学场-应力场四场耦合的多场耦合理论，使得对地下空间发生的复杂过程研究有了更加科学有效的理论基础。

多相流、热传输及化学溶质转移的控制方程遵循着能量守恒定律和质量守恒定律，描述流体在地层中的流动、温度、化学作用的基本方程简述如下

流动、温度、化学作用控制性方程范式为

$$\frac{\partial M_\kappa}{\partial t} = -\nabla F_\kappa + q_\kappa \tag{16-1}$$

对于水

$$M_w = \varphi(S_l \rho_l X_{wl} + S_g \rho_g X_{wg}) \tag{16-2}$$

$$F_w = X_{wl} \rho_l u_l + X_{wg} \rho_g u_g \tag{16-3}$$

$$q_w = q_{wl} + q_{wg} \tag{16-4}$$

对于气体

$$M_c = \varphi(S_l\rho_l X_{cl} + S_g\rho_g X_{cg}) \tag{16-5}$$

$$F_c = X_{cl}\rho_l u_l + X_{cg}\rho_g u_g \tag{16-6}$$

$$q_c = q_{cl} + q_{cg} + q_{cr} \tag{16-7}$$

对于热

$$M_h = \varphi(S_l\rho_l U_l + S_g\rho_g U_g) + (1-\varphi)\rho_s U_s \tag{16-8}$$

$$F_h = \sum_{\beta=l,g} h_\beta \rho_\beta \mu_\beta - \lambda\nabla T \tag{16-9}$$

其中,

$$\mu_\beta = -k\frac{k_{r\beta}}{\mu_\beta}(\nabla P_\beta - \rho_\beta g) \qquad \beta = l,g \tag{16-10}$$

液相中的化学组分

$$M_j = \varphi S_l C_{jl} \tag{16-11}$$

$$F_j = u_l C_{jl} - (\tau\varphi S_l D_l)\nabla C_{jl} \tag{16-12}$$

$$q_j = q_{jl} + q_{js} + q_{jg} \quad (j=1,2,\cdots,N_l) \tag{16-13}$$

$$\tau_\beta = \varphi^{1/3} S_\beta^{7/3} \tag{16-14}$$

以上各式中,M 为累积质量或能量(kg/m^3);κ 为控制方程索引;F 为质量通量[kg/(m^2·s)];C 为组分浓度(mol/L);β 为相指示索引;q 为源项/汇项;τ 为介质迁曲度;g 为气相;φ 为孔隙度;D 为弥散系数(m^2/s);l 为液相;S 为饱和度;k 为渗透率(m^2);s 为固相;X 为质量分数;k_r 为相对渗透率;w 为水;ρ 为密度(kg/m^3);λ 为热导率[W/(m·K)];c 为气体;u 为达西流速(m/s);g 为重力加速度(m/s^2);r 为反应;U 为内能(J/kg);μ_β 为 β 相的动力相的动力黏度,其中 μ 为动力黏度[kg/(m·s)或 p$_a$/s],角标 β 为相指示索引;h 为热;T 为温度(℃);N 为化学组分数;j 为液相中的化学组分。

水岩反应矿物溶解和沉淀的速度可采用下式计算(Steefel et al.,1994):

$$r_m = \pm k_m A_m \alpha_{H^+}^n \left[\left[\left(\frac{Q_m}{K_m}\right)^\mu - 1\right]\right]^\nu \tag{16-15}$$

式中,m 为第 m 种矿物;r_m 为溶解/沉淀速度(正值表示溶解,负值表示沉淀);k_m 为与温度有关的速度常数[mol/(m^2·s)];A_m 为比表面积;K_m 为每摩尔矿物与水反应的平衡常数;Q_m 为反应熵;α_{H^+} 为 H$^+$ 活度;μ、ν 为由实验所确定的两个正参数。

大部分矿物的速度常数可用下式计算（Palandri et al.，2004）

$$k(T) = k_{25}^{\mathrm{nu}} \exp\left[\frac{-E_a^{\mathrm{nu}}}{R}\left(\frac{1}{T} - \frac{1}{298.15}\right)\right] + k_{25}^{\mathrm{H}} \exp\left[\frac{-E_a^{\mathrm{H}}}{R}\left(\frac{1}{T} - \frac{1}{298.15}\right)\right]\alpha_{\mathrm{H}}^{n_{\mathrm{H}}}$$

$$+ k_{25}^{\mathrm{OH}} \exp\left[\frac{-E_a^{\mathrm{OH}}}{R}\left(\frac{1}{T} - \frac{1}{298.15}\right)\right]\alpha_{\mathrm{H}}^{n_{\mathrm{OH}}}$$

式中，nu、H 和 OH 分别为中性、酸性和碱性机制；E_a 为活化能；k_{25} 为在 25℃的速度常数；R 为气体常数[8.31 J/（mol·K）]；T 为绝对温度；α 为反应活度。

近年来，学者们将 Biot 三维固结模型耦合到上述的 THC 理论中，实现了岩土体中的水动力、温度、化学与力学的耦合。

位移

$$\begin{cases} -G\nabla^2 w_x - \dfrac{G}{1-2\upsilon}\dfrac{\partial}{\partial x}\left(\dfrac{\partial w_x}{\partial x} + \dfrac{\partial w_y}{\partial y} + \dfrac{\partial w_z}{\partial z}\right) + \dfrac{\partial P}{\partial x} + 3\beta K\dfrac{\partial T}{\partial x} = 0 \\[3mm] -G\nabla^2 w_y - \dfrac{G}{1-2\upsilon}\dfrac{\partial}{\partial y}\left(\dfrac{\partial w_x}{\partial x} + \dfrac{\partial w_y}{\partial y} + \dfrac{\partial w_z}{\partial z}\right) + \dfrac{\partial P}{\partial y} + 3\beta K\dfrac{\partial T}{\partial y} = 0 \\[3mm] -G\nabla^2 w_z - \dfrac{G}{1-2\upsilon}\dfrac{\partial}{\partial z}\left(\dfrac{\partial w_x}{\partial x} + \dfrac{\partial w_y}{\partial y} + \dfrac{\partial w_z}{\partial z}\right) + \dfrac{\partial P}{\partial z} + 3\beta K\dfrac{\partial T}{\partial z} = \gamma_{\mathrm{sat}} \end{cases}$$

应力应变

$$\begin{cases} \sigma_x' = \sigma_x - P = 2G\left(\dfrac{\upsilon}{1-2\upsilon}\varepsilon_v + \varepsilon_x\right) + 3\beta_T KT \\[3mm] \sigma_y' = \sigma_y - P = 2G\left(\dfrac{\upsilon}{1-2\upsilon}\varepsilon_v + \varepsilon_y\right) + 3\beta_T KT \\[3mm] \sigma_z' = \sigma_z - P = 2G\left(\dfrac{\upsilon}{1-2\upsilon}\varepsilon_v + \varepsilon_z\right) + 3\beta_T KT \\[3mm] \tau_{yz} = G\gamma_{yz}, \tau_{zx} = G\gamma_{zx}, \tau_{xy} = G\gamma_{xy} \end{cases}$$

$$\begin{cases} \varepsilon_x = -\dfrac{\partial w_x}{\partial x}, \gamma_{yz} = -\left(\dfrac{\partial w_y}{\partial z} + \dfrac{\partial w_z}{\partial y}\right) \\[3mm] \varepsilon_y = -\dfrac{\partial w_y}{\partial y}, \gamma_{zx} = -\left(\dfrac{\partial w_z}{\partial x} + \dfrac{\partial w_x}{\partial z}\right) \\[3mm] \varepsilon_z = -\dfrac{\partial w_z}{\partial z}, \gamma_{xy} = -\left(\dfrac{\partial w_x}{\partial y} + \dfrac{\partial w_y}{\partial x}\right) \end{cases}$$

式中，G 为剪切模量；T 为温度；P 为压力；K 为体积模量；β 为相；υ 为泊松比；β_T 为热膨胀系数；w_l 为位移，$l = x, y, z$；σ_l' 为有效应力，$l = x, y, z$；τ_l' 为剪切应力，$l = xy, yz, zx$；ε_l 为正应变，$l = x, y, z$；γ_l 为剪应变，$l = xy, yz, zx$；γ_{sat} 为岩石的饱和重度。

（二）非达西流问题

对于大多数地下流动系统来说，天然情况下流动缓慢，一般服从达西定律（Barree，2005）。然而，在低孔隙度低渗透率的孔隙介质、高孔隙度高渗透率的裂隙和存在较大/较低压力梯度的情况下，流动会偏离梯度和流速呈直线关系的达西定律，出现非达西流的现象（图 16-2）。

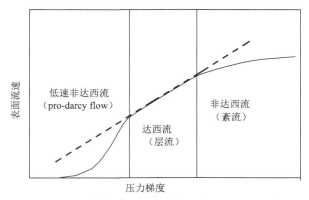

图 16-2　孔隙介质中的流动分区（Basak，1977）

低速情况下的非达西流由于检测的困难，没有可靠的实验数据来定量化该过程，可近似采用启动压力来修正达西定律

$$v = \begin{cases} 0 & \nabla P < I_{\text{ini}} \\ \dfrac{k}{\mu}(\nabla P - I_{\text{ini}}) & \nabla P \geqslant I_{\text{ini}} \end{cases} \tag{16-16}$$

高速情况下的非达西流广泛采用的是 Forchhermer 方程

$$-\nabla P = \frac{\mu}{k}v + \beta\rho|v|v \Longrightarrow v = \frac{-\mu/k + \sqrt{(\mu/k)^2 + 4\beta\rho\nabla P}}{2\beta\rho} \tag{16-17}$$

虽然采用启动压力和 Forchhermer 方程能够刻画低速和高速非达西流，然而需要根据给定的临界点去判断流动状态，使得其具有不确定性和数值计算效率低，同时在临界点，可能出现数值不连续的现象。最近，Barree 和 Conway 提出了一个能够统一刻画达西和高速非达西流情况下的流动速率和压力梯度关系的模型，被实验验证了其可靠性，并被嵌入通用的数值模拟程序中。其具体为

Barree 和 Conway 多相流表达

$$-\nabla \Phi_{\beta} = \frac{\mu_{\beta}v_{\beta}}{k_d k_{r\beta}(k_{mr} + (1 - k_{mr})\mu_{\beta}\tau/(\mu_{\beta}\tau + \rho_{\beta}|v_{\beta}|))} \tag{16-18}$$

基于上式，得到流速为

$$v_{\beta} = \frac{-[\mu_{\beta}^2 s_{\beta}\tau - (-\nabla \Phi_{\beta})k_d k_{r\beta}k_{rm}\rho_{\beta}] + \sqrt{[\mu_{\beta}^2 s_{\beta}\tau - (-\nabla \Phi_{\beta})k_d k_{r\beta}k_{rm}\rho_{\beta}]^2 + 4\mu_{\beta}\rho_{\beta}(-\nabla \Phi_{\beta})k_d k_{r\beta}\mu_{\beta}s_{\beta}\tau}}{2\mu_{\beta}\rho_{\beta}}$$

$$\tag{16-19}$$

三、研究深部与能源水文地质问题的技术方法

实验模拟和数值模拟成为研究复杂环境条件水文地质问题重要而有效的方法和技术。基于上述的多相流理论，国内外学者开发了多个具有各自优势的科学模拟软件，如基于 TOUGH2-FLAC 3D 的模式，联合 TOUGHREACT 和 FLAC 3D 开发了 TOUGHREACT-FLAC，近期又开发了基于 TOUGHREACT 和 FLAC 3D 的 THCM 耦合软件，在 TOUGHREACT 的 THC 三场耦合软件中直接嵌入力学模块，使模拟软件具有了 THCM 多场耦合的模拟功能。由于 THCM 多场耦合问题的高度复杂性，这方面的研究仍需进行大量工作。

TOUGHREACT 是在非等温多相流体模拟软件 TOUGH2V2 的框架基础上，通过将水流和地球化学反应耦合形成的一套较为完善的可变饱和地质介质中，非等温多相流体地球化学反应运移模拟软件。目前该软件使用的数据库是 EQ3/6，适用于一维、二维或三维非均质（物理和化学的）多孔隙或裂隙介质中，不同温度（0～300℃）、压力（1bar[①]到几百 bar）、水饱和度、离子强度（最高可达到 6mol/kg）、pH 和氧化还原电位（Eh）等水文地质和地球化学条件下的热-物理-化学过程模拟。软件考虑了一系列化学平衡反应，如溶液中络合反应、气体溶解或脱溶、离子吸附作用、阳离子交换及受平衡控制或反应动力学控制的矿物溶解或沉淀反应等，还考虑了在化学组分运移过程中可能伴随的酸碱反应、氧化还原反应、离子交换、吸附和衰变等物理化学反应。

---

① 1bar=1N/cm²。

第十七章 地震水文地质学

第一节 地震水文地质学概述

地震水文地质学研究的地下流体是指赋存并活动于地表以下岩石圈中，特别是地壳中的流体，一般指赋存和活动于地壳岩体空隙中的水、气和油。地壳越向深处，地层压力越大，岩石中的空隙将被挤压，岩石的空隙率很低，不可能有可供流体赋存和活动的空间，因此地壳流体只赋存和活动于地壳浅层，其深度不过几千米。然而随着科学超深钻探的发展，全球地学对地壳深部流体的认识发生了质的变化，不但认识到地壳深层存在着流体，而且普遍存在，其特性与浅层流体也有类似之处。现在已有足够的证据说明，地壳深度十几至几十公里以上存在着流体。这些深层流体，往往具有特殊的状态与特殊的性质，在地壳动力学过程中起着非常重要的作用。因此，可以肯定流体在地壳中广泛而普遍地存在，参与地壳中发生的一切动力过程，当然也包括地震的孕育与发生过程。

蕴含在岩石介质中的水和气，能够反映岩石受力变形、微破裂产生与发展及岩石热状态变化灵敏的物质。作为水文地质学一个分支学科，地震水文地质学是专门研究地下流体在地震孕育、发生，以及构造运动和地震灾害等过程中的作用与响应特征的科学。其主要任务是研究地壳中流体及其在地震孕育与发生过程中的作用，研究与地壳动力过程有关的深部地下水的相关科学问题。

构造地震孕育过程中，整个孕震区的构造活动反映了区域应力场整体变化特征，而在局部构造部位会出现应力强化或弱化现象，这将影响地壳岩石中微破裂大小和数目的变化，从而导致孕震区平均形变速率、岩石介质性质发生变化。岩层中的应力积累、应力状态和热动力状态的变化、弹性形变的发展都会引起地下水介质体系的变化，由此导致岩层介质中水和气的化学成分和物理性质发生变化。临震阶段，岩石中裂隙的迅速扩展、震时的大破裂、岩层错动可引起不同化学成分含水层的沟通混合。在构造断裂带附近，若含水层组之间有水力联系，则深层承压水还可携带深部组分沿断裂带上涌，与浅层水混合，这些来自地壳深部的信息就会直接被观测到。因此，通过测定地壳的重要物质组成部分——地下水、地下气和地热状态的动态变化，可获得地震孕育过程中和地震发生前后地下流体效应的信息，这是地震水文地质学的主要研究内容。

第二节 地震地下流体动态类型

一、地下流体动态成因分类

苏联学者卡明斯基根据地下水位动态的形成机理，将地下水位动态影响因素划分为两大类（图 17-1）。

（1）含水层中水量的增减（如降水补给、人为开采等）引起的地下水位变化，含水层固体骨架没有发生变化，只是地下水流的动力状态发生了变化，称为地下水位的宏观动态（或水量变化型动态）。地下水位宏观动态符合达西定律，可以用地下水动力学方法进行分析和计算。

（2）含水层所受应力应变状态的改变引起的地下水位变化，含水层固体骨架发生变形，造成孔隙压力改变，从而引起地下水位变化，称为地下水位的微观动态（或容积变化型动态）。它不是以水量增减的水均衡学说为理论基础的，而是重点研究地下水位动态与含水层所受应力应变之间的关系。因此，地下水位的微观动态主要指含水层在附加应力、构造应力和其他形式的力的作用下，含水层所受应力-应变状态发生改变，从而引起地下水位发生相应的变化。这里所说的附加应力是指大气压力、固体潮汐（日月引力）应力、降水附加荷载及地表水体荷载等，也称为非构造应力。其中，固体潮汐应力和大气压力是周期性加载，应力的加载在大小、方向及变化幅度上有规律地变化，而降水荷载等因素则是在特定情况下才起作用，但它们引起地下水位的变化都是岩石发生弹性形变时可恢复的变化。构造应力是指构造运动时构造带内分布的应力，包括地震、断层蠕动、火山活动及板块间相互作用等造成的地壳应力变化，地下水位甚至会发生不可逆的变化。

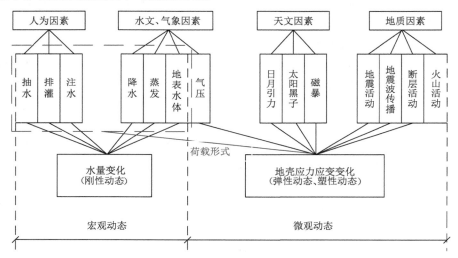

图 17-1　地下流体动态成因分类

二、正常动态与异常动态

地震地下流体动态，可从不同角度与不同层次进行分类。从地下流体地震科学研究角度分类，最主要的分为正常动态与异常动态。正常动态指无地震活动和干扰情况下，能够表征某种周期性环境影响或动力作用相对稳定的一种动态，而异常动态指在某一时间段内受到构造作用或其他因素影响出现的非稳定变化的一种动态。因此，异常动态又可分为干扰异常动态、构造异常动态和地震异常动态。

对于正常动态，还可进一步分为多年动态、年动态、月动态、日动态等，各类动态反映不同层次的变化规律。干扰异常动态，主要从引起干扰的因素角度分类，如降水渗入补给干扰动态、地下水开采干扰动态、仪器故障引起的干扰动态、操作不当引起的干扰动态等（车用太等，2004）。构造异常动态，从地质构造活动与地下流体关系角度又可分为区域构造活动和局部断层活动、地质作用（如滑坡等）等异常动态。地震异常动态，从与地震活动的关系角度，一般分为长期动态、中期动态、短期动态、临震动态及同震动态与震后动态等。地下流体动态的分类如表 17-1 所示。

表 17-1　地下流体动态分类表（车用太等，2004）

大类	亚类	种类
正常动态	多年动态 年动态 月动态 日动态	还可从成因、形态等特征分为各种各样的动态
异常动态	干扰异常动态	降水干扰动态 地表水干扰动态 地下水开采与注水干扰动态 矿山开采干扰动态 井孔结构变化引起的干扰动态 井口装置变动引起的干扰动态 电压不稳引起的干扰动态 观测仪器更新、维修等引起的干扰动态
	构造异常动态	非地震因素的地质动力作用 震前异常动态（震兆异常）
	地震异常动态	同震异常动态 震后异常动态

第三节　地震地下流体动态观测网

我国地震地下流体观测网的首要任务是为地震前兆的监测与地震预报服务。近 50 年的观测研究表明，流体观测网具有显著的地震前兆监测能力，取得震例较多，对预报作用较大。我国地震地下流体数字化观测技术于 20 世纪 80 年代开始研究和推广。我国地下流体观测网是从大震现场的监测预报需要发展起来的地震前兆观测系统。地下流体观测网运行了 40 多年，记录到很多有价值的科学信息，主要有潮汐效应、大气压力效应、地表水体荷载效应、列车荷载效应、矿井坍塌效应、滑坡效应、地震波记录、地球液核动力效应、断层蠕动效应等。地下流体动态对地球外的日、月引力到地球表面的各种荷载等外动力作用及地球内部的多种内动力作用都有很好的响应。这些科学信息，不仅反映了地下流体动态对地球动力过程响应的灵敏性，还表明地下流体动态监测有可能成为探索地球动力过程的新途径。

一、地下流体观测台网的观测项目

地下流体动态是通过专门的观测而获得的。根据《地震及地震前兆测项分类与代码》（DB／T3—2003），地下流体观测分为地下水、地下气和地热三大类。地下水的观测主要包括水位（动水位、静水位）、流量（井孔、泉）、离子（水中阳离子和阴离子）浓度和电导率等；地下气是地下水中溶解气、自由逸出地下水表面的气体和土壤气的总称。地下气的主要观测成分有氡、汞、氦、氢、二氧化碳浓度和气体总量等。地热场是地球的基本物理场之一，地温是地热场的直接量度。地温的测量可由直接测量深、浅地下岩层的温度获得，也可通过测量深井和温泉的水温间接获取。由于地下含水层介质参数和水动力条件的改变，直接影响地下水的温度变化，因此，井（泉）水温的变化包含了岩石温度的热传导和孔隙（裂隙）流体的热对流两种作用的影响。由于地下流体的运动与地球大气圈、水圈的循环有直接联系，所以需要观测气温、气压、降水量等气象要素，以有帮助于客观分析地下流体的动态特征。

从地震监测预报及地震科学研究的目的和现有技术水平与可行的条件出发，目前国内外地下流体观测较为广泛的项目有井水位、井水温度、水氡与气氡、水汞与气汞四大类 6 种测项。水氡，指井（泉）水中溶解的氡与游离的氡，是由人工取样与脱气后获取的地下水中的氡；气氡，指由井（泉）水面上可自由逸出或经脱气-集气装置从井（泉）水中分离出的氡；水汞，指井（泉）水中以各种价态（0 价、1 价、2 价等）存在的汞的化合物总量，是由人工取样与高温脱气后得到的地下水中的汞；气汞，指井（泉）水中以 0 价存在的自由汞，它们随温度、压力的变化从井（泉）水中自由分离或经脱气-集气装置从井（泉）水中分离出来。土氡与土汞，一般指断层带土壤层中以气态存在或吸附在岩土颗粒表面上的氡与汞。

除上述四大类 6 种主要测项之外，目前还有井（泉）水流量、水化学离子、气体流量、断层气 CO_2、逸出气 He 与 H_2 等观测项目，在部分观测站进行观测。具体见表 17-2。

表 17-2　地下流体动态观测项目一览表

观测（介质）对象	特性类别	观测内容	观测项目（测项）
地下水	物理性质	地下水位	静水位、动水位
		压力	井口压力
		流量	井水流量、泉水流量
		电导率	电导率
	化学性质	酸碱度	pH
		氧化-还原电位	Eh 值
		常量离子浓度	K^+、Na^+、Ca^{2+}、Mg^{2+}、HCO_3^-、Cl^-
		微量元素及其他组分浓度	F^-、Br^-、I^-、Li^+、Sr^{2+}、SiO_2
地下气	物理性质	流量	气体流（通）量
	化学性质	氡浓度	水氡、气氡、土氡
		汞浓度	水汞、气汞、土汞
		其他气体浓度	CO_2、He、H_2、H_2S、CH_4
地热	物理性质	井水温度	浅层水温、中层水温、深层水温
		泉水温度	泉温
		土壤温度	地温
地下油	物理性质	压力	油井压力
		产量	产油量、产液量

据 DB/T3—2003 修改。

二、地下流体观测场地的勘选

地下流体动态是在地下流体观测站中通过长期连续的观测而获取的。地下流体观测站的建设问题主要包括观测站场地勘选、观测井建设和井口装置建设等。观测场地勘选是地下流体观测站建设的决定性一环。观测场地的选定，以能够观测到地壳活动信息和有效避开各类干扰为原则。因此，必须要对观测场地的地质-水文地质条件、历史与现今地震活动等方面进行科学的勘察。

勘察的内容有观测区地质-水文地质条件的资料收集、核实与补充勘察，主要是弄清观测区地形地貌、气象、水文、地层岩性与地质构造特征。此外，有条件的地区，还应收集区域地球物理勘探的资料与区域地震活动性资料。

被选的地下流体观测站，应具有如下基本条件。

1. 观测区资料齐全，地质-水文地质条件清楚

观测区是指观测层地下水的补给、径流与排泄区所在的一个水文地质单元地区。在平原区，该区范围较大时，大体上为以观测站为中心、10km 为半径的范围。

要求观测区的地质-水文地质条件的资料齐全，包括观测区的地壳结构与周围地区的地震活动等，只有这样才可避免观测站建设的盲目性，也可为今后对观测资料进行深入研究打下良好基础。

2. 观测点应选择在对应力应变敏感的构造部位

具体位置是指现今活动断裂带上，特别是活动断裂的端点、拐点及断裂的交汇部位。

观测点要求位于活动断裂带上，因为地震活动，尤其是中强以上破坏性地震多是沿着活动断裂带发生的，而且普遍认为构造地震的孕育与发生是活动断裂的活动引起的，因此把观测站选在活动断裂带上，这里最有可能捕捉到地震活动的异常信息。从我国现有的观测结果看，靠近活动断裂带上的观测井应震能力表现出明显的优势。有异常的观测站与活动断裂的距离小于 10km，而且距离越近，异常井所占比例越大。

观测点要求尽可能选在活动断裂的端点、拐点与交汇部位，主要是考虑这些特殊的构造部位应力较易集中，震前其应力-应变类前兆异常的信息幅度可能最大。京津唐渤张地区应力场的光弹模拟结果表明，断裂的端点、拐点与交汇部位上应力集中的特征十分清晰。

3. 观测点还可选择在有深部物质上涌的部位

地震前地下流体异常，主要是由地壳中固体介质的应力-应变状态的变化引起的，还可能来自地壳中流体的运移，特别是深部物质的上涌也可造成地下流体动态的震前异常。因此，地下流体观测站的选址不仅要考虑"应力-应变"灵敏区的观点，还应考虑有深部物质上涌的部位。

深部物质的一般标志如下：

（1）地下水的温度较高，有的观测点高达 80℃以上；

（2）地下水的矿化度较高，常可达 10g/L 以上；

（3）地下水中富含 F、Br、I、Li、B 等微量元素；

（4）地下气体中，富含 H_2、He、CO_2、CH_4、H_2S 等深部稀有气体；

（5）特别是具有如下稀有气体同位素比值的特征，$^3He/^4He>10^{-6}$，$^{40}Ar/^{36}Ar>295.5$，$N_2/Ar<38$ 等。

一般地壳深部物质上涌的部位，与深大断裂有关，多在地热异常区或近期火山活动区内。

4. 观测区内应发育有承压性和封闭性好的含水层

地下流体动态观测是通过井-含水层系统来实现的，含水层可视为测震中的"拾震器"，这个"拾震器"性能好坏决定着观测的效果，"好"时可观测到丰富而大幅度的信息，主要是承压性和封闭性。

承压性，指含水层地下水所承受的压力，一般承压含水层均具承压性。承压性大小指承压含水层顶板承受的压力大小。一般认为，承压含水层的承压性越高越有利于地震前兆观测。

封闭性，指含水层与地表面各类水体之间的水力联系程度。从本质上讲，地壳上层的地下水多为大气降水渗入造成的，但其与地表水体（大气降水、江、河、湖、水库等）的水力联系的程度相差很大。一般来说，含水层顶板埋深越大，含水层距山区大气降水入渗补给区越远，其封闭性越好；但当含水层中发育有导水断层时，无论其埋深大小，也不论其距降水入渗补给区的远近，其封闭性都不好。

5. 关于观测环境的干扰问题

观测站应尽可能避免选择在多雷，滑坡、泥石流、洪水等不良地质动力作用活跃的地区。

观测站建设是复杂的科学问题，要从多方面进行论证。而实际中不可能有完全理想的观测场地，经常是有利条件与不利条件并存，因此需要对有利条件与不利条件进行综合分析，以实事求是和追求有限度目标为前提，选定科学而合理的部位建站。观测井的建设规范，首先保证观测井结构符合地震地下流体最佳观测要求，其次具备必要的地下水动力学与水化学参数。观测井的结构要素包括井深、井径、套管、止水、过水断面等。地震地下流体观测井，除了具有科学而合理的井孔结构外，还应具有完整的观测含水层的水文地质参数与地下水的物理化学特性资料。对于新建设的观测井，通过井孔抽水试验与水文地质计算求得含水层水文地质参数，通过抽水采集水样并送专门实验室进行水质化验后得到地下水的物理化学特性。

三、地下流体观测站的环境保护

地下流体观测站的观测环境，指影响地下流体动态正常变化规律的观测站周围自然与人文环境，其中既有地质-水文地质条件，也有气象、水文因素，更有人类的各种活动。任何一种动态，都是在一定的观测环境下产生的，当观测环境稳定时产生的动态也是正常的而有规律的，但观测环境中的某一或某些因素及其作用发生变化时，正常的动态就会发生变化，就会产出异常动态。异常动态如果是由地震的孕育与发生过程有关的地壳活动状态的变化引起的，那就是地震监测想捕捉的地震前兆异常；如果是非地震因素引起的，那就是干扰异常。后一类异常，对前一类异常的干扰，是地震监测中不希望出现的异常。

观测站观测环境的保护，目的是遏制与减弱可能产生干扰异常的各类因素或作用的行为，确保地震观测站观测的各类动态是按着一定规律变化的正常动态，防止各类非规律性的干扰动态出现，以便地震活动期间能够捕捉到非常显著的地震前兆异常信息。地下流体观测站观测环境的技术要求参照《地震观测站观测环境技术要求第四部分：地下流体观测》（GB/T19531.4—2004）。

各类干扰源与观测井间的最小距离，是指二者之间的距离小于该值时，干扰源对观测井的地下流体动态产生严重干扰，干扰的程度可能超过允许干扰度。这个距离，无疑将同时约束观测井与干扰源。一方面，当观测井建设在先时，后建的各类干扰源必须建在最小距离之外；另一方面，当各类干扰源存在时，后建的观测井距干扰源的距离必须大于最小距离。因此，各类干扰源与观测井间的最小距离，就是保护地下流体观测站观测环境的具体指标。

（一）地表水体与观测井间最小距离的规定

地表水体与观测含水层间有水力联系时，观测井区的水文地质条件复杂程度或含水层的渗透系数大小的规定（表17-3）。

表 17-3　有水力联系时地表水体与观测井间的最小距离

井区水文地质条件复杂程度	简单	中等	复杂
含水层渗透性 K/（m/d）	<1	1~10	>10
最小距离/km	1	5	10

地表水体与观测含水层间无水力联系，但观测含水层顶板埋深小于 500m 时，虽然不会引起地表水渗漏补给引起的地下流体动态异常，但有时会产生荷载作用引起干扰，这种干扰与地表水体的规模大小有关。因此，江河、水库、大海与观测井的最小距离按照观测含水层的岩性规定（表17-4）。

表 17-4　无水力联系时地表水体与观测井间最小距离

含水层岩性		粉砂、细砂	中砂	粗砂、砾石
最小距离/km	江河—井间距	1	3	5
	水库—井间距	6		
	大海—井间距	10		

（二）地下水开采井与观测井间的最小距离规定

1. 观测含水层为松散砂砾石层

在观测含水层为松散砂砾石层的地区，若开采井的开采层与观测井的观测含水层同属一个含水层时，开采井与观测井间的规定距离，可依含水层的岩性规定如下（表17-5）。

表 17-5　松散砂砾石含水层中开采井与观测井间最小距离

含水层岩性	粉砂	细砂	中砂	粗砂	砾石
最小距离/km	1	1.5	2.5	3	6

2. 观测含水层为基岩裂隙水或岩溶水层

观测含水层为基岩裂隙水或岩溶含水层的地区，若开采井的开采层与观测井的观测含水层同属一个含水层时，开采井与观测井间的距离，可依井区水文地质条件的复杂程度规定，如表 17-6 所示。

表 17-6　基岩含水层中开采井与观测井间最小距离

井区水文地质条件复杂程度	简单	中等	复杂
最小距离/km	1	5	10

有条件做水文地质抽水试验的地区或已有水文地质抽水试验资料的地区，可依抽水试验结果，通过抽水影响半径（R）的计算，确定较为准确的最小距离。

当观测含水层与开采井含水层不属于同一个含水层，而且其间发育有分布稳定、厚度大于 20m 的隔水层时，可不考虑观测井与开采井间的距离。

（三）地下注水井与观测井间规定距离

地下注水井与观测井都在同一个含水层时，地下注水井与观测井间的规定距离应 ≥1km。

（四）矿山开采区与观测井间最小距离的规定

不同的矿井开采活动，对地下流体观测的影响不同，因此可分为不同性质的开采活动，依观测含水层的渗透性分别规定如表 17-7 所示。

表 17-7　矿山开采区与观测井间最小距离

含水层渗透性 K/（m/d）		<1	1~10	>10
最小距离/km	疏干排水区井间	1	5	10
	爆破区与井间	5		
	矿震活动区与井间	≥2		

（五）其他干扰源与观测井间最小距离

1）铁路

为防止铁路线上运行列车荷载对地下流体动态产生干扰异常，观测井与铁路间的规定距离应 ≥0.5km。

2）滑坡与泥石流活动区

为防止滑坡与泥石流活动对地下流体动态产生干扰异常，观测井与滑坡、泥石流活动区边界的规定距离应 ≥1km。

上述各类干扰源与观测井间规定距离，为地下流体观测站观测环境的保护提供了技术标准。各项定量指标是通过大量的调查研究、专项试验观测与理论分析后提出的，可用于保护地下流体观测站的观测环境，各类干扰源距观测井的距离超过上述规定的最小距离时，一般不会对地下流体动态的正常观测构成威胁，即使产生干扰，其干扰量会小于允许干扰度值。

第四节 地下流体观测数据处理与异常识别

地下流体观测中所获得的观测数据，除包含用于地震分析预报和地震科学研究的有关信息外，还含有误差和干扰。地下流体数据处理的工作内容，主要包括：①对数据观测资料的质量进行定量评估，如根据误差理论定量地描述数据的可靠性和精确性等。②排除观测数据中的有关干扰成分。根据目前研究结果，地下流体中的水位一般会受到气压、降水、固体潮等影响，水（气）氡、水（气）汞一般会受到气温、气压、降水和水点流量等因素的影响，地热（水温）的观测会受到水位、流量、气温的影响。同样，水中其他气体组分、水质离子及土壤气观测等也受气象、水文等因素的影响。为了有效获取构造活动引起的地下流体变化的信息，需要对观测数据的动态变化进行分析，根据观测数据的动态特征，选取合适的数据处理方法，定量排除干扰成分。③提取与地震孕育、发生过程有关系的信息。在排除干扰成分的基础上，根据分析预报工作和科学研究的需要，选择适当的数学处理方法，提取不同频段的信息，作用是压制噪音，突出信号，提高信噪比。

一、地下流体异常识别方法

（一）动态曲线分析法

动态曲线就是采样时间与测值为纵横坐标绘制的动态曲线图。目前常用的有整点值、日均值、五日均值、旬均值、月均值等。正常情况下，地下流体测的日观测值遵循其正常的日动态变化，用日观测值的曲线判断异常，一般方法是选择地震平静时段的日观测值作为正常动态，计算观测点每个月内观测值均方差和误差，取每个月误差范围内的平均值为每个观测点误差范围内的代表值。对于近直线型年动态的水点，可采用地震平静时段的算术平均值为基值。对于年变形态明显的，可根据主要影响因素，将主要影响因素排除后，以其平均值为基值，用观测误差（或以均方差代替）作为异常界限判断异常。

（二）差分法

设对变量 Y（如水氡、水位、水温等）作等间距 ΔT 的观测，ΔT 通常为步长（若每天观测一次 $\Delta T=1\mathrm{d}$），由此得到一观测序列 Y_i（$i=1,2,\cdots,n$），则其一阶差分如下。

（1）差分算术值（一般形式）。

$$\Delta Y_i = Y_{i+1} - Y_i$$

式中，Y_i 为观测值；ΔY_i 为一阶差分。若 $\Delta Y_i>0$，表示下一个观测值为相对增加，否则为相对减小，因而 ΔY_i 为差分算术值。

（2）差分绝对值。

$$\Delta Y_i = \left| Y_{i+1} - Y_i \right|$$

（3）差分绝对值累加序列。

$$Ys_i = \sum_{k=1}^{l} \left| \Delta Y_{i+k-1} \right|$$

式中，ΔY_i 为一阶差分值；Ys_i 为差分绝对值累加序列。

（4）差分异常频次累加序列。

$$0\text{-}1 \text{ 化序列} \qquad N_i = \begin{cases} 1 & \Delta Y_i \geqslant K\sigma \\ 0 & \Delta Y_i < K\sigma \end{cases}$$

式中，ΔY 为差分值；Y 为观测值；i 为数据的序列；K 为控制线倍数，一般取 2～3 倍；σ 为差分值序列的均方差；N_i 为异常 0-1 化序列，则差分异常频次累加序列为

$$Ns_i = \sum_{k=1}^{l} N_{i+k-1}$$

差分可分为一阶到多阶，一阶差分实质就是后一天减去前一天的数据得出的算术值或绝对值组成一个新的序列，因此每作一次差分，数据就会减少一个，即通常所说的数据损失。目前常用的有一阶差分和二阶差分。如果自变量 T 表示时间，因变量 Y 表示 T 时的观测值，则 ΔY_i 表示观测值 Y_i 在 ΔT 时间间隔里的变化值，具有"速度"的物理意义，同理，二阶差分 $\Delta^2 Y_i$ 则具有"加速度"的意义，因此差分法又叫梯度法或速率法。研究发现，各阶差分的权系数相应的频率特性在圆频率 $\omega = \pi / \Delta T$ 时响应最好，即各阶差分法都对周期为 2 倍步长的波动响应最好，周期大于或小于 2 倍步长的变化都受到抑制，因此，它相当于带通滤波器。同时还发现，差分阶数越高，频带越窄，即除了接近于 2 倍步长的变化能保留外，其他周期基本被滤掉。当步长 ΔT 取得较小时，保留的周期也较小，从而把数据序列中大量存在的较长周期的变化抑制了。从这个角度看，差分法又相当于高通滤波器，综上所述，差分法是一种压抑较长周期、突出较短周期变化的线性滤波器。用于短临预报的数据处理，特别是高低变化波动频繁的时段，效果更佳。

（三）自适应阈值法

自适应阈值法也叫滑动均值异常法（张炜等，1992），用来判别短临异常。具体方法步骤如下。

1. 计算滑动平均值

设测值日值序列的长度为 n，滑动步长为 s，计算公式为

$$\text{MV}(i+s-1) = \frac{1}{s} \sum_{j=i}^{s-1+i} x_j \quad (i = 1, 2, 3, \cdots, n-s+1)$$

式中，为了求 30 天的滑动平均值，令 $s = 30$，当 s 确定后，i 从 1 到 $n-s+1$ 间逐步变化时，即求出一列新的滑动平均值 $\text{MV}(i+s-1)$。例如，当 $i = 1$ 时，上式变为

$$MV(30) = \frac{1}{30} \sum_{j=1}^{30} x_j$$

这就是前 30 天的数据经滑动平均后，作为第 30 天的滑动平均值。依次类推，直到 $i = n - s + 1$ 为止。平滑处理后，原始数据长度将损失 $s - 1$ 个。

2. 计算滑动均方差

计算公式为

$$\sigma(i+s-1) = \sqrt{\frac{1}{s-1} \sum_{j=i}^{s-1+i} \left[x_j - MV(i+s-1) \right]^2} \quad (s=30; \ i=1,2,3\cdots, \ n-s+1)$$

式中，σ 为滑动均方差；MV 为滑动平均值；s 为滑动步长；x 为原始数据；i 为循环变量。

3. 计算自适应阈值

$$D(i) = T\sigma(i-1) \quad (i=s+1, s+2, \cdots, \ n; s=30)$$

式中，$D(i)$ 为自适应阈值；$\sigma(i-1)$ 为滑动均方差；T 为整数，可取 2、3、4，根据水点的具体情况而定。

4. 判定短临异常

$$x_j = MV(i-1) \geqslant D(i) \quad (i=s+1, s+2, \cdots, \ n; s=30)$$

式中，x_j 为原始观测数据，当上式成立时，表明出现了异常点，当差值小于阈值时，表明没有出现异常。随着循环变量 i 的逐次增加，滑动均方差 $\sigma(i-1)$、滑动平均值 $MV(i-1)$、阈值 $D(i)$ 都在变化调整，故叫自适应阈值异常检查。

该方法的物理含义：用 30 个观测值作滑动平均，求出滑动平均值序列作为基线，用下一个观测值与其基线相比较，看其变化是否大于 2 倍或 3 倍滑动均方差，若大于，则表明此观测值中包含有异常。采用 30 天作滑动平均，滤去了周期小于 30 天的各种短期成分，以此作为基线能较客观地反映测值的变化趋势。

二、地下流体震兆异常的调查与落实

地下流体前兆观测，就是通过井、泉、断层或地下气体通道等地下水露头观测发生在地壳岩石介质中的地下水、气和热物理化学性质或性状的变化。这种变化可分为正常变化和异常变化。正常变化是在没有干扰信息的情况下，用仪器观测到的随时间按一定规律变化的动态信息。异常变化是指不遵循正常变化规律的信息。引起异常变化的原因很多，就地震预报的信息识别而言，引起这种变化的原因主要分为两类：一类是与地震活动有关的异常；另一类是与地震活动无关的异常，称为干扰异常。因此，异常的调查和落实，以及干扰异常的排除和地震异常的提取是进行地震分析预报的前提。

（一）异常调查与落实的思路和方法

引起地下流体异常的原因很多，较为常见的有大环境变化引起的异常，也有台站观测条件的改变引起的异常和观测仪器的变化引起的异常。几乎所有的环境因素和所有的观测条件与观测环境的变化都有可能引起干扰异常。与地震有关的异常有源兆异常、场兆异常、远场异常，还有同震效应引起的异常、震后调整引起的异常、构造活动引起的异常、无法查明根源的异常等。因此，为了进行科学的地震分析预报，当出现与正常变化形态不同的异常变化时，必须对异常进行调查和研究，其主要内容包括异常的真实性、异常的起因与异常的性质三方面的工作。

异常的真实性就是确认异常是否真实存在。实际工作中发现，有些"异常"是由工作人员的失误造成的，如读数、抄数、报数、数据的传输、数据的读取及仪器标定值换算等过程中差错引起的异常。因此，对异常真实性的落实是非常必要的。异常的成因调查是异常落实的重要环节，虽然引起观测数据异常变化的原因很多，但具体到每个台站和具体的异常，大多可以从定性的角度查清原因。

常见的地下流体动态干扰因素主要有：

自然环境类，如降水（降水量大小与分布面积、降水过程等）、气压（特大波动与突变等）、气温、水温、观测室温度、江河水（特大水位变化与突变等）、水渠（严重漏失等）、水库（蓄水与放水等）、泥石流与滑坡（开始活动与加剧活动等）。

人类活动类，如地下开采（新井投产、旧井的停产或加大开采量等）、地下水回灌（回灌井投产、回灌量变化等）、农田灌溉（灌溉开始与停止、灌溉水质变化等）、油田生产（开采井与开采层的变化、注水井与注水层的变化等）、矿井疏干（疏干与疏干量变化、矿井淹没与停疏等）、矿山爆破与矿井坍塌（爆破与坍塌的部位与规模等）、机械振动（火车与载重车通过等）。

观测条件，如观测井结构（坍塌、老化破裂或腐蚀渗漏、洗井、变径等）、井口装置（类型、形状、尺寸、材料等变化）、井水自流状态（自流井的变化、断流等）、仪器工作环境（温度、湿度、电磁干扰等）、台站工作环境（供电、通讯、雷击等）。

观测工作，如水化学样品的采集（采集位置、采集方式、取样容器等）、观测基准点（水位观测基准点、水位与水温传感器位置变更）、仪器与设备（老化、故障、更新等）、操作与规范（是否规范）、标定与检查（是否按规定进行、是否在规定时间内进行、标定结果是否在误差范围内、有无按规定校正等）。

对于异常的调查研究方法，特别是重要异常的调查与研究，首先是要深入实地，到观测场地进行调查与研究，对引起干扰异常的各个原因逐个排查。必要时，应进行实验与检测，常见的工作有对仪器的标定与检测；在现场进行同测项的对比观测、加密观测与平行观测；有时要进行抽水实验、注水实验、放水实验等。

查不清干扰原因的异常一般采用类比法，即与本台本项已有的震兆异常进行对比分析、与本地区本类震兆异常进行对比分析、与国内外同类震兆异常进行对比分析等，把与已有的震兆异常具有相似性的异常判定为震兆异常。然后，进行异常的跟踪与震情的分析，为地震预报提供科学依据。

一般步骤为：

（1）检查观测室的测试条件是否变化，测试仪器是否稳定，仪器有无正常标定，标定值有无变化，测试程序是否按规范进行，测试人员有无变动，其计数水平如何，有无人为干扰；

（2）水点周围环境有无变化，所观测的含水层有无新的开采、抽水和注水现象；

（3）井（泉）口采水装置有无变更，取水条件有无变化，是否按规范定时、定人采取水样；

（4）同一观测点的其他测项有无变化；

（5）同一地区其他地震监测手段有无异常，异常出现时间是否有呼应关系；

（6）异常分布的空间范围如何，是否存在局部环境条件的干扰。

（二）干扰异常的排除

1. 干扰因素定量排除的数学方法

1）线性趋势分析

有些资料无明显周期性干扰成分，但长趋势变化明显，属非稳态序列，不符合随机序列方差分析的数学模型，故不能直接用标准差作为异常分辨的控制线。这种趋势变化可以看作是判别短临异常的干扰成分，因此用线性趋势分析给予排除。用去趋势后的序列提取异常指标，并用其剩余标准差作异常分辨的控制线，就容易判别超差的地震异常。

2）回归分析

常用的回归分析方法有曲线回归、多元线性回归和多元逐步回归，回归分析方法是定量排除干扰成分的有效方法之一，尤其是逐步回归分析方法，不但能排除干扰因素对观测值的影响，而且可以消除干扰因素之间的相互影响，并把主要因素引入回归方程。回归分析方法排除干扰物理意义明确。但值得注意的是，由于观测值对于干扰因素的滤波效应和相位滞后，用回归值作为观测值的干扰成分，会产生某些附加干扰。

3）最优周期谱分析

该方法是时间域上的一种谱分析方法，可以提取时间序列中一系列相互独立的最优周期成分，对那些与随机变量混合在一起的隐含周期有较高的分辨率。在干扰排除方面，可将最优周期中那些与地震异常信息无关的周期成分从原始序列中剔除，使余差序列的前兆异常与地震对应率达到最高。这些被排除的成分，可作为以后干扰排除的外推模式。该方法的不足之处是排除的周期成分依经验而定。

4）最优周期谱混合回归分析

该方法主要步骤是，在与辅助观测项目进行逐步回归分析的同时，逐次选择观测值中的显著周期成分，与主要干扰因子一起组成混合回归方程。将混合回归方程中的主要干扰因素和部分与地震异常信息无关的周期成分（包括趋势变化成分）构成干扰模式，进行干扰排除，这种干扰模式在一定时间段内可以外推来排除干扰，为快速获取地震前兆信息提供方便。

2. 干扰因素的定性排除

1）地下水干扰因素的排除

引起地下水异常的非地震（干扰）因素很多，不同的因素其排除方法存在差异。地下水位的主要干扰因素可分为两大类：一类是通过影响含水层从而引起水位变化，如降水和开采；另一类是以附加应力的形式作用于含水层，使含水层应力应变状态发生改变而引起水位的变化。地下水位是包含干扰与信息在内的一个综合物理量，可以根据各类干扰因素的特征及其周期等将它们分析或予以剔除。

2）地热干扰因素排除

（1）观测系统经过多次对比观测实验，并经过检验，如果结果一致，则所得资料是可信的。

（2）对于观测井比较浅，封闭条件差，容易受到降水、气温等干扰的，利用相关分析可以排除。

（3）地热观测的动水位观测井，该类井出水口的堵塞、清理及调整水流量，会影响地热观测，使地热动态呈现人为的上升趋势或阶跃下降，其容易识别并排除。

（4）中温温泉和自流井，普遍存在着开采热水现象，这类观测点应采用调查环境，对比观测的分析方法，掌握其规律，以便有效地排除干扰异常。

3）水化学干扰的排除方法

水化学观测因子在其形成、运移的过程中，会受到岩石、地下流体和上覆土壤等各种环境因素的影响，在测试过程中，又会受到仪器因素的影响而造成干扰。多年的地震预报实践证明，水化学干扰因素的定性分析和定量排除是有效提取地震前兆信息的重要工作。

地震预测是世界性的科学难题，目前正处在艰难探索的阶段，地震水文地质学学科也不例外。我国地震水文地质学科的几代专家们，历经近40年的努力，提出了多种多样的利用地下流体异常预测地震的方法，本书不再阐述，相关方法可参考《地震地下流体学》、《地下流体理论基础与观测技术》等相关书籍。

参 考 文 献

鲍戈莫洛夫ΓB, 阿里特舒里AX. 1980. 人工补给地下水. 赵抱力等译. 北京: 水利出版社

蔡义汉. 2004. 地热直接利用. 天津: 天津大学出版社

曹剑锋, 迟宝明, 王文科等. 2006. 专门水文地质学(第三版). 北京: 科学出版社

曹剑锋, 李绪谦. 1998. 地下水系统分析与模拟. 西安: 西安地图出版社

车用太, 陈建民等. 1995. 地震地下流体观测技术. 北京: 地震出版社

车用太, 鱼金子等. 2004. 地下流体典型异常的调查与研究. 北京: 气象出版社

车用太, 鱼金子等. 2006. 地震地下流体学. 北京: 气象出版社

车用太, 鱼金子, 王基华等. 2000. 地壳流体与地震活动关系及其对地震预测探索的启示. 地震, S1: 91-96

陈蓓蓓, 宫辉力, 李小娟等. 2011. 基于InSAR技术北京地区地面沉降监测与风险分析. 地理与地理信息科学, 27(2): 16-37

陈蓓蓓, 宫辉力, 李小娟等. 2012. 北京地下水系统演化与地面沉降过程. 吉林大学学报(地球科学版), 42(1): 373-379

陈崇希, 李国敏. 1996. 地下水溶质运移理论及模型. 武汉: 中国地质大学出版社

陈家琦, 王浩, 杨子柳. 2002. 水资源学. 北京: 科学出版社

陈梦熊. 2003. 中国水文地质工程地质事业的发展与成就. 北京: 地震出版社

陈梦熊, 马凤山. 2002. 中国地下水资源与环境. 北京: 地质出版社

陈墨香, 汪集旸, 邓孝. 1994. 中国地热资源——形成特点和潜力评估. 北京: 科学出版社

陈宗宇, 齐继祥, 张兆吉等. 2010.北方典型盆地同位素水文地质学方法应用. 北京:科学出版社

地质矿产部. 1982. 区域水文地质普查规范补充规定(试用)(内部发行). 北京: 地质出版社

董报国, 吴家燕, 刘瑞文. 1995. 内陆盐碱土开发治理. 北京: 中国农业科技出版社

杜新强, 迟宝明, 路莹等. 2012. 雨洪水地下回灌关键问题研究. 北京: 中国大地出版社

杜新强, 冶雪艳, 路莹等. 2009. 地下水人工回灌堵塞问题研究进展. 地球科学进展, 24(9): 973-980

房佩贤, 卫中鼎, 廖资生. 1987. 专门水文地质学(第一版). 北京: 地质出版社

房佩贤, 卫中鼎, 廖资生. 1996. 专门水文地质学(第二版). 北京: 地质出版社

费瑾. 1993.普及同位素技术推动水文地质学发展.中国同位素水文地质学进展（1988-1993）. 天津: 天津大学出版社

弗里泽RA, 彻里JA. 1987. 地下水. 吴静方译. 北京: 地震出版社

宫辉力. 1997. 郑州市水资源管理决策支持系统的设计与构成. 长春科技大学学报, 27(4): 420-423

宫辉力. 1998. GIS技术支持下的城市水资源管理. 工程勘察, (1): 29-32

宫辉力, 吕卫. 1996. 地理信息系统(GIS)在地下水领域应用的一些新进展. 工程勘察, (6): 28-31

宫辉力, 李京, 陈秀万等. 2000. 地理信息系统的模型库研究. 地学前缘, 7(增刊): 17-22

宫辉力, 林学钰, 吕卫. 1997. 彩色数字化水文地质系列图的编制. 工程勘察, (3): 33-36

宫辉力, 林亚菊, 魏学君等. 1997. 城市水资源管理决策支持系统的数据流程分析. 勘察科学技术, (2): 13-17

宫辉力, 张有全, 李小娟等. 2009. 基于永久散射体雷达干涉测量技术的北京市地面沉降研究. 自然科学进展, 19(11): 1261-1266

供水水文地质手册编写组. 1983a. 供水水文地质手册(第二册). 北京: 地质出版社

供水水文地质手册编写组. 1983b. 供水水文地质手册(第三册). 北京: 地质出版社

关秉钧. 1986. 我国大气降水中氚的数值推算. 水文地质工程地质, 15(4): 38-41

国家地震局. 1989. 地震地下水动态观测规范. 北京: 地震出版社

国家地震局科技监测司. 1995. 地震地下流体观测技术. 北京: 地震出版社

国家地震局预测预防司. 1997. 地下流体地震预报方法. 北京: 地震出版社

国家环境保护局. 1992. 农田灌溉水质标准(GB 5084-92)

国家环境保护总局监督管理司. 2000. 中国环境影响评价培训教材. 北京: 化学工业出版社

国家技术监督局. 1990. 地热资源地质勘察规范(GB11615-89).

国家技术监督局. 1992. 天然矿泉水地质勘探规范(GB/T 13727-92)

国家技术监督局. 1993. 地下水质量标准(GB/T14848—93)

国家技术监督局. 1994. 地下水资源分类分级标准(GB 15218—94)

国家技术监督局. 1995. 饮用天然矿泉水(GB 8537—1995)

国土资源部地质环境司. 2001. 地下水资源图编图方法指南. 北京: 地质出版社

河北省地质局水文地质四大队. 1987. 水文地质手册. 北京: 地质出版社

黄杏元, 马劲松, 汤勤. 2001. 地理信息系统概论. 北京: 高等教育出版社

霍夫斯 J. 1976. 稳定同位素地球化学. 丁悌平译. 北京: 科学出版社

籍传茂, 侯景岩, 王兆馨. 1996. 世界各国地下水开发和国际合作指南. 北京: 地震出版社

纪万斌. 1998a. 塌陷灾害与防治丛书——工程塌陷与治理. 北京: 地震出版社

纪万斌. 1998b. 塌陷灾害与防治丛书——塌陷与建筑. 北京: 地震出版社

蒋辉. 1993. 环境水文地质. 北京: 科学出版社

李大通, 张之淦. 1990. 核技术在水文地质中的应用指南(联合国国际原子能机构技术报告丛书 No. 91). 北京:
　　地质出版社

李大通等. 1990. 核技术在水文地质中的应用指南.国际原子能委员会技术报告丛书. 北京: 地质出版社

李广贺. 2002. 水资源利用与保护. 北京: 中国建筑出版社

李纪人, 黄诗峰. 2003. "3S"技术水利应用指南. 北京: 中国水利水电出版社

李竞生, 姚磊华. 2003. 含水层参数识别方法. 北京: 地质出版社

李俊亭. 1989. 地下水流数值模拟. 北京: 地质出版社

李同斌, 邹立芝. 1995. 地下水动力学. 长春: 吉林大学出版社

李文鹏, 周宏春, 周仰效等. 1995. 中国西北典型干旱区地下水流系统. 北京: 地震出版社

连炎青. 1990. 大气降水氚含量恢复的多元统计学方法——以临汾地区降水氚值恢复为例. 中国岩溶, 9(2):
　　157-166

廖志杰, 赵平. 2000. 滇藏地热带. 北京: 科学出版社

林纪曾. 1981. 观测数据的数学处理. 北京: 地震出版社

林年丰, 李昌静, 钟佐燊等. 1990. 环境水文地质学. 北京: 地质出版社

林学钰, 焦雨. 1987. 石家庄市地下水资源的科学管理. 长春地质学院学报, 17(水文地质专辑): 30-45

林学钰, 廖资生. 1995. 地下水管理. 北京: 地质出版社

林学钰, 廖资生. 2002. 地下水资源的基本属性和我国水文地质科学的发展. 地学前缘, 9(3): 93-94

林学钰, 廖资生, 赵勇胜等. 2005. 现代水文地质学. 北京: 地质出版社

林振耀, 尤联元. 1991. 海水入侵防治研究. 北京: 气象出版社

刘昌明, 何希吾. 1998. 中国 21 世纪水问题方略. 北京: 科学出版社

刘传正. 2000. 地质灾害勘查指南. 北京: 地质出版社

刘丹, 刘世青, 徐则民. 1997. 应用环境同位素方法研究塔里木河下游浅层地下水. 成都理工学院学报, 24(3):
　　89-95

刘家祥, 蔡巧生. 1988. 北京西郊地下水库研究. 北京: 地质出版社

刘杰, 何报寅, 丁超等. 2012. 利用 MODIS 探测华北平原浅层地下水水位变化的初步研究. 华中师范大学学
　　报(自然科学版), 46(1): 121-126

刘启仁. 1995. 中国固体矿床的水文地质特征与勘探评价方法. 北京: 石油工业出版社

刘绮, 潘伟斌. 2008. 环境质量评价(第二版). 广州: 华南理工大学出版社

刘善建. 2000. 水的开发利用. 北京: 中国水利水电出版社

刘耀炜, 牛安福, 卢军. 2004. 强地震短期前兆异常的物理解释. 北京: 地震出版社

刘毅, 龚士良. 1998.上海市地面沉降泊松旋回长期预测.中国地质灾害与防治学报, 9（2）: 75-80

刘兆昌, 李广贺, 朱琨. 1998. 供水水文地质(第三版). 北京: 中国建筑工业出版社

陆雍森. 1999. 环境评价(第二版). 上海: 同济大学出版社

马经国. 1992. 新能源技术. 南京：江苏科学技术出版社

毛文永. 1998. 生态环境影响评价概论. 北京: 中国环境科学出版社

梅安新, 彭望琭. 2001. 遥感导论. 北京: 高等教育出版社

庞炳乾. 1987. 常州地区同位素应用. 苏州地质, 12(6): 31-37

彭汉兴. 1997. 环境工程水文地质学. 北京: 中国水利水电出版社

钱家忠, 汪家权. 2003. 中国北方型裂隙岩溶水模拟及水环境质量评价. 合肥: 合肥工业大学出版社

钱家忠. 2009. 地下水污染控制. 合肥: 合肥工业大学出版社

萨师煊, 王珊. 2001. 数据库系统概论. 北京: 高等教育出版社

上海市水文地质大队. 1977. 地下水人工回灌. 北京: 地质出版社

沈继方, 高云福. 1995. 地下水与环境. 武汉: 中国地质大学出版社

沈树荣等. 1985. 水文地质史话. 札记. 北京: 地质出版社

沈照理, 刘光亚, 杨成田等. 1985. 水文地质学. 北京: 科学出版社

沈振荣, 张瑜芳, 杨诗秀等. 1992. 水资源科学实验与研究——大气水、地表水、土壤水、地下水相互转化关系. 北京: 中国科学技术出版社

石慧馨, 蔡祖煌, 许志藩. 1988. 碳酸盐岩地区地下水年龄的同位素研究. 中国岩溶, 7(4): 302-306

石振华, 李传尧. 1993. 城市地下水工程与管理手册. 北京: 中国建筑工业出版社

史长春. 1983. 水文地质勘察. 北京: 水利电力出版社

水利部水资源司, 南京水利科学研究院. 2004. 21 世纪初期中国地下水资源开发利用. 北京: 中国水利水电出版社

水利电力部水文局. 1987. 中国水资源评价. 北京: 水利电力出版社

孙颖, 苗礼文. 2001. 北京市深井人工回灌现状调查与前景分析. 水文地质工程地质, (1): 21-23

塔西甫拉提·特依拜, 崔建永, 丁建丽. 2005. 热红外遥感技术探测干旱区绿洲——荒漠交错带地下水分布的方法研究. 干旱区地理, 28(2): 252-257

汤益先, 张红, 王超. 2006. 基于永久散射体雷达干涉测量的苏州地区沉降研究. 自然科学进展, 16(6): 1015-1020

万迪堃, 汪成民. 1993. 地下水动态异常与地震短临预报. 北京: 地震出版社

万军伟, 刘存富, 晁念英等. 2003. 同位素水文学理论与实践. 武汉: 中国地质大学出版社

万力, 曹文炳, 胡伏生等. 2005a. 生态水文地质学. 北京: 地质出版社

万力, 曹文炳, 胡伏生等. 2005b. 生态水文学与生态水文地质学. 地质通报, 24(8): 700-703

汪成民, 车用太, 万迪堃等. 1988. 地下水微动态研究. 北京: 地震出版社

汪成民, 车用太, 王铁成等. 1990. 中国地震地下水动态观测网. 北京: 地震出版社

王东升, 徐乃安. 1993. 中国同位素水文地质学之进展. 天津: 天津大学出版社

王浩, 杨小柳, 阮本清. 2001. 流域水资源管理. 北京: 科学出版社

王恒纯. 1991. 同位素水文地质概论. 北京: 地质出版社

王瑞久. 1984. 山西娘子关泉的地下水储量估算. 水文地质工程地质, 13(6): 34-38

王洒, 宫辉力, 杜兆峰等. 2012. 基于 PSInSAR 技术的地面沉降监测研究——以北京怀柔区为例. 测绘科学, 37(3): 72-74

王维平. 2009. 中国—澳大利亚含水层补给管理新进展. 郑州: 黄河水利出版社

王文科, 韩锦萍, 赵彦琦等. 2004. 银川平原水资源优化配置研究. 资源科学, 26(2): 36-45

王文科, 孔金玲, 王钊等. 2001. 论水资源管理模型存在的问题与发展趋势. 工程勘察, (6): 15-18

王文科, 王钊, 孔金玲等. 2001. 关中地区水资源分布特点与合理开发利用模式. 自然资源学报, 16(6): 499-504

王文科等. 2005. 关中水资源管理决策支持系统及水资源合理开发利用. 西安: 陕西科学技术出版社

王焰新. 2007. 地下水污染与防治. 北京: 高等教育出版社

王增银. 1995. 供水水文地质学. 北京: 中国地质大学出版社

王兆馨. 1992. 中国地下水资源开发利用. 呼和浩特: 内蒙古人民出版社

王正涛, 2005. 卫星跟踪卫星测量确定地球重力场的理论与方法. 武汉: 武汉大学博士学位论文

卫克勤, 林瑞芬, 王志祥. 1982. 水的同位素组成及其水文地质意义. 地质地球化学, (9): 33-38

乌先科 B C. 1987. 生活饮用供水系统的地下水人工补给//地下水人工补给译文集. 北京: 地质出版社

武晓峰, 唐杰. 1998. 地下水人工回灌与再利用. 工程勘察, (4): 37-42

肖和平等. 2000. 地质灾害与防御. 北京: 地震出版社

宿青山, 刘丽, 范业成, 等. 1991. 现代实验水文地质学. 长春: 吉林科学技术出版社

徐恒力. 2001. 水资源开发与保护. 北京: 地质出版社

许海丽. 2013. 基于遥感的北京市降水入渗补给量估算研究. 北京: 首都师范大学硕士学位论文

薛禹群. 2001. 地下水动力学(第二版). 北京: 地质出版社

薛禹群, 谢春红. 2007. 地下水数值模拟. 北京: 科学出版社出版

杨成田. 1981. 专门水文地质学. 北京: 地质出版社

姚凤良, 郑明华. 1983. 矿床学基础教程. 北京: 地质出版社

于映华, 郭纯青, 莫源富, 2012. 基于 ASTER 数据的岩溶地下水天然出露点信息提取与识别. 水文地质工程地质, 39(3): 6-12

余国光, 廖资生, 迟宝明等. 1989. 中国北方煤矿区碳酸盐岩供水水文地质勘探类型及勘探方法研究. 长春地质学院学报, 19(4): 409-416

袁道先. 2003. 以地球系统科学理论推动水文地质学发展. 水文地质工程地质, 30 (1) : 1, 44

袁道先, 蔡桂鸿. 1988. 岩溶环境学. 重庆: 重庆出版社

原国家冶金工业局, 中华人民共和国国家质量监督检验检疫总局, 中华人民共和国建设部. 2001. 供水水文地质勘察规范(GB 50027—2001). 北京: 中国计划出版社

云桂春, 成徐州. 2004. 人工地下水回灌. 北京: 中国建筑工业出版社

张光辉, 贾宇红, 刘克岩. 2004. 海河平原地下水演变与对策. 北京: 科学出版社

张光辉, 刘少玉, 谢悦波. 2005. 西北内陆黑河流域水循环与地下水形成演化模式. 北京: 地质出版社

张进平, 程维明. 2005. 中国 1:100 万遥感地貌制图方法的试验. 地球信息科学, 7(2): 36-39

张梁, 张业成, 罗元华等. 1998. 地质灾害灾情评估理论与实践. 北京: 地震出版社

张人权. 2003. 地下水资源特征及其合理开发利用. 水文地质工程地质, 30(6): 1-5

张人权. 2011. 水文地质学基础(第六版). 北京: 地质出版社

张人权等. 1983. 同位素方法在水文地质中的应用: 北京: 地质出版社

张人权, 梁杏, 勒孟贵等. 2005. 当代水文地质学发展趋势与对策. 水文地质工程地质, 32(1): 51-55

张炜, 李宣瑚, 鄂修满等. 1992. 水文地球化学地震前兆观测与预报. 北京: 地震出版社

张炜, 王吉易, 鄂修满等. 1988. 水文地球化学预报地震的原理与方法. 北京: 教育科学出版社

张炜. 1992. 水文地球化学地震前兆观测与预报. 北京: 地震出版社

张蔚榛. 1983. 地下水非稳定流计算和地下水资源评价. 北京: 科学出版社

张晓东, 丁鉴海. 2005. 中国大陆地震短期异常特征和综合预报方法研究. 北京: 地震出版社

张永波. 2001. 水工环研究的现状与趋势. 北京: 地质出版社

张元禧, 施鑫源. 1998. 地下水水文学. 北京: 中国水利水电出版社

张之淦, 张洪平, 孙继朝等. 1987. 河北平原第四系地下水年龄、水流系统及咸水成因初探. 水文地质工程地质, 16(4): 1-6

长春地质学院找矿教研室. 1979. 找矿方法. 北京: 地质出版社

赵成, 王文科. 2004. 玉门踏实盆地地资源优化配置的交互式决策方法. 冰川冻土, 26(5): 639-644

赵强, 宫辉力, 赵文吉等. 2004. 基于 VC++ 环境的 ComGIS 开发初探. 计算机工程与应用, 40(7): 214-216

郑伟, 许厚泽, 钟敏等. 2012. 国际下一代卫星重力测量计划研究进展. 大地测量与地球动力学, 32(3): 152-159

郑西来. 2009. 地下水污染控制. 武汉: 华中科技大学出版社

中国地震局. 2001. 地震及前兆数字观测技术规范(试行): 地下流体观测. 北京: 地震出版社

中国地震局监测预报司. 2002a. 地下流体数字观测技术. 北京: 地震出版社

中国地震局监测预报司. 2002b. 地震前兆异常落实工作指南. 北京: 地震出版社

中国地震局监测预报司. 2007. 地震地下流体理论基础与观测技术(试用本). 北京: 地震出版社

中国地质调查局. 2008. 地下水污染地质调查评价规范(DD 2008-01)

中国地质调查局. 2012. 水文地质手册(第二版). 北京: 地质出版社

中华人民共和国地质矿产部. 1982. 中国固体矿床水文地质分类. 北京: 地质出版社

中华人民共和国卫生部. 1985. 生活饮用水卫生标准(GB 5749-85)

中华人民共和国卫生部. 2001. 生活饮用水水质卫生规范

钟敏, 段建宾, 许厚泽等. 2009. 利用卫星重力观测研究近 5 年中国陆地水量中长空间尺度的变化趋势. 科学通报, 54(9): 1290-1294

朱大奎等. 2000. 环境地质学. 北京: 高等教育出版社

朱庭芸. 1992. 灌区土壤盐渍化防治. 北京: 农业出版社

朱学愚, 钱孝星, 刘新仁. 1987. 地下水资源评价. 南京: 南京大学出版社

朱学愚, 谢雨红. 1990. 地下水运移模型. 北京: 中国建筑工业出版社

诸云强, 宫辉力, 赵文吉等. 2003. 基于组件技术的地理信息系统二次开发——以地下水资源空间分析系统为例. 地理与地理信息科学, 19(1): 16-19

诸云强, 宫辉力. 2003. 地下水空间分析系统的设计与实现. 地学前缘, 10(3): 276

Adam M. 2009. A remote sensing solution for estimating runoff and recharge in arid environments Articlein Journal of Hydrology, 373(1):1-14

Alkhaier F, Schotting R J, Su Z. 2009. A qualitative description of shallow groundwater effect on surface temperature of bare soil. Hydrology and Earth System Sciences, 12: 1749-1756

Allan F R, John A C. 1979. Groundwater. London: Prentice-Hall

Barree R D, Conway M W. 2004. Beyond beta factors: A complete model for Darcy, Forchheimer and tran-Forchheimer flow in porous media//Paper SPE 89325 presented at the 2004 annual technical conference and exhibition. Houston, Texas

Basak P. 1977. Non-Darcy flow and its implications to seepage problems. Journal of the Irrigation and Drainage Division, 103(4): 459-473

Bastiaanssen W G M, Menenti M, Feddes R A, et al. 1998a. A remote sensing surface energy balance algorithm for land (SEBAL)1 Formulation. Journal of Hydrology, 212-213: 198-212

Bastiaanssen W G M, Pelgrum H, Wang J, et al. 1998b. A remote sensing surface energy balance algorithm for land (SEBAL)2 Validation. Journal of Hydrology, 212-213: 213-229

Bear J. 1985. 地下水水力学. 许涓铭等译. 北京: 地质出版社

Bouwer H. 1996. Issues in artificial recharge . IAWQ Water Science Technology, 33(10-11): 381- 390

Bouwer H. 2002. Artificial recharge of groundwater: Hydrogeology and engineering. Hydrogeology, 10(1): 121-142

Breña-Naranjo J A, Kendall A D, Hyndman D W. 2014. Improved methods for satellite-based groundwater storage estimates: A decade of monitoring the high plains aquifer from space and ground observations. Geophysical Research Letters, 41: 6167-6173

Castellazzi P, Richard M, Jaime Garfias-Soliz, et al. 2014. Groundwater deficit and land subsidence in central Mexico monitored by GRACE and Radarsat-2. International Geoscience and Remote Sensing Symposium (IGARSS). Quebec, Canada

Castle S L, Thomas B F, Reager J T, et al. 2014. Groundwater depletion during drought threatens future water security of the Colorado River Basin. Geophysical Research Letters, 41: 5904-5911

Charles W Kreitler, Stephen E Ragone , Brian G Kats 1987. $^{15}N/^{14}N$ ratios of groundwater nitrate. Groundwater, (16): 404-409

Cheema M J M, Immerzeel W W, Bastiaanssen W G M. 2014. Spatial quantification of groundwater abstraction in the irrigated Indus Basin. Groundwater, 52(1): 25-36

Culbertson C W, Huntington T G , Caldwell J M, et al. 2014, Evaluation of aerial thermal infrared remote sensing to identify groundwater-discharge zones in the Meduxnekeag River, Houlton. Maine: U. S. Geological Survey Open-File Report 2013-1168: 21

Dams J, Dujardin J, Reggers R, et al. 2013. Mapping impervious surface change from remote sensing for hydrological modeling. Journal of Hydrology, 485: 84-95

Engman E T, Gurney R J. 1991. Remote Sensing in Hydrology . London: Chapman and Hall

Evans E V, Evans R D. 1988. The influence of immobile or mobile saturation upon non-darcycompressible flow of real gases in propped fractures. Journal of Retroleum Technology, 40(10): 1343-1351

Evans E V, Evans R D. The Influence of Immobile or Mobile Saturation Upon Non-DarcyCompressible Flow of Real Gases in Propped Fractures. SPE15066

Evans R D, Hudson C S, Greenlee J E. 1987. The effect of an immobile liquid saturation on the non-darcy flow coefficient in porous media. Spe Production Engineering, 2(4): 331-338

Evans R D, Hudson C S, Greenlee J E. The Effect of an Immobile Liquid Saturation on the Non-Darcy Flow Coefficient in Porous Media. SPE14206

Feng W, Zhong M, Lemoine J-M, et al. 2013. Evaluation of groundwater depletion in North China using the Gravity Recovery and Climate Experiment (GRACE)data and ground-based measurements. Water Resources Research, 49: 2110-2118

Fetter C W. 2001. Applied Hydrogeolgogy(Fourth Edition). New Jersey: Prentice-Hall

Forchheimer P. 1901. Wasserbewewgun durch Boden. Zeitsh-rift des Vereines Deutscher Ingenieure, 49: 1781-1901

Frappart F, Papa F, Güntner A, et al. 2011. Satellite-based estimates of groundwater storage variations in large drainage basins with extensive floodplains. Remote Sensing of Environment, 115: 1588-1594

Gat J R. 1980. Handbook of Environmental Isotope GeochemistryVol. 1. Amsterdam: Elsevier Scientific Publishing Company

George F P. 2002. Groundwater Modeling Using Geographical Information Systems . New York: John Wiley& Sons

Gong H, Pan Y, Xu Yongxin. 2012.Spatio-temporal variation of groundwater recharge in response to variability in precipitation, land use and soil in Yanqing Basin, Beijing, China. Hydrogeology Journal, 20(7): 1331-1340

Güntner A. 2008. Improvement of Global Hydrological Models Using GRACE Data. Surveys in Geophysics, 29: 375-397

Guo W X , Langevin C D. 2002.User's Guide to SEAWAT: A Computer Program for Simulation of Three-Dimensional Variable-Density Ground-Water Flow. U.S. Geological Survey, Techniques of Water-Resources Investigations 6-A7

IanD C, Peter F. 1997.Environmental Isotopes in Hydrogeology. New Jersey: Lewis publishers

Jacqueminet C, Kermadi S, Michel K, et al. 2013. Land cover mapping using aerial and VHR satellite images for distributed hydrological modelling of periurban catchments : Application to the Yzeron catchment (Lyon, France). Journal of Hydrology, 485: 68-83

Joodaki G , Wahr J , Swenson S, 2014. Estimating the human contribution to groundwater depletion in the Middle East, from GRACE data, land surface models, and well observations. Water Resources Research, 50: 2679-2692

JrHarral F S, Morgan K M, Busbey A B, et al. 1994. Using remote sensing and a GIS for mapping springs in the chisos mountains, big bend national park, texas. Tenth Thematic Conference on Geologic Remote Sensing, Ⅰ: 170-173

K.Rozanski. 1985. Deuterium and Oxygen-18 in European Groundwaters-links to Atmospheric Circulation in the past Chemical Geology(Isotope Geoscience Section, 52:349-363

Klauda J B, Sandler S I. 2005. Global distribution of methane hydrate in ocean sediment. Energy & Fuels, 19(2): 459-470

Kuenzer C, Dech S. 2013. Thermal Infrared Remote Sensing Sensors, Methods, Applications. London: Springer

Kvenvolden K A, Lorenson T D. 2001. The global occurrence of natural gas hydrate. American Geophysical Union: 3-18

Lai B, Miskimins J L, Wu Y S. 2009.Non-Darcy porous media flow according to the Barree and Conway model:

laboratory and numerical modeling studies. SPE-122611, presented at the 2009 rockly mountain petroleum technology conference, Denver, CO, 14-16

Laura Carbognin. Overview of the activity of the UNESCO—IHP working group IV M—3. 5 (C)on land subsidence. International Hydrological Programme Division of Water Sciences. Unesco 2003

Lehmann A, Giuliani G, Ray N, et al. 2014. Reviewing innovative earth observation solutions for filling science-policy gaps in hydrology. Journal of Hydrology, 518: 267-277

Lindsey G, Roberts L, Page W. 1992. Inspection and maintenance of infiltration facilities. Journal of Soil Water Conservation, 47(6): 481-486

Lo M-H, Famiglietti J S, Yeh P J F, et al. 2010. Improving parameter estimation and water table depth simulation in a land surface model using GRACE water storage and estimated base flow data. Water Resources Research, 46: W05517

Longuevergne L, Scanlon B R, Wilson C R. 2010. GRACE Hydrological estimates for small basins: Evaluating processing approaches on the High Plains Aquifer, USA. Water Resources Research, 46(11): 6291-6297

Magesh N S, Chandrasekr N, Soundranayagam J P. 2012. Delineation of groundwater potential zones in Theni district, Tamil Nadu, using remote sensing, GIS and MIF techniques. Geoscience Frontiers, 3(2): 189-196

Martin R. Clogging remediation methods to restore well injection capacity//Clogging issues associated with managed aquifer recharge methods . Austrilian: IAH Commission on Managed Aquifer Recharge

Milewski A, Sultan M, Yan E, et al. 2009. A remote sensing solution for estimating runoff and recharge in arid environments. Journal of Hydrology, 373(1): 1-14

Milkov A V. 2004. Global estimates of hydrate-bound gas in marine sediments: How much is really out there? Earth Science Reviews, 66(3): 183-197

Moridis G J, Collett T S, Boswell R et al. 2009.Toward production from gas hydrates: current status, assessment of resources, and simulation-based evaluation of technology and potential. SPE Reservoir Evaluation & Engineering , 12(5): 745-771

Moridis G J, Collett T S, Pooladi-Darvish M et al. 2011. Challenges, uncertainties, and issues facing gas production from gas-hydrate deposits. SPE Reservoir Evaluation & Engineering, 14(1): 76-112

Muskett R, Romanovsky V. 2011. Alaskan permafrost groundwater storage changes derived from GRACE and ground measurements. Remote Sensing, 3: 378-397

Pruess K. 2006. Enhanced geothermal systems (EGS)using CO_2 as working fluid - a novel approach for generating renewable energy with simultaneous sequestration of Carbon. Geothermics, 35: 351-367

Ranganaia R T, Ebinger C J. 2008. Aeromagnetic and Landsat TM structural interpretation for identifying regional groundwater exploration targets, south-central Zimbabwe Craton. Journal of Applied Geophysics, 65(2): 73-83

Rodell M, Velicogna I, Famiglietti J S. 2009. Satellite-based estimates of groundwater depletion in India. Nature, 460: 999-1002

Rutqvist J, Wu Y S, Tsang C F, et al. 2002.A modeling approach for analysis of coupled multiphase fluid flow, heat transfer, and deformation in fractured porous rock. International Journal of Rock Mechanics & Mining Sciences, 39: 429-442

Sass G Z, Creed I F, Riddell J, et al. 2014. Regional-scale mapping of groundwater discharge zones using thermal satellite imagery. Hydrological Process, 28(23): 5662-5673

Scanlon B R, Longuevergne L, Long D. 2012. Ground referencing GRACE satellite estimates of groundwater storage changes in the California Central Valley, USA. Water Resources Research, 48(4): 142-148

Shamsudduha M, Taylor R G, Longuevergne L. 2012. Monitoring groundwater storage changes in the highly seasonal humid tropics: Validation of GRACE measurements in the Bengal Basin. Water Resources Research, 48(2): 469-474

Sloan E D, Koh C. 2008. Clathrate Hydrates of Natural Gases. New York: CRC Press

Steefel C I, Lasaga A C. 1994. A coupled model for transport of multiple chemical species and kinetic precipitation/dissolution reactions with applications to reactive flow in single phase hydrothermal system.

Am J Sci 294: 529-592

Stephanie R P, Santo R, Pascale S, et al. 2000. Interrelationships between biological, chemical and physical processes as an analog to clogging in aquifer storage and recovery (ASR)wells . Water Research, 34(7): 2110-2118

Sun A Y, Green R, Rodell M, et al. 2010. Inferring aquifer storage parameters using satellite and in situ measurements: Estimation under uncertainty. Geophysical Research Letters, 37(10): 43-63

Sun A Y, Green R, Swenson S, et al. 2012. Toward calibration of regional groundwater models using GRACE data. Journal of Hydrology, 422-423(5): 1-9

Sutanudjaja H, de Jong S M, van Geer FC, et al. 2013. Using ERS spaceborne microwave soil moisture observations to predict groundwater head in space and time. Remote Sensing of Environment, 138: 172

Szilagyi J, Jozsa J. 2013. MODIS-aided statewide net groundwater-recharge estimation in Nebraska. Groundwater, 51: 735-744

Szilagyi J, Zlotnik V, Jozsa J. 2013. Net recharge vs. depth to groundwater relationship in the platte river valley of nebraska, United States. Groundwater, 51(6): 45-51

Tang Q, Zhang X, Tang Y. 2013. Anthropogenic impacts on mass change in North China. Geophysical Research Letters, 40: 3924-3928

Taron J, Elsworth D, Min K B. 2009. Numerical simulation of thermal-hydrologic -mechanical-chemical processes in deformable, fractured porous media. International Journal of Rock Mechanics & Mining Sciences, 46: 842-854

Taron J, Elsworth D. 2009. Thermal-hydrologic-mechanical-chemical processes in the evolution of engineered geothermal reservoirs. International Journal of Rock Mechanics & Mining Sciences, 46: 855-864

Tillman F D, Callegary J B, Nagler P L, et al. 2012. A simple method for estimating basin-scale groundwater discharge by vegetation in the basin and range province of Arizona using remote sensing information and geographic information systems. Journal of Arid Environments, 82: 44-52

Werz H, Hötzl H. 2007. Groundwater risk intensity mapping in semi-arid regions using optical remote sensing data as an additional tool. Hydrogeology Journal, 15(6): 1031-1049

Wu Y S, Lai B, Miskimins J L, et al. 2011. Analysis of multiphase non-darcy flow in porous media. Transport in Porous Media, 88(2): 205-223

Xu T, Apps A J, Pruess K. 2008. Numerical studies of fluid-rock interactions in Enhanced Geothermal Systems (EGS) with CO_2 as working fluid, In proceedings of 33th Workshop on Geothermal Reservoir Engineering, Stanford University, California, Jan 28-30, 2008.

Xu T, Sonnenthal N S, Pruess K. 2006.TOUGHREACT - A simulation program for non-isothermal multiphase reactive geochemical transport in variably saturated geologic media: Applications to geothermal injectivity and CO_2 geological sequestration, Computer & Geoscience, v. 32/2 . 145-165

Xu T, Spycher N, Sonnenthal E, et al. 2012. Toughreact User's Guide: A Simulation Program for Non-isothermal Multiphase Reactive Transport in Variably Saturated Geologic Media, Version 2. 0. Earth Sciences Division, Lawrence Berkeley National Laboratory

Xu T. 2005.CO_2 geological sequestration, China Encyclopedic Knowledge (a China popular science magazine), 307(2), 34-35

Yeh P J F, Swenson S C, Famiglietti J S, et al. 2006. Remote sensing of groundwater storage changes in Illinois using the Gravity Recovery and Climate Experiment (GRACE). Water Resources Research, 42(12): 395-397

Yirdaw S Z ,Snelgrove K R. 2011. Regional groundwater storage from GRACE over the assiniboine delta aquifer (ADA)of manitoba. Atmosphere-Ocean, 49: 396-407

Yu R, Bian Y, Li Y, et al. 2012. Non-Darcy flow numerical simulation of XPJ low permeability reservoir. Journal of Petroleum Science and Engineering, 92-93: 40-47

В.И.ФЕРРОНКОГО,1975. ПриродныеПзотопы Гпдросферы МОСКВА 《НЕДРА》: Под общей редакпией Доктора Техниь. Наук, Профессора.